à Gaby & Jasmine
à mon grand-père

"Il faut penser de tout son corps"
Stéphane Mallarmé

DICTIONNAIRE FOU DU CORPS

KATY COUPRIE

avec les contributions anatomiques d'Alessandro Ruggeri,
Professeur émérite en anatomie humaine à l'université de Bologne,
responsable du musée de cire anatomique Luigi Cattaneo.

801 ARTICLES

76 PLANCHES ORIGINALES ENTIÈREMENT EN QUADRICHROMIE

16 GRAVURES À L'EAU-FORTE EN TÊTES DE CHAPITRE

376 ILLUSTRATIONS ET DESSINS INÉDITS

73 GRAVURES ANCIENNES D'ANATOMIE

234 CITATIONS DONT 22 AUTHENTIQUES

MOULT ORNEMENTS TYPORGANIQUES & AUTRES FIONS
EN PROPORTION RESPECTUEUSE

EDITIONS THIERRY MAGNIER

AU LE

Éditer un livre, ou plutôt un dictionnaire c'est une grande responsabilité, un défi, mais aussi un jeu ! Un mélange de mots, d'images, de citations, autour du corps, de tous les corps. Un mélange savoureux, calculé, pesé et jubilatoire.

Tous, nous avons eu et avons encore cette curiosité du corps, ces questionnements… Combien sommes-nous dans notre enfance à avoir, parfois en cachette, cherché dans ces ouvrages les mots de l'interdit, les mots pour les adultes, ceux qui décrivent, ceux qui nous rassurent, nous délivrent ?
Trois années de complicité avec Katy Couprie, de plaisir et de réflexion aussi pour vous livrer cette somme, de quoi nourrir la découverte de son corps, son imaginaire, se connaître et connaître les autres. Parfois drôle, parfois sérieux, on se promène dans ces quelque deux cent cinquante pages surpris par des images, par des mots, on s'enrichit, on s'amuse, on apprend.
S'adresser aux enfants avec les vrais mots en fait le pari, mais je crains que les adultes en profitent aussi et c'est tant mieux !

Thierry Magnier

CTEUR

Ce dictionnaire enjoué et tout en couleurs s'intéresse de près au corps humain, le nôtre. Qu'on soit petit, moyen ou grand, il propose de soigner sa curiosité sans jamais la guérir en en tutoyant ses mots. Le regard malicieux et le sourire en coin, on y fera connaisssance à sa guise, par le menu de A à Z, en sautant du cou à l'âme ou encore simplement en regardant les images.

Émerveillée par son objet, l'auteur souhaite dans cet ouvrage offrir à l'interprétation de chacun le territoire extraordinaire du corps avec un œil nouveau. Comme aux premières heures du livre où artistes et scientifiques œuvraient main dans la main pour la médecine, la parole de l'anatomiste vient ici ajouter à certaines définitions pour partager question et fascination du corps.

Le *Dictionnaire fou du corps* n'est pour l'heure disponible qu'en langue française, une version en xârâcùù est actuellement en préparation.

Outre un très grand nombre de mots que l'on aimerait croiser plus souvent et dont le choix a été fait librement par l'auteur sous l'œil bienveillant de son éditeur, on y trouve quelques mots nouveaux qui font ici leur entrée officielle dans le dictionnaire. Ouvrage facétieux, il recourt régulièrement à la fausse citation, mais ne vous trompe pas.
S'il convoque les différents registres de la langue, jusqu'au langage familier, le vocabulaire argotique en est totalement exclu. Que les parents soient sur-le-champ rassurés, aucun gros mot ne s'y trouve. Ils peuvent donc sans crainte laisser cet ouvrage entre toutes les mains.

Comme d'illustres prédécesseurs avant lui, le *Dictionnaire fou du corps* mise gros sur l'illustration, sachant par ailleurs que les images du corps ont toujours fait recette.

Ce dictionnaire sans prétention ni exhaustivité souhaite tout d'abord partager le très vif intérêt pour son sujet et l'étonnement qui l'accompagne. Il espère simplement être digne de ce nom en conviant ses lecteurs à une visite tant savante que ludique à l'intérieur du corps, tout en donnant matière à rêver à travers lui, entre les lignes, sous la peau des images, au fil des pages et à la pliure.

Bonne lecture & bon voyage !

Katy Couprie

REMERCIEMENTS

à Alessandro Ruggeri pour sa confiance de la première heure et son investissement dans ce projet, à David pour ses multiples traductions et son accompagnement amical, à François qui a tout supporté, à mes parents, à Stéph et Isa, Gabrielle et Jasmine, à Caroline, Maxime, Arthur et Céleste, à tous les poseurs des planches à la Bertillon, Annie, Jean-Claude et Thomas, Jean-François, Pierre-Guy (pour ses barbes aussi), Michel, Éli, Olivier, Claude mon voisin, Gabrielle, Jasmine, Arthur encore, Sacha, Nathalie-Moineau, François, Pascale, à Philippe maître du nez et de l'oreille, à Jacqueline, Bastien, Quentin à et mon père pour leurs mains, à Cécile pour son assistance, à Hervé pour ses affutages patients, à Anthony et Nicolas, à mon ami Louchard et à Galota pour leur œil ;

à toute l'équipe de l'Institut d'Anatomie humaine de l'Université de Bologne en Italie ainsi qu'à la Bibliothèque Putti, là-bas aussi ;

à toute l'équipe des Éditions Thierry Magnier (ainsi qu'à Anne-Sophie), à Angèle et Florie ainsi qu'à Laurence Moinot qui aime encore les gros livres… et tout particulièrement un immense merci à mon éditeur pour son engagement à mes côtés dans cette aventure.

L'auteur tient également à remercier le CNL pour son soutien à la création de cet ouvrage.

Toute ma reconnaissance aux grands anatomistes et à leurs graveurs, ma gratitude à Pierre Desproges et à son *Dictionnaire superflu*, aux dictionnaires Le Robert, Petit, Culturel et Historique, aux Larousse passés, à Nicolas Bouvier, à Pina Bausch, Louis de Funès, et tant d'autres…

Toutes les images anciennes proviennent du fonds de la bibliothèque de l'Institut d'Anatomie humaine de l'Université de Bologne, sauf celles numérotées 12, 27, 111, 124, 156, 179 et 192 issues de la Bibliothèque Putti de l'Institut orthopédique Rizzoli (DR).

MUSEO delle
CERE ANATOMICHE
Luigi Cattaneo

ABREVIATIONS

ABRÉVIATIONS ET SIGNES CONVENTIONNELS

absolt. : absolument (signale un verbe transitif employé sans complément d'objet direct)
adj. : adjectif
anat. : sens anatomique
anc. : sens ancien
anc. méd. : sens médical ancien
cour. : sens courant
exclamat. : exclamation
fam. : sens familier
fig. : sens figuré
impr. : sens impropre
interj. : interjection
interj. fam. : interjection familière
loc. : locution
loc. adv. : locution adverbiale
mod. : sens moderne
n. f. : nom féminin
n. m. : nom masculin
onomat. : onomatopée
par ext. : par extension
part. : particulièrement
péj. : sens péjoratif
pl. : pluriel
spécialt. : spécialement
syn. : synonyme
total. : totalement
v. intr. : verbe intransitif
v. pr. : verbe pronominal
v. tr. : verbe transitif

RUBRIQUES

Architect. : en architecture
Art. : en art
Chrom. : sens chromatique
Cult. : sens culturel
Érot. : dans le domaine de l'érotisme
Ethn. : en ethnologie
Hist. : sens historique
Méd. : en médecine
Ornith. : en ornithologie
Peint. : en peinture
Photo. : en photographie
Propriocept. : en proprioception
Psychan. : en psychanalyse
Sc. : sens scientifique
Zool. : en zoologie

◆ ☛ : définitions anatomiques.

Les chiffres au sein des articles indiquent les sens différents du mot.

En italique sont mentionnés les emplois et citations incluant le mot.

Cet ouvrage comporte de très nombreuses fausses citations littéraires ou pas et aussi quelques vraies toujours signalées par une astérisque (*).

La leçon d'anatomie selon Nounours, d'après Rembrandt

ABDOMEN *n. m.* **1**◆ Région du corps située entre le haut et le bas. L'abdomen est le territoire du nombril qui, n'ayant d'yeux que pour lui-même, se tient en son milieu. Siège des viscères si fragiles, le diaphragme est son couvercle. La paroi abdominale joue le rôle d'armure intérieure, à l'avant et sur les côtés. C'est notamment le centre des opérations digestives, mais pas seulement. **2**◆ Là où la peau du ventre se tend. **3**◆ Ventre tout court. ◆ ☛ La partie centrale du corps est appelée le tronc. On y distingue la partie supérieure, nommée thorax, et la partie inférieure, nommée abdomen. L'abdomen est arrondi et saillant chez l'enfant puis, en grandissant, il s'aplatit. Il a cependant tendance à s'arrondir et à ressortir de nouveau chez l'adulte. L'abdomen contient les viscères de la digestion et de l'assimilation de la nourriture : l'estomac (une poche aplatie dont la forme rappelle celle d'une besace), l'intestin grêle (un tube d'une longueur d'environ 7 mètres), le gros intestin, le foie et le pancréas. Il contient aussi la rate et les reins. *VOIR PLANCHES I À IV. Voir Diaphragme, Digestif, Estomac, Nombril, Pancréas, Rate, Rein, Ventre, Viscères, Intestin.*

ABDOMIGNON, NE *adj.* Qui est pourvu d'un joli petit ventre. S'emploie tout particulièrement à propos des enfants entre 2 et 3 ans. *« Comme il est abdomignon, celui-là ! »* (MME DE FONTENAY) *Voir Ventre.*

ABDOMINABLE *n. m.* Ventre mou. *« Laisse tomber, Victor, ce n'est décidément qu'un abdominable ! »* (ÉDOUARD ROMAINS)

ABDOMINAL, E, AUX *adj.* Qui appartient à l'abdomen. *Les muscles abdominaux, la ceinture abdominale, la paroi abdominale. Voir Abdomen.*

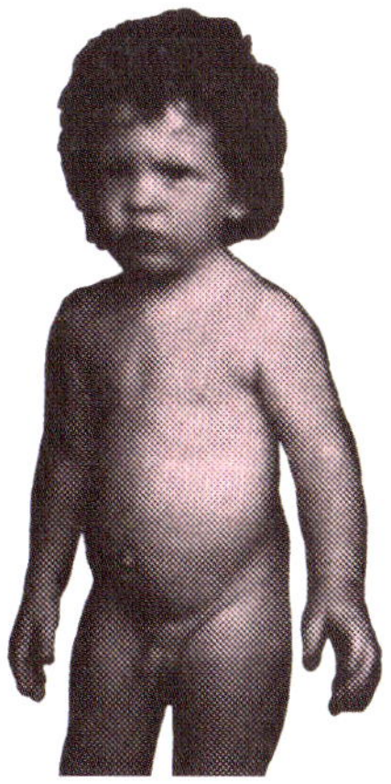

1. Enfant de 2 ans parfaitement abdomignon.

Planche I : Cage thoracique à oiseau, cas rare

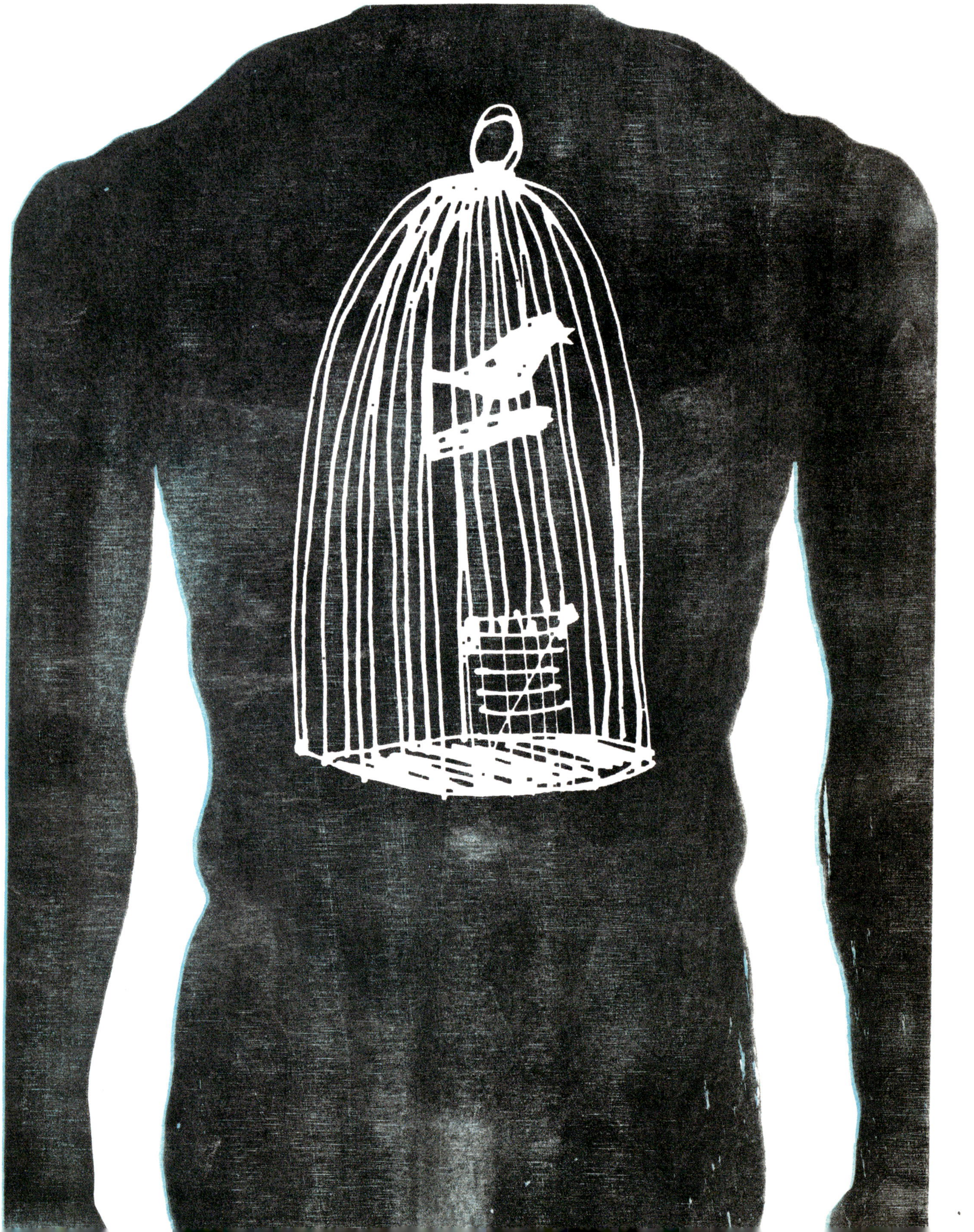

Planche II : Fleur au ventre, d'après *L'écume des jours* de Boris Vian

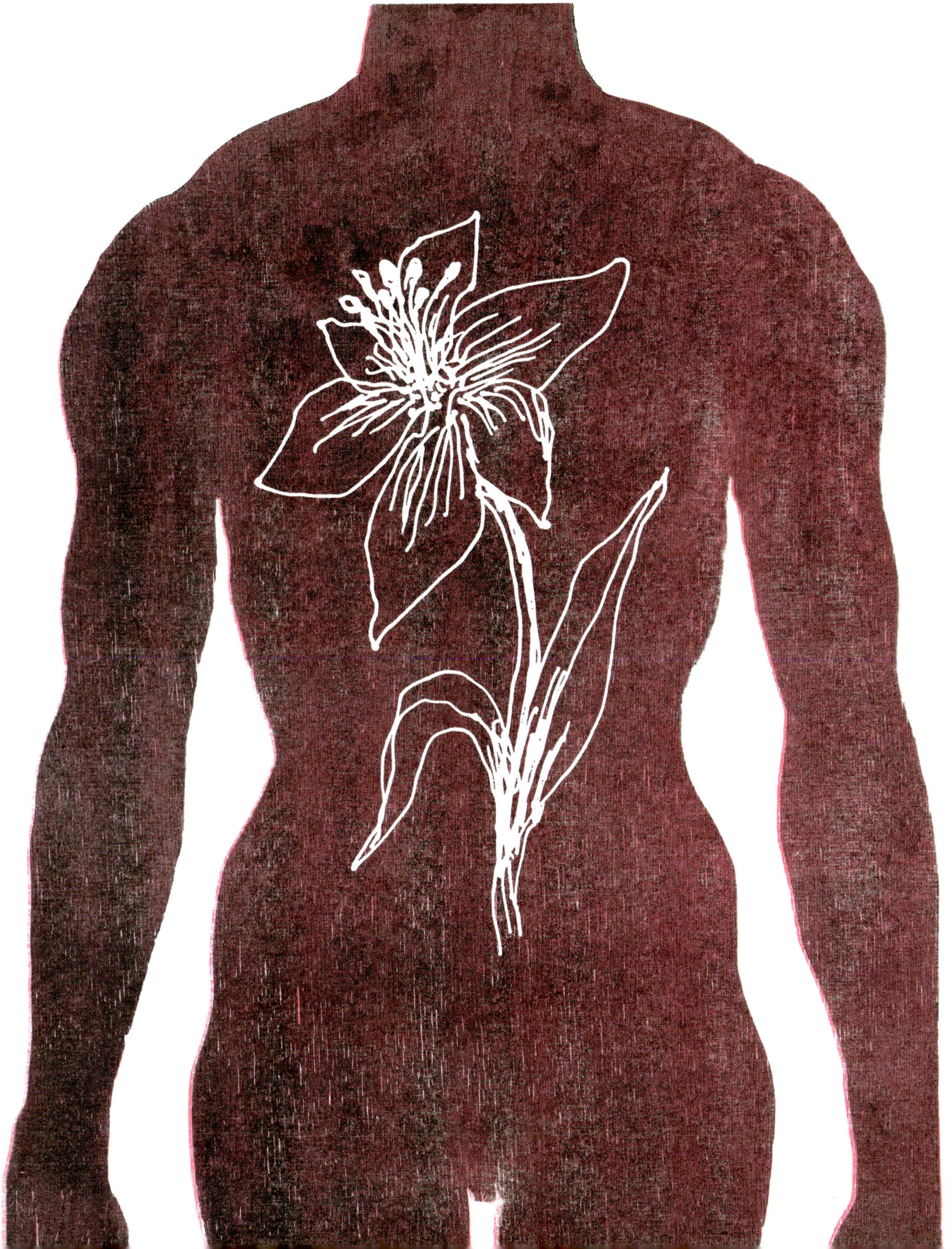

Planche III : Véritables régions de l'abdomen

A : région ombilicale
B : épigastre
C : hypocondre
D : flanc à chatouilles
E : région iliaque
F : hypogastre

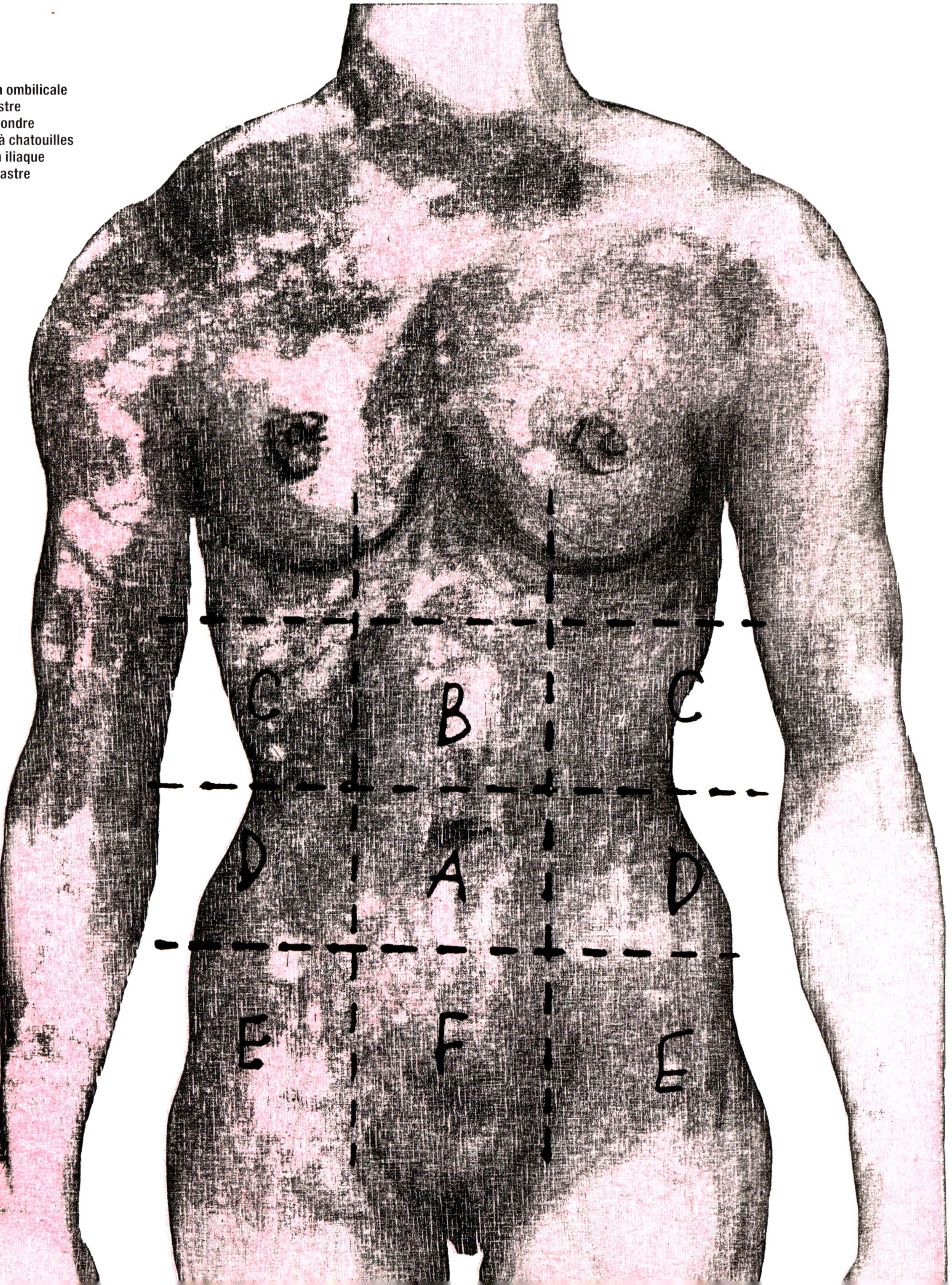

Planche IV : Viscères en place

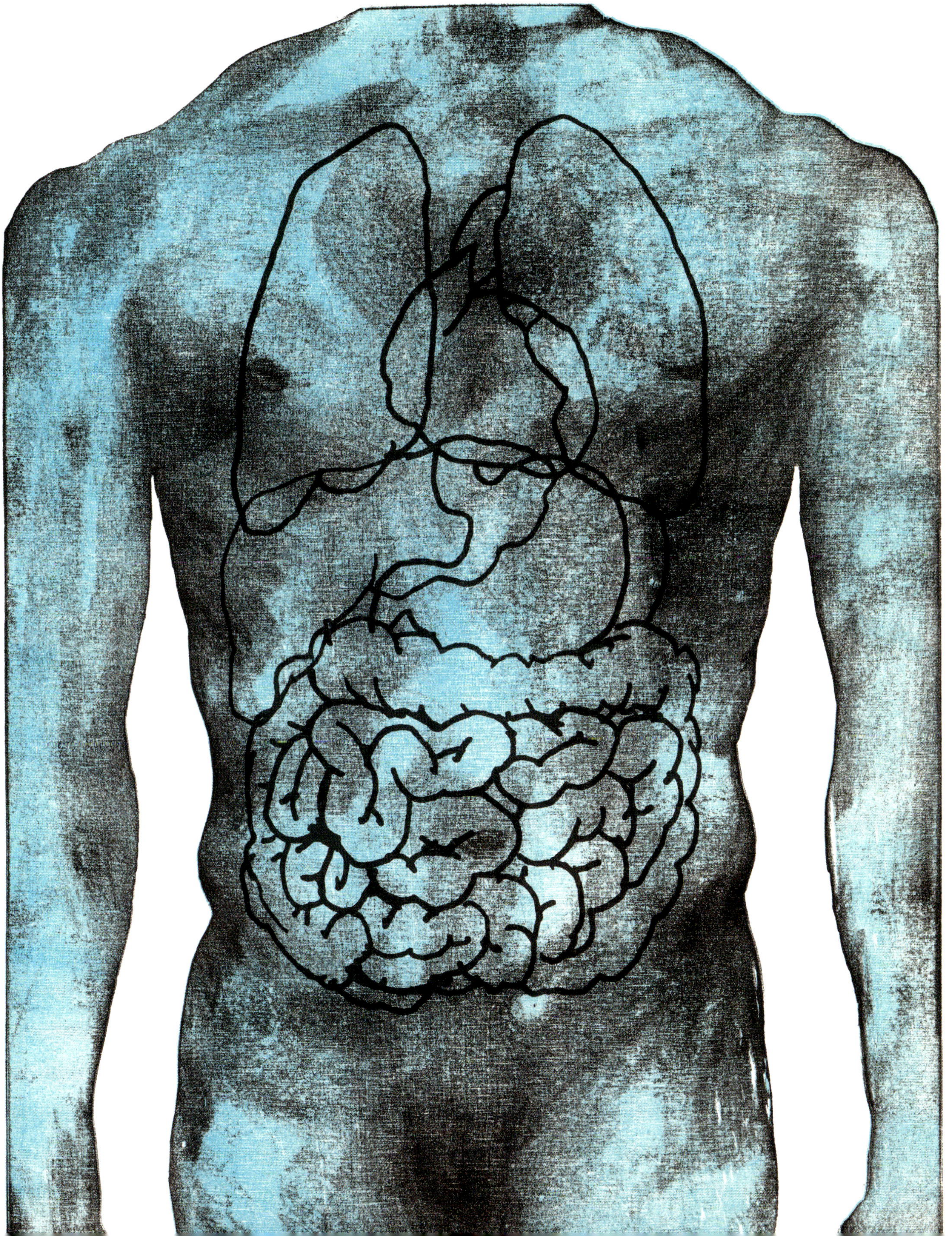

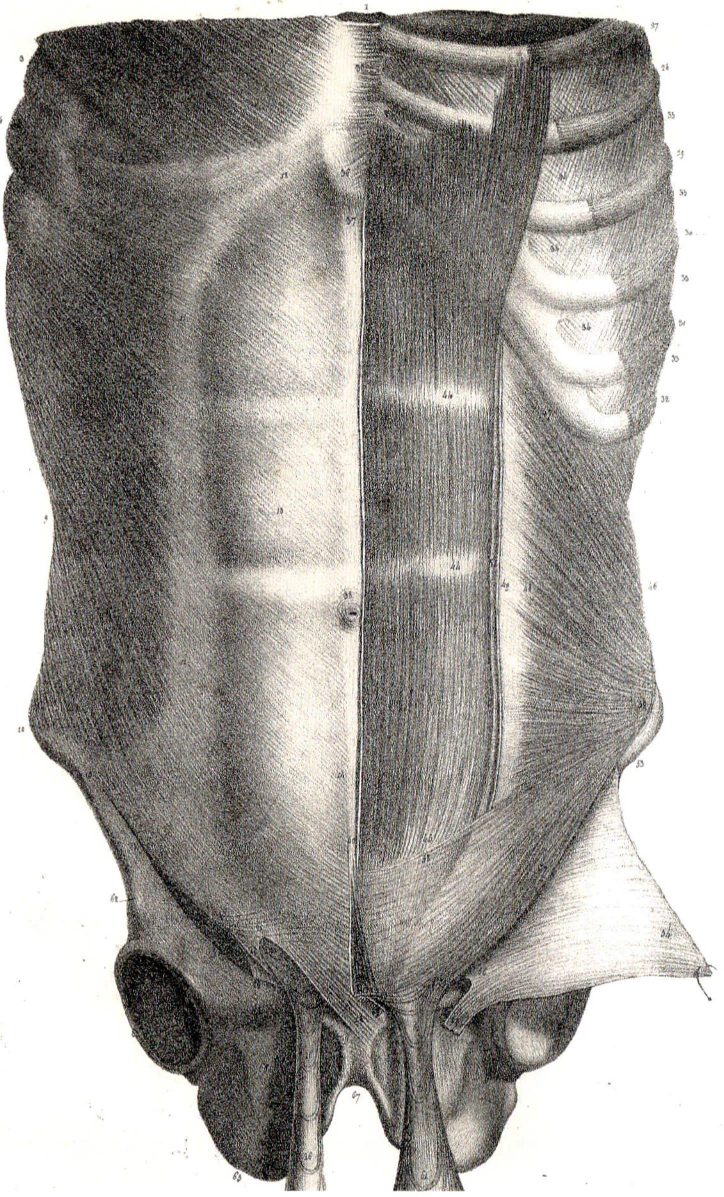

2. Muscles abdominaux, Jules Cloquet, *Anatomie de l'homme*, 1828.
3. Accroupie.

ABDOMINAUX *n. m. pl.* **1**◆ Les abdominaux sont les muscles rois de l'abdomen et des salles de sport. Chez Tarzan, par exemple, ils sont particulièrement bien dessinés alors que chez d'autres, ils restent invisibles à l'œil nu. **2**◆ *Faire des abdominaux* : exercices de gymnastique pour développer ses muscles.

◆ ☛ Les abdominaux sont les puissants muscles, aplatis et épais, qui forment la paroi antérieure de l'abdomen. Parmi eux, le muscle grand droit est composé de fibres verticales très résistantes qui descendent depuis le sternum et les côtes et se fixent au pubis. En se contractant, il détermine la flexion vers l'avant du thorax. Par exemple, quand on est allongé sur le dos et qu'on soulève le buste vers l'avant ou quand on remonte les jambes sans s'aider avec les mains. Les muscles obliques externes, internes et transverses sont de larges bandes musculaires aplaties, disposées de façon concentrique les unes au-dessus des autres et constituées de fibres obliques ou horizontales. En se contractant, ils participent eux aussi à la flexion avant du thorax.

Ils interviennent surtout dans la respiration, dans l'émission des selles ou de l'urine et, chez la femme, pendant l'accouchement. *Voir Abdomen, Accouchement, Côtes, Pubis, Respiration, Sternum.*

ABDUCTEUR, TRICE *adj.* et *n. m.* Est dit abducteur un muscle qui permet d'écarter latéralement un membre, bras ou jambe, du milieu du corps et ce, à volonté.

ABLATION *n. f.* **1**◆ Opération par laquelle on retire un membre ou un organe, rarement au choix. **2**◆ La plus courante chez l'enfant est l'ablation des amygdales, l'ablation de la langue restant généralement une menace sans suite. *« Si tu dis encore des bêtises, je te coupe la langue. »* (Père Fouettard) *Voir Chirurgie.*

ACCOUCHEMENT *n. m.* **1**◆ Action et instant où l'on met au monde un garçon ou une fille, tout mouillé, d'aspect rougeaud à violacé et qui se doit de hurler, vite. **2**◆ Séparation de corps, entre la mère et l'enfant. **3**◆ Les épisodes de l'accouchement, contrairement à ceux des séries américaines, sont de durées variables.

◆ ☛ Expulsion du fœtus. Il peut se produire par les voies naturelles, c'est-à-dire par les voies génitales (vagin) ou chirurgicalement, après une incision de la paroi abdominale et de l'utérus maternel. Dans ce dernier cas, il est appelé « accouchement par césarienne ». *Voir Bébé, Enfantement, Fœtus, Grossesse, Naissance, Vagin.*

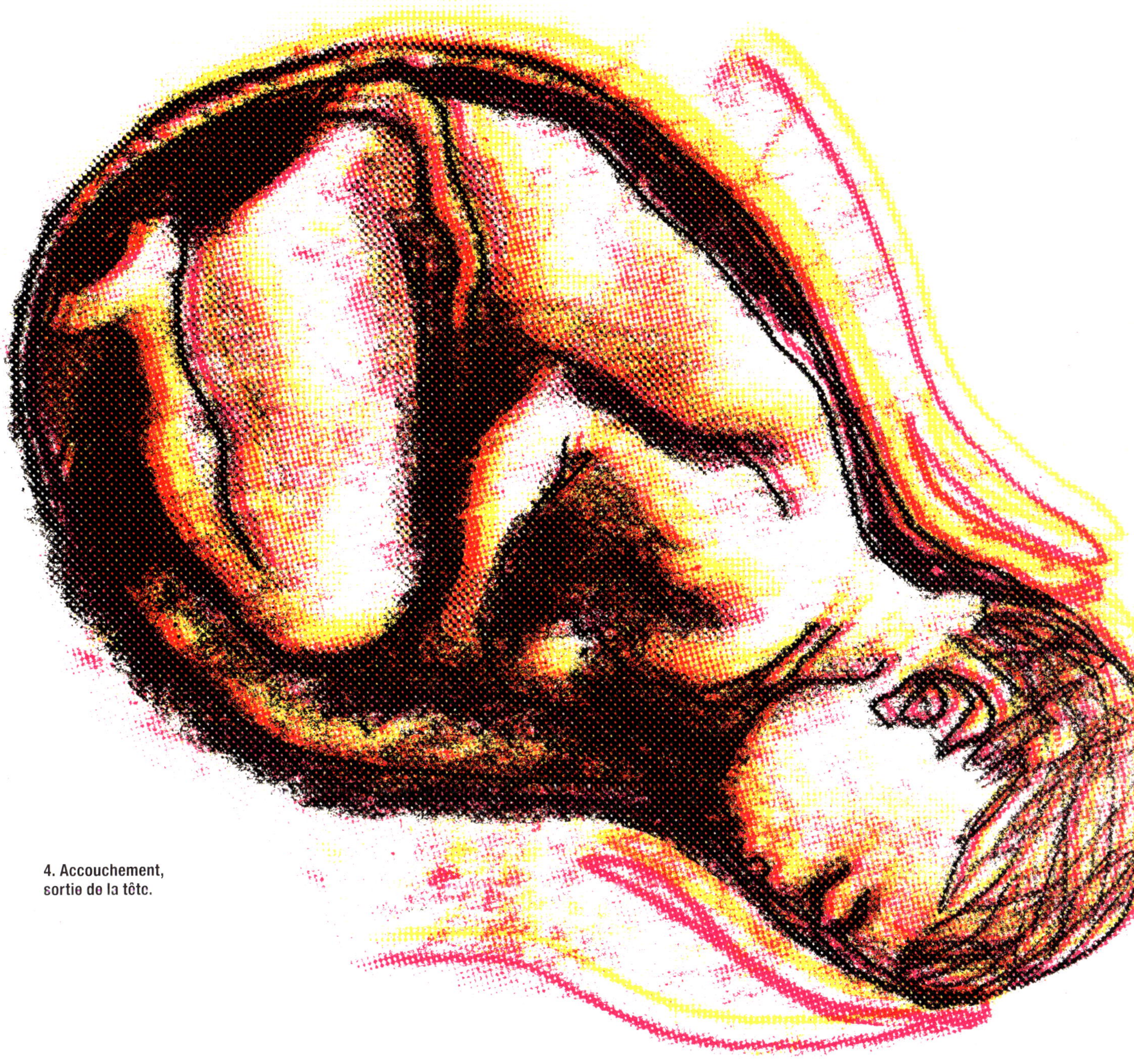

4. Accouchement, sortie de la tête.

ACCOUCHER *v. tr.* **1**◆ Faire sortir le bébé du ventre, enfanter. **2**◆ *Fig.* En venir au fait, enfin. *« Tu accouches, oui ou non ? »* (COLUMBO)

ACCOUPLEMENT *n. m.* Acte par lequel un être humain se joint à un autre, corps à corps. Le mot « accouplement » désigne aussi l'union sexuelle chez les pingouins, les éléphants, les mésanges, les dauphins et les poneys. En conséquence, on évitera de l'utiliser pour parler des rapprochements intimes de ses parents. Comme les lapins, en s'accouplant, les princes et les princesses font beaucoup d'enfants. *Voir **Coït**, **Copulation**, **Sexe**, **Sexualité**.*

ACCROUPI, E *adj.* Ni assis, ni debout, plié et près du sol. *Voir **Position**.*

ACNÉ

ACNÉ *n. f.* Manifestation cutanée, rouge et blanche, proche du feu d'artifice ou de l'éruption volcanique et qui fête l'adolescence.
◆ ☛ Affection cutanée caractérisée par l'apparition, généralement sur le visage, de nombreux boutons (pustules, furoncles, comédons). Ces derniers sont dus à une infection des glandes sébacées annexées aux poils : les glandes sébacées grossissent et elles forment sur la peau un cône rouge saillant auréolé de pus jaune. *Voir Adolescent, Bouton, Peau, Poil, Pus.*

5. Adolescent, adolescente.

ACROBATE

ACROBATE *n.* Être humain, homme ou femme, qui se risque et tutoie le déséquilibre en mettant tout son corps en jeu lors d'exercices très physiques. L'acrobate est souple, agile, adroit et – ou – fort. Intelligent, il a le sang froid. Il peut vivre et travailler au cirque, ou dans les arbres. Les galipettes ne sont pas encore de l'acrobatie. *Voir planche v.*

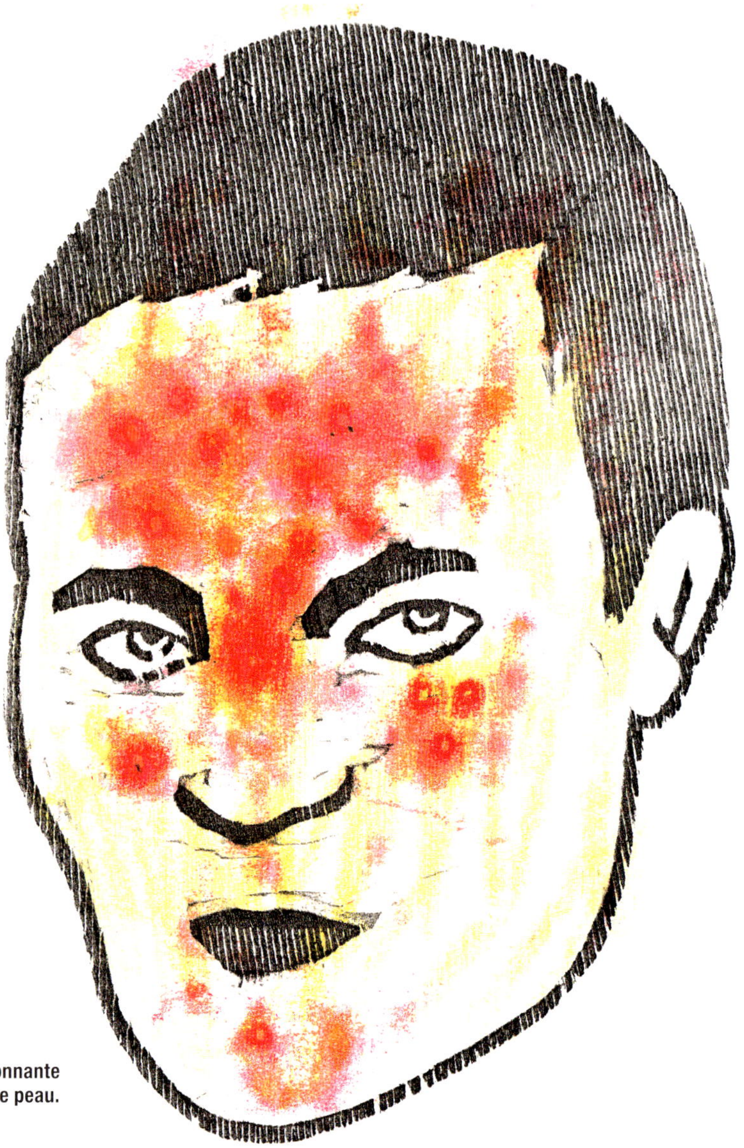

6. Acné bourgeonnante en pleine peau.

ADDUCTEUR

ADDUCTEUR *adj. m.* et *n. m.* Est dit d'un muscle qui s'emploie dans le mouvement opposé à celui de l'abduction. Il permet de rapprocher du corps un membre qui en avait été éloigné. *Voir Muscle.*

ADIPEUX, EUSE

ADIPEUX, EUSE *adj.* Se dit des tissus du corps qui contiennent de la graisse. *Voir Gras, Obèse.*

ADOLESCENCE

ADOLESCENCE *n. f.* **1**◆ Un des âges de la vie, situé entre l'enfance et l'âge adulte, au beau milieu de la clairière, en pleine lumière. L'adolescence vient juste après la crise de la puberté. Ce n'est pas un hasard. Elle débute vers 12 ans chez les filles et plutôt vers 14 ans chez les garçons. Elle s'achève vers 18 ans chez les jeunes filles et difficilement vers 20 ans chez les jeunes hommes. **2**◆ Période de transition marquée à vie par la découverte de la sexualité. *« Ah, l'adolescence, les débuts d'un homme dans la fin d'un galopin. »* (George Sand) *Voir Acné, Femme, Homme, Poil, Poitrine, Puberté, Sexe, Sexualité.*

ADOLESCENT, E

ADOLESCENT, E *adj.* et *n.* **1**◆ Jeune, encore trop mais plus assez, qui aspire à la vraie vie et se bat pour sa peau dans un âpre combat. L'adolescent souhaite quitter l'enfance, radicalement, sans tomber dans l'ennui des adultes. Il tient souvent une position délicate qui l'éprouve et le tourmente. Il est en fleur, même garçon. **2**◆ L'adolescent est un être en devenir, comme tout le monde. Il est souvent perdu, dans un monde qui n'est plus le sien, cherchant son univers au-delà de l'enclos familial. *« Jules, toujours adolescent et si gracieux. »* (Marcel Proust) *Voir Acné, Adolescence, Croissance.*

ADRÉNALINE

ADRÉNALINE *n. f.* Hormone-ambulance sécrétée notamment en cas de stress ou de peur, qui vient au secours du corps dans l'urgence pour l'aider à surmonter ces situations de fortes émotions. *Une montée d'adrénaline. Voir Hormone, Sécrétion, Surrénale.*

ADULESCENT, E

ADULESCENT, E *adj.* et *n.* Jeune, encore un peu mais plus autant, qui se refuse à en finir avec l'adolescence et garde des petites roues sur son vélo. Adepte tardif des soirées pyjama et des fraises Tagada.

Planche v : Acrobates en plein air

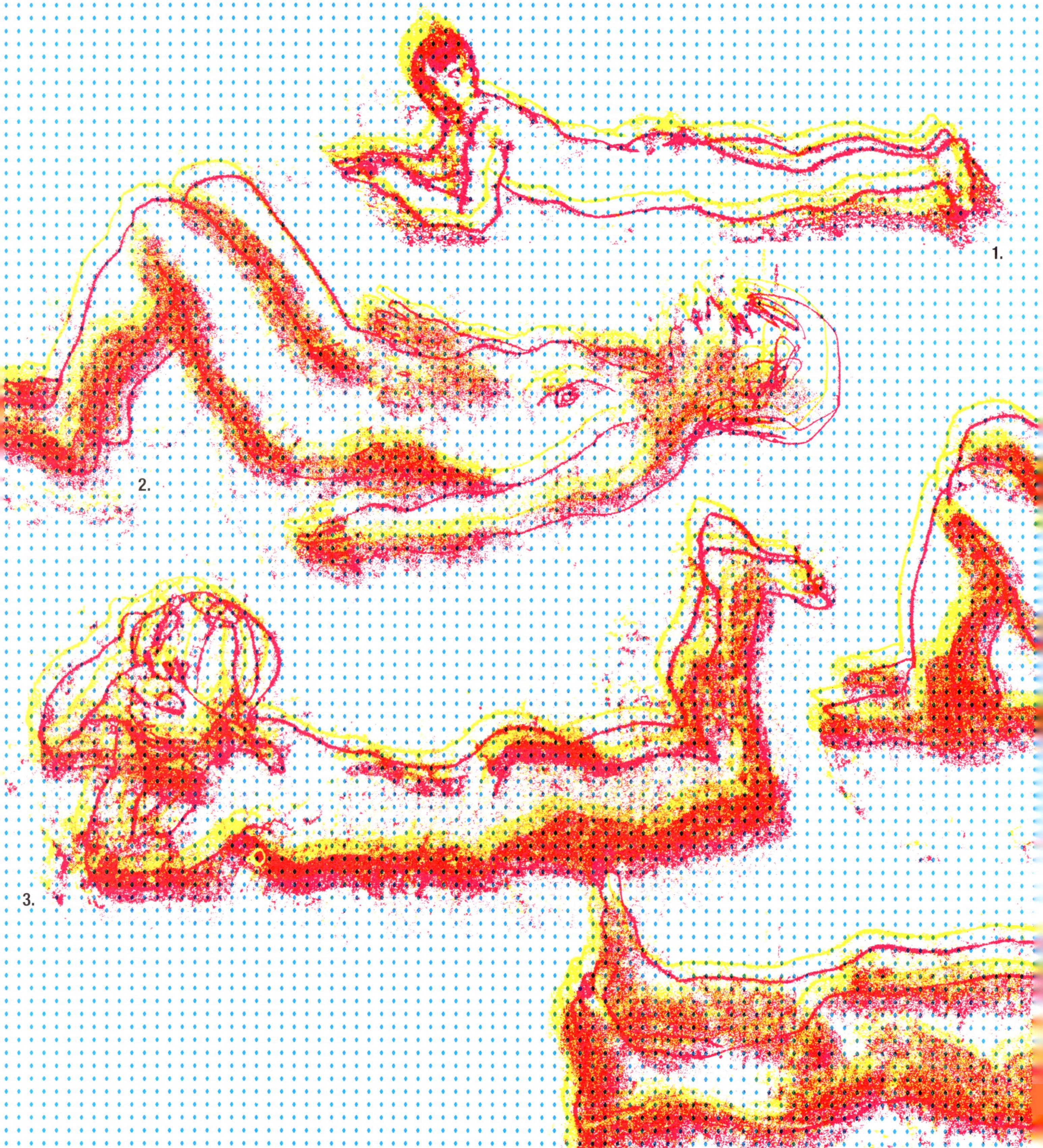

Planche VI : Les allongés

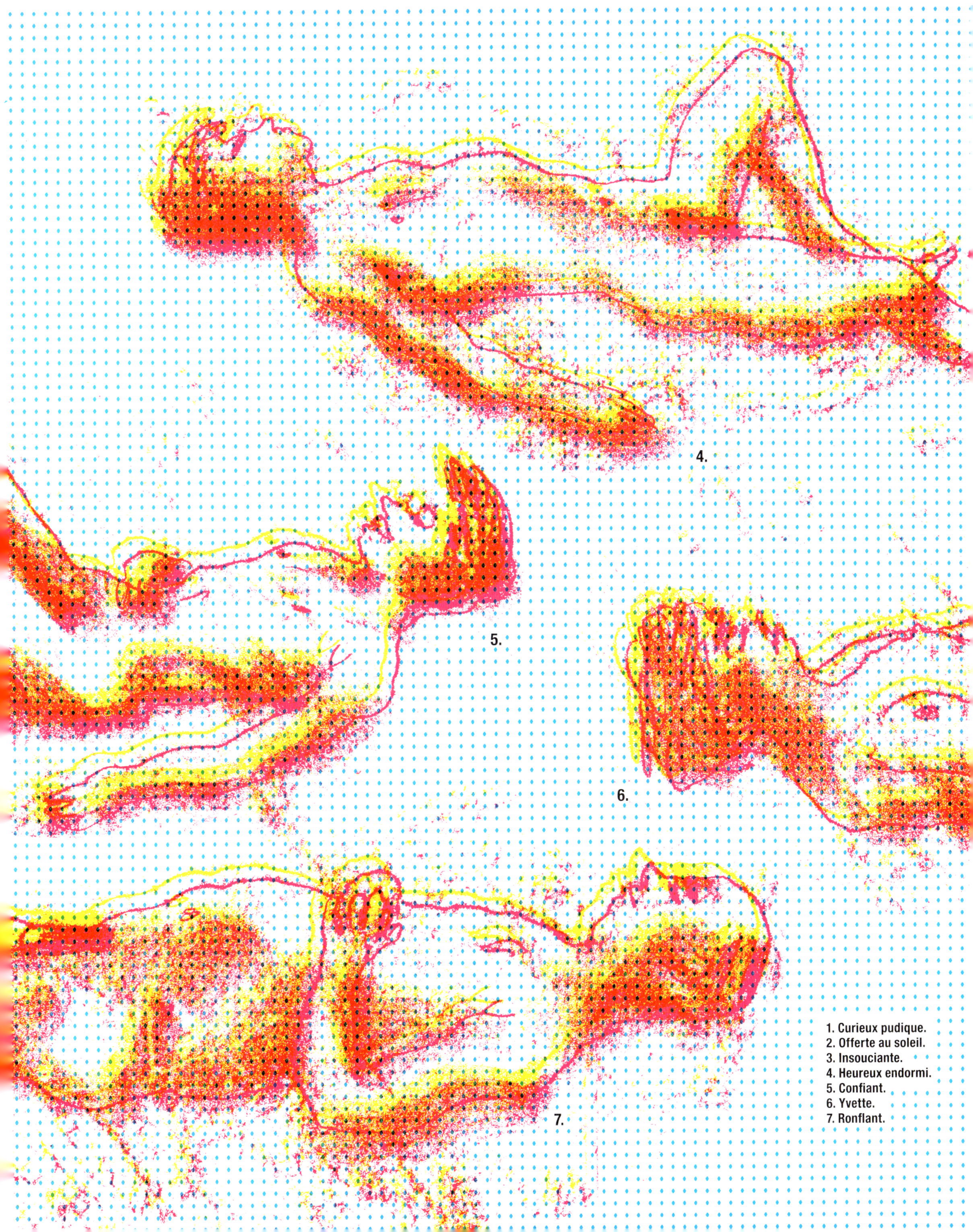

1. Curieux pudique.
2. Offerte au soleil.
3. Insouciante.
4. Heureux endormi.
5. Confiant.
6. Yvette.
7. Ronflant.

7. Aisselle d'homme.

ADULTE *adj.* et *n.* **1**◆ Ni un enfant, ni un adolescent, l'adulte cherche tard à rester lui-même. **2**◆ Grande personne, vue d'ici. *« Arthur, quand te comporteras-tu en adulte ? »* (Merlin l'Enchanteur) **3**◆ Qui en a fini avec sa croissance. **4**◆ Mûr, sans pour autant avoir changé de couleur.
◆ ☛ L'adulte possède trente-deux dents (seize dents forment l'arcade dentaire supérieure et seize l'arcade inférieure). Leur croissance commence durant la sixième année avec l'apparition de la première molaire et se termine pendant la vingtième année avec la percée de la troisième molaire, communément appelée « dent de sagesse ». À cet âge, la conformation des os du visage, et donc la physionomie de la face, peut être considérée comme définitive. ***Voir Croissance, Dent.***

AFFLUX *n. m.* L'afflux de sang est un torrent de couleur qui envahit la face sous le coup de l'émotion ou de la colère. Ce n'est finalement qu'une congestion. *« Quand le capitaine a appris la nouvelle, le sang lui est monté à la tête. »* (Tintin) ***Voir Sang.***

AFFREUX, EUSE *adj.* Très très très laid, voire hideux. *Un visage affreux, un nez affreux, une bouche affreuse, des cheveux affreux, des oreilles affreuses, des pieds affreux, des dents affreuses, des doigts affreux.* ***Voir Laid.***

ÂGE *n. m.* Durée qui nous tient en alerte depuis la minute de la naissance jusqu'à l'arrêt de mort. Généralement associé à un chiffre qui dénonce le temps qui passe, l'âge ne dit pas tout. D'ailleurs, on embête trop souvent les enfants avec cette question sans importance. *« Quel âge as-tu, mon petit ? »* (Tante Guite) ***Voir Adolescence, Adulte, Enfance, Vieillesse, Vieux.***

AINE *n. f.* **1**◆ Petite vallée qui se situe entre le ventre et la cuisse. Pli. Région chaude et humide où la peau est particulièrement fine et transparente. **2**◆ Région au trafic très important (sang, nerf, lymphe), passage obligé pour se rendre dans le membre inférieur. ***Voir Pubis.***

AIR *n. m.* Dans l'air flotte l'oxygène dilué par l'azote. Le corps se nourrit d'oxygène bien plus que de chocolat. C'est lui qui régénère le sang, et par lui, tout l'organisme. Cela se fait en permanence, sans y penser, c'est la respiration. *« Tu as pris l'air ? », « Il ne manque pas d'air, celui-là ! », « Ah, la vie au grand air ! »* (M. Hulot) ***Voir Respiration, Sang.***

AISSELLE *n. f.* Dessous de bras d'où apparaît et disparaît parfois une touffe de poils. Les aisselles sont deux. Chez l'enfant, l'aisselle est moins goûteuse et pas du tout poilue. ***Voir Poil, Touffe.***

ALBINOS *adj.* et *n.* Se dit d'un être humain dont la peau est dépourvue de pigmentation. Le lapin blanc est son cousin. Homme sans couleur, l'albinos craint le soleil et parfois aussi ses semblables, qui ne le reconnaissent pas, faute d'y voir. ***Voir Cannibale, Mélanine.***

8. Alvéole pulmonaire.

ALLONGÉ, E *adj.* Se dit du corps qui repose, qui se repose, sur le sol, dans l'herbe ou sur le sable, sur un lit, un canapé, un tapis. La position allongée réclame la décontraction et facilite la rêverie. On peut être allongé de tout son long ou en boule, en chien de fusil, en tuyau, façon serpent, en vautrure… C'est la position favorable au sommeil, sans quoi, l'homme tombe en dormant. *Voir planche vi.* ***Voir Position, Vautrure.***

ALLURE *n. f.* **1**◆ Façon de se mouvoir. L'homme marche, trotte et galope. Comme le cheval, il sait aussi reculer. *À toute allure, à fond de train.* **2**◆ *Avoir de l'allure* : se porter fier. *« Ce garçon a beaucoup d'allure, en plus il n'est pas désagréable. »* (Alfred de Musset) *Voir planche vii.* ***Voir Galop, Marche, Pas.***

ALVÉOLE *n. m.* ◆ ☛ Extrémité terminale dilatée des ramifications des bronches. L'alvéole est entouré par un dense réseau de capillaires sanguins. C'est à ce niveau que s'opère « l'oxygénation du sang » avec le passage de l'oxygène depuis l'alvéole vers les capillaires sanguins et, dans la direction opposée, de l'anhydride carbonique (CO_2) depuis les capillaires vers l'alvéole. ***Voir Bronche, Capillaire, Poumon, Sang, Trachée.***

ÂME *n. f.* **1**◆ Substance infime cachée dans un recoin de notre corps, pour ne pas nous confondre avec les animaux. **2**◆ On ne sait toujours pas ce qu'est l'âme, précisément. Résidu impalpable et non moins spirituel de l'être, l'âme est le talon d'Achille du corps. Elle est son point faible, plus légère que l'air, tourbillonnante et jamais vaincue. L'âme ne nous appartient pas et on ne saurait la greffer. Aucune image disponible.

9. Deux faces d'un même amour.

AMOUR *n. m.* **1**◆ Sentiment invulnérable, qui transporte le cœur, le sexe, le corps et l'être tout entier vers l'autre ou l'objet du désir. L'amour est aveugle, il se cogne partout et, lorsqu'il permet qu'on approche enfin l'être aimé, on est comme un bleu (*syn.* novice, débutant). L'amour est masculin au singulier et féminin au pluriel : *un amour fou, des amours idiotes.* Cependant il existe des exceptions. On a déjà répertorié soixante-neuf sortes d'amour, dont les plus courantes sont l'amour filial, l'amour maternel, l'amour platonique et l'amour passion, qui est le contraire du précédent. Cet amour-là est l'incendie du corps. *Brûler d'amour* : se consumer, mourir d'amour même. *Mes premières amours* : amours adolescentes aussi maladroites qu'inoubliables. *« L'amour physique est sans issue. »* (SERGE GAINSBOURG) **2**◆ Amour ou Cupidon. Petit être suspendu dans les airs ; mais qui n'en rate pas une. Fils de Vénus dans la fable, qu'on représente avec de petites ailes un peu ridicules mais performantes, un arc et parfois un carquois. Il a souvent les yeux bandés, car l'amour est aveugle, l'amour est aveugle, l'amour est aveugle. Attention : l'amour n'est pas un ange. **3**◆ L'amour serait également un poisson chinois, cela dit, c'est ici sans importance. ***Voir Baiser, Coït, Désir, Sexe.***

AMPUTER *v. tr.* Faire la soustraction d'un membre, bras ou jambe, ou simplement sectionner un morceau du corps. L'amputation peut avoir des motifs fort différents, de l'accident bête au traitement radical, en passant par le châtiment inconsidéré. D'ailleurs, les adultes qui font des blagues de très mauvais goût aux enfants en menaçant de les amputer sont des vicieux. *« Si je te prends encore à écouter aux portes, je te coupe les oreilles en pointe. »* (CROQUE-MITAINE)

◆ ☛ Retirer par une opération chirurgicale un membre ou seulement le segment d'un membre, ou bien encore d'autres parties du corps. L'amputation peut aussi ne pas être chirurgicale mais être due à un traumatisme. Dans ce cas, on parle de mutilation. ***Voir Membre, Moignon.***

AMYGDALES *n. f. pl.* Organes minuscules du ministère de la défense, tapies dans l'ombre et travaillant en groupe pour le bien commun du corps.

◆ ☛ Organes responsables des défenses immunitaires, localisés dans les muqueuses du canal alimentaire et des voies respiratoires. Les amygdales sont particulièrement concentrées dans la première partie du canal alimentaire, la bouche, où elles sont distribuées par anneaux de chaque côté de l'isthme du gosier. Les plus volumineuses et les plus connues sont les amygdales palatines situées à côté de l'isthme du gosier. Les autres sont les amygdales pharyngées, les amygdales tubaires et linguales. ***Voir Bouche, Pharynx.***

Planche vii : Allures de l'homme

1. Le pas cadencé d'après Étienne-Jules Marey.

2. Le trot en extension d'après Eadweard Muybridge.

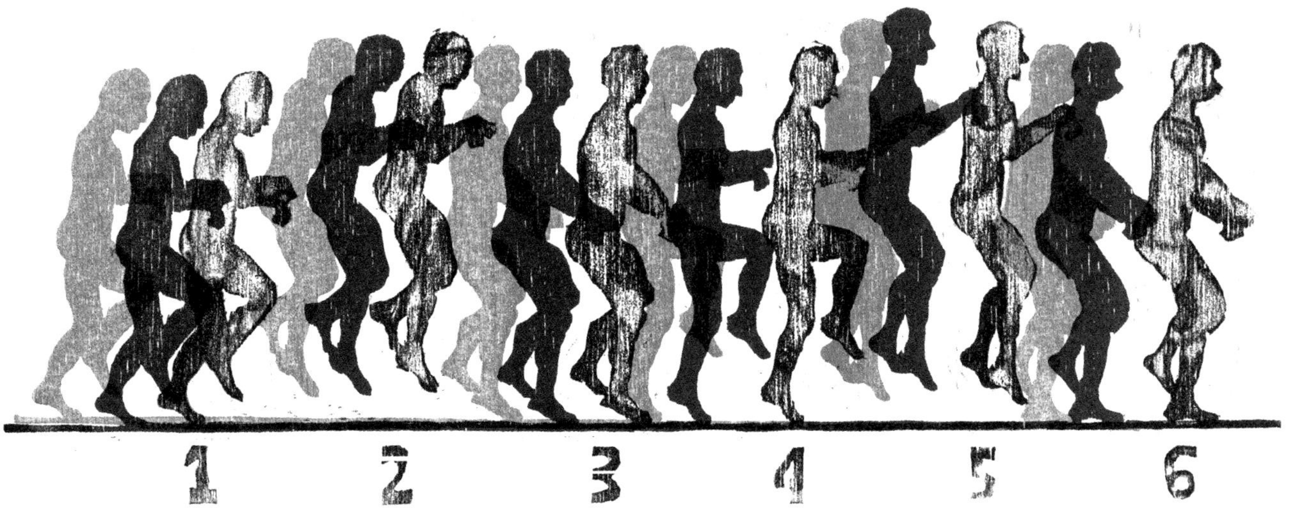

3. Le galop d'enfance rassemblé d'après François.

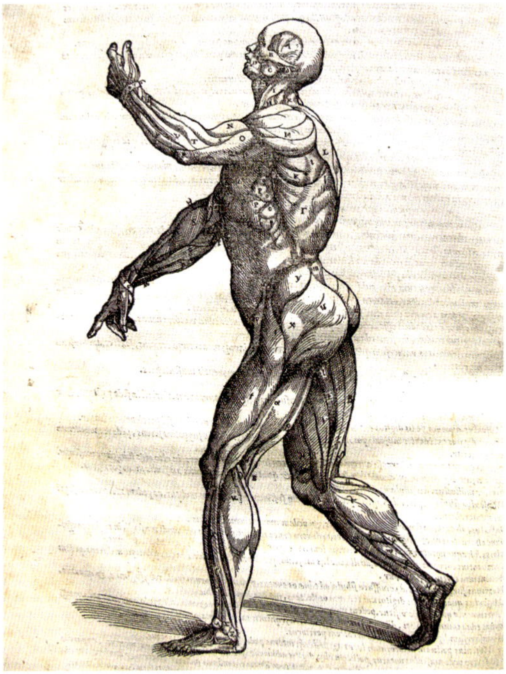

10. Anatomie, Vesalio, *De humani corporis fabrica*, 1543.
11. Première anatomie, Berengario de Carpi, *Isagogae breves*, 1523.
12. Janus bifrons, Jacob Rueff, *De conceptu et generatione hominis*, 1580.

ANATOMIE *n. f.* Menu détaillé du corps, fournissant le vocabulaire extrêmement varié de son dedans et de son dehors et traitant tout autant des formes, des contenus que des mécanismes de ladite machine.

◆ Science qui étudie la forme et la constitution des êtres vivants dont le nom dérive du grec *anà-témno* qui signifie « couper, disséquer ». L'étude de l'anatomie se pratique grâce à la dissection du cadavre. Elle représente encore aujourd'hui, comme déjà auprès des Anciens, le moyen de recherche le plus apte pour la connaissance du corps. Le premier à l'introduire officiellement fut Mondino de' Liuzzi, professeur d'anatomie à l'université de Bologne. Son livre *Anathomia* fut édité en 1316 ; quoique sans images, il fut étudié pendant des siècles dans toute l'Europe. Plus tard, avec la découverte de l'impression, un autre anatomiste de l'université de Bologne, Berengario da Carpi (1470-1550), fut le premier à joindre au texte des gravures du corps humain. En 1543, Andreas Vesalius, professeur d'anatomie à l'université de Padoue, publia le célèbre *De humani corporis fabrica*, un livre enrichi de gravures exécutées par un artiste de l'école du Titien, Jan Stefan van Kalkar. ***Voir Cadavre, Collection anatomique, Dissection, Squelette.***

ANDROGYNE *adj.* et *n.* Qui est un peu – ou beaucoup – une femme et un peu – ou beaucoup – un homme, le tout dans un seul corps. ***Voir Hermaphrodite, Sexe.***

ANNULAIRE *n. m.* Doigt de la main, le quatrième en partant du pouce, voisin du riquiqui. Celui qui porte l'anneau, au cas où. ***Voir Auriculaire, Doigt, Index, Main, Majeur, Pouce.***

ANOMALIE *n. f.* Défaut de fabrication du corps, visible ou invisible, allant de la simple bizarrerie à la difformité, en passant par l'irrégularité, l'excroissance ou l'atrophie. Tout ça pour dire qu'on a quelque chose en plus ou en moins qui nous rend singulier. L'anomalie est un désordre qui ne doit pas faire peur, surtout si on le voit. *« J'ai bien peur que cet homme-là ait une case en moins. »* (Hulk)

◆ En médecine, le mot « anomalie » indique une déviance par rapport à la normalité du corps ou d'une de ses parties, en général d'origine héréditaire ou congénitale. Par exemple il peut y avoir une anomalie ou malformation dans le nombre de doigts des mains ou des pieds ou dans la difformité des doigts, dans la répartition des poils. Quand les anomalies sont très graves, on parle de monstruosité, comme pour le « Janus bifrons » (une tête avec deux visages opposés l'un à l'autre). ***Voir Hirsutisme, Malformation, Monstre.***

ANTAGONISTE *adj.* Se dit d'un muscle qui n'est jamais d'accord mais collabore quand même.

◆ On désigne comme « agoniste » un muscle qui entre en jeu dans un mouvement, par exemple d'un membre pendant la marche. On nomme « antagoniste » celui qui opère de manière diamétralement opposée. Ce dernier intervient toujours en même temps que le muscle agoniste pour limiter la force et l'extension du mouvement. Nous arrivons à garder l'équilibre du corps en position debout, bien droit, grâce à une alternance continuelle de contractions des muscles agonistes et antagonistes. ***Voir Muscle.***

ANTENNE *n. f.* Excroissance sensorielle, toujours implantée par paire, plus ou moins souple et située sur le dessus de la tête de nombreux animaux et des Martiens. L'homme, lui, justement, n'a pas d'antenne. Du coup, on lui prête l'écoute aux portes. Est-ce vraiment dommage ?

ANUS *n. m.* Orifice de la dernière portion de l'intestin (rectum). Au regard des fesses rebondies et charnues qui l'entourent, il apparaît comme un trou noir. (C'est le fameux « trou du cul ».) Bouche du bas qui répond à la bouche du haut ; comme elle, il s'ouvre et se ferme à volonté, ou presque. Fermé serré, l'anus a autant de plis que le soleil de rayons.

◆ ☛ Le canal digestif commence avec la bouche qui, en s'ouvrant, permet l'introduction de la nourriture et il se termine après un long parcours de plus de 7 m avec l'anus, à travers lequel les selles sont expulsées. *Voir Rectum, Sphincter, Tube.*

AORTE *n. f.* Tuyau de première nécessité.

◆ ☛ L'aorte est la plus grande artère du corps, elle part du ventricule gauche du cœur. Avec ses ramifications collatérales, elle distribue le sang artériel (c'est-à-dire oxygéné) à tout l'organisme. La première partie de l'aorte est ascendante et elle dédie deux artères coronaires à la paroi du cœur, ensuite elle forme un arc duquel partent, en couple, les artères pour le cou et la tête, et pour les membres supérieurs. Elle continue, descendante, en parcourant le thorax et l'abdomen, et continue à se ramifier aux intestins jusqu'à se diviser au niveau du bassin en deux grosses artères iliaques qui continuent dans les membres inférieurs. Depuis l'aorte partent également des ramifications pour les os, les viscères, les muscles et la peau. *Voir Artère, Circulation, Cœur, Sang.*

AOÛT *n. m.* Mois où le corps est le plus chaud, enfin, par chez nous.

APESANTEUR *n. f.* Fait de ne plus être soumis à la gravité. Touché ainsi par la légèreté, l'homme se déplace drôlement.

APLOMB *n. m.* Façon de se tenir debout et de répartir son poids. *Avoir un bon aplomb* : avoir de l'équilibre.

APNÉE *n. f.* Temps mort dans le jeu de la respiration, parenthèse momentanée, très utile sous l'eau. En apnée, on vit sur ses réserves d'oxygène. *Voir Respiration.*

APONÉVROSE *n. f.* Gaine spéciale pour muscle rouge, plutôt blanche.

◆ ☛ Bandes fibreuses qui enveloppent les muscles et qui ont pour objectif de les ancrer au squelette et de leur empêcher les déplacements latéraux quand ils se contractent. On appelle improprement aponévrose les terminaisons tendineuses des muscles aplatis (par exemple celles des muscles abdominaux).

APOPHYSE *n. f.* Protubérance, saillie à la surface d'un os, qui sert à l'insertion de muscles ou de jonction entre deux os. *Apophyses des vertèbres, apophyse zygomatique. Voir Zygomatique.*

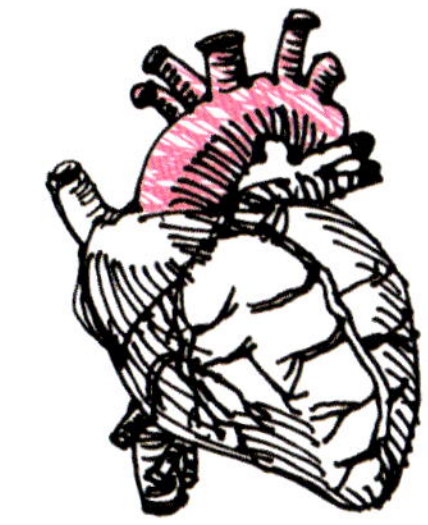

13. Aorte *in situ*.

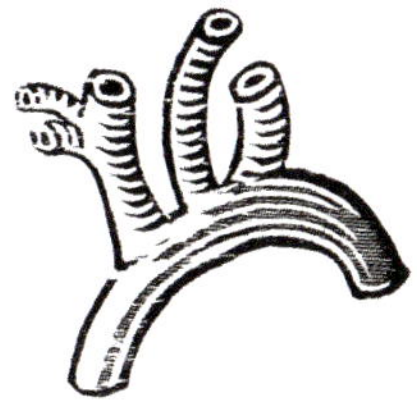

14. Crosse de l'aorte.

15. Femme en apesanteur et jupe volante.

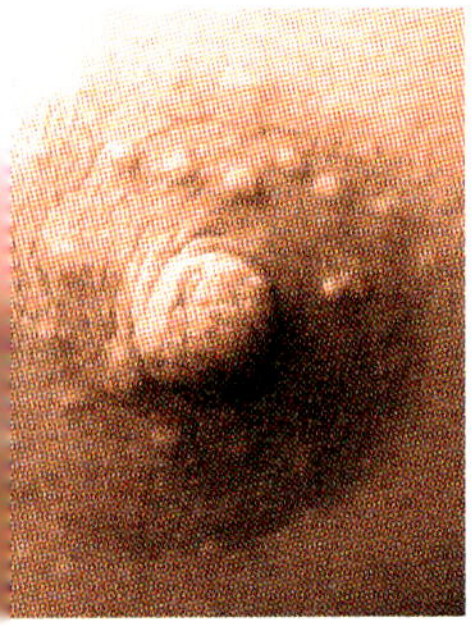

16. Aréole de femme brune.

APPAREIL *n. m.* **1** ◆ Ensemble des organes qui entrent en jeu par équipe pour faire tourner les mécaniques du corps humain. *L'appareil digestif, téléphonique.* **2** ◆ *Dans le plus simple appareil* : tout nu. **3** ◆ Prothèse artificielle qui vient compléter l'équipement naturel : appareil dentaire pour égayer le sourire des préadolescents ou des plus anciens.

◆ ☞ Groupe d'organes qui concourent à exercer une même fonction (par exemple, l'appareil de la respiration, de la reproduction, etc.). *Voir Organe.*

APPENDICE *n. m.* Prolongement subalterne d'un organe.

ARÉOLE *n. f.* Jardin circulaire du téton, au beau milieu du sein. L'aréole peut avoir différentes couleurs, selon la pigmentation de la peau, et différentes largeurs, comme le bouclier ou le chapeau. *Voir Mamelon, Sein, Téton.*

18. Assise au soleil.

ARTÈRE *n. f.* Grande voie principale qui traverse le corps d'un bout à l'autre et active la circulation.

◆ ☞ Vaisseau sanguin qui transporte le sang oxygéné (sang artériel) depuis le cœur jusqu'aux tissus. Chaque artère se ramifie en vaisseaux toujours plus petits (artérioles) jusqu'à devenir capillaires. C'est au niveau des capillaires qu'ont lieu la cession d'oxygène depuis le sang vers les tissus et le rejet de l'anhydride carbonique (CO_2) depuis les tissus vers le sang. Les capillaires continuent après dans des veinules et veines de taille toujours plus grande qui reconduisent le sang au cœur. *Voir Aorte, Capillaire, Sang, Vaisseau, Veine.*

17. Artères.

ARTICULATION *n. f.* Lien fort qui unit des os entre eux – et du coup tout le reste – et qui cependant permet plus ou moins le jeu du mouvement. *Faire jouer ses articulations* : se désarticuler comme un pantin. *« Les bras m'en tombent. »* (SUPERMAN)

◆ ☞ L'articulation définit le mouvement entre les extrémités de deux os. À la hanche correspond par exemple l'articulation entre l'os du fémur et celui du bassin. Les os y prennent une forme qui favorise le glissement harmonieux entre eux. L'extrémité du fémur est une sphère pleine (une forme sphéroïdale) et elle se combine avec la surface articulaire du bassin, dite « acétabule ». Ce dernier, lui, a la forme d'une sphère creuse. Le mouvement entre ces deux os peut s'opérer dans toutes les directions : en avant (flexion), en arrière (extension), en dehors (abduction), en dedans (adduction), en rotation sur lui-même (torsion), en fronde (lance-pierre). Dans d'autres articulations, les extrémités osseuses ont des formes différentes : articulation à poulie, à selle… Pour chacune d'elles, seuls certains mouvements sont possibles. *Voir Mouvement, Os, Squelette.*

ASSIS, E *adj.* Se dit du corps quand il est plié en deux, en appui sur son séant. On peut s'asseoir par terre ou sur une chaise. Les jambes peuvent être alors rabattues, tendues ou ballantes. Les genoux serrés ou pas. Assis, le haut du corps gagne en précision dans ses gestes, et le bas du corps des fourmis dans les pieds. Assis, debout, couché, sont les trois positions principales adoptées par l'homme et par son chien. *« À trop rester assis, on s'ennuie du courant d'air. »* (ARTHUR RIMBAUD) *Voir Position.*

ASTRAGALE *n. m.* Petit os non négligeable. L'astragale et son collègue le calcanéum sont les deux os sur lesquels l'homme au sens large peut compter pour se tenir debout.
◆ ☛ L'astragale fait partie des os du pied. Ceux-ci sont au nombre de 26, disposés en trois groupes distincts : ils forment, du talon aux orteils, le tarse, le métatarse et les phalanges. L'astragale avec le calcanéum (os du talon) et cinq autres petits os forment le tarse et représentent la base d'appui de tout le corps. Avec l'astragale s'articulent les extrémités inférieures des os de la jambe, le tibia et le péroné. Par sa forme de trochlée (poulie), l'astragale favorise les mouvements du pied, de flexion, d'extension et d'inclinaison latérale. ***Voir Calcanéum, Os, Pied.***

ATHLÈTE *n.* Homme ou femme sportif de haut vol, pourvu d'un corps à la mesure de l'effort à fournir. Qui s'exerce avec discipline à l'athlétisme. *Par ext., Un corps d'athlète* : très bien fait, musclé, plein de force. ***Voir Sport.***

ATLAS *n. m.* Vertèbre repose-tête de première importance. L'atlas puis l'axis débutent la colonne vertébrale.
◆ ☛ Première vertèbre de la colonne vertébrale sur laquelle s'appuie le crâne. Elle tient son nom du géant Atlas qui, selon la mythologie, soutenait le monde sur ses épaules. ***Voir Colonne vertébrale, Tête, Vertèbre.***

ATROPHIE *n. f.* Réduction de la dimension d'un organe ou d'un muscle qui devient plus petit par manque de fonctionnement ou par paresse. *« Quand on m'a retiré mon plâtre, ma jambe était tout atrophiée, mais pas ma langue. »* (Colette) ***Voir Légume, Muscle, Organe.***

ATTENDRIR *v. tr.* **1**◆ Rendre plus tendre, en parlant de la chair ou du sentiment. Ce n'est pas en tapant dessus qu'on attendrit un corps, contrairement à l'escalope. Ceci dit, on peut quand même faire mariner quelqu'un, quelque temps. **2**◆ Rendre moins dur, plus sensible, plus réceptif à l'émotion. *« Son récit chercha désespérément à l'attendrir, en vain. »* (Victor Hugo)

ATTITUDE *n. f.* Posture du corps que l'on prend volontairement ou non, façon de se tenir et de se présenter. *Syn.* Maintien, port, pose, position. *Attitude agressive, déplacée, hautaine, réservée.* ***Voir Allure, Corps, Maintien, Pose, Position, Posture, Visage.***

AURICULAIRE *n. m.* Cinquième doigt de la main, en partant du pouce. Celui que l'on glisse dans l'oreille. *« Mon petit doigt m'a dit… »* (Anonyme) ***Voir Annulaire, Doigt, Index, Main, Majeur, Pouce.***

AUSCULTATION *n. f.* Écoute du corps. Si l'examen pratiqué très sérieusement par le docteur pour apprécier les bruits normaux ou anormaux du cœur ou du poumon est capital, l'auscultation pour jouer ne prête pas à conséquence, quoique.

AVALER *v. tr.* **1**◆ Faire entrer dans son propre corps, par la bouche, un corps étranger, de taille et de consistance variables. Cela va de la graine de sésame à la carotte entière. Jusqu'au risque d'étouffement, non négligeable chez les petits. **2**◆ Avaler, ingérer, c'est aussi faire sien un petit bout du monde. Dans la prime enfance, il y a une période où tout est bon pour porter à sa bouche n'importe quoi, d'une cacahuète à une petite cuillère, ou pire. Il faut prendre garde à ces expériences limites qui, en principe, ne durent qu'un temps. Le geste d'avaler se fait grâce à la déglutition. **3**◆ *Faire avaler* : faire accepter, faire croire n'importe quoi. *« Il cherche à me faire avaler la pilule en m'amadouant mais ça ne prend pas. »* (Bérénice) ***Voir Bouche, Déglutition, Langue, Pharynx.***

AVANT-BRAS *n. m.* Partie du bras ou partie avant le bras, selon qu'on a tort ou raison.
◆ ☛ L'avant-bras est la partie du membre supérieur qui va du poignet au coude. ***Voir Bras.***

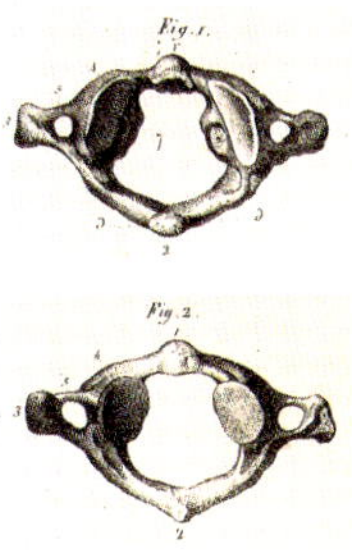

19. Atlas, dessus, dessous, Jules Cloquet, *Anatomie de l'homme*, 1828.

20. Auscultation au coquillage souvent prescrite par la mère.
21. Auscultation immédiate (à l'oreille).

Batman berçant une blessée belge devant l'hôpital Bichat

BAIGNER *v. tr.* **1**◆ Tremper tout le corps ou seulement une partie du corps dans un liquide chaud ou froid, voire tiède. Faire prendre un bain, quel qu'il soit : bain de mer, bain d'air, bain de foule, bain de pieds, bain de boue, bain de lait, bain d'algues ou d'orties. **2**◆ *v. pr.* Se baigner, se plonger dans l'eau. *« Elle aimait à se baigner dans la mare glacée. »* (Alphonse de Lamartine). ***Voir Bain.***

BÂILLER *v. intr.* Ouvrir lentement et largement la bouche, sans l'avoir voulu, sous l'effet de la fatigue, de la faim ou de l'ennui. En bâillant fort, on se décroche facilement la mâchoire. *« Églantine bâillait d'ennui en l'écoutant se déclarer. »* (Comtesse de Ségur)

BAIN *n. m.* **1**◆ Le fait de se baigner. *Prendre un bon bain.* **2**◆ *Bain de bouche* : où la langue clapote dans l'eau des dents. **3**◆ *Bain de soleil* : où l'on trempe totalement dans le soleil. **4**◆ *Bain de foule* : où l'on se noie. ***Voir Baigner.***

BAISER *n. m.* Geste d'effusion, de tendresse ou d'amour que l'on porte à l'autre à divers endroits du corps, en posant ses lèvres sur sa peau. La bouche s'emploie dans le baiser, qui peut être bavard (surtout si on n'a pas sa langue dans la poche). Il en existe de nombreuses variétés, du baisemain au baiser baveux, collant, sonore, volé, tendre, profond… Jusqu'au baiser sur la bouche. Quoi qu'il en soit, le baiser se donne et ne se reprend jamais. *Syn.* Bise, bisou. *Voir planche VIII.* ***Voir Bouche, Langue, Lèvre, Salive.***

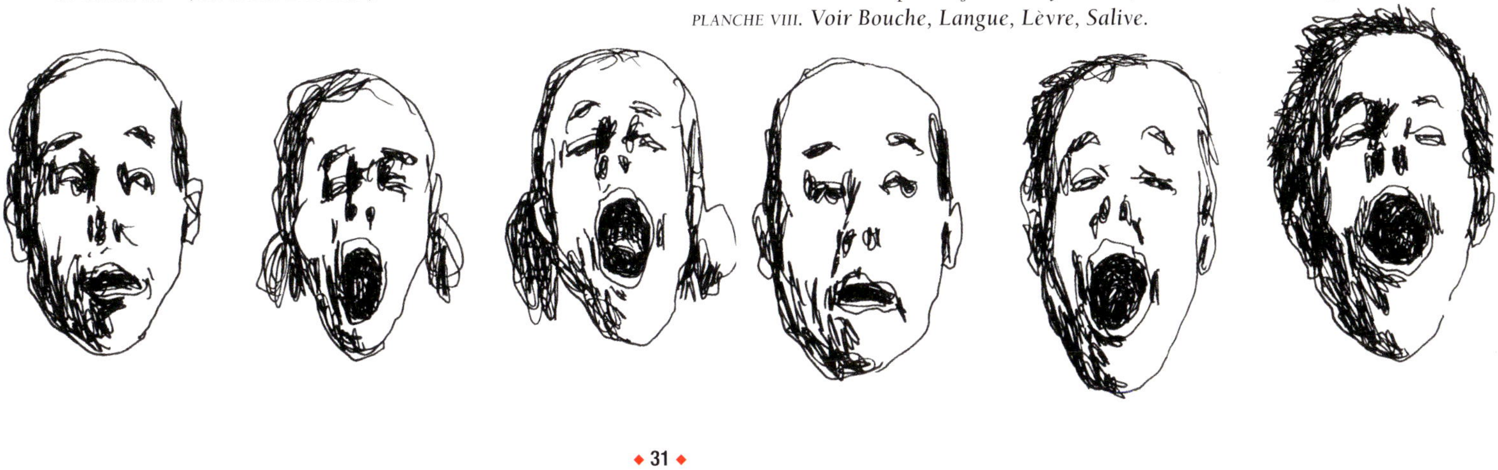

22. Bâillements contagieux.

BAISER *v. tr.* **1**◆ Déposer un baiser, toujours avec les lèvres. **2**◆ *Fam.* Quand on embrasse avec légèreté, insouciance, on dit encore baisoter, à droite, à gauche. *Voir planche viii.*

BALLANT, E *adj.* Se dit des bras ou des jambes qu'on laisse pendre en toute décontraction. Les bras ballants, on a rapidement l'air bête. Petit, on a souvent les jambes ballantes assis sur une chaise où l'on s'ennuie. Alors qu'en faisant de la balançoire, c'est si délicieux.

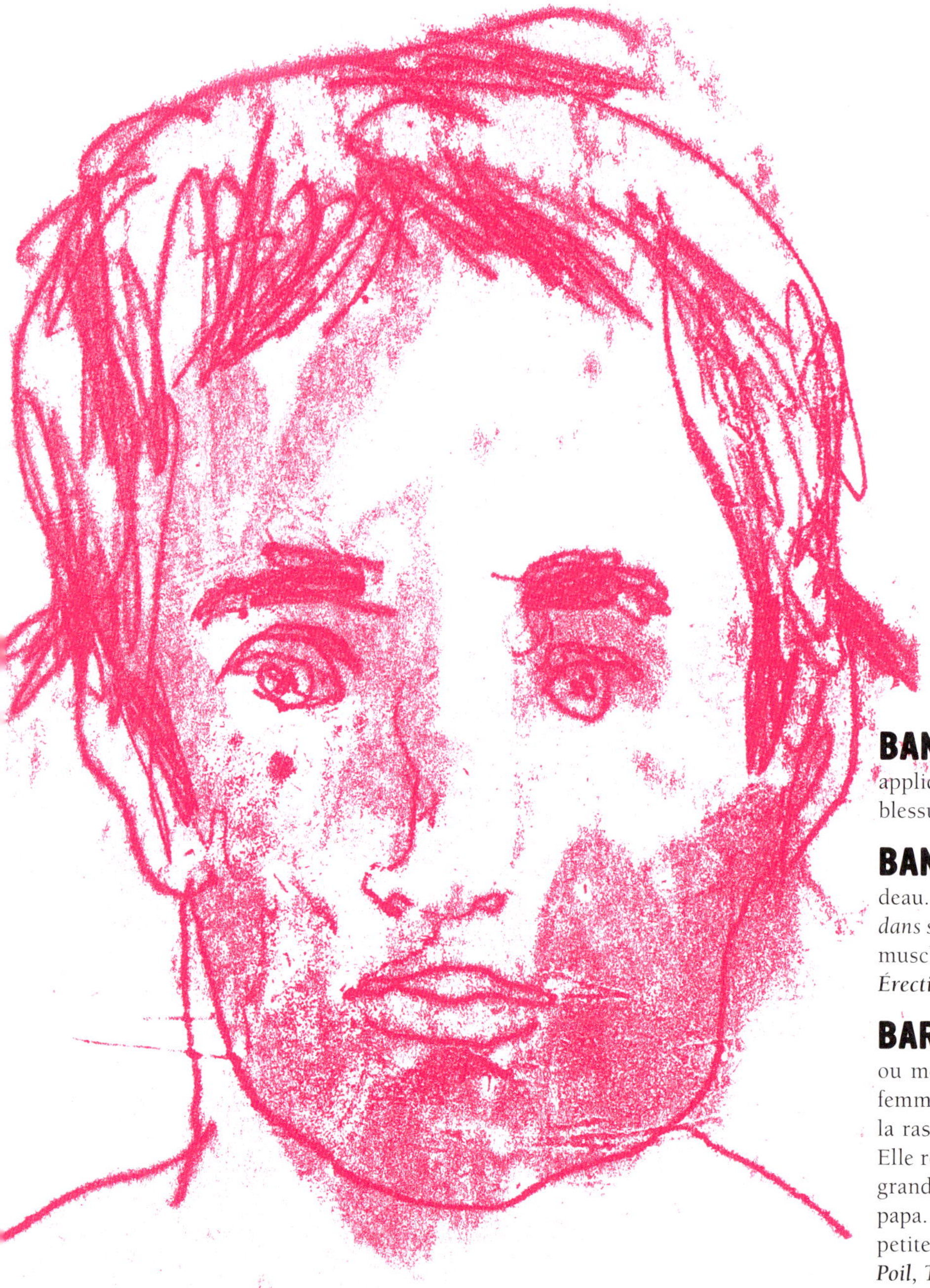

23. Jeune barbe dite « five o'clock shadows ».

24. Deux exemples de bandages postmodernes.

BANDAGE *n. m.* Ensemble des bandes de tissu qui sont appliquées en pansement ou en écharpe pour protéger une blessure ou soutenir un membre.

BANDER *v. tr.* **1**◆ Mettre un bandage, couvrir d'un bandeau. *« Sophie lui banda les yeux pour jouer à colin-maillard dans son jardin. »* (Choderlos de Laclos). **2**◆ *Fig.* Tendre ses muscles (pour l'effort). **3**◆ *Fam.* Être en érection. ***Voir Érection, Phallus, Sexe.***

BARBE *n. f.* Touffe de poils qui entoure le menton, plus ou moins la joue et la bouche des hommes, parfois des femmes (plus rare). Elle peut piquer ou être douce. On la rase, plus ou moins, selon le lieu, l'histoire et l'heure. Elle repousse, toujours, drue. Elle offre aux hommes une grande variété de camouflages. Sucrée, rose, c'est la barbe à papa. Bleue, c'est dangereux. Poivre et sel, en salade. Toute petite, c'est la barbichette. *Voir planche ix.* ***Voir Menton, Poil, Touffe.***

Planche viii : Deux baisers, à deux stades de la chose

Planche IX : Barbes à trucs

1. À picots Crèvecœur.

2. En pic sauvage.

3. À cône parfait.

4. En éventail Padoue.

5. En touffe.

6. À faux-fuyants.

7. À bouc émissaire.

8. En beau sapin.

9. En plein mistral.

25. Bébé-crevette.

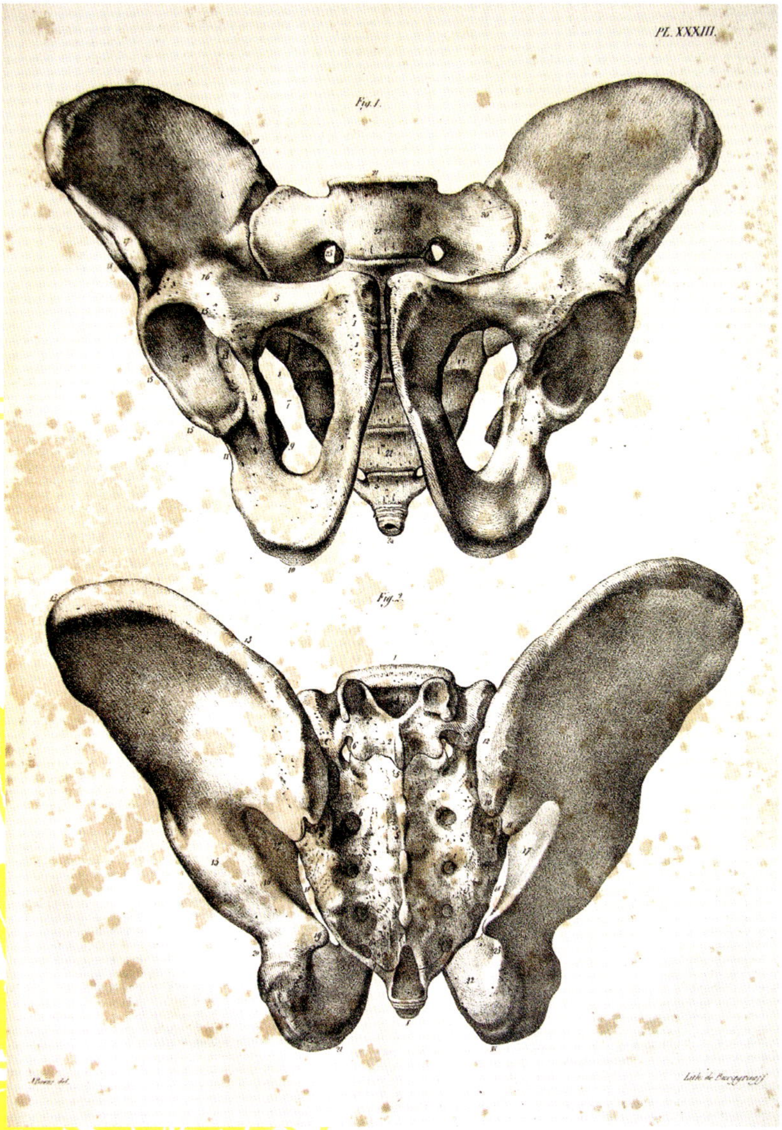

26. Bassin de face et de dos, Jules Cloquet, *Anatomie de l'homme*, 1828.

BASSIN *n. m.* Solide port d'attache des deux jambes, cuvette trouée et osseuse de l'abdomen.
◆ ☛ Le bassin (en latin *pelvis*) est la partie inférieure du tronc qui ferme la cavité abdominale. Il est constitué par les os du sacrum et du coccyx à l'arrière, et par deux os iliaques sur les côtés et sur l'avant. Ces derniers s'y réunissent et correspondent au pubis. Les os qui forment le bassin sont identiques chez l'homme et chez la femme. Toutefois, le bassin de cette dernière est moins solide, moins massif et a un diamètre transversal plus important que celui de l'homme qui, lui, a une plus grande extension verticale. ***Voir Hanche, Iliaque, Pubis, Sacrum.***

BAS-VENTRE *n. m.* Le bas du ventre, le plus souvent caché dans la culotte. ***Voir Ventre.***

BEAU, BELLE *adj.* Qui fait part de sa beauté. Qui flatte l'œil. Dont le corps répond à des sous-entendus. *Un beau garçon, un bel homme, une belle fille, un beau visage, de belles dents, de beaux genoux, de belles fesses…* ***Voir Affreux, Joli, Laid, Magnifique.***

BÉBÉ *n. m.* **1** ◆ *Zool.* Petit d'homme et de femme aussi. **2** ◆ Chez l'homme, le bébé marche tard, avant il gesticule, va à quatre pattes et braille. Il n'en est pas moins adorable. Pas autonome pour quoi que ce soit, il passe tous ses premiers mois à dormir, manger, dormir, manger, dormir, manger…, cependant qu'il s'habitue très vite à être le centre du monde. Très susceptible, il contracte facilement des rougeurs. **3** ◆ On naît bébé et on le reste plus ou moins longtemps. C'est selon : certains à 1 an sont déjà de véritables aventuriers alors que d'autres à 25 ans ont encore du mal à quitter leur mère. Il est très courant d'entendre s'extasier dans la contemplation des bébés alors que, franchement, ils sont plutôt pourvus de proportions ingrates. Très grosse tête, peu de cou, ventre commençant directement sous les bras et exagérément rebondi, nombril ressorti, yeux mi-clos, petites pattes. Leurs mains et leurs pieds en revanche sont des merveilles de précision. **4** ◆ On compte l'âge du bébé en jours puis en mois. Fragile, il fait l'objet d'attentions constantes mais il est potentiellement une grande personne. *Voir planche X.*

BICÉPHALE *adj.* Qui a deux têtes (rare).

BICEPS *n. m.* Le plus fameux des muscles du bras et de Popeye, qui se contracte pour le plaisir, sans jouer les durs. Pour rire, on gonfle les biscoteaux. *« Oh, chéri, serre-moi fort dans tes bras. »* (Olive)
◆ ☛ Le biceps est le muscle le plus actif et le plus fort dans la flexion de l'avant-bras sur le bras. On l'appelle ainsi parce qu'il est formé par deux incertions musculaires distinctes qui partent de l'omoplate et descendent vers l'avant-bras en s'unissant en un seul muscle qui s'insère à son tour dans le radius. Le biceps confère une certaine rondeur au bras, bien visible quand il est contracté, comme quand on soulève un poids avec le bras devant soi. ***Voir Bras, Muscle, Triceps.***

Planche x : Bébé Céleste à 8 semaines

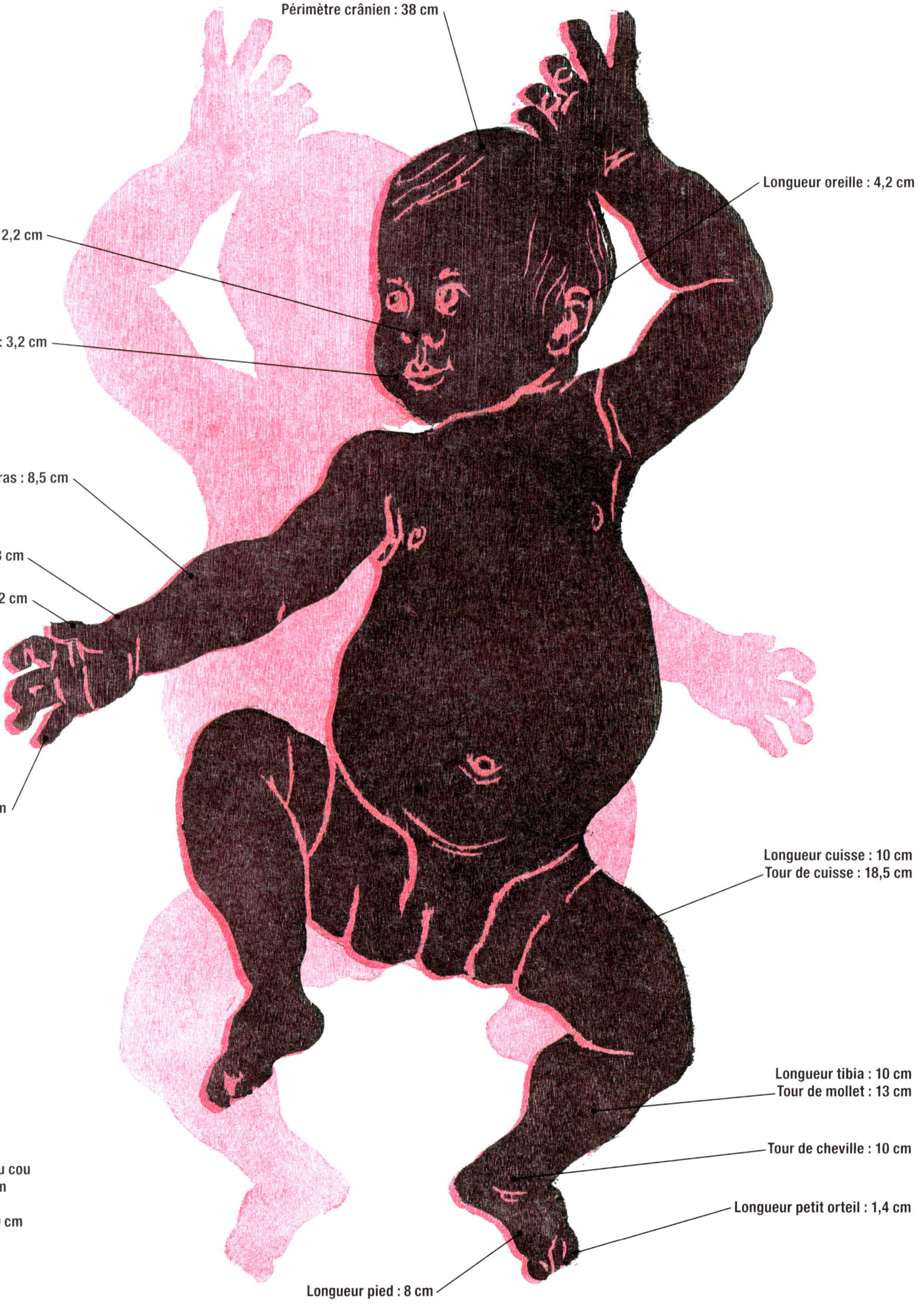

Taille : 55 cm

Envergure : 54 cm

Longueur torse (du cou au nombril) : 20 cm

Tour abdomen : 39 cm

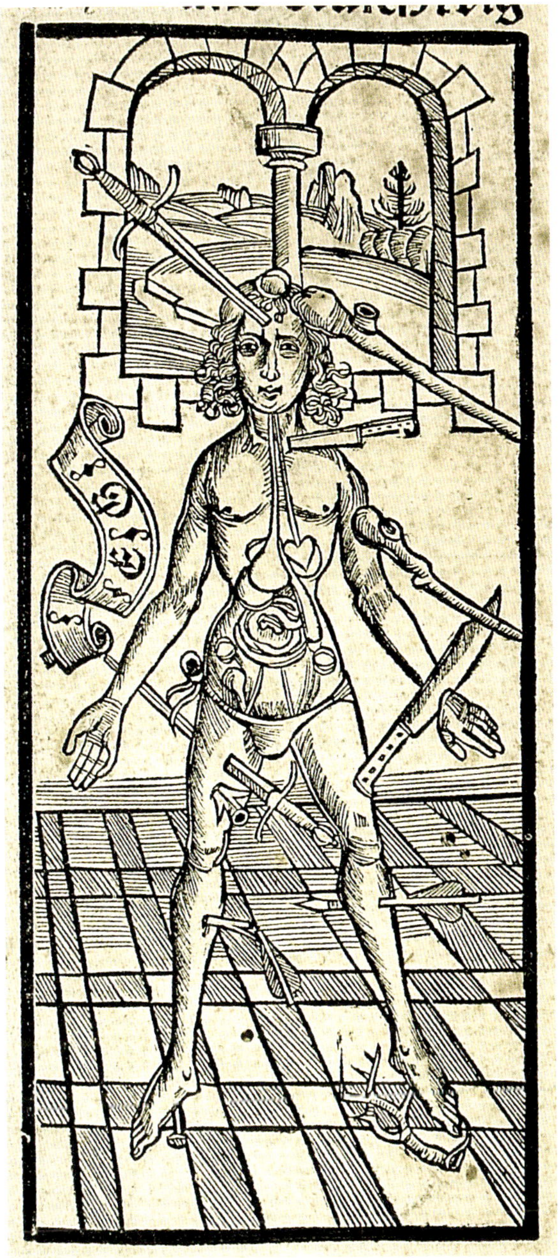

BILE *n. f.* **1**◆ Liquide jaunâtre et visqueux qui provient d'un travail difficile du foie et qui est stocké dans la vésicule biliaire, avant de partir pour le duodénum lors de la digestion. La bile a un goût amer, ce qu'on découvre à ses dépens quand on vomit. **2**◆ *Hist.* Dans les premiers temps de la médecine, la bile faisait partie des humeurs, ces fluides qui gouvernaient le corps. La bile jaune était l'humeur de la colère, la bile noire (atrabile) celle de la mélancolie. *« Ah, vous, Messire, qui m'échauffez inutilement la bile avec vos sornettes. »* (Voltaire) **3**◆ *Fig. Se faire de la bile* : être soucieux, s'inquiéter. *« Arrêtons de nous faire de la bile pour tout. »* (Anonyme) ***Voir Foie, Humeurs.***

BLESSURE *n. f.* Fente de peau, peine de cœur qui atteint le corps à son endroit. *Blessure mortelle* : qui nous aura. ***Voir Mortel.***

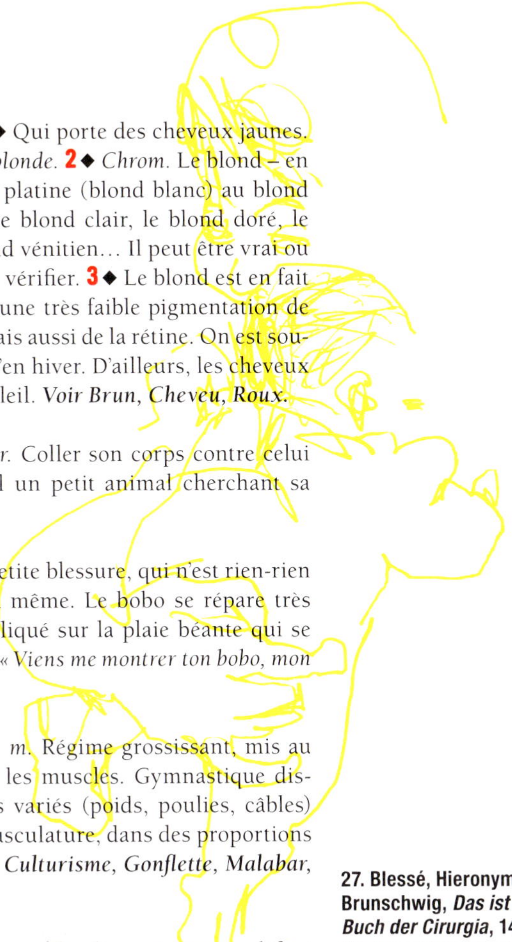

BLOND, E *adj.* et *n.* **1**◆ Qui porte des cheveux jaunes. *Un grand blond, une belle blonde.* **2**◆ *Chrom.* Le blond – en tant que couleur – va du platine (blond blanc) au blond châtain, en passant par le blond clair, le blond doré, le blond croustillant, le blond vénitien… Il peut être vrai ou faux, et c'est assez facile à vérifier. **3**◆ Le blond est en fait un individu qui possède une très faible pigmentation de la peau et des cheveux, mais aussi de la rétine. On est souvent plus blond enfant qu'en hiver. D'ailleurs, les cheveux blonds éclaircissent au soleil. ***Voir Brun, Cheveu, Roux.***

BLOTTIR (SE) *v. pr.* Coller son corps contre celui d'une autre personne, tel un petit animal cherchant sa chaleur.

BOBO *n. m.* Toutoute petite blessure, qui n'est rien-rien mais fait très mal quand même. Le bobo se répare très bien d'un bisou bien appliqué sur la plaie béante qui se referme immédiatement. *« Viens me montrer ton bobo, mon chéri. »* (Mamie)

BODYBUILDING *n. m.* Régime grossissant, mis au point spécialement pour les muscles. Gymnastique disciplinaire avec ustensiles variés (poids, poulies, câbles) visant à développer sa musculature, dans des proportions qui laissent pantois. ***Voir Culturisme, Gonflette, Malabar, Muscle.***

BOITER *v. intr.* Marcher en claudiquant, avec un défaut d'appui, toujours du même côté.

27. Blessé, Hieronymus Brunschwig, *Das ist das Buch der Cirurgia*, 1497.
28. Jeune fille blonde.

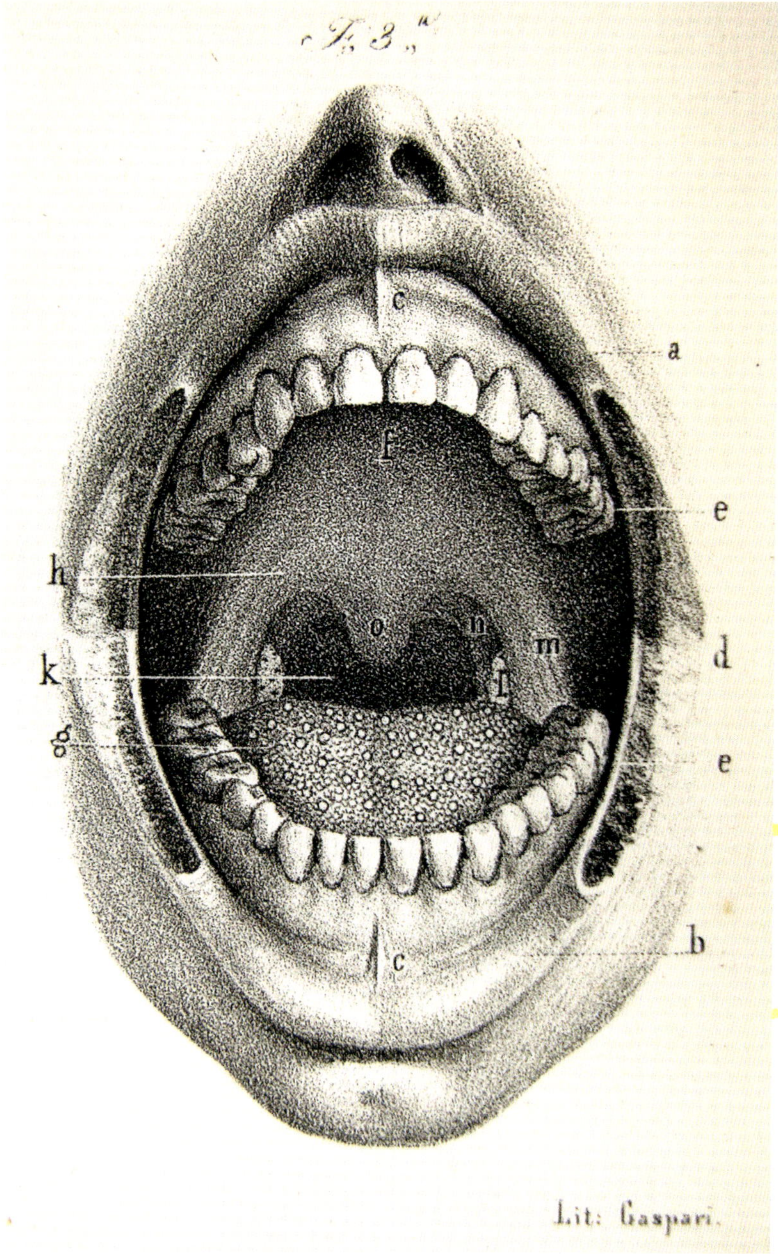

29. **Bouche ouverte, Calori, *Tavole anatomiche*, 1850.**
30. **Premier bonhomme de Jasmine.**

BONDIR *v. intr.* **1**◆ Se jeter dans une direction en faisant un bond, un saut. On bondit plutôt spontanément vers l'avant ou de côté, plus rarement en arrière. Cela nécessite un gros effort musculaire, en contraction puis en extension. **2**◆ *Fig.* Réagir très promptement à quelque chose, à une parole, un bruit, sans pour autant sauter en l'air.

BONHOMME *n. m.* **1**◆ Représentation humaine à mi-chemin entre la grenouille et l'Apollon qui est le premier dessin figuratif fait par les enfants. **2**◆ *Péj.* Dessin d'enfant, en général. **3**◆ *Anc.* Un homme bon. **4**◆ *Fam.* Un homme qu'on ne connaît pas, aperçu de loin ou vaguement. *« J'ai vu un bonhomme au bout de la jetée, puis il est tombé à l'eau. »* (ANONYME)

BORGNE *adj.* et *n.* Personne qui n'a qu'un œil, soit parce qu'elle l'a perdu, soit parce qu'il est caché. Attention, un cyclope ne doit pas être borgne. *Voir Œil.*

BOUCHE *n. f.* **1**◆ Fente magique du visage. Fenêtre de la face qui donne directement sur le dedans, avec vue sur le gouffre, et sur le monde du dehors. La bouche s'ouvre et se ferme. Elle est bien gardée par deux lèvres. Haut lieu de la mastication et de la réflexion (à condition de prendre le temps de tourner sept fois sa langue avant de parler), c'est à la fois le laboratoire du goût et de la langue, la fabrique des mots et de la parole. Ceci dit, la vérité ne sort pas de la bouche des enfants. **2**◆ *Bouche bée* : restant ouverte de stupeur. **3**◆ *Bouche pleine* : avant d'avaler. **4**◆ *Bouche cousue* : qui refuse de s'ouvrir. *« Ouvre la bouche ! »* (GARGANTUA)
◆ ☛ La bouche constitue la première partie de l'appareil digestif et de l'appareil respiratoire. À travers la bouche, la nourriture est dirigée par la langue vers l'arrière dans le pharynx puis en passant par l'œsophage elle descend dans l'estomac.
La bouche est une cavité ovoïde avec deux parois latérales (les joues), une voûte (le palais), et un sol sur lequel s'insère la langue. Les lèvres forment la paroi antérieure et, bouche fermée, scellent parfaitement la cavité. La paroi postérieure est constituée par le voile du palais qui, étant mobile, se soulève quand la nourriture passe de la bouche au pharynx. Pendant la respiration nasale, au contraire, il se baisse pour permettre à l'air de descendre des fosses nasales dans le larynx. Outre la langue, la bouche contient deux arcades dentaires, supérieure et inférieure, et reçoit la salive. Ses fonctions sont nombreuses. Quand la nourriture est introduite dans la bouche, la langue la pousse sur les côtés pour qu'elle soit mâchée par les dents. Simultanément, la salive produite par les glandes salivaires aide à la réduire en bouillie, jusqu'au moment où la langue elle-même la pousse vers l'arrière pour qu'elle puisse être déglutie dans le pharynx. La nourriture réduite en bouillie est dite « bol alimentaire ». Malaxée, elle libère tous ses goûts. Ils sont, pour une part, reconnus par les papilles gustatives distribuées sur toute la surface de la langue (le sucré, l'amer, le salé, l'acide). D'autre part, ils sont exhalés en une variété infinie d'arômes vers la muqueuse olfactive des fosses nasales. La bouche, avec les fosses nasales, est aussi la première partie de l'appareil respiratoire. Sa fonction ici est de permettre le passage de l'air qui descend vers les poumons (inspiration) et de celui qui remonte des poumons à la bouche (expiration). C'est pendant cette phase d'expiration que sont prononcés les mots. L'air des poumons remonte dans la trachée puis dans le larynx où les cordes vocales, en se rapprochant et en se tendant ou vice versa, génèrent les ondes sonores. À l'arrivée de l'onde sonore dans la cavité buccale, la contraction des lèvres, des joues et du voile du palais ainsi que les différents mouvements de la langue concourent tous à articuler la parole. *VOIR PLANCHE XI. Voir Dent, Digestif, Goût, Joue, Langue, Larynx, Lèvre, Luette, Palais, Pharynx, Rictus, Salive, Sourire.*

Planche xi : Bouches variées à la Bertillon

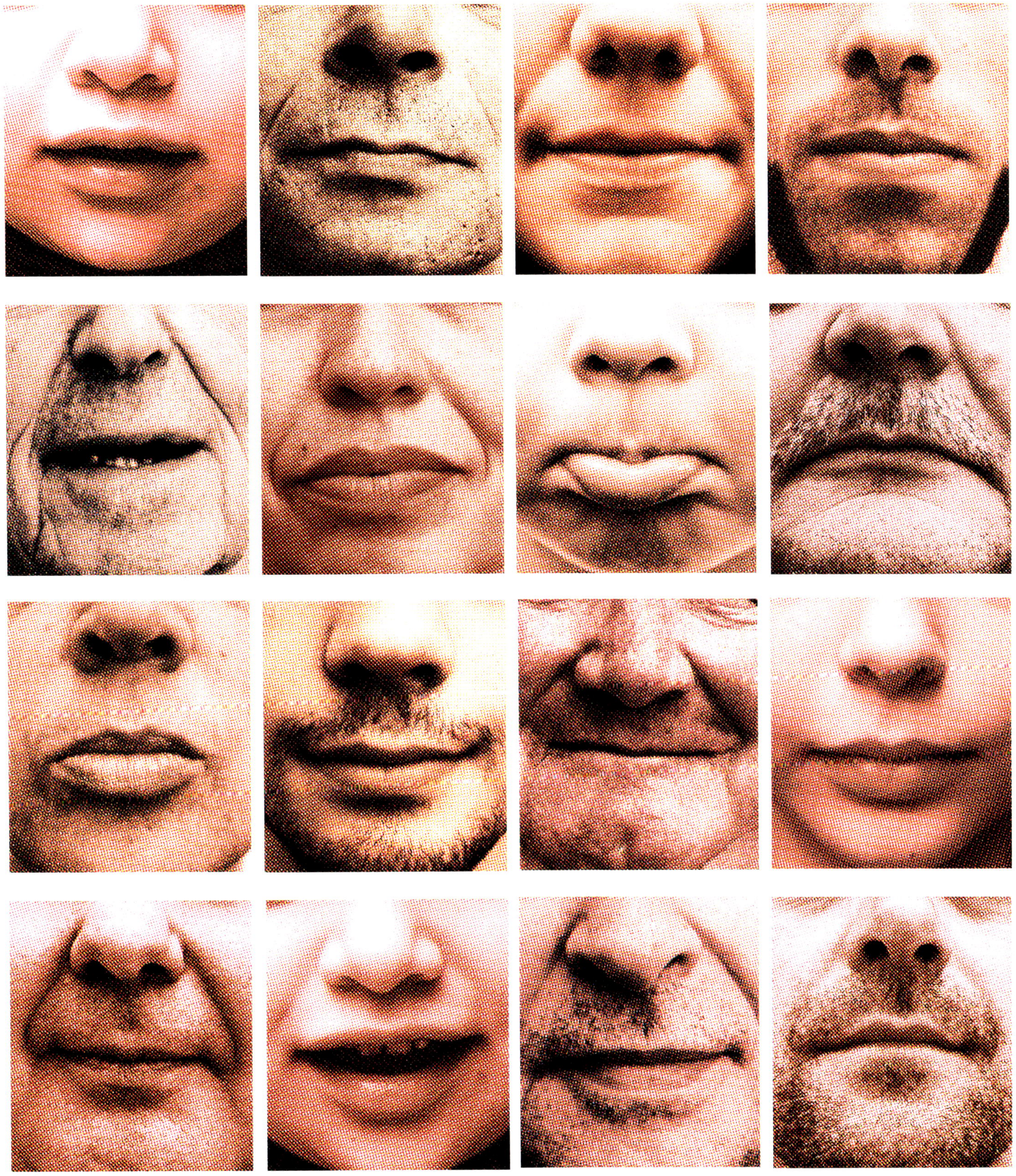

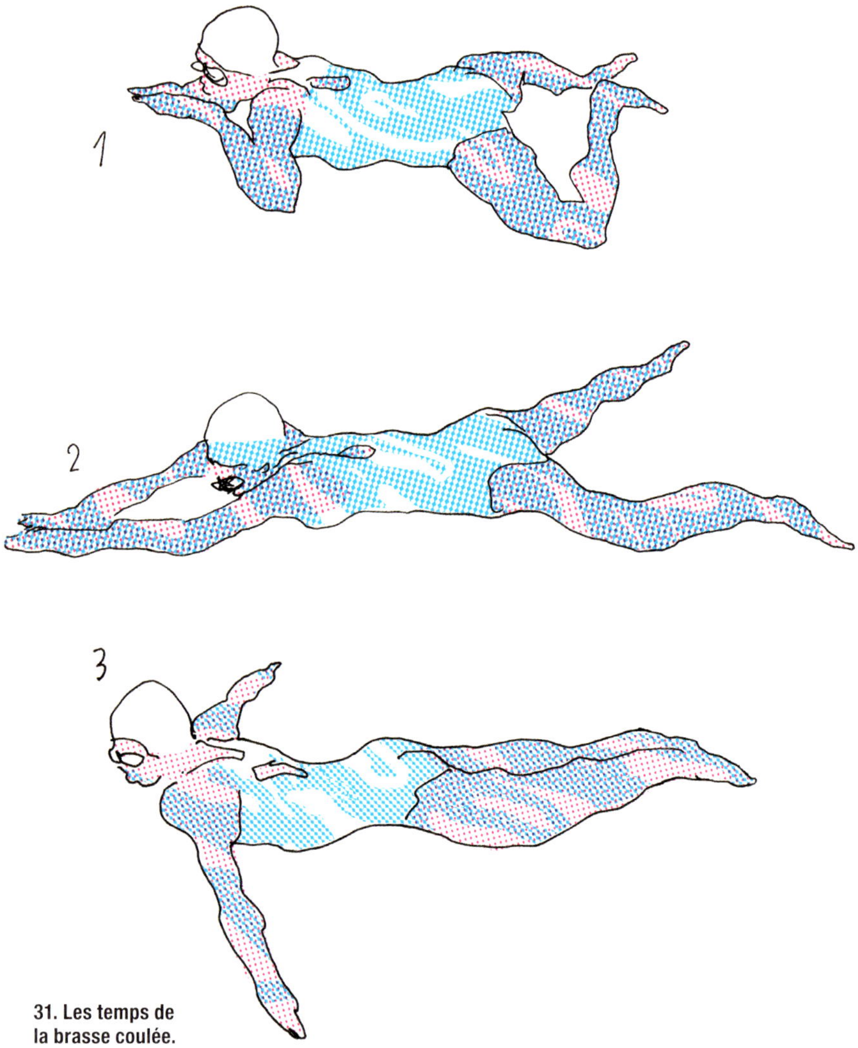

31. Les temps de la brasse coulée.

BOUCHE-À-BOUCHE *n. m.* Manœuvre de survie qui cherche à déclencher artificiellement la respiration afin de ranimer une personne en créant un appel d'air. Pour un bouche-à-bouche efficace, il faut bien évidemment boucher le nez. *Pratiquer le bouche-à-bouche.*

BOUCHE À OREILLE *n. m.* **1**◆ Manœuvre de bavard à l'ancienne qui répand des paroles directement dans l'oreille d'autrui, sans passer par un téléphone. **2**◆ Bruit qui court. Information qui circule sans cesse de l'un à l'autre telle une mouche en été.

BOURRELET *n. m.* Repli de peau quand le gras l'emporte sur la ligne. Les bourrelets se trouvent plutôt à certains endroits du corps, là où la chair s'épanouit. Gonflé, le bourrelet n'est pas creux. ***Voir Graisse, Gras, Gros, Obèse.***

BOURSE *n. f.* **1**◆ Petite poche du corps où l'on range son argent, ou tout autre objet de valeur. **2**◆ Enveloppe protectrice, sac. *Bourses synoviales des articulations.* **3**◆ *Total. Les bourses* : paquets-cadeaux des testicules. **4**◆ *La bourse ou la vie* : choix crucial. ***Voir Scrotum, Testicule.***

BOUTON *n. m.* **1**◆ Petite protubérance de la peau, excroissance jamais très ragoûtante et qui donne rarement naissance à une fleur. **2**◆ Alerte rouge ou « clignotant » du corps, le bouton dénonce comme il peut une réaction de l'organisme, irritation, allergie, maladie ou encore énervement, qui crève l'écran de la peau et ne s'interrompt pas lorsqu'on appuie dessus. Le bouton peut se déclarer seul ou faire légion, c'est selon. *Éruption de boutons.* **3**◆ Il y a autant de variétés de boutons que de poissons dans la mer. *Bouton-sur-ton* : déguisé et discret. *Bouton-d'or. Bouton-repoussoir* : qui commande la fuite. *Bouton-beurre* : qui séduit. *Bouton de fièvre* : qui se déshabille sans pudeur, mais ne se déboutonne pas à volonté. Certains sont contagieux, d'autres s'attrapent au vol. **4**◆ *Fam. Se boutonner par-derrière* : attraper des boutons dans le dos. *« Rien que de la voir, ça me donne des boutons ! »* (Gibus) ***Voir Acné, Furoncle, Pustule.***

BOYAUX *n. m. plur. Fam.* Tubes de l'intestin, façon boucherie. Toujours au pluriel, dans ce cas. *« Ce film me retourne les boyaux. »* (Jean-Luc Godard) ***Voir Entrailles, Intestin, Tube, Viscères.***

BRAS *n. m.* **1**◆ *Impr.* Membre supérieur, pour le tronc commun, qui va de l'épaule à la main, en opposition au membre inférieur. Les bras sont deux, sauf contre-ordre. *Les bras le long du corps, bras croisés.* Segment du corps propre à embrasser. *Prendre dans ses bras. « Elle le prit dans ses bras, l'étreignit dans un souffle. »* (Flaubert) *Bras dessus, bras dessous* : emmêlés d'amitié. **2**◆ *Avoir le bras long* : être un personnage influent. **3**◆ *Bras droit* : second du chef. **4**◆ *Prendre à bras-le-corps* : s'investir à fond, à ne pas confondre avec « à pleines mains ».

◆ ☛ En anatomie, le bras représente le segment du membre supérieur qui s'étend de l'épaule au coude. Après lui, il y a l'avant-bras, le poignet et la main. ***Voir Avant-bras, Ballant, Biceps, Membre, Triceps.***

BRASSE *n. f.* Une des nages les plus connues et souvent la première que l'on apprend, sur le ventre, la tête la première. *Nager la brasse. Brassée coulée* : la tête dedans. *La grande brasse* : dans le grand bain. *Brasse papillon* : d'une fleur à l'autre. *Brasse indienne* : pour sauver les plumes. ***Voir Bain, Nager.***

Planche XII : Bronches, à plein tube

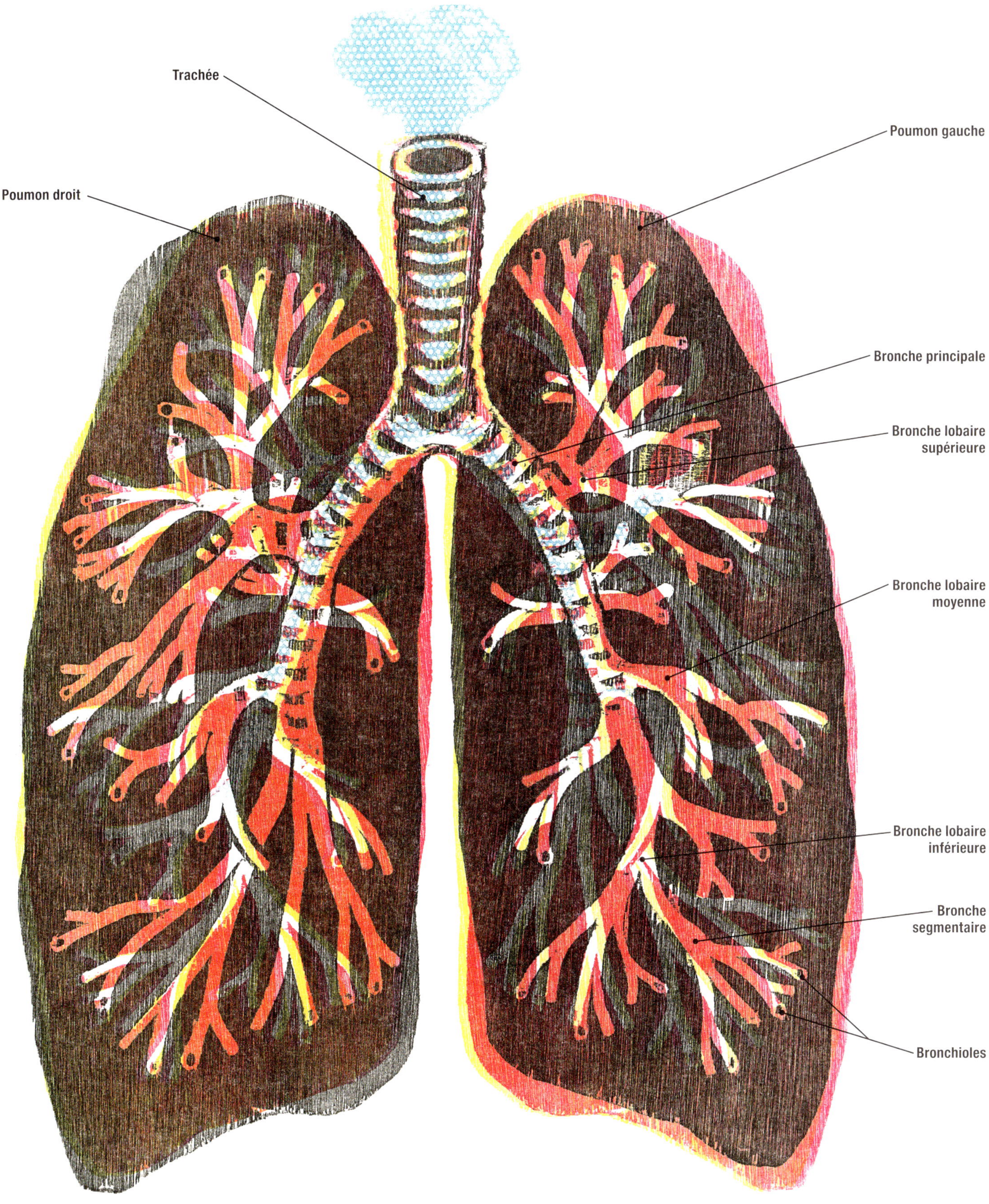

BRONCHE *n. f.* Sauf-conduit du poumon qui ne manque pas d'air. Arborescence de la respiration qui a la tête en bas et fait partie d'une grande famille.

◆ ☛ Les bronches sont les conduits de l'arbre respiratoire qui débutent avec la division de la trachée et qui, en se ramifiant en des conduits toujours plus petits, finissent dans les alvéoles pulmonaires. De la trachée naissent deux bronches principales débouchant dans les deux poumons. De chaque bronche principale naissent des bronches de premier ordre qui se ramifient chacune successivement en bronches lobaires (lobes pulmonaires), bronches de second ordre pour les « segments » de chaque lobe pulmonaire (bronches segmentaires), bronches lobulaires, bronches intralobulaires, et enfin en bronchioles terminales qui s'ouvrent dans les alvéoles. La paroi de ces ramifications est rigidifiée par des anneaux de cartilage qui maintiennent la bronche toujours ouverte. C'est pourquoi dans l'inspiration l'air atteint facilement les alvéoles où se passe l'échange d'oxygène. De nombreuses glandes qui sécrètent du mucus sont annexées aux ramifications bronchiales. La surface intérieure des bronches et des bronchioles est pourvue en outre de nombreux cils qui, par leur mouvement actif vers la trachée, permettent l'expulsion du mucus et avec lui de la poussière atmosphérique introduite pendant la respiration. *Voir planche XII.* ***Voir Alvéole, Mucus, Poumon, Trachée.***

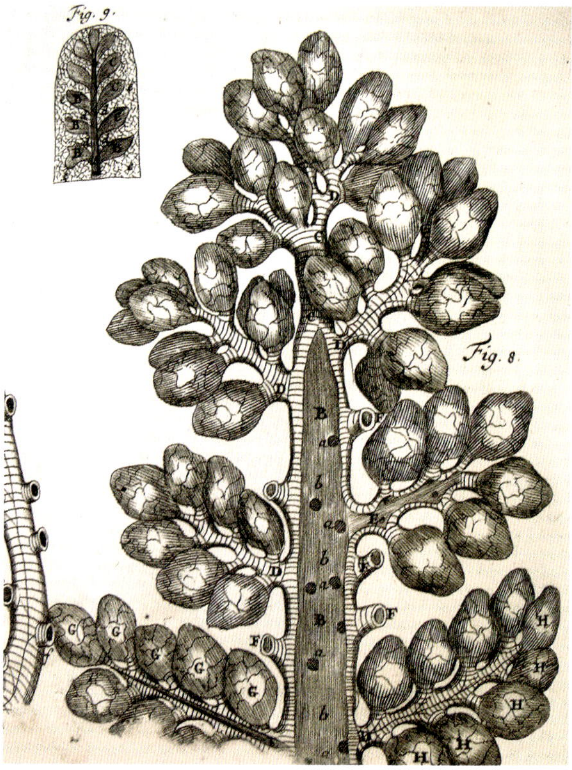

32. Bronches lobaires, Mangetus, *Theatrum Anatomicum*, 1716.

BRONZAGE *n. m.* Fait de bronzer, exactement, sous le soleil. Son résultat, le hâle. *Bronzage doré, cuivré, cramé.* Marques de bronzage, coup de soleil, cloques.

BRONZER *v. intr.* **1**◆ Laisser le soleil de façon nonchalante ou non vous dorer la pilule jusqu'à l'obtention d'une belle couleur orangée ou pire. Or, la peau bronze, sans pour autant virer au vert. **2**◆ Compter sur le soleil pour changer de couleur de peau, toujours en fonçant. *Syn.* Brunir. *« Swann, allongé sur son rocher, se laissait bronzer tout offert. »* (Marcel Proust) **3**◆ *Prendre un bain de soleil.* ***Voir Hâlé.***

BRUN, E *adj.* et *n.* **1**◆ L'homme brun n'est pas roux, il n'est pas noir non plus, il est marron, le pauvre. **2**◆ Qui n'est pas blond, loin de là. Le brun du cheveu – la couleur – peut être brun foncé, brun cuivré, brun poivré, brun châtain, brun terne. **3**◆ Teint brun, peau prune et joue abricot. **4**◆ *Un beau brun ténébreux. « Une jolie brune l'attendait dehors. »* (André Gide) ***Voir Blond, Cheveu, Roux.***

BUSTE *n. m.* **1**◆ Partie supérieure du tronc mettant en valeur les épaules, la moitié de la poitrine, détachant le cou et présentant la tête. **2**◆ *Hist.* Autrefois, c'était la partie du corps mise en relief chez la femme comme chez l'homme, pour offrir le visage, considéré comme le siège de la beauté. Le bas du corps, sous la ceinture, était négligé. Ce n'est que plus tard qu'on a fait des portraits « en pied ». ***Voir Poitrine, Tronc.***

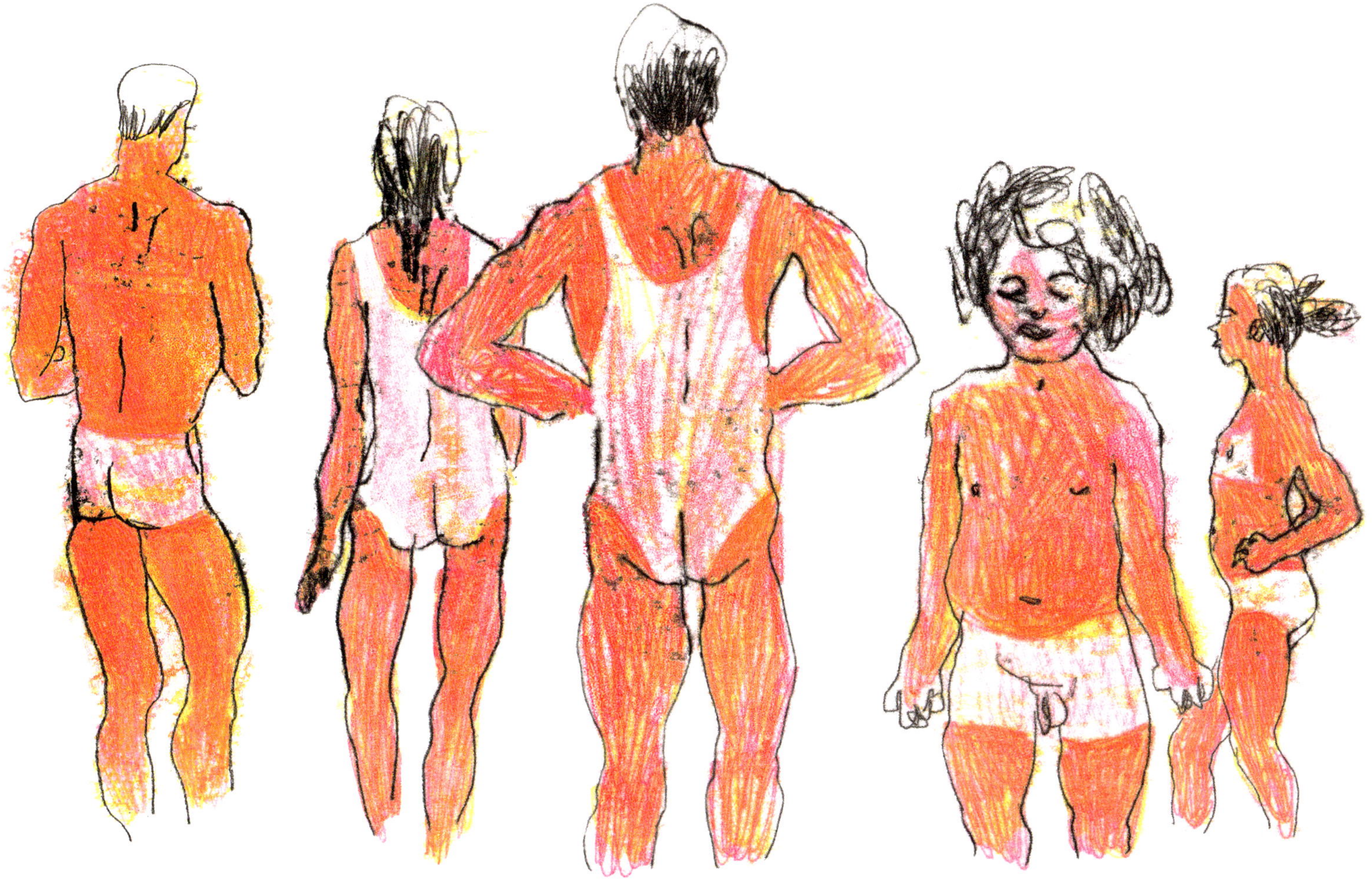

33. Bronzages, différents résultats.

Corps nu d'échevelée courant sans chichi

CACHE-NEZ *n. m.* Écharpe destinée à recouvrir l'appendice nasal en cas de grand froid. *Voir Nez.*

CACHE-SEXE *n. m.* **1**◆ Morceau de tissu rudimentaire, feuille d'arbre ou autre, utilisé spécialement pour dissimuler le sexe au regard. Moins qu'un slip ou qu'une culotte. **2**◆ *Art.* Pendant longtemps, en peinture ou en sculpture, l'usage voulait qu'on applique en guise de cache-sexe des feuilles de vigne à la préciosité un peu ridicule sur le bas-ventre des corps qui étaient représentes nus. À l'automne, le rouge magnifique des feuilles de vigne ne faisait qu'échauffer les esprits. Durant l'hiver, elles devenaient totalement inefficaces. Aujourd'hui, les musées regorgent de corps peints dans leur plus simple appareil. *« Cachez ce sexe que je ne saurais voir. »* (ÈVE) *Voir Corps, Sexe.*

CADAVRE *n. m.* **1**◆ Corps mort. **2**◆ Si le mort ne parle pas, son cadavre dit malgré tout le moment où la mort est survenue. Tout d'abord le corps, flasque, se refroidit avant d'être gagné par la pâleur. Puis vient la rigidité cadavérique, et enfin le ramollissement dû à la production des enzymes qui provoquent la décomposition du corps. **3**◆ Le cadavre exquis n'est pas celui qui est délicieux, mais celui qui s'écrit, se dessine et garde l'esprit bien vivant et libre, voire Breton. *Voir Anatomie, Corps, Dissection, Livide, Mort.*

CAGE THORACIQUE *n. f.* Sorte de cage très raffinée faite en os, construite pour protéger certains des organes les plus précieux : le cœur et les poumons. On notera que le cerveau et le bassin bénéficient également d'armures de protection d'une fabrication différente.

◆ ☛ La cage thoracique est la portion squelettique du tronc. Elle s'étend de la base du cou au bas des côtes. Elle est composée des douze vertèbres dorsales, des douze côtes dont chaque extrémité est cartilagineuse et du sternum. Elle a la forme d'un cône tronqué ouvert au sommet pour permettre le passage des vaisseaux artériels montant du cœur vers les membres supérieurs et la tête, des vaisseaux veineux et lymphatiques y descendant, de la trachée et de l'œsophage. À sa base, la cage thoracique est fermée par le diaphragme, un muscle en forme de coupole qui la sépare

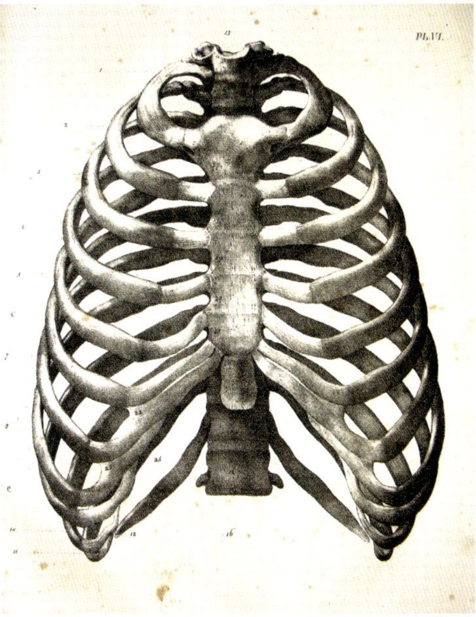

34. Cage thoracique, Jules Cloquet, *Anatomie de l'homme*, 1828.

de la cavité abdominale. Une série de muscles pris entre les côtes, dits « muscles intercostaux » externes et internes, complètent sa paroi. Cet ensemble musculaire entre en jeu dans la respiration. Lors de l'inspiration, le diaphragme, en se contractant, s'abaisse tandis que les muscles intercostaux élèvent les côtes, augmentant ainsi le volume de la cage thoracique. Ce phénomène s'accompagne d'une dilatation des poumons, produite grâce à la plèvre, membrane qui les enveloppe et dont les deux feuillets, adhérents l'un à la surface intérieure de la cage thoracique et l'autre aux poumons, renferment un vide pneumatique. La dilatation des poumons génère à son tour un vide dans les alvéoles pulmonaires et provoque une aspiraton d'air extérieur afin de rééquilibrer les pressions interne et externe. Avec la décontraction du diaphragme et des muscles intercostaux, l'air inspiré est expulsé (expiration). ***Voir Cœur, Côte, Os, Poumon, Squelette, Sternum.***

35. Canine nue.

CAGNEUX, EUSE *adj.* Se dit de mauvais aplomb, genoux et pieds orientés en dedans, qui n'ont rien à voir avec la timidité.

CALCANÉUM *n. m.* Petit os non négligeable. L'homme compte sur lui pour se tenir debout.
◆ ☛ Le calcanéum est l'os du talon, juste recouvert par la peau. Avec l'astragale et cinq autres petits os, ils forment le tarse. Il soutient tout le poids du corps. ***Voir planche LXVII. Voir Astragale, Pied, Talon.***

CANINE *n. f.* Une de nos quatre variétés de dents, empruntée au chien. La plus pointue, placée entre les incisives et les prémolaires. Les canines ont la fonction de lacérer la chair et ce, même si on est végétarien. ***Voir Dent, Incisive, Molaire.***

CANNIBALE *adj.* et *n.* Homme ou femme qui mange des individus de sa propre espèce, voire son frère, toujours avec une bonne raison. Mention spéciale à l'ogre qui mange ses propres enfants. *Par ext.* homme sauvage, féroce, cruel. *Syn.* Anthropophage. ***Voir Albinos.***

CANON *n. m.* **1**◆ Unité de mesure factice de la beauté, selon nous. **2**◆ *Art.* Règles qui dictaient les proportions des sculptures selon un idéal de beauté en vogue chez les Grecs. ***Voir Beau, Proportions.***

CAPILLAIRE *adj.* et *n. m.* **1**◆ Relatif aux cheveux. **2**◆ Aussi fin qu'un cheveu. **3**◆ Tubes les plus fins du corps, notamment les plus petits vaisseaux du système circulatoire. Là où, entre artérioles et veinules, les échanges ne tiennent en fin de compte qu'à un cheveu. ***Voir Cheveu, Vaisseau.***

CARESSE *n. f.* **1**◆ Geste d'effleurement, attouchement des plus agréables qui traduit toujours de l'affection, de la tendresse ou de l'amour. Généreuse, la caresse se donne. De l'autre, elle se reçoit, de la main ou des lèvres le plus souvent. Elle ne saisit rien de la dureté de ce monde, elle en mesure simplement la douceur du bout des doigts. **2**◆ *Par ext.* Contact très léger de la main, au menton par exemple, pour mieux réfléchir. **3**◆ *Spécialt.* Érotique, la caresse est reine aux jeux de l'amour. Avec le baiser, ce sont les deux spécialités au menu amoureux des humains. *Caresses savantes* : qui ont justement oublié d'être bêtes. Apothéose du toucher, la caresse procure autant de plaisir au caressant qu'au caressé. Elle n'est pas pour autant toujours réciproque. Si l'homme caresse son cheval, l'inverse est rare. **4**◆ *S'abandonner sous la caresse* : en toute confiance. *« C'est curieux de voir comme mon chat affectionne les caresses sur le ventre. »* (Pierre Desproges) **5**◆ *Faire des caresses, douces, appuyées, enveloppantes.* Fam. Faire des papouilles, tripoter, dans l'affection familiale. Pelotage, petites caresses qui ne mangent pas de pain. ***Voir Baiser, Coït, Étreinte, Main.***

36. Soi-disant cannibale.

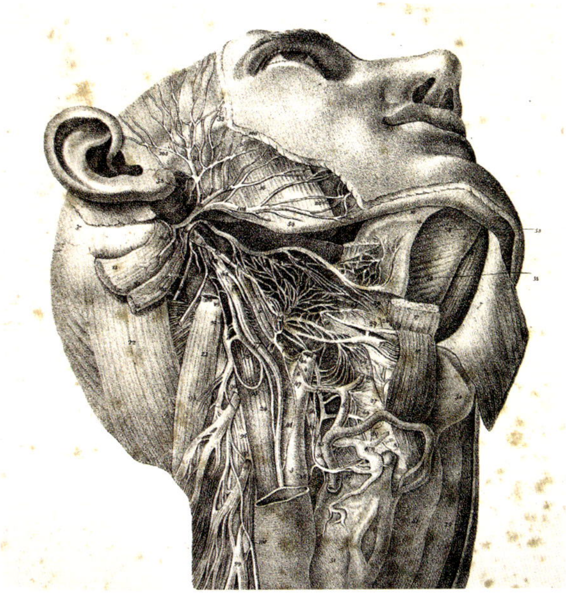

37. Carotide, Jules Cloquet, *Anatomie de l'homme*, 1828.

CARIE *n. f.* Blessure de la dent qui abîme son émail puis son ivoire en creusant un trou qui va s'agrandissant jusqu'à atteindre le nerf et faire hurler : « À mort les bonbons ! » *Voir Dent.*

CARNATION *n. f.* **1**◆ Couleur de la peau, du visage et du corps d'une personne. La carnation dit bien plus que la couleur, elle parle aussi des qualités et de la sensibilité de la peau. *« Sa carnation si fine la trahissait à la moindre émotion. »* (Choderlos de Laclos) *Syn.* Teint. **2**◆ *Peint.* Mise en couleurs du corps nu, le rendu de la carnation est un défi pour la palette du peintre. *« Les carnations aux roses sucrés jusqu'à l'indigestion des naïades de Rubens. »* (Denis Diderot) *Voir Chair, Peau, Visage.*

CAROTIDE *n. f.* Gros vaisseau vulnérable qui fait monter le sang à la tête.
◆ ☛ Les artères carotides sont les principaux vaisseaux sanguins de la tête. Elles irriguent toute la face et une grande partie de l'encéphale. À mi-cou, elles se divisent en une artère superficielle pour les tissus du visage et une artère profonde qui entre dans la cavité crânienne. À leur bifurcation, les carotides sont pourvues de deux organes récepteurs : le « sein carotidien », qui relève les variations de la pression sanguine, et le glomus carotidien, qui identifie le pH acide ou basique du sang. Ces organes importants renseignent les centres nerveux qui régulent ces valeurs. *Voir Artère, Cerveau, Encéphale, Vaisseau.*

CARRURE *n. f.* Largeur du dos de l'épaule gauche à l'épaule droite, ou bien de l'épaule droite à l'épaule gauche, par-devant ou par-derrière. *Carrure d'athlète, de gringalet. Fam.* Armoire à glace, homme de carrure très imposante.

CARTILAGE *n. m.* Agent de liaison entre deux os, ou élément du squelette, c'est selon. Élégant, plutôt blanc, translucide, résistant et souple, le cartilage nasal est rigide (voir Pinocchio), alors que celui des oreilles est élastique, ce qui permet de les tirer. *« Aye ! Mon cartilage ! Pas si fort ! »* (Monsieur Spock)
◆ ☛ Premier squelette du corps, qui est substitué par de l'os au fur et à mesure de la croissance et des années, sauf aux articulations. *Voir Os, Squelette.*

38. Pinocchio menteur.

CASTRATION *n. f.* **1**◆ Ablation ennuyeuse des testicules ou des ovaires, qui prive l'individu d'avoir des petits et une voix grave. **2**◆ *Psychan.* Complexe de castration, théorie selon laquelle le pénis – présent ou absent selon les cas – jouerait un rôle angoissant dans l'imaginaire de la prime enfance. Qui l'eût cru ? *Voir Ablation, Ovaire, Testicule.*

CELLULE *n. f.* Ingrédient de base de l'organisme, sel de la vie. Plus petit commun dénominateur de l'homme. Minuscule pièce fondamentale dans le grand château du corps, la cellule ne vit pas longtemps repliée sur elle-même.
◆ ☛ La cellule est l'unité morphologique et physiologique élémentaire des organismes vivants, animaux ou végétaux. Elle possède toutes les propriétés d'un organisme : la reproduction, l'assimilation, la respiration, la croissance, le mouvement. Sa forme de vie la plus simple est celle des éléments unicellulaires, comme les bactéries et les algues. Chez les animaux, sa forme plus évoluée a une organisation interne plus complexe. Elle est délimitée par une membrane qui renferme le cytoplasme et, dans la partie centrale, le noyau. Le cytoplasme contient beaucoup des petits organes cytoplasmatiques, ayant différentes fonctions, ainsi que des inclusions correspondant à des dépôts de substances de natures diverses (protéines, graisses, glucides…). Le noyau contient les chromosomes qui sont porteurs des caractères héréditaires, dits « gènes ». Les cellules ont des formes extrêmement variées : elles sont plutôt sphériques si elles sont suspendues dans un environnement liquide (sang). En mouvement, elles changent continuellement de forme. Elles peuvent être aplaties, cubiques, cylindriques, étoilées. Voir planche XIII. *Voir Neurone.*

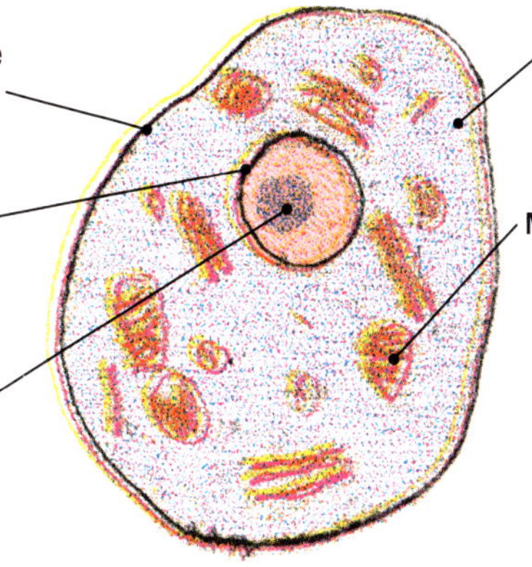

39. Cellule, vue en coupe.

PLANCHE XIII : DIFFÉRENTS TYPES DE CELLULES EN COSTUMES DE PARADE

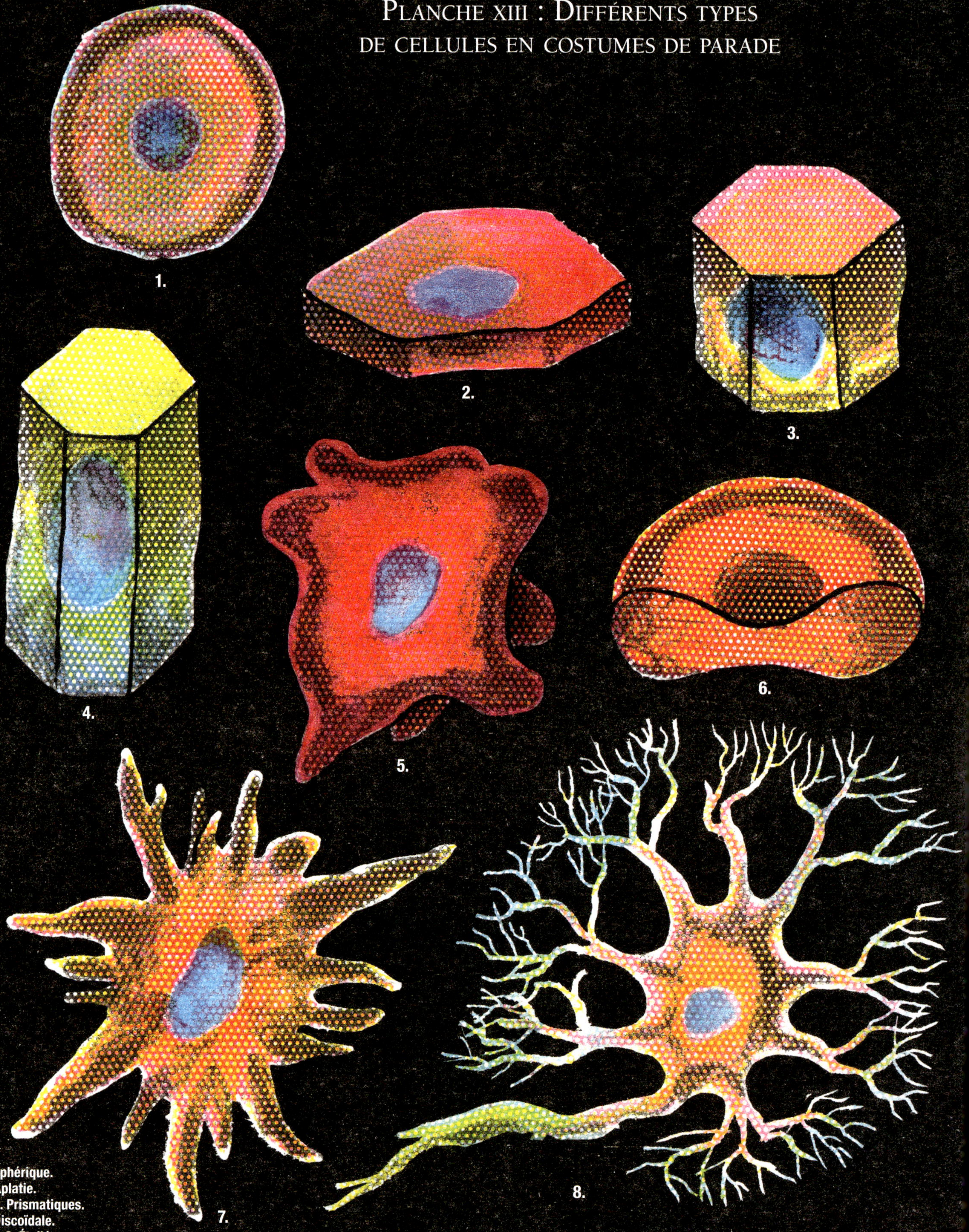

1. Sphérique.
2. Aplatie.
3, 4. Prismatiques.
6. Discoïdale.
5, 7, 8. Étoilées.

CERNE *n. m.* Petite marque de fatigue, sous l'œil et en demi-lune, comme par hasard. Les cernes vont toujours par paire, sauf chez le cyclope. *Voir Œil.*

CERVEAU *n. m.* **1**◆ Centre névralgique des opérations. **2**◆ Matière première de choix, bien rangée dans la boîte crânienne. Garant des connexions aussi bien intellectuelles que sensorielles, le cerveau ne prend que peu de vacances. Il travaillerait même la nuit, dans les rêves. Il pèse plus de 1 kg, ce qui ne dit rien de l'intelligence. Le cerveau est doté de tous les moyens de communication modernes pour s'adresser au corps, et assure également la ventilation générale. **3**◆ Chaise de la pensée, sur laquelle s'assoit toute réflexion. **4**◆ *Le cerveau de la bande* : chef des opérations.

◆ À l'intérieur du crâne se trouve l'encéphale qui comprend le cerveau proprement dit (constitué des deux hémisphères entourant le diencéphale), sous ce dernier, le tronc cérébral et derrière lui le cervelet. Dans les hémisphères cérébraux on distingue l'écorce superficielle, dite « cortex », où arrivent toutes les informations qui proviennent de l'extérieur et d'où partent les stimulations motrices. Chaque stimulation est perçue et reconnue dans une aire spécifique du cortex, comme l'aire de la douleur, des variations thermiques, des sons, des odeurs, des formes des objets, etc. Certaines aires associent une stimulation à une autre, favorisant une perception plus complète de ce qui se passe à l'extérieur. D'autres encore, les aires de la « mémoire », fixent chaque type de perception et constituent ainsi les souvenirs. Elles sont aussi le support des raisonnements. Enfin, on trouve les « aires motrices » d'où partent les stimulations pour les mouvements volontaires et involontaires. *Voir Crâne, Mémoire, Mouvement.*

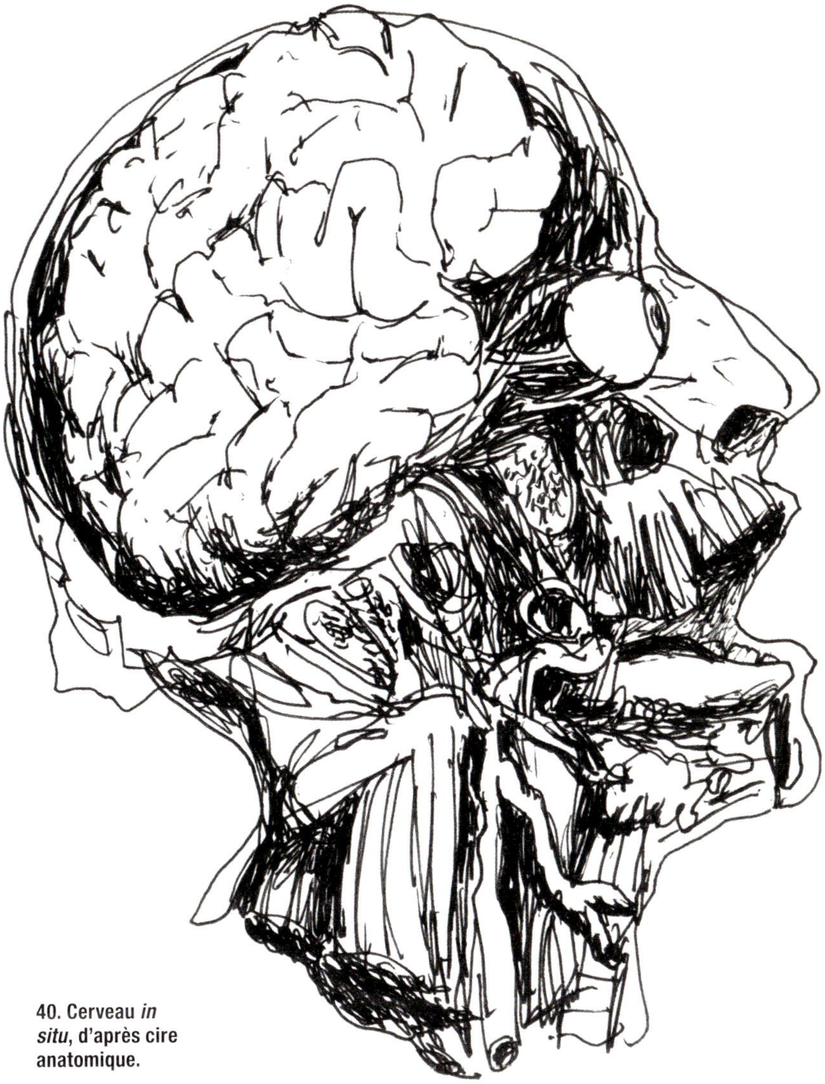

40. Cerveau *in situ*, d'après cire anatomique.

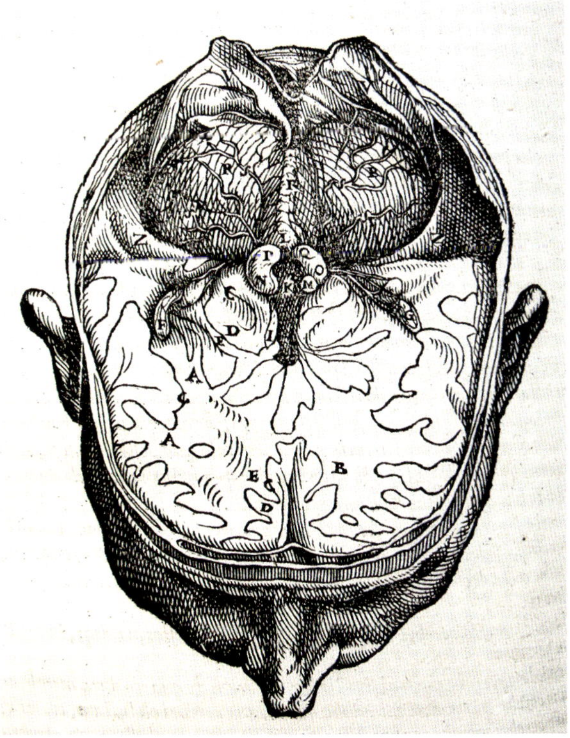

41. Cerveau, Vesalio, *De humani corporis fabrica*, 1543.

CHAIR *n. f.* **1**◆ Pulpe du corps, au plus cru et au plus chaud de sa matière même. **2**◆ Tissus mous, muscles, en opposition au squelette. **3**◆ *En chair et en os* : en vrai. **4**◆ *Chair fraîche* : enfants dont l'ogre fera son régal. **5**◆ *Couleur chair* : collant à la peau. **6**◆ *Chair de poule* : de peur ou de froid. **7**◆ *Spécialt. Chair appâtée* : chair attendrie. Pourtant ce n'est pas la chair qui est faible, c'est celui qui dit qui l'est. *« La chair est triste, hélas ! Et j'ai lu tous les livres. »* (Stéphane Mallarmé*) *Voir Carnation, Cerveau, Muscle, Peau.*

42. Triste chauve, de dos.

CHARNEL, LE *adj.* Qui se rapporte à la chair. *Contact charnel, passion charnelle.*

CHATOUILLE *n. f.* Contact vif et canaille du bout des doigts qui déclenche le rire. *Fam.* Guili-guili.

CHAUVE *adj.* et *n.* Sans cheveux. ***Voir Cheveu.***

CHEVELURE *n. f.* Ensemble de tous les cheveux qu'on a sur la tête. Crinière, en quelque sorte.

CHEVEU *n. m.* Poil spécial de la tête, chez l'homme et la femme. S'emploie en principe au pluriel, bien que la vie ne tienne souvent qu'à un cheveu. Au singulier quand il est sur la langue, comme le poil dans la main. Il y a autant de variétés de cheveux que de spaghettis : fins, cassants, souples, jaunes, gras, en pétard, raides, frisés, plats, torsadés, verts. On ne les égoutte pas, on les peigne. Il n'est pas interdit de les couper. *Voir planche XIV.* ***Voir Chauve, Chevelure, Échevelé, Hirsute, Tête.***

CHEVILLE *n. f.* **1**◆ Partie plus ou moins fine qui relie la jambe au pied, son articulation essentielle. Repère de finesse qui promet toute l'ossature, à l'égal du poignet, et qui supporte mal la vanité. **2**◆ *Fig. Arriver à la cheville de quelqu'un* : souffrir la comparaison. ***Voir Articulation, Jambe, Pied.***

44. Nathalie se démêle.

43. Cils fournis.

CHIRURGIE *n. f. Fig.* Choix de l'opération : addition, soustraction, multiplication ou division. ***Voir Ablation, Amputation, Césarienne, Greffe.***

CHROMOSOME *n. m.* Membre important de la famille de la cellule, constituant son noyau dur, au nombre de 46 chez la femme (autant pour l'homme) et portant les bijoux de l'hérédité. ***Voir Gène, Sexe, XX, XY.***

CICATRICE *n. f.* **1**◆ Trace de coup – accidentel ou chirurgical – à la surface de la peau, qui ne se gomme pas. **2**◆ Marque des braves, la cicatrice sait changer de couleur avec le temps. ***Voir Blessure.***

CICATRISTE *n. f.* Trace sur la peau d'un chagrin indélébile, la cicatriste n'est pas soluble dans l'eau salée.

CIL *n. m.* Poil spécial de l'œil, fiché au bord de la paupière, faisant clôture élégante pour le globe. Le cil bat pour séduire. ***Voir Œil, Paupière, Poil.***

CIRCULATION *n. f.* Double mouvement circulaire du sang qui d'un côté part du cœur et de l'autre y revient, par des chemins différents, en mobilisant beaucoup d'agents sur son passage. ***Voir Artère, Capillaire, Cœur, Vaisseau, Veine, Sang.***

PLANCHE XIV : GABY EN CHEVEUX

45. Cire anatomique, musée Luigi Cattaneo, Bologne, Italie.

CLOCHE-PIED (À) *loc. adv.* Façon de sautiller sur un pied en avançant. La marche à cloche-pied n'a qu'un temps. *Voir Pied.*

COCCYX *n. m.* Petit appendice osseux situé à l'extrémité du sacrum et qui se compose de quatre ou cinq vertèbres coccygiennes atrophiées. C'est la queue des mammifères et l'angoisse des grands-mères ! *Voir Os, Sacrum, Vertèbre.*

CŒUR *n. m.* **1** ◆ Organe principal dirigeant la circulation sanguine, inlassable battant. Le cœur est un muscle creux, mais pas seulement. Ses battements martèlent qu'on est vivant. **2** ◆ Organe noble, capable d'amour, de courage et de volonté. (Attention le cœur se greffe, l'amour non.) **3** ◆ *Spécialt. Opération à cœur ouvert* : dans la délicatesse de l'organe. **4** ◆ Siège des émotions. *Fig. Avoir le cœur qui bat à tout rompre* : être sous le coup de l'émotion. *Cœur brisé* : mon amour malheureux. *Bon cœur* : très généreux. **5** ◆ La poitrine. *Serrer sur son cœur.* **6** ◆ L'estomac. *Avoir mal au cœur* : avoir la nausée. Être écœuré. **7** ◆ Centre du corps. *Ce qu'on a sur le cœur* : au plus intime de soi. *« Maman, j'ai mal au cœur ! »* (James Cook)

◆ ☛ Organe central, situé entre les deux poumons. Moteur de la double circulation du sang, artérielle et veineuse, il se compose de quatre cavités, deux oreillettes et deux ventricules, le divisant en deux parties gauche et droite. Le rythme de ses battements est appelé le pouls. Voir planche xv. *Voir Amour, Artère, Circulation, Muscle, Sang, Veine.*

CIRE *n. f.* Matériau onctueux et malléable à souhait qui a été beaucoup utilisé aux XVIIe et XVIIIe siècles pour faire des moulages du corps humain afin d'enseigner l'anatomie aux étudiants en médecine. *Voir Anatomie.*

CLAVICULE *n. f.* Petit os de jonction entre le sternum et l'omoplate qui offre à l'épaule sa liberté de mouvement. *Voir Omoplate, Sternum.*

CLIN D'ŒIL *n. m.* Geste très vif d'abaissement de la paupière. Pour jouer et pour séduire, d'un seul œil. *Voir Œil.*

CLITORIS *n. m.* Point culminant du sexe féminin à l'extérieur, érectile de surcroît. Petit organe précieux au pied de la colline, dominant la vulve et les petites lèvres. Plus discret et plus petit que le gland de l'homme, il fait pourtant le maximum. La femme en a tout d'abord la jouissance. *« À bas le ciel, vive le clitoris ! »* (Anonyme) *Voir Femme, Lèvre, Nymphe, Sexe, Vulve.*

COIFFURE *n. f.* Art et manière de dompter ses cheveux en choisissant à leur place leur arrangement et leur longueur. Coiffure sophistiquée, faussement négligée, en brosse, effilée ou en coup de vent. *« La raie ou la frange ? »* (La coiffeuse). *Voir Chevelure, Cheveu, Frange, Épi, Natte, Queue, Raie, Tresse.*

COÏT *n. m.* Rapport sexuel, au sens propre. *Syn.* Copulation. Voir planches xvi et xvii. *Voir Accouplement, Baiser, Reproduction, Sexe.*

46. Coiffures au vol.

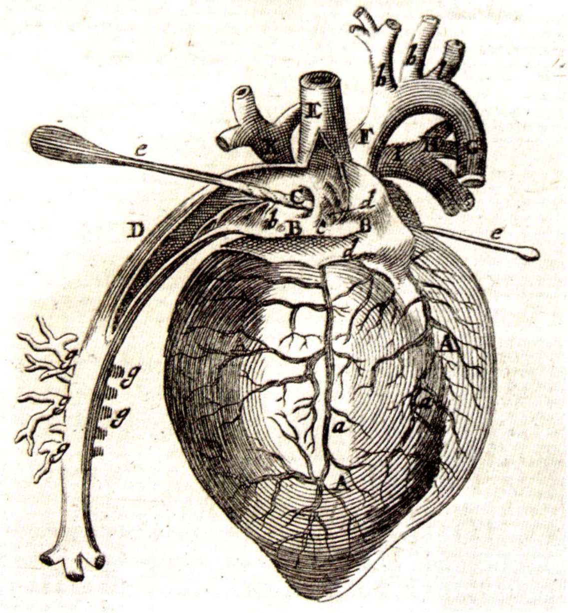

47. Coeur, Bartholini, *Anatomia reformata*, 1660.

Planche XV : Grand cœur a ses raisons

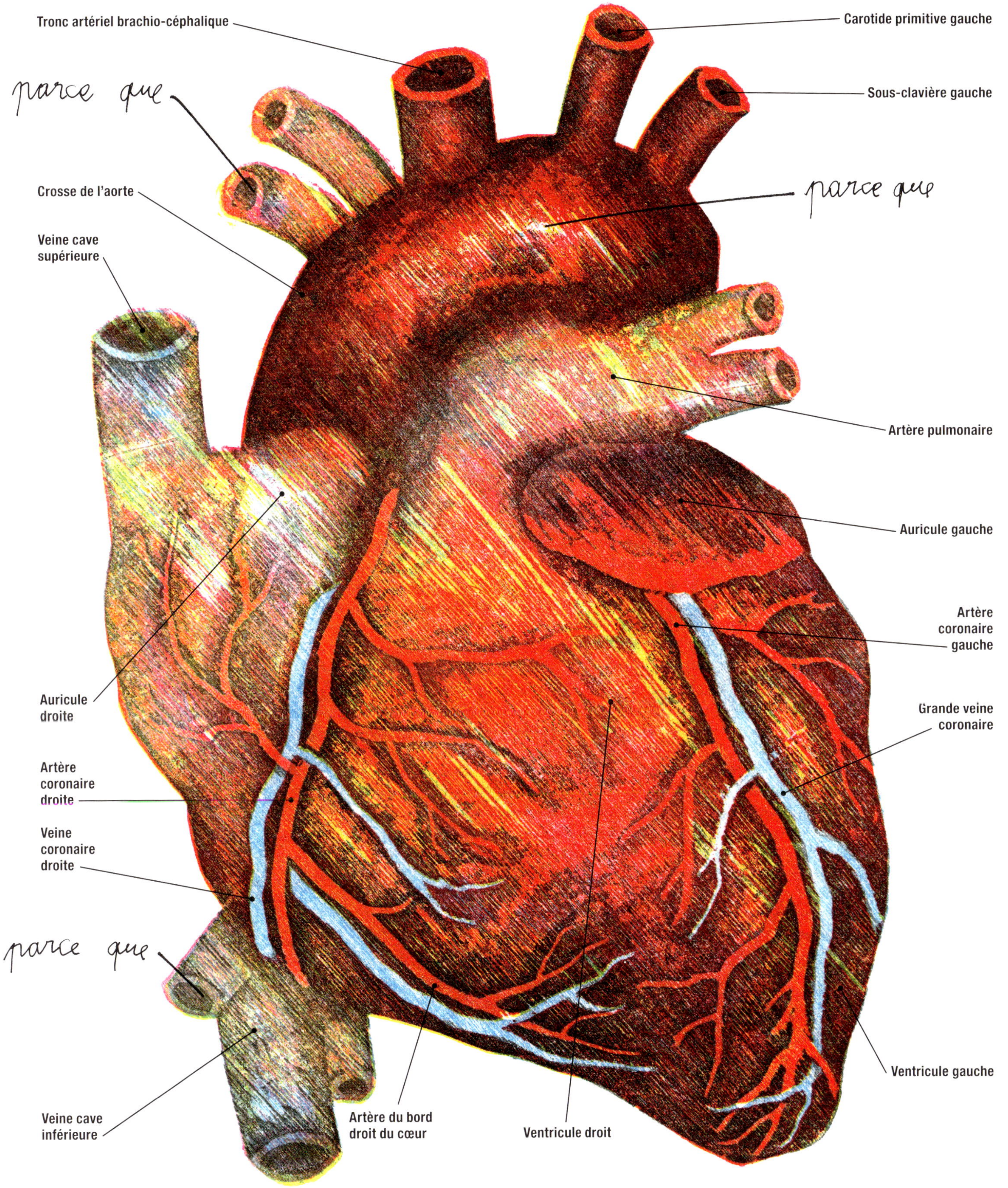

PLANCHE XVI : UN COÏT PARMI TANT D'AUTRES

Planche XVII : Un coït parmi tant d'autres

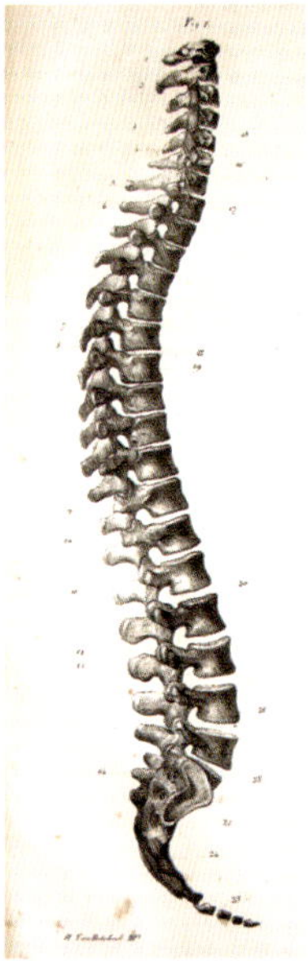

CÔLON *n. m.* Nom propre du gros intestin, qu'on détaille comme côlon ascendant, côlon transverse et côlon descendant suivant son parcours magnifique dans l'abdomen. ***Voir Intestin.***

COLONNE VERTÉBRALE *n. f.* Tige maîtresse du squelette, qui nous distingue du pantin.
◆ ☛ La colonne vertébrale est l'axe de soutien du tronc. Sa base s'articule avec les os du bassin et son sommet avec le crâne. Elle soutient la cage thoracique et s'articule avec l'os du bras, la clavicule et l'omoplate. La colonne est constituée par de simples segments osseux, les vertèbres, qui s'appuient les uns sur les autres par l'intermédiaire de disques intervertébraux. Du crâne au bassin se succèdent : sept vertèbres cervicales dans le cou, douze dorsales auxquelles s'attachent les côtes, cinq lombaires. Cinq sacrées soudées entre elles constituant le sacrum, et trois ou quatre coccygiennes. Ses courbures successives augmentent la résistance de la colonne aux pressions verticales. ***Voir Os, Tronc, Vertèbre.***

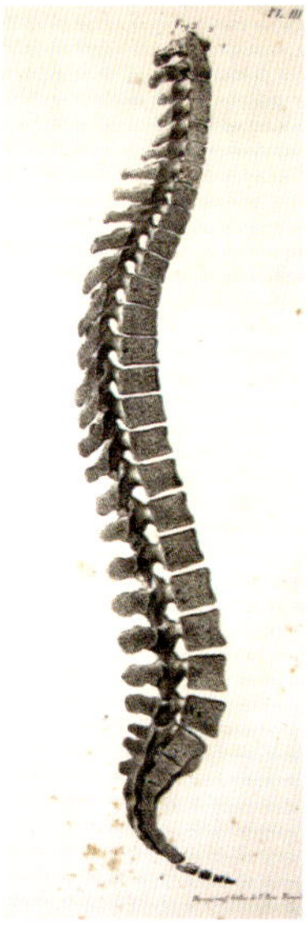

48. Colonnes vertébrales, Jules Cloquet, *Anatomie de l'homme*, 1828.

CONTORSIONNISTE *n. m.* Être qui plie son corps au-delà du raisonnable. Le contorsionniste est souple, certes, mais aussi tordu et acrobate avant tout.

CORPS *n. m.* **1**◆ Enveloppe charnelle et apparence de l'être. Organisme au grand complet à la mécanique merveilleuse. Le corps, lui, est mortel, c'est sûr. **2**◆ Corps humain, après sa mort. **3**◆ Le corps – matériel – est souvent bêtement opposé à l'esprit. **4**◆ *Loc. Avoir le diable au corps* : être en permanence la proie du désir, gouverné par ses pulsions. **5**◆ *Corps et âme* : tout entier. **6**◆ *À corps perdu* : sans réserve. **7**◆ *Sc.* Les parties du corps humain, objets d'études. ***Voir Anatomie, Chair, Esprit, Mortel.***

CORPULENT, E *adj.* Pourvu d'un grand ou gros corps. ***Voir Gros, Malabar, Obèse.***

CÔTE *n. f.* Barreau en os plat de la cage thoracique, qui en compte douze paires. Les deux dernières sont appelées flottantes, n'étant pas amarrées au sternum. ***Voir Cage thoracique, Squelette, Sternum.***

COU *n. m.* **1**◆ Partie essentielle du corps qui relie la tête au tronc, c'est tout. **2**◆ *Détail.* Le cou pris par-derrière est dans la nuque. Par-devant, à la gorge. **3**◆ *Sauter au cou* : embrasser à profusion. **4**◆ *Jusqu'au cou* : totalement. **5**◆ *Cou fin, cou double, cou droit, cou franc du collier, cou vert. « Elle se pendait à mon cou en lançant ses quilles. »* (Georges Brassens) ***Voir Carotide, Cervical, Jugulaire, Tête, Tronc.***

COUDE *n. m.* Articulation saillante entre le bras et l'avant-bras. ***Voir Articulation, Avant-bras, Bras.***

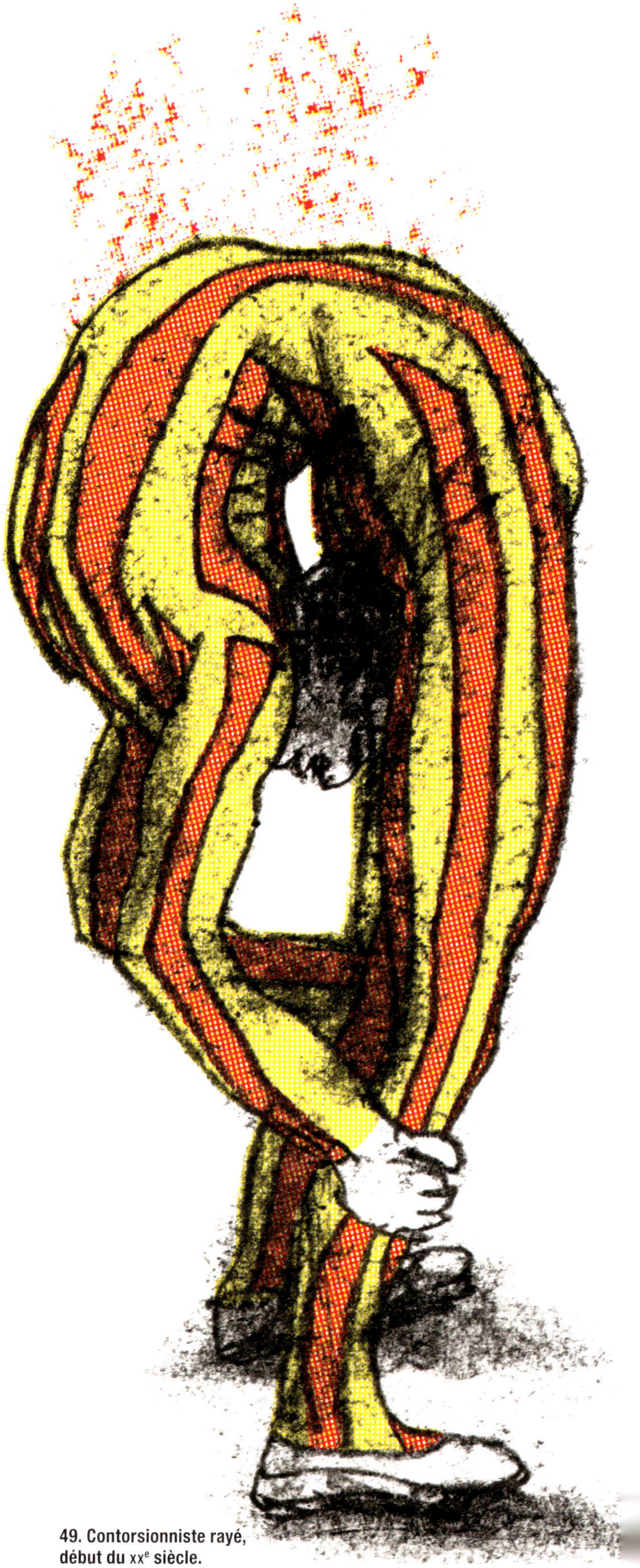

49. Contorsionniste rayé, début du XXe siècle.

50. Double crâne qui rigole.

CRÂNE *n. m.* **1**◆ Superbe boîte en os, secrète et non démontable, dont on n'est pas toujours sûr du contenu. **2**◆ Dessus de la tête. **3**◆ *Art.* Le crâne, objet de dévotion, n'est pas sans vanité. C'est comme ça qu'on l'appelle pour matérialiser la condition humaine en peinture.

◆ ☛ Le crâne, ou plus exactement le neurocrâne, est la partie supérieure et postérieure de la tête. Les os du crâne forment une grande cavité où se trouve l'encéphale. Les os antérieurs, qui délimitent les cavités orbitaires, les fosses nasales et la cavité de la bouche, constituent le splanchnocrâne. Le plan osseux inférieur de cette cavité crânienne est appelé base crânienne; elle soutient le cerveau, le cervelet et le tronc cérébral. La paroi osseuse supérieure, arrondie, est dite « voûte crânienne ». Le crâne du nouveau-né est relativement plus volumineux que celui de l'adulte. L'ossification des os de la voûte crânienne commence pendant les premiers mois de vie fœtale et continue chez l'enfant pendant les deux-trois premières années de la vie. Au début se forment des centres d'ossification séparés qui, au fur et à mesure, s'élargissent jusqu'à se rejoindre. Pendant cette période, les fontanelles, non encore ossifiées, restent très fragiles. ***Voir Cerveau, Tête.***

CUBITUS *n. m.* Le plus gros des deux os de l'avant-bras, son collègue s'appelant le radius. Il s'articule avec l'humérus au niveau du coude. *Voir planche LXVII.* ***Voir Avant-bras, Humérus, Os, Radius.***

CUISSE *n. f.* Partie la plus conséquente et charnue du membre inférieur qui va de l'aine au genou, comme chez la grenouille.

◆ ☛ Premier segment du membre inférieur, suivi par la jambe et le pied. La rondeur de la cuisse est donnée par les nombreux muscles qui la composent. En jouant au ballon par exemple, ses muscles antérieurs, dont le gros muscle quadriceps, élèvent la cuisse en se contractant en même temps qu'ils étendent la jambe. En s'agenouillant, les muscles postérieurs fléchissent la jambe vers l'arrière. ***Voir Jambe.***

CUL *n. m.* **1**◆ *Fam.* Derrière, arrière-train bien connu de la lune. *Cul nu* : les fesses à l'air. **2**◆ *Fig. Sur le cul* : étonné. *Chanter à cul-tête* : chanter la tête en bas. *De cul à oreille* : entendu sous une chaise. *Être comme cul et chemise* : inséparables. *À tous les culs* : à chaque fois. *Tous les culs sont permis* : sans restrictions. *À cul sûr* : séant gagnant. *Avoir le feu au cul* : être très très pressé. *Syn.* Arrière-train, derrière, croupe, séant, postérieur, popotin. *« Mon cul ! »* (Zazie*) ***Voir Derrière, Fesse, Séant.***

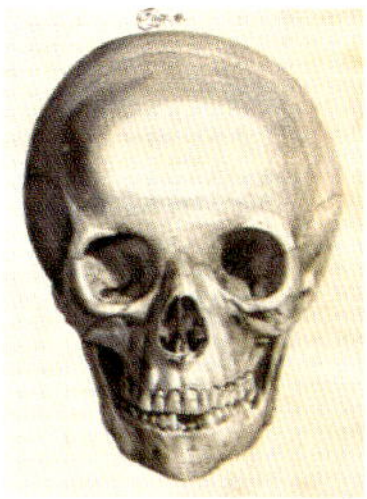

51. Crâne, Mangetus, *Theatrum anatomicum*, 1716.

Planche XVIII : Collection anatomique 1/3

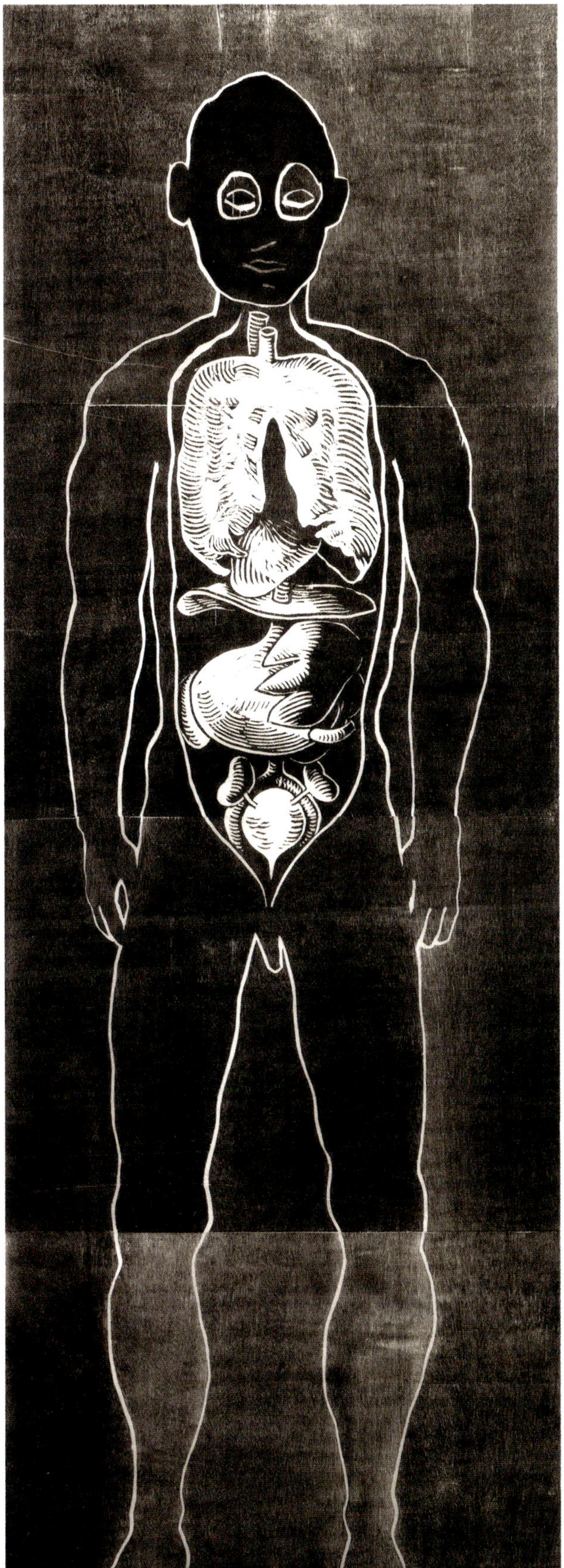
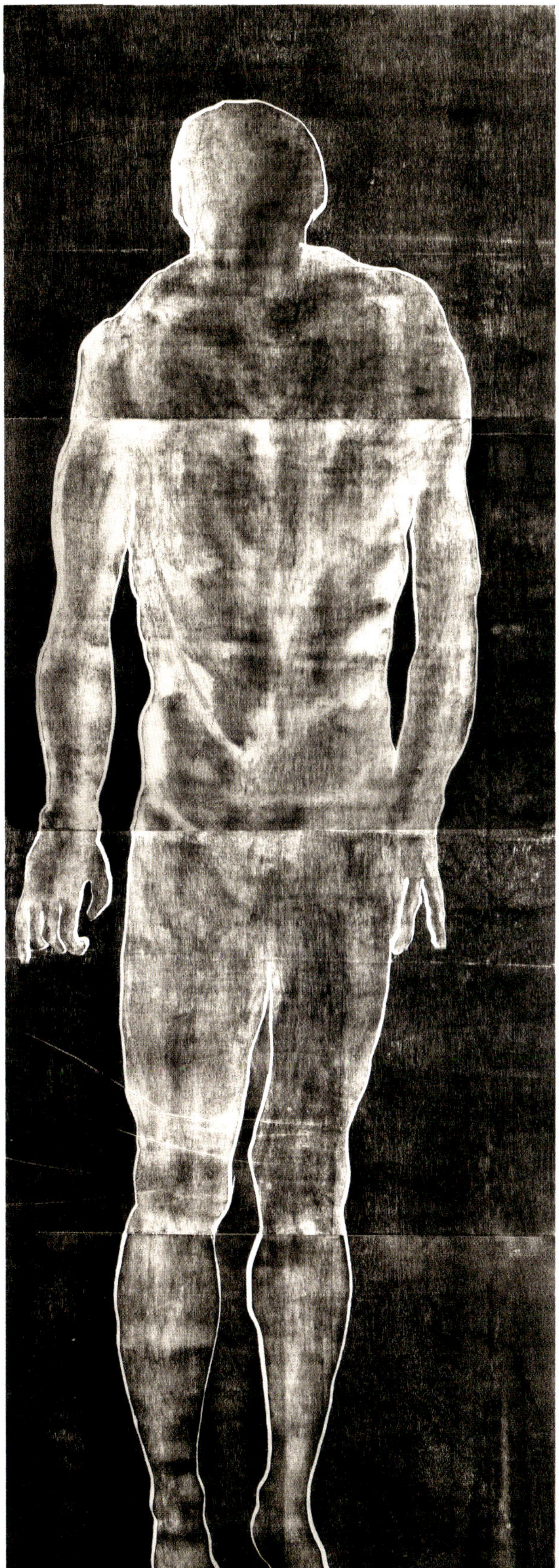

Danse macabre au Ding Ding Dong club

DANDINER (SE) *v. pr.* Bouger en passant sans cesse d'un pied sur l'autre comme si le sol était brûlant. *« Qu'as-tu à te dandiner comme ça, tu veux aller faire pipi ? »* (MAMAN)

DANSE *n. f.* **1◆** Activité physique et parfois spirituelle où le corps s'exprime dans le mouvement et le rythme, souvent en musique. Langage fait de pas et de figures, c'est une discipline et un épanouissement pour l'être. Comme chez les gypaètes, elle peut masquer un jeu de séduction plus ou moins habile. Il faut noter qu'il y a un gouffre sans fond entre le travail chorégraphique des danseurs classiques et contemporains, et l'agitation binaire pratiquée par certains en boîte de nuit. **2◆** *Art. Danse macabre* : danse par laquelle la mort et ses proches invitent les vivants à les rejoindre dans l'au-delà, très en vogue depuis le Moyen Âge. *VOIR PLANCHES XIX ET XX.*

DÉBARBOUILLER *v. tr.* Laver la figure (d'un enfant) avec un gant de toilette, en tournant un peu comme si on essuyait une vitre embuée, pour enlever la barbouille aux joues. ***Voir Laver (se), Toilette.***

DEBOUT *adv.* **1◆** Sur ses deux pieds. Ni assis, ni couché, rarement en appui sur la tête. *Se tenir debout* : d'aplomb sur ses pieds, en équilibre. **2◆** Encore vivant ! **3◆** *Être debout de bonne heure* : se lever matin. *« Debout, les gars, réveillez-vous ! »* (CAPITAINE ACHAB) ***Voir Position.***

DÉCAPITER *v. tr.* Faire perdre la tête, définitivement, en la tranchant. *« Qu'on lui coupe la tête ! Qu'on lui coupe la tête ! »* (LA REINE DE CŒUR) ***Voir Tête.***

DÉCHIRURE *n. f.* **1◆** Blessure qui ouvre ou rompt les fibres musculaires ou tendineuses lors d'un effort trop violent. **2◆** *Fig. Cœur fendu* : par amour malheureux. ***Voir Blessure, Plaie.***

DÉCOIFFER *v. tr.* Froisser la coiffure, mettre le cheveu en désordre. Il n'y a pas que le vent du nord qui décoiffe, entre nous soit dit. ***Voir Cheveu, Coiffure, Échevelé, Hirsute.***

DÉCOLLÉ, E *adj.* Précise une malformation particulière de l'oreille qui tend à la faire ressembler à une feuille de chou. ***Voir Oreille.***

52. Décapité.

Planche xix : *Le sacre du Printemps*, d'après *Pina* de Wim Wenders

Planche xx : *Le sacre du Printemps*,
d'après *Pina* de Wim Wenders

53. Dents de lait, départs.

DÉCOLLETÉ, ÉE *adj.* et *n. m.* Vitrine de peau taillée dans le vêtement pour mieux rincer l'œil. Certains endroits du corps sont injustement privilégiés pour les décolletés, sous prétexte d'être proches du cou. De surcroît et sans raison, on découvre ainsi plus souvent la poitrine ou le dos des femmes. *Voir Poitrine.*

DÉCUBITUS *n. m.* Terme savant. Position du corps à l'horizontale, couché en quelque sorte. *« Adrien est en décubitus au salon. »* (Marguerite Yourcenar)

DEDANS *adv.* et *n. m.* **1**◆ En dedans, tourné vers l'intérieur. *Pieds en dedans.* **2**◆ *Le dedans du corps* : part magique et fort mystérieuse du corps. Le dedans fascine et se rappelle à nous, par des gargouillis d'estomac ou des maux de tête, la soif ou la faim, voire bien pire. **3**◆ Fig. Cœur, esprit. *« Sous des dehors austères, elle cachait fort bien au-dedans la vraie nature de son sentiment. »* (Gustave Flaubert) *Voir Intérieur.*

DÉFAUT *n. m.* Petit vice de forme qui rend l'apparence singulière et renvoie au sentiment d'imperfection si bien partagé. *Voir Anomalie, Malformation.*

DÉFÉRENT *n. m.* Canal d'accès de première importance, pour la descendance.
◆ Conduit des voies spermatiques qui remonte dans la cavité du bassin depuis la queue de l'épididyme en passant derrière la vessie pour rejoindre la prostate. Là, il s'unit au conduit de la vésicule séminale pour confluer en un seul « conduit éjaculateur » qui se jette dans l'urètre prostatique. Pendant l'orgasme le sperme éjaculé parcourt l'urètre du pénis jusqu'à son extrémité d'où il est projeté à l'extérieur. *Voir Épididyme, Reproduction, Sexe, Testicule, Urètre.*

DÉGARNIR (SE) *v. pr. Spécialt.* Devenir moins touffu, en perdant ses cheveux. *« Dégarni n'est pas chauve. »* (La petite souris) *Voir Chauve, Cheveu.*

DÉGUISEMENT *n. m.* **1**◆ Vêtement qui permet de se glisser dans la peau d'un autre. On a recourt au déguisement pour jouer ou pour ne pas être reconnu selon l'âge, l'heure et le lieu. **2**◆ Nu, il est impossible de se déguiser. *Voir Habillé, Travesti.*

DÉHANCHEMENT *n. m.* Façon chaloupée de marcher qui, soi-disant, met les hanches et la taille en valeur. *Voir Hanche.*

54. Grande molaire.

DENT *n. f.* **1**◆ Au pluriel, les dents sont des petits morceaux durs, blancs et brillants plantés dans la gencive, qui servent à mordre et s'affûtent dans la mastication. Les dents ne sont pas en sucre, mais le craignent. Il arrive alors qu'elles carient très fort, ce qui les troue. Dans la vie, deux fois des dents poussent. Les premières, dites « dents de lait », sont collectionnées par les souris qui en font des colliers. Les autres sont les vraies. Elles sont plus belles et plus grandes, ce qui est une consolation à la perte des premières. **2**◆ *Fig. À pleines dents* : avec grand appétit. *« Tu as de belles dents, tu sais. »* (COMTE DRACULA)

◆ ☛ Une dentition complète comprend trente-deux dents, seize dans l'arcade dentaire supérieure et seize dans l'inférieure. On peut distinguer pour chaque arcade quatre incisives, deux canines, quatre prémolaires et six molaires. La dernière molaire est appelée dent de sagesse parce qu'elle pousse tardivement quand le développement corporel est achevé (à 21 ans). Chaque dent est constituée par une couronne, partie visible qui sort de la gencive, un petit rétrécissement appelé collet, et une ou plusieurs racines qui s'enfoncent dans l'os. Dans l'axe longitudinal de la dent, on trouve la cavité pulpaire, dans laquelle passent et se répartissent les nerfs et les vaisseaux sanguins depuis le sommet de la racine. La sensibilité des dents à la douleur est perçue par ces mêmes nerfs. La forme des couronnes et des racines varie et est typique pour chaque dent. Les incisives, à couronne aplatie et bord tranchant, coupent la nourriture comme des ciseaux. Les canines, plus grosses et pointues, servent à déchirer et arracher (la viande en particulier). Les couronnes des prémolaires et des molaires sont dotées de cuspides (bosses) et de sillons (creux) pour broyer comme une meule la nourriture solide et dure. Les racines elles aussi diffèrent les unes des autres : les molaires supérieures ont trois racines tandis que les molaires inférieures en ont deux, les prémolaires ont une racine aplatie et relativement petite, les canines et les incisives ont une seule racine en forme de cône pointu, grosse et très longue chez les premières. Le rapport entre les dents des deux arcades à la fermeture de la bouche (en occlusion) est bien défini, les cuspides d'une dent trouvent leur place dans les sillons de la dent antagoniste. *Voir Adulte, Canine, Carie, Crâne, Incisive, Mâchoire, Molaire, Sourire.*

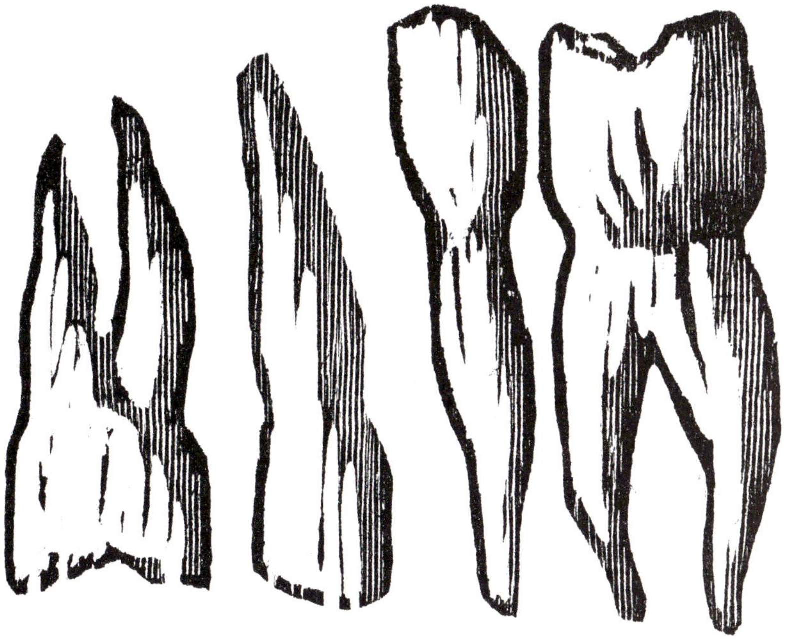

55. Petit assortiment de dents.

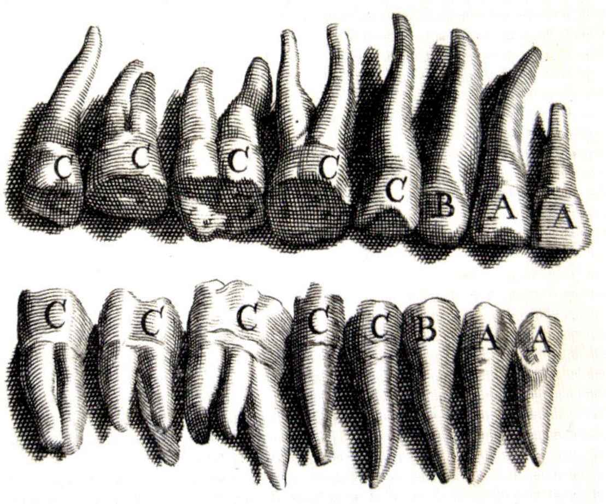

56. Dents, Mangetus, *Theatrum anatomicum*, 1716.

DÉNUDER (SE) *v. pr.* Se défaire de ses vêtements.

DERRIÈRE *n. m.* Notre séant familier. *« Pan, pan, sur ton derrière ! »* (LA COMTESSE) *Voir Cul, Fesse, Séant.*

DÉSHABILLER (SE) *v. pr.* Ôter ses vêtements. *Voir Nu, Nudisme.*

DÉSINCARNÉ, E *adj.* Qui a quitté sa chair, son enveloppe ici-bas. *Voir Chair, Ici-bas.*

DÉSIR *n. m.* Attraction folle vers le corps de l'autre, l'autre tout entier. Il entraîne toutes sortes de réactions physiques : moiteur, rougeur, bouche sèche. Il peut empêcher de dormir. *Voir Baiser, Érection, Sexe.*

DIAPHRAGME *n. m.* Grand et large couvercle de l'abdomen, avec soupapes de sécurité. Celui qui donne le hoquet.

◆ ☛ Grande lame musculaire en forme de coupole convexe à son sommet qui sépare la cavité thoracique de la cavité abdominale. Ses faisceaux s'insèrent sur les premières vertèbres lombaires, les dernières côtes et le sternum. Leur contraction abaisse la coupole diaphragmatique et élève les côtes, augmentant ainsi le volume de la cage thoracique. Le diaphragme intervient fortement dans l'inspiration. *VOIR PLANCHE XXI. Voir Abdomen, Cage thoracique, Côte, Sternum, Vertèbre.*

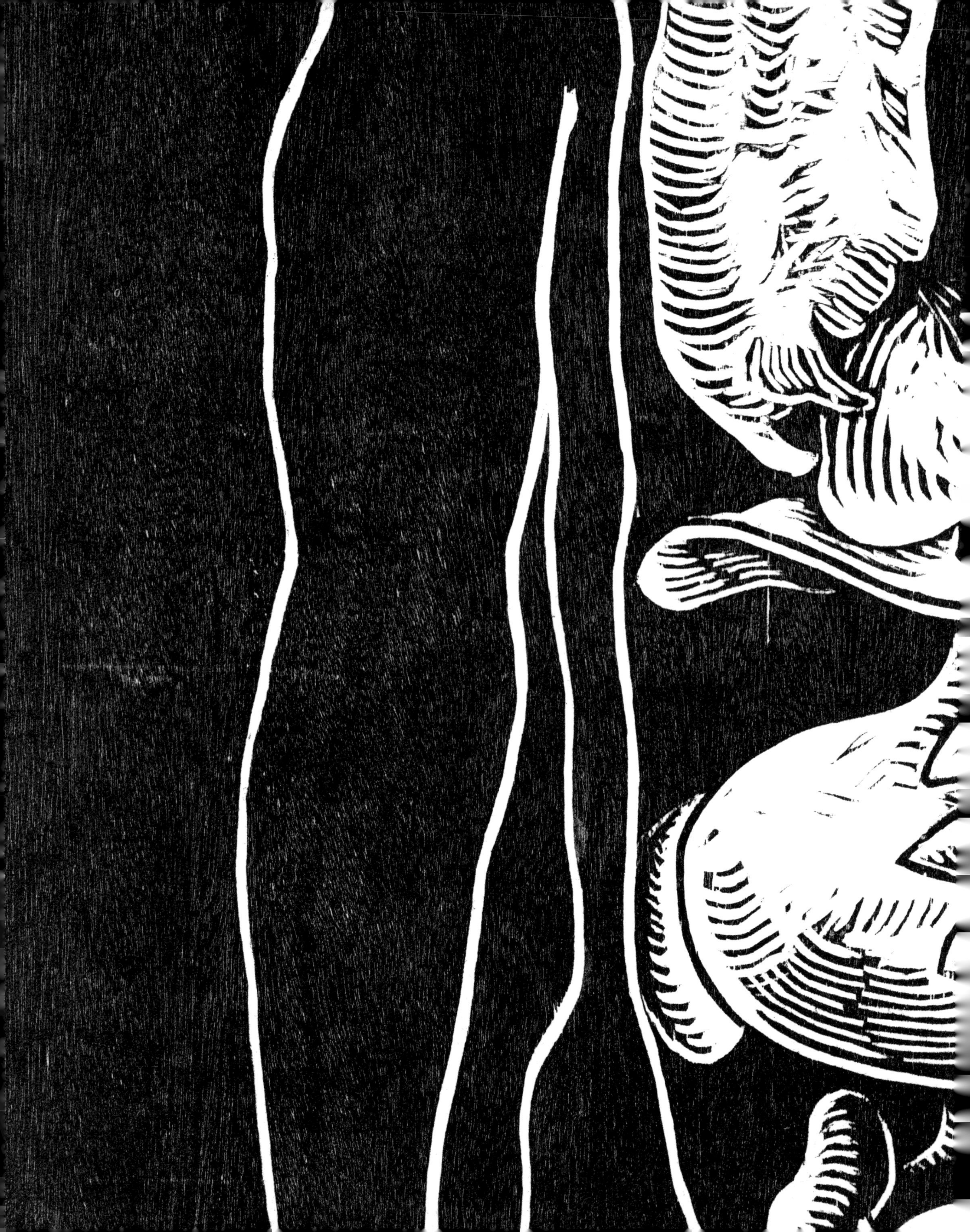

Planche xxi :
Diaphragme, l'homme
à tête noire, d'après
Hans von Gersdorff, 1517.

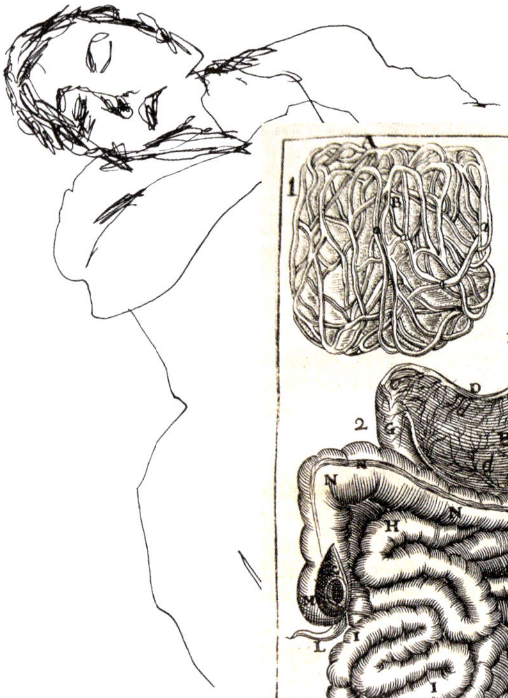

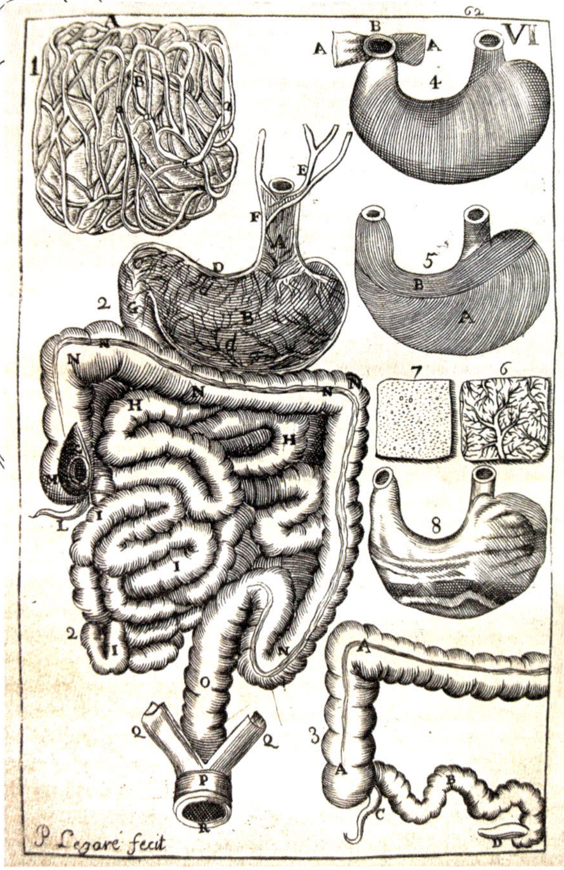

57. Système digestif, Philippi Verheyen, *Anatomia corporis humani*, 1712.

58. Dissection, Theophili Boneti, *Anatomia practica*, 1679.

DIGESTION *n. f.* Opération grâce à laquelle un corps assimile des corps étrangers, s'appropriant ainsi le monde à petites bouchées.

◆ ☛ La digestion est le long processus de transformation des substances qui sont introduites dans la bouche (comme la nourriture) en molécules de petites tailles, propres à être assimilées par l'intestin et introduites dans le sang. Par exemple, quand nous mangeons de l'amidon (présent dans tout type de pâte) et des sucres, ceux-ci sont transformés sous l'action des enzymes en une petite molécule, le glucose, qui passera dans le sang. On dit que la première digestion a lieu dans la bouche parce que la nourriture y est broyée en petits morceaux par la mastication. La riche sécrétion de salive contribue elle aussi à dissiper l'amidon des glucides en les transformant en sucres. La nourriture réduite en bouillie descend ensuite dans l'estomac puis dans l'intestin grêle où les protéines comme la viande sont réduites en petits fragments par l'action démolisseuse des enzymes spécifiques comme la pepsine et la trypsine. Dans la première portion de l'intestin arrive encore la bile, déchargée par la vésicule biliaire. Elle a pour rôle d'émulsionner les graisses (c'est-à-dire qu'elle en sépare les molécules). Toutes les substances introduites dans la bouche arrivent ainsi broyées en molécules les plus petites possible, les glucides et les sucres en glucose, les protéines en aminoacides, les graisses en acides gras, qui pourront alors être absorbés par la muqueuse de l'intestin et entrer dans le sang. ***Voir Bile, Bouche, Estomac, Grêle, Intestin, Salive, Tube.***

DISQUE *n. m.* Petit compartiment intervertébral, souple, très utile, précieux et qui ne doit pas faire de musique. ***Voir Vertèbre.***

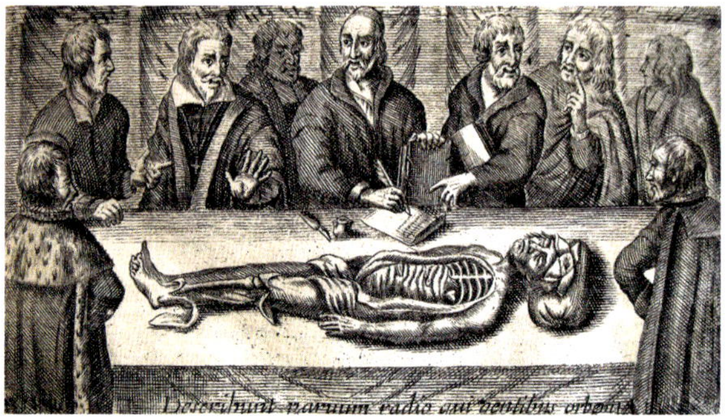

DISSÉQUER *v. tr.* **1**◆ Exécuter une dissection. **2**◆ *Fig.* Décortiquer quelque chose par le menu, comme précédemment.

DISSECTION *n. f.* **1**◆ Art d'accommoder les restes. **2**◆ *Sc.* La dissection des cadavres a fait beaucoup pour la science de l'anatomie et la médecine. ***Voir Anatomie.***

DOCTEUR *n. m.* **1**◆ Homme-médecine qui ausculte et diagnostique. **2**◆ *Fig. Jouer au docteur* : être tout ouïe. *Syn.* Médecin, toubib. *« Quoi de neuf, docteur ? »* (BUGS BUNNY*)

DOIGT *n. m.* Appendice maniable finissant la main et le pied, responsable de leur dextérité. Les doigts vont par cinq à chaque fois. Dans la main (de gauche à droite ou de droite à gauche) : pouce, index, majeur, annulaire et auriculaire. Mention spéciale pour le pouce, qui s'y oppose de longue date. ***Voir Annulaire, Auriculaire, Empreinte, Index, Main, Majeur, Pouce, Pulpe.***

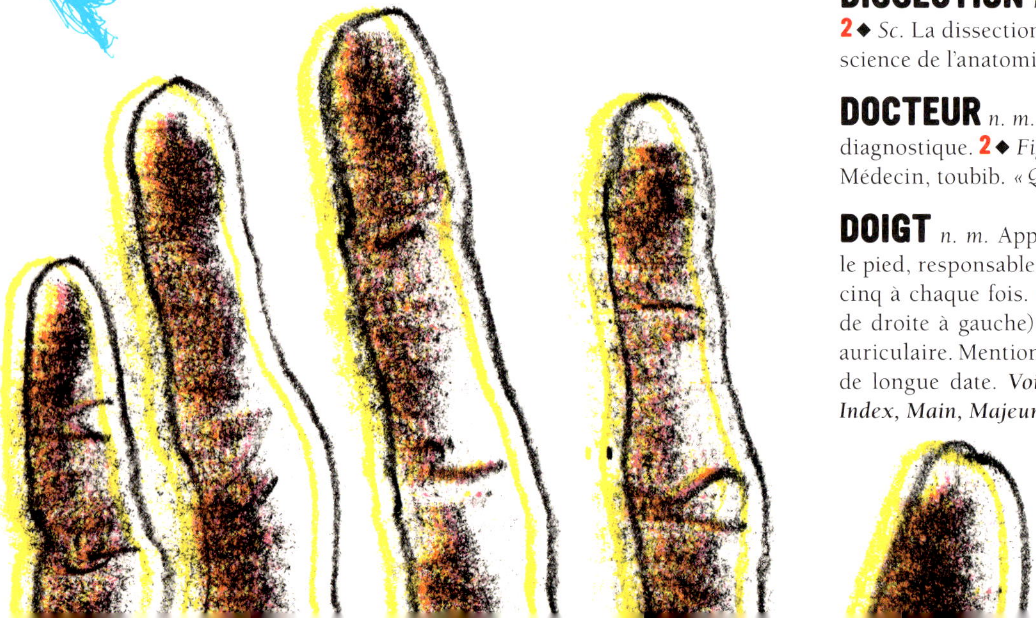

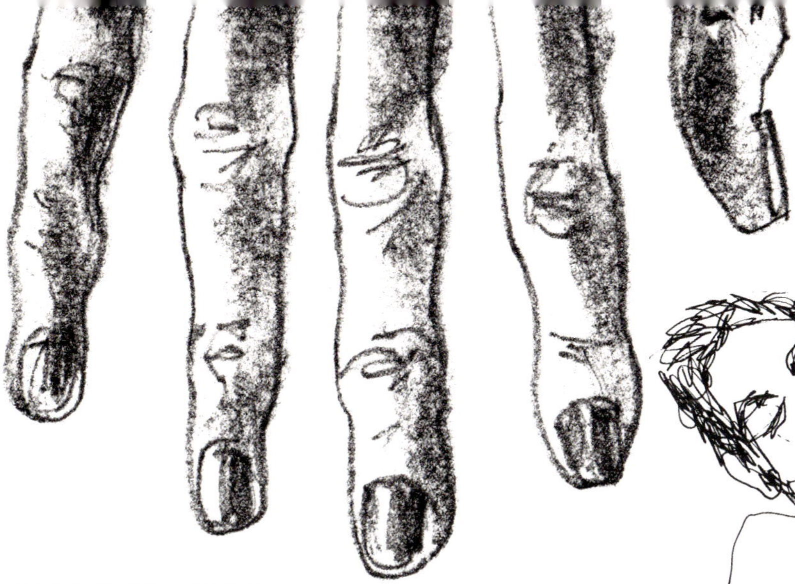

59. Doigts, dessous et doigts, dessus.

60. Dormeurs.

DORMEUR, EUSE *adj.* et *n.* Bienheureux ou bienheureuse qui se laisse aller au sommeil. Il faut être éveillé pour le voir, oublieux du monde qui tourne sans lui. Le dormeur n'est pas tout à fait lui-même : en dedans, relâché, parfois drôle, toujours touchant. Tout son corps est là et pourtant il est parti, pour peu qu'il rêve. Si possible, ne pas le réveiller. *Voir Sommeil.*

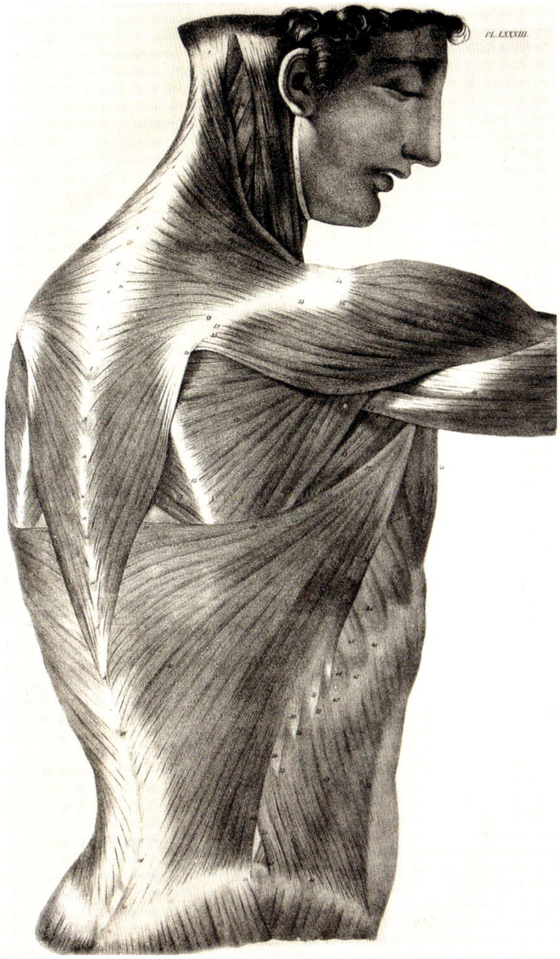

DOS *n. m.* **1**◆ Partie arrière du tronc de l'homme, sans seins et sans ailes. **2**◆ Tout le verso du corps, qui n'est pas moins intéressant à regarder. Comme il est très rare d'avoir les yeux dans le dos, on peut profiter de celui des autres sans être vu. *Voir Tronc.*

DOUBLE *n. m.* **1**◆ *Fig.* Corps semblable au sien, sosie, clone. **2**◆ Corps impalpable. *« Jean, c'est toi ? »* (PIERRE) *Voir Sosie.*

DOUBLURE *n. f.* **1**◆ Corps remplaçant pour quelqu'un qui a pris une veste. **2**◆ Au cinéma, celui qui prend les risques à votre place, incognito.

DUODÉNUM *n. m.* ◆ ☛ Première portion de l'intestin grêle, allant du pylore à la première anse du jéjunum, où ont lieu de nombreuses fonctions digestives. *Voir Abdomen, Digestion, Grêle, Intestin, Jéjunum.*

DUVET *n. m.* Poil tout doux des enfants, petit poil fin d'exception. *Voir Poil.*

61. Dos, Jules Cloquet, *Anatomie de l'homme*, 1828.

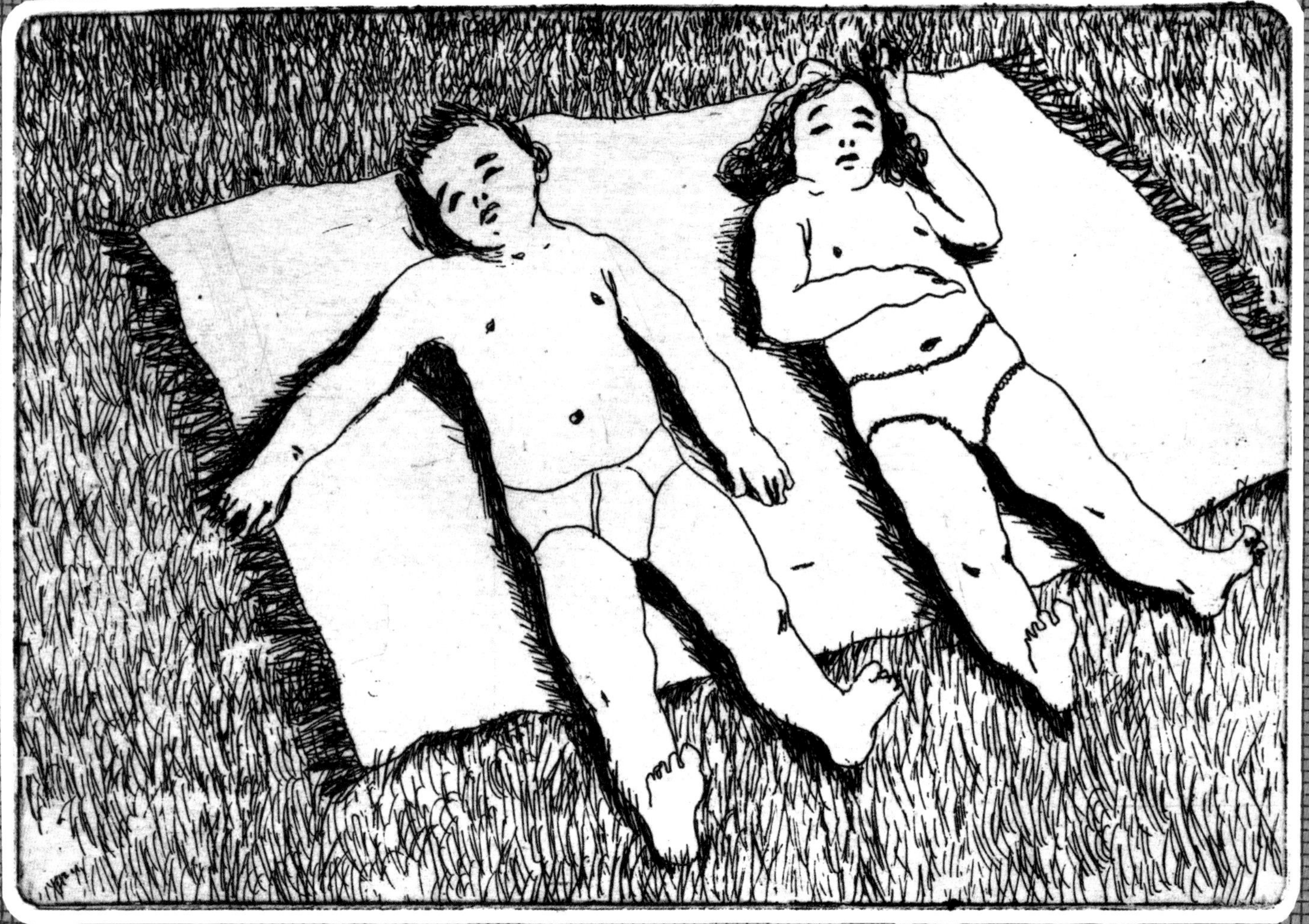

Enfants endormis sans éther par nuit d'été

EAU *n. f.* **1**◆ Liquide précieux entre tous qui nous constitue, nous hydrate et nous fait suer. L'eau du corps n'est ni insipide ni incolore. Très présente dans le sang et la lymphe, trop salée dans les larmes, troublée et jaune dans l'urine, elle éclaire mal dans l'ampoule. **2**◆ *Fig. Avoir l'eau à la bouche* : saliver d'appétit. *Être tout en eau* : inondé de sueur. **3**◆ *Plur. Les eaux* : le liquide amniotique. *« Elle perdit les eaux à l'entrée du salon, sur le tapis afghan. »* (Boileau-Narcejac)

◆ ☛ L'homme est en perte d'eau continuellement depuis sa naissance. ***Voir Larme, Lymphe, Sang, Sueur, Urine.***

ÉBATS *n. m. pl.* Jeux canailles des petits et des grands, auxquels le corps tout entier prend part sans pudeur ni trompette. *« Arrrgh, les ébats bruyants des voisins me rendent fou ! »* (Un voisin) ***Voir Sexe.***

ÉCARLATE *adj.* Couleur de l'incarnat proche du rubicond, rouge vif inondant le visage sous le coup de la colère ou de l'émotion. ***Voir Carnation.***

ECCHYMOSE *n. f.* Tache sur la peau qui montre où l'on s'est cogné. Due à une diffusion de sang dans les tissus superficiels, l'ecchymose se résorbe progressivement en prenant des couleurs splendides du violet au jaune en passant par le bleu et le vert. *Syn.* Bleu.

ÉCHEVELÉ, E *adj.* Tout en cheveux désordonnés. Rêve de chauve. *« Adèle franchit la porte tout échevelée, la poitrine haletante et l'œil hagard. »* (Victor Hugo) ***Voir Cheveu, Coiffure, Hirsute, Hirsutisme.***

ÉCHINE *n. f* **1**◆ Nom de chair donnée à la colonne vertébrale et au dos, par extension. **2**◆ *Fig. Courber l'échine* : se soumettre. ***Voir Colonne vertébrale, Épine dorsale, Rachis.***

62. Échevelé(e)s.

ÉCHOGRAPHIE *n. f.* **1**◆ Image de l'intérieur du corps obtenue avec un appareil qui mesure les échos. S'emploie beaucoup pour surveiller le fœtus qui se croit à l'abri du regard. **2**◆ Première image de soi, encore dans l'incertitude de naître. *Voir Fœtus.*

ÉCORCHÉ, E *n. m.* et *adj.* **1**◆ Se dit d'un homme qui se présente à vous sans son costume de peau, son dedans au-dehors. **2**◆ *Art.* et *anat.* Sculpture d'homme écorché utilisée pour l'étude de l'anatomie. **3**◆ Égratigné, à la peau éraflée. *Genoux écorchés.* **4**◆ *Fig.* À vif, blessé par tout ce qui l'entoure. ◆ ☛ Corps complètement dépouillé de sa peau. Sous cette dernière, une membrane de tissu conjonctif, le fascia superficiel, enveloppe l'intégralité du corps. Elle est bien visible chez certains animaux comme le lapin, quand on lui enlève son manteau poilu. Au travers de cette membrane fine et transparente, on peut reconnaître tous les muscles superficiels. *Voir Peau.*

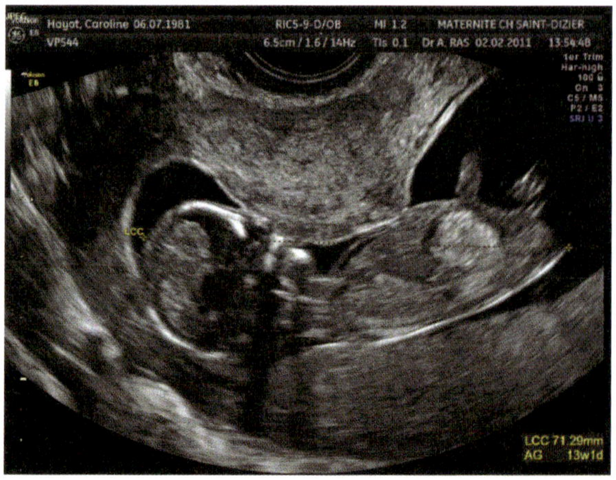

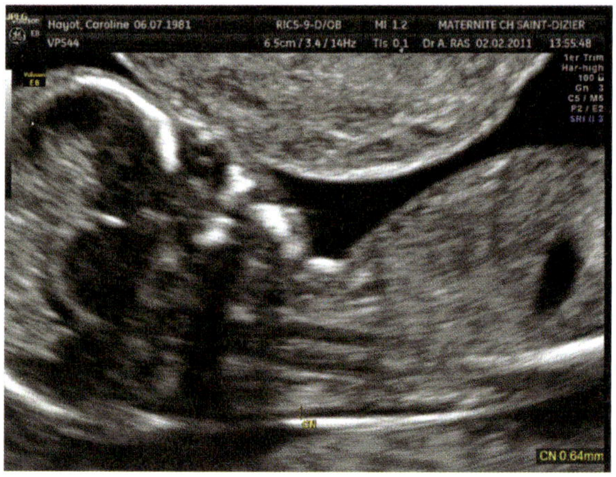

63. Échographies, fœtus à 12 semaines.

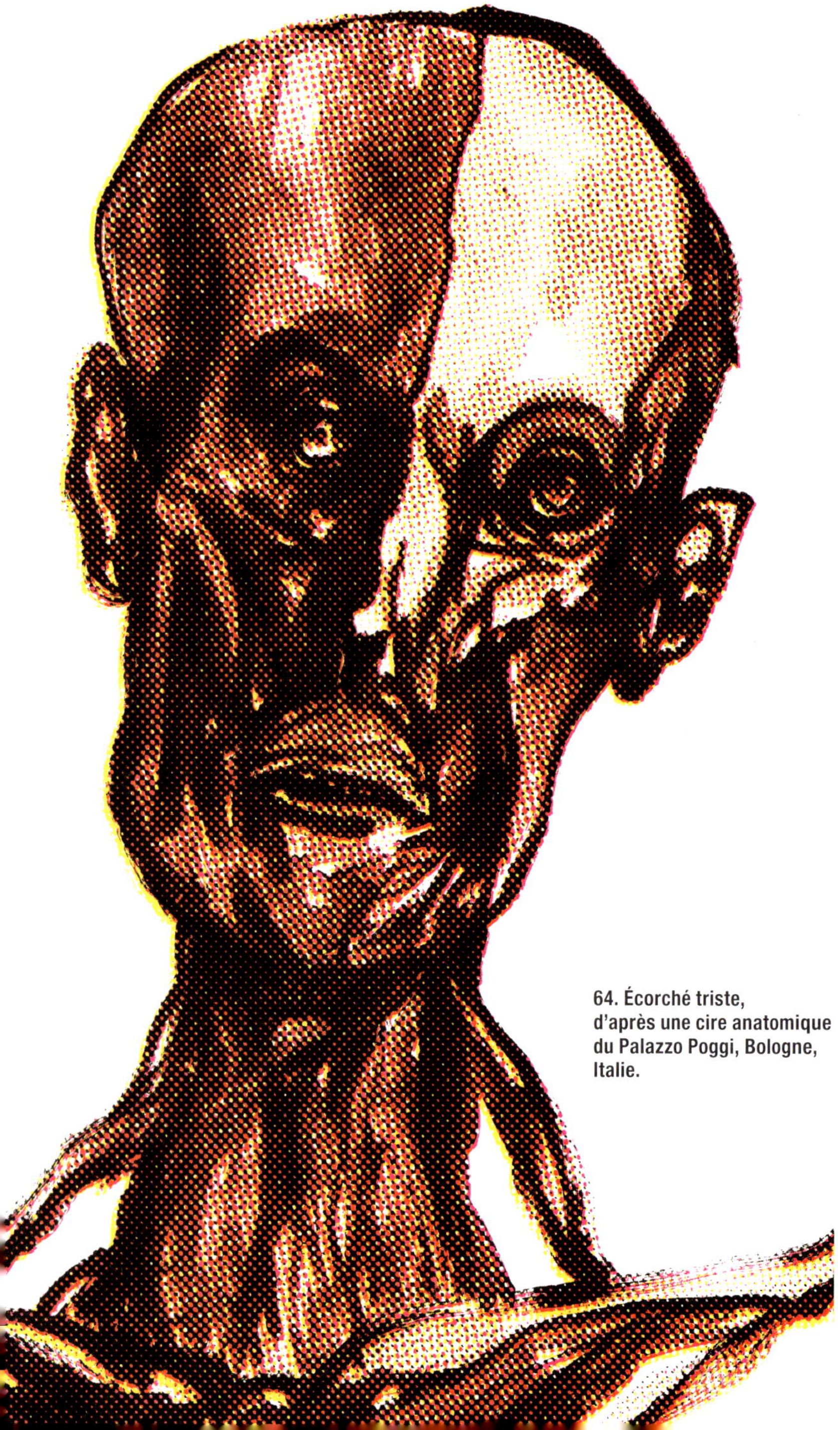

64. Écorché triste, d'après une cire anatomique du Palazzo Poggi, Bologne, Italie.

EFFORT *n. m.* Action au cours de laquelle l'homme met sa volonté et sa force physique en jeu, là où le corps se dépense sans compter. *Voir Acrobate, Coït, Danse, Ébats, Gymnastique, Han, Sport.*

EFFUSION *n. f.* **1**◆ Large écoulement de sang meurtrier qui survient lors d'une scène violente. **2**◆ *Fig.* Débordement coulant de sincérité où l'on se prend les pieds dans le tapis du sentiment. Épanchement affectif. « *Emma se perdit en effusions, une fois de plus.* » (Gustave Flaubert) *Voir Sang.*

ÉGRATIGNURE *n. f.* **1◆** Tout petit bobo qui guérit bien vite sur les genoux de sa maman. Blessure superficielle négligeable. *S'en tirer avec des égratignures.* **2◆** *Fig.* Chagrin d'amour-propre. ***Voir Blessure, Bobo, Écorché.***

ÉJACULATION *n. f.* Émission de sperme en direct, tout droit sorti du pénis en érection. L'éjaculation survient le plus souvent au moment de l'orgasme. Co-coïncidence qui n'est pas toujours à l'heure. *« Du sublime à jet continu. »* (Albert Cohen*) ***Voir Pénis, Phallus, Sperme.***

ÉLAN *n. m.* **1◆** Mouvement du corps en impulsion, pour exécuter un saut ou une figure. *Prendre son élan.* **2◆** *Fig.* Ardeur, transport amoureux. *« Il s'élança vers elle et rata la marche. »* (Maupassant)

ÉLANCÉ, E *adj.* Svelte, plutôt longue tige que petite pomme. ***Voir Forme, Grand, Mince.***

EMBRASSER *v. tr.* **1◆** Prendre dans les bras en serrant fort. **2◆** *Spécialt.* S'adonner au baiser, du bout des lèvres jusqu'à la pleine bouche. *« Embrasse-moi encore une fois ! »* (Dalila) ***Voir Amour, Baiser, Bouche, Enlacer, Étreindre, Lèvre.***

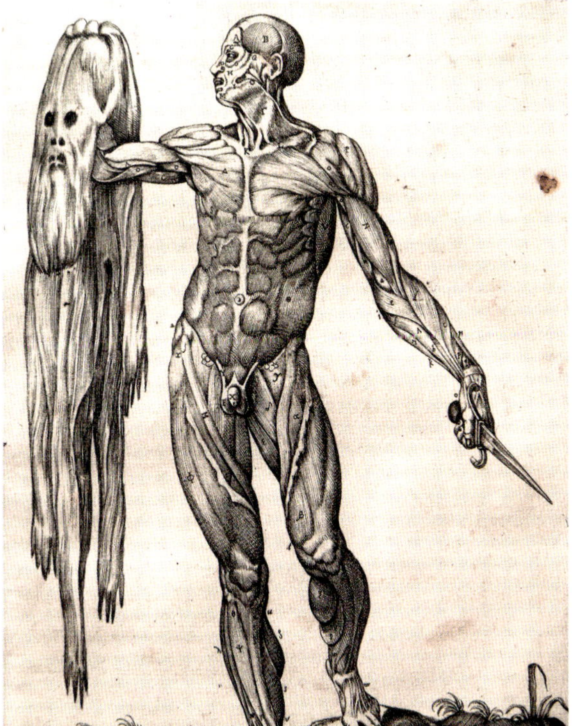

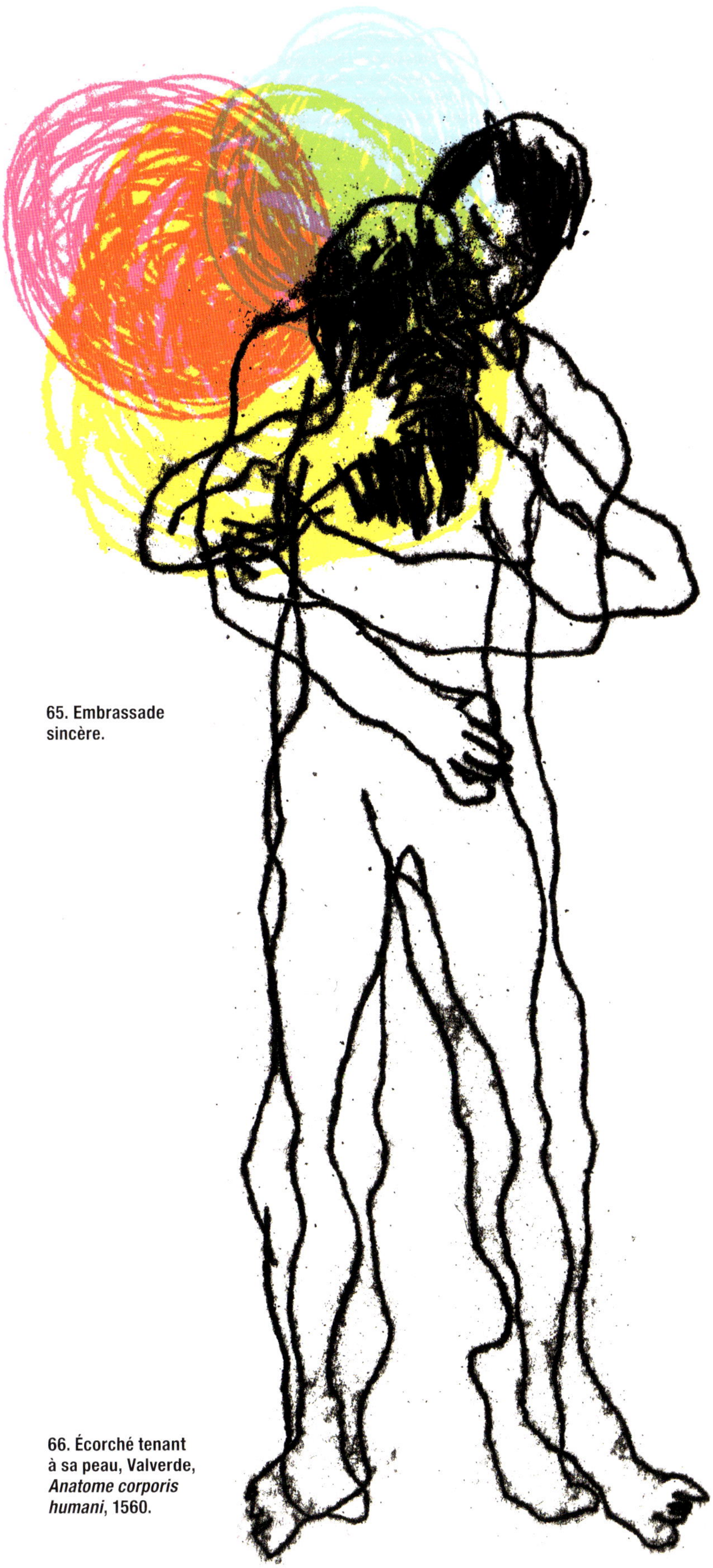

65. Embrassade sincère.

66. Écorché tenant à sa peau, Valverde, *Anatome corporis humani*, 1560.

Planche XXII : Le grand feuilleton de l'embryon

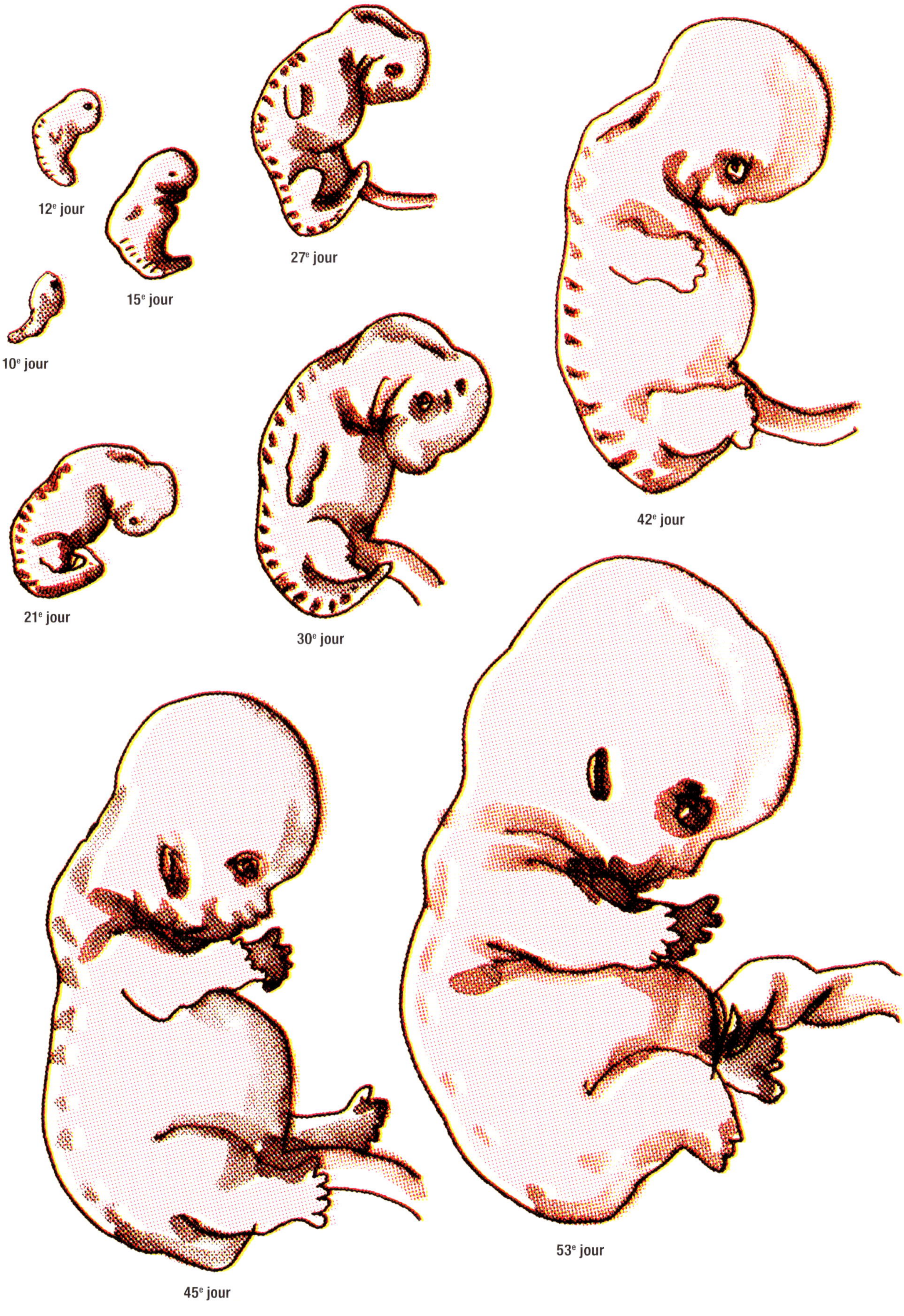

EMBRYON *n. m.* Minuscule petite chose, plus tout à fait un œuf mais pas encore un être, sur laquelle reposent déjà des espérances démesurées. Il se tient caché dans un ventre de femme, au bord de l'existence.
◆ Œuf fécondé qui entame, après les phases initiales de sa division cellulaire, le deuxième stade de son développement avec la formation des principaux organes et tissus. Chez l'homme la durée du stade embryonnaire s'étend de la conception à la huitième semaine. L'embryon devient fœtus quand son cœur commence à battre. VOIR PLANCHE XXII. *Voir Bébé, Échographie, Fécondation, Fœtus, Œuf.*

ÉMOTION *n. f.* Vive réaction affective, trouble agitation du corps, qui vous saisit et vous inonde. L'émotion vous trahit et manifeste force palpitations, pâleur, rougeur, tremblement, suée, stupeur, voire malaise. C'est selon. *Voir Malaise.*

EMPREINTES DIGITALES *n. f. pl.* Traces laissées par les doigts révélant les dessins de leurs pulpes, propres à chacun, et qui nous dénoncent. *Voir Doigt, Peau.*

ENCEINTE *adj. f.* Qui porte un enfant, dans son ventre et non dans le dos. Chez l'homme, contrairement à l'hippocampe, l'attribut est exclusivement féminin. *Être enceinte de six semaines, de cinq mois ou de Laurent. Voir Accouchement, Embryon, Fécondation, Femme, Fœtus, Gestation, Grossesse, Ventre.*

67. Pouce gauche.

ENCÉPHALE *n. m. Voir Cerveau, Moelle, Nerf, Tête.*

ÉNERGIE *n. f.* **1**◆ Force qui incite l'homme à aller de l'avant, à agir et entreprendre avec vigueur. **2**◆ Vitalité physique. *Corps plein d'énergie.* **3**◆ *Énergie du désespoir* : ultime recours contre le pire toujours certain.

ENFANCE *n. f.* **1**◆ Un des âges de la vie, allant des tout premiers pas à l'adolescence, pétri d'insouciance, d'invention et de chocolat. Période de construction et de pleine croissance, où tout se joue. **2**◆ *Tendre enfance* : premières années. **3**◆ *Retomber en enfance* : revenir à l'époque inouïe des émerveillements, supposés enfantins. *« Marguerite retombe en enfance, elle est dans l'arbre. »* (PEPÉ) *Voir Adolescence, Adolescent, Adulte, Enfant.*

ENFANT *n.* **1**◆ Tout jeune être humain qui n'est plus un bébé, fille ou garçon. Un gosse, quoi. **2**◆ L'enfant vit dans un monde merveilleux, le sien. Là où les rêves se dessinent sur la buée des vitres, du bout du doigt et pour toujours. **3**◆ Charmante créature pleine de promesses, chouchou des parents, ou pas. Cher petit qui peut vite, en bande, devenir bruyant et insupportable. **4**◆ Grande personne, après-demain. *Syn.* Bambin, fillette, gamin. *Fam.* Gosse, loupiot, marmot, môme, mioche, mouflet, moutard. *« À table, les enfants ! »* (L'OGRESSE EN PLEURS) VOIR PLANCHE XXIII. *Voir Fille, Garçon.*

ENFANTEMENT *n. m.* Mise au monde de l'enfant. *Voir Accouchement, Enfant, Naissance.*

ENGOURDI, E *adj.* Incapable de mouvement vif, en parlant d'un membre ou du corps tout entier. Sous la torpeur, les fourmis en viennent aux extrémités.

ENJAMBÉE *n. f.* Grand pas jambes écartées, pour franchir un obstacle ou aller plus vite. *« Ses enjambées de girafe n'étaient pas sans grâce. »* (HEMINGWAY) *Voir Jambe.*

ENLACER *v. tr.* Entourer ou serrer à tour de bras. Variante, un bras autour de la taille, voire les deux. *Voir Embrasser, Étreindre.*

ENTÊTER (S') *v. pr.* Avoir une idée, un désir qui emplit la tête jusqu'à l'obsession. *Voir Tête.*

ENTIER, IÈRE *adj.* **1**◆ Corps avec tous ses morceaux. Être humain que l'on considère dans sa totalité corporelle. *« En fait, tu m'aimes tout entière. »* (BRIGITTTE BARDOT) **2**◆ Dont le corps est intact. *« Elle est sortie entière du crash, un rien décoiffée. »* (JAMES BOND) **3**◆ Intègre. *Se dévouer tout entier à quelque chose, à quelqu'un* : absolument, corps et âme.

Planche XXIII : Enfant qui attend son heure

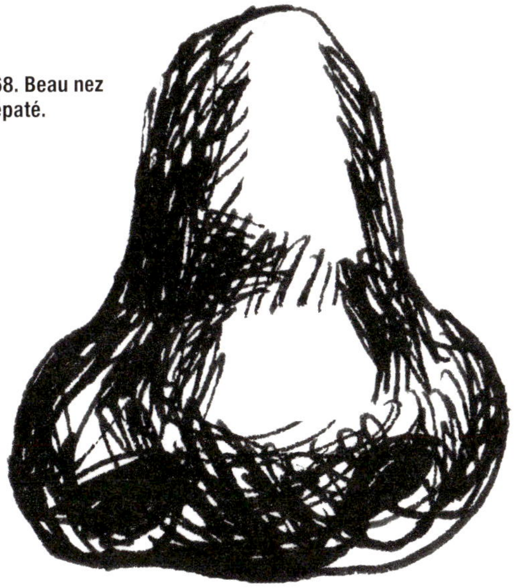

68. Beau nez épaté.

ENTRAILLES *n. f. pl.* **1**◆ Ensemble des organes de l'abdomen, intérieur pris en tripes. **2**◆ *Fig.* Les entrailles, au plus intime et au plus profond de soi. ***Voir Abdomen, Âme, Boyau, Cœur, Estomac, Intestin, Viscères.***

ENTRECUISSE *n. m.* Rare. Zone frontière à l'entre-deux des cuisses.

ÉPATÉ, E *adj.* En forme de patate, large à sa base. S'emploie surtout pour qualifier le nez. ***Voir Nez.***

ÉPAULE *n. f.* **1**◆ Partie du corps qui porte et qui soutient une autre tête ou un sac trop lourd, le plus souvent. Là où s'ajustent aussi les bretelles. Les épaules font la carrure et se haussent facilement pour protester. **2**◆ *Fig. Avoir la tête sur les épaules* : se montrer sensé.
◆ L'épaule est le segment anatomique du corps qui relie le thorax au membre supérieur. Les os qui la constituent sont la clavicule et l'omoplate. Ces derniers forment une jointure qui permet le mouvement. ***Voir Clavicule, Omoplate, Squelette.***

ÉPI *n. m.* Mèche de cheveux rebelle et fière. L'épi pousse à contresens et reste indomptable à vie. *Syn.* Mèche anglaise. ***Voir Chevelure, Cheveu, Coiffure.***

ÉPIDERME *n. m.* Couches superficielles de la peau, au nombre de cinq. L'épiderme se confond avec l'à fleur de peau. « *Ces cris d'enfant me hérissent l'épiderme !* » (Frankenstein) ***Voir Peau, Pellicule, Poil.***

ÉPIDIDYME *n. m.* ◆ Petit canal sinueux dans un corps allongé surmontant chaque testicule et qui se raccorde ensuite au canal déférent. ***Voir Déférent, Homme, Testicule.***

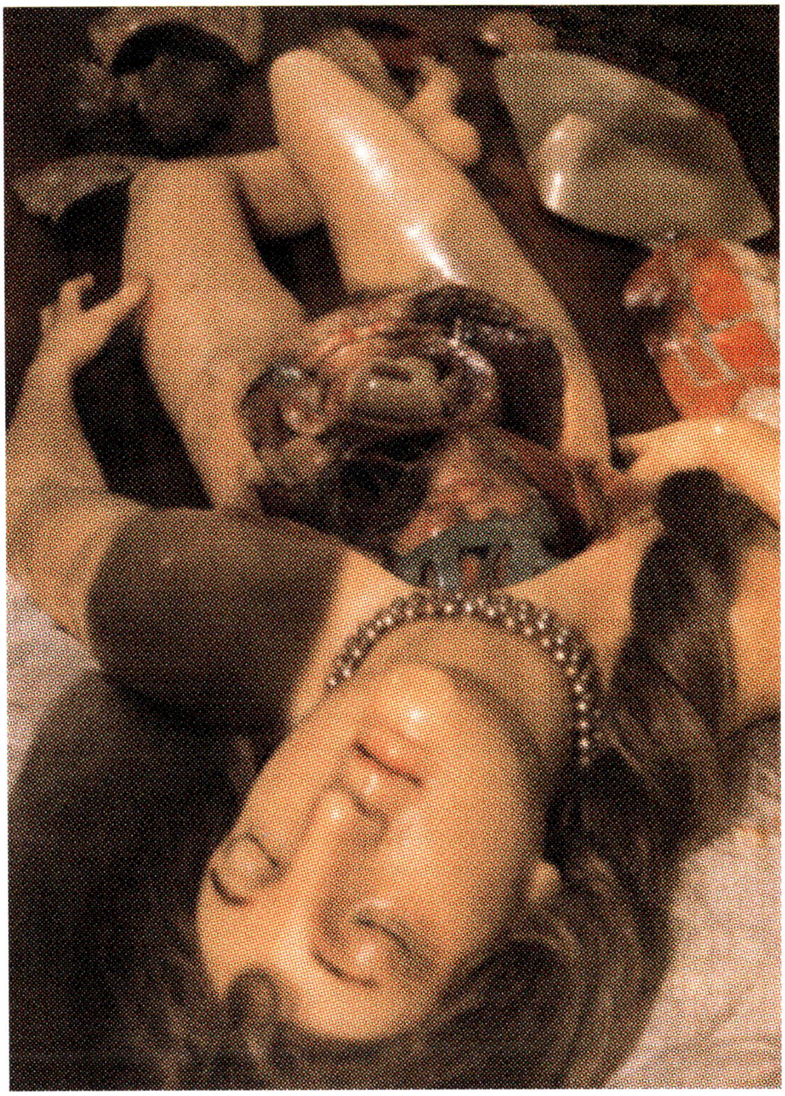

69. Entrailles de La Venerina, cire du Palazzo Poggi, Bologne, Italie.

ÉPILATION *n. f.* Pratique qui vise à la suppression, provisoire ou définitive, de Sa Majesté le poil, mal aimé par ici. La dépilation est bien plus souvent entreprise par les femmes, alors qu'elles ont généralement une pilosité moins abondante que leurs congénères masculins. Curieux, non ? ***Voir Poil.***

ÉPINE (DORSALE) *n. f.* ◆ L'épine dorsale est l'autre appellation de la colonne vertébrale. Son nom lui vient de la saillie osseuse, très reconnaissable à la palpation, qui correspond à la succession des processus épineux des vertèbres tout le long du dos. En anatomie, le terme « épine » désigne les saillies osseuses pointues, telles que l'épine iliaque, l'épine du menton, l'épine de l'omoplate. ***Voir Colonne, Rachis.***

ÉQUILIBRE *n. m.* Aptitude du corps humain à se maintenir dans une position stable, debout, sur un pied, ou sur les mains. Sans équilibre, l'homme tombe. L'oreille interne fait beaucoup pour notre sens de l'équilibre, jusqu'au vertige. ***Voir Acrobate, Oreille.***

Planche XXIV : Estomac dit le « sans-bras »

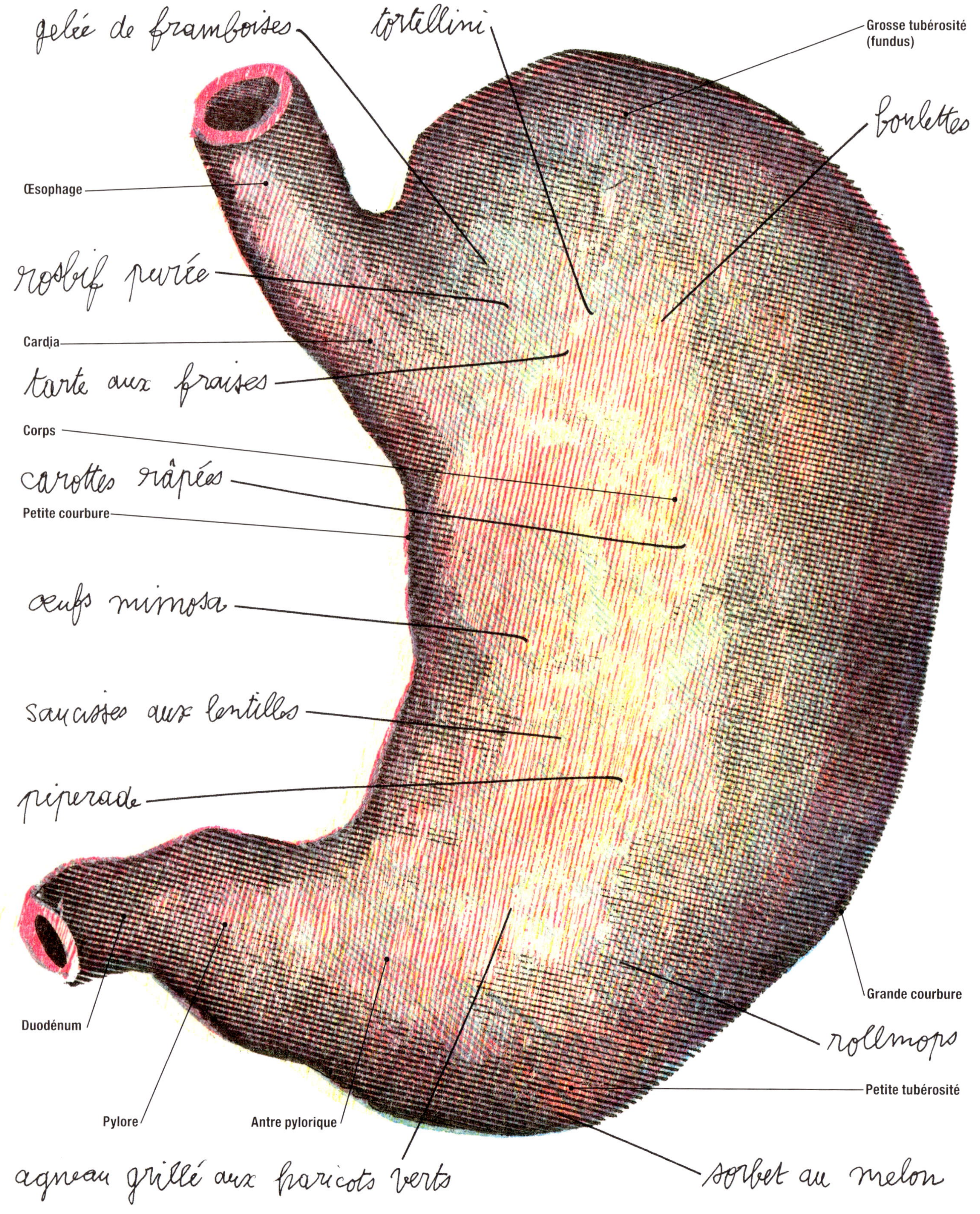

ÉRECTION *n. f.* **1**◆ Capacité qu'ont certaines parties du corps à se dresser toutes raides et gonflées sous l'empire des sens : mamelon du sein, clitoris, pénis. **2**◆ Attitude dressée du sexe masculin, qui contraste fortement avec celle, relâchée et modeste, qu'il revêt le reste du temps. *« Quand je pense à Fernande… »* (GEORGES BRASSENS*) *Syn.* Bandaison. ***Voir Bander, Clitoris, Coït, Gland, Mamelon, Pénis, Phallus, Prépuce, Verge.***

ÉROGÈNE *adj.* Se dit d'une partie du corps qui, soumise à la caresse, convoque le désir sexuel, quels que soient l'heure, le lieu ou le jour de la semaine. *Les zones érogènes.* ***Voir Désir, Sexe.***

ÉRUPTION *n. f.* **1**◆ Arrivée brutale de boutons ou autres furoncles, en cortège, perçant la surface de la peau. **2**◆ Apparition et avancée d'une dent. ***Voir Acné, Bouton, Dent.***

ESPRIT *n. m.* **1**◆ Part impalpable et pensante de l'être qui se loge confortablement dans l'enveloppe charnelle et douillette du corps, au fond près du radiateur. **2**◆ Souffle animant l'homme. *Retrouver ses esprits* : reprendre conscience. **3**◆ *Anc. méd. Les esprits animaux* : corps subtils qui régissaient les humeurs et animaient le corps. **4**◆ Être imaginaire sans enveloppe corporelle. *Syn.* Revenant, fantôme. ***Voir Âme, Cerveau, Fantôme, Immatériel.***

ESTOMAC *n. m.* **1**◆ Organe ventral de l'appareil digestif qui a régulièrement un petit creux bien qu'étant souvent plein. L'estomac ressemble à s'y méprendre à un sac. Cela dit, comme pour les sacs de femme, il existe de nombreux modèles et ils correspondent à la physionomie générale de l'individu. **2**◆ *Fig. Avoir l'estomac dans les talons* : avoir très faim. *Avoir quelque chose sur l'estomac* : en garder rancœur. *« J'ai fini mes travaux, j'ai l'estomac dans les talons. »* (ACHILLE) ◆ ☛ L'estomac est le second viscère le plus important de l'appareil digestif, après la bouche. Situé sous le diaphragme, il occupe l'hypocondre gauche et l'épigastre de l'abdomen. En forme de besace allongée, il se rattache au duodénum, premier segment de l'intestin. L'estomac est composé de trois parties. Sa partie supérieure, qui suit l'œsophage, est appelée « fundus ». Elle a la forme d'une coupole et renferme une bulle d'air lorsque l'estomac est plein. Sa partie intermédiaire, d'aspect cylindrique, est le « corps ». Celui-ci mélange à nouveau le bol alimentaire, déjà malaxé par la langue, en exerçant des contractions et sécrète les sucs gastriques. Constitués d'enzymes capables de dissoudre les protéines et les lipides (graisses), ces derniers agissent avec plus d'efficacité en milieu acide. C'est pourquoi la muqueuse de l'estomac produit aussi de l'acide chlorhydrique. Enfin, sa partie inférieure, « l'antre pylorique », accueille le bol alimentaire quand celui-ci est complètement digéré. À son extrémité, un rétrécissement appelé pylore se contracte pour empêcher le contenu gastrique de pénétrer dans l'intestin et se détend quand la digestion est terminée. VOIR PLANCHE XXIV. ***Voir Abdomen, Digestion, Duodénum, Intestin, Muqueuse, Viscère.***

ÉTERNEL, ELLE *adj.* Qui dure toujours, sous-entendu, sans mort prochaine. Hélas, notre corps – lui, au moins – n'est pas éternel. Il a choisi la face périssable de la vie. Paix à son âme, veuve esseulée. ***Voir Âme, Mortel.***

ÉTIREMENT *n. m.* Mouvement en extension pour déplier sa musculature et se délasser, bénéfique notamment au réveil, chat va de soi.

ÉTRANGER, ÈRE *adj. Spécialt.* Corps étranger. Se dit d'une substance ou d'un élément qui n'appartient pas au corps mais qui s'y trouve introduit, contre nature. Certains corps étrangers sont bien tolérés, d'autres non. ***Voir Corps.***

ÊTRE *n. m.* **1**◆ Sujet vivant appartenant à l'espèce humaine en général. *Être humain.* **2**◆ Personne, en particulier. *Un être cher. L'être aimé. « Ce chagrin d'amour est parti comme un être à la poste. »* (PIERRE DAC) *Petit être* : enfant. **3**◆ *Son être* : sa personne en propre, son âme ou son moi. *Aimer de tout son être.* ***Voir Âme, Humain.***

ÉTREINDRE *v. tr.* Serrer fort dans ses bras, entourer de son corps, à pleine peau. ***Voir Embrasser, Enlacer.***

ÉTRON *n. m.* Excrément de belle consistance et de forme oblongue, qui peut être plus ou moins long et renflé dans sa partie médiane. *Syn. enf.* Crotte. ***Voir Excrément.***

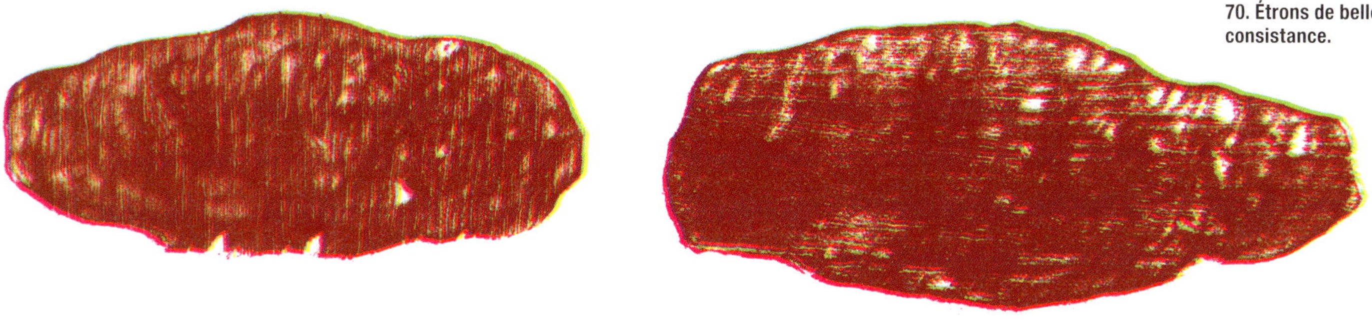

70. Étrons de belle consistance.

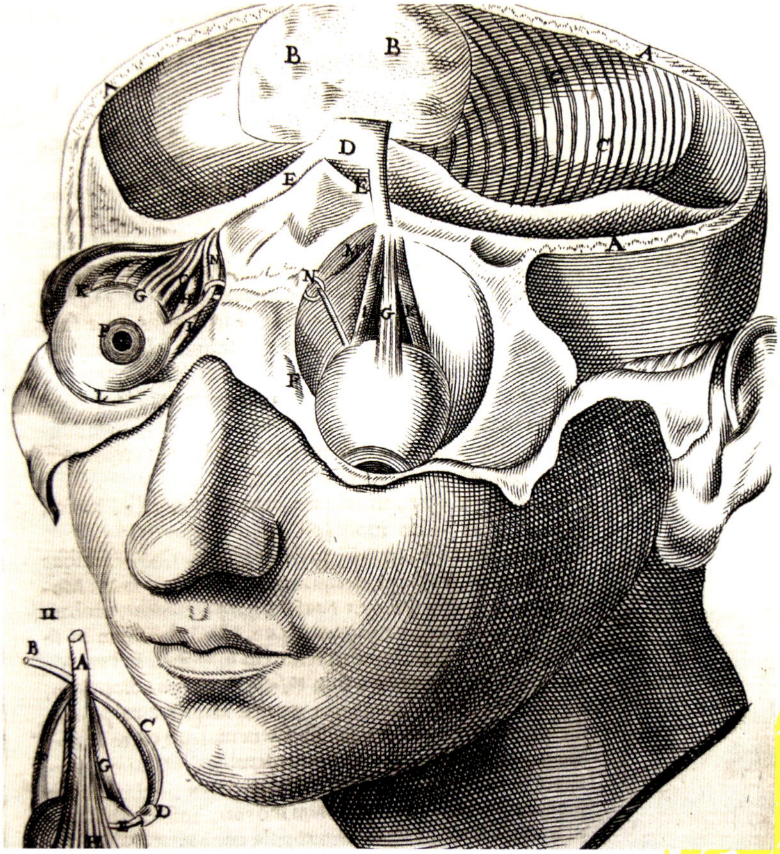

71. Yeux exorbités, Bartholini, *Anatomia reformata*,1660.

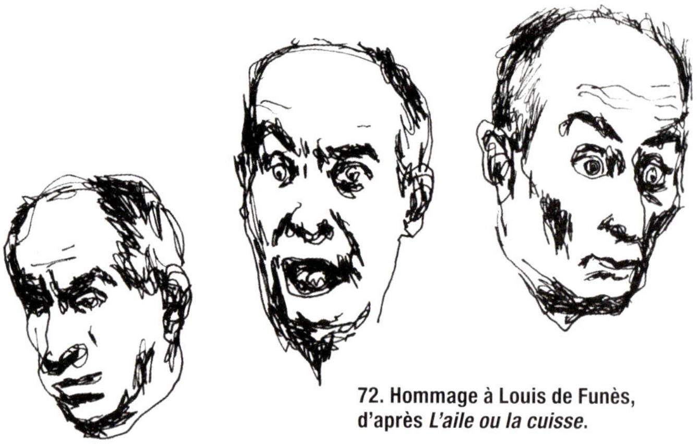

72. Hommage à Louis de Funès, d'après *L'aile ou la cuisse*.

EXCRÉMENT *n. m.* Déchet de la digestion rejeté par l'anus. Matière fécale. *Syn. fam.* Caca, crotte. ***Voir Anus, Digestion, Étron.***

EXERCICE *n. m. Spécialt.* Activité physique, quelle qu'elle soit, dans laquelle le corps dépense son énergie et effectue un travail d'entretien musculaire. *Prendre de l'exercice, faire de l'exercice* : sous-entendu, du sport, de la gymnastique. ***Voir Gymnastique, Sport.***

EXHIBITIONNISME *n. m.* **1**◆ Penchant qui consiste à montrer son corps nu. **2**◆ *Méd.* Obsession maladive qui pousse un individu à montrer son sexe, éventuellement en gardant son imperméable, à des inconnus qui n'ont rien demandé et qui passaient par là. ***Voir Nu, Sexe.***

EXORBITÉ, ÉE *adj.* Se dit de l'œil prêt à sortir de son trou. ***Voir Œil, Orbite.***

EXPIRER *v. tr.* et *intr.* **1**◆ Rejeter de ses poumons l'air inspiré, deuxième temps de la respiration. **2**◆ *Fig.* En venir à son dernier souffle. Mourir. ***Voir Bronches, Haleine, Mort, Poumon, Souffle.***

EXPRESSION *n. f.* **1**◆ Fait de s'exprimer. **2**◆ *Part.* Façon de réagir ou de manifester une émotion, un sentiment par le jeu des mouvements du visage ou du corps. *Les expressions du visage* : ensemble des signes apparents qui traduisent l'étonnement, la peur, la curiosité... *Syn.* Grimace, mine, mimique. ***Voir Face, Peau.***

EXTASE *n. f.* État d'une personne bien vivante qui semble avoir quitté le monde matériel en toute béatitude et déconnexion. Moment ravissant, hors de soi. *« Seul le battement à l'unisson du sexe et du cœur peut créer l'extase. »* (Anaïs Nin*) *Voir planche xxv.*

EXTENSEUR *n. m.* Muscle de l'extension, complice du fléchisseur.
◆ ☛ Se dit d'un muscle ou d'un groupe musculaire qui a pour fonction le mouvement vers l'arrière de deux ou plusieurs segments osseux le long du plan sagittal. La colonne vertébrale est en extension quand elle se courbe en arrière par la contraction des muscles dorsaux. ***Voir Fléchisseur, Mouvement, Muscle.***

Planche XXV : Extase chaude et froide (*où Thérèse bataille*)

Fameux face-à-face effrayant

FACE *n. f.* **1**◆ Côté de la tête de l'homme qui porte la figure et ouvre notre commerce avec l'autre. *Syn.* Figure, visage. *Syn. fam.* Poire, pomme. **2**◆ *Face à face* : nez à nez. *À la face* : en pleine figure. *Face contre terre* : vaincu. **3**◆ *Spécialt. Face et profil* : double identité du portrait. *« Face, je parle, pile, je me tais ! »* (Albert Janus)

◆ ☛ Partie antérieure de la tête à travers laquelle se font nos principaux échanges avec le monde extérieur, par la vue, l'ouïe, l'odorat et le goût. Les mimiques du visage et l'articulation de la parole nous permettent de communiquer avec les autres. Grâce à ses muscles superficiels, le visage exprime différentes émotions – comme la joie, la tristesse, la douleur, la peur, ou la colère. ***Voir Bouche, Crâne, Expression, Figure, Grimace, Nez, Œil, Peau, Tête, Visage.***

FACIAL, E *adj.* Relatif à la face. *Bonheur facial* : que l'on prend en plein visage.

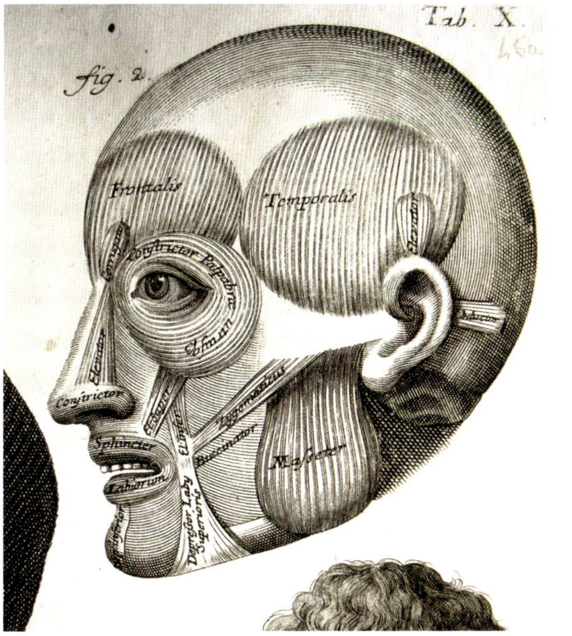

73. Face en muscles, Mangetus, *Theatrum Anatomicum*, 1716.

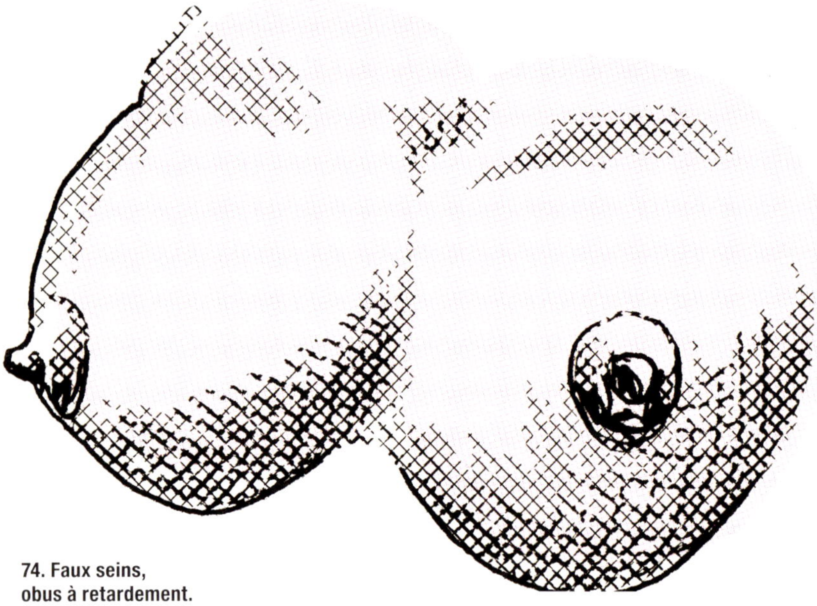

74. Faux seins, obus à retardement.

FANTÔME *n. m.* Corps de rêve sous un drap. Être impalpable, le fantôme se convoque, mais ne répond pas au téléphone. S'il laisse un mot, c'est « je reviens ». ***Voir Esprit, Immatériel.***

FARDER *v. tr.* **1**◆ Mettre du fard, rendre la face haute en couleur. À ne pas confondre avec barder, entourer de lard. **2**◆ *v. pr. Se farder. Syn.* Se maquiller, les yeux, la bouche, avec du rouge, du bleu, du vert, du violet. *« Une fois fardée, elle ressemblait à un poisson-perroquet. »* (Yves Cousteau) Voir planche XXVI. ***Voir Face, Maquillage, Toilette, Visage.***

FAUX, FAUSSE *adj.* **1**◆ Qui n'est pas vrai, à moins que… **2**◆ Qui n'est pas ce dont il (elle) a l'air et qui use de son corps pour mentir. *Fausse maigre, faux-fuyant, faux frère.* **3**◆ Qui prend des mines. *Faux-semblant.* **4**◆ *Méd. Fausse couche* : grossesse s'interrompant par accident. **5**◆ *Spécialt.* Qui n'appartient pas au corps, qui lui est ajouté pour ressembler à, pour tromper l'ennemi. *Faux cils, faux cheveux* (postiche), *faux nez, fausse barbe, faux seins, faux cul.* ***Voir Perruque.***

FAVORIS *n. m. pl.* Touffe de poils qui pousse volontiers de chaque côté du visage, et qu'on peut tailler de différentes façons selon la mode. *Syn.* Pattes (de lapin), rouflaquettes. Voir planche IX. ***Voir Barbe, Poil, Touffe.***

FÉBRILE *adj.* Qui a le corps en fièvre, tout tremblant. *« Céleste arriva d'un pas hésitant, toute fébrile, ce qui ajoutait à son charme. »* (Babar) ***Voir Fièvre.***

FÉCONDATION *n. f.* Instant crucial qui scelle la rencontre entre les gamètes mâle et femelle, ovule et spermatozoïde. Où comment deux individus commencent la fabrication d'un troisième, sans le savoir précisément, ou même sans le savoir du tout. ***Voir Embryon, Gamète, Mâle, Œuf, Ovule, Reproduction, Spermatozoïde.***

FÉCONDITÉ *n. f.* Capacité qu'ont les êtres humains à faire des petits. La femme a des périodes cycliques de fécondité, alors que l'homme est fécond tous les jours.

FEMME *n. f.* **1**◆ Être humain de sexe féminin, adulte. **2**◆ Sujet femelle de l'espèce humaine, en âge de se reproduire (si elle le désire), par opposition à fille. La fille est encore niaise, la femme sait (hum, hum). **3**◆ La femme, en particulier, l'homme, en général. Parmi les hommes, il y a les femmes. La femme, à l'instar de l'homme, peut être belle, laide, intelligente, idiote, petite, grande, grosse, maigre… Par contre, elle ne peut pas être plus intelligente que l'homme, d'après lui. **4**◆ *Ethn. Femme blanche, noire, grise. Loc. Petit bout de femme* : joli morceau. *Femme-enfant,*

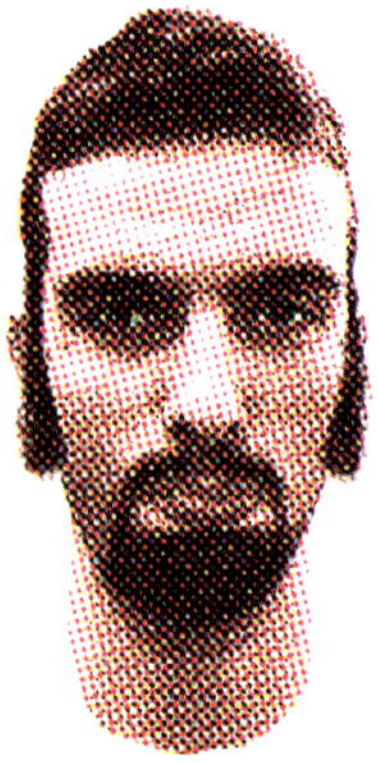

75. Belle paire de favoris en goguette.

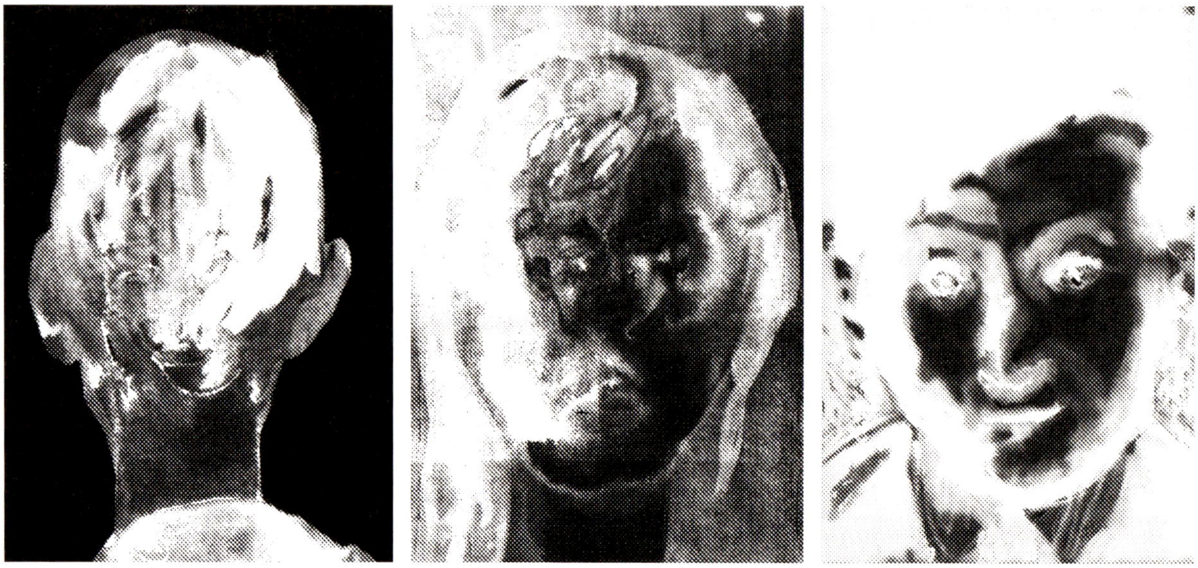

76. Fantôme de dos, fantômes de face.

Planche XXVI : Femme fardée ou l'art de la poudre aux yeux

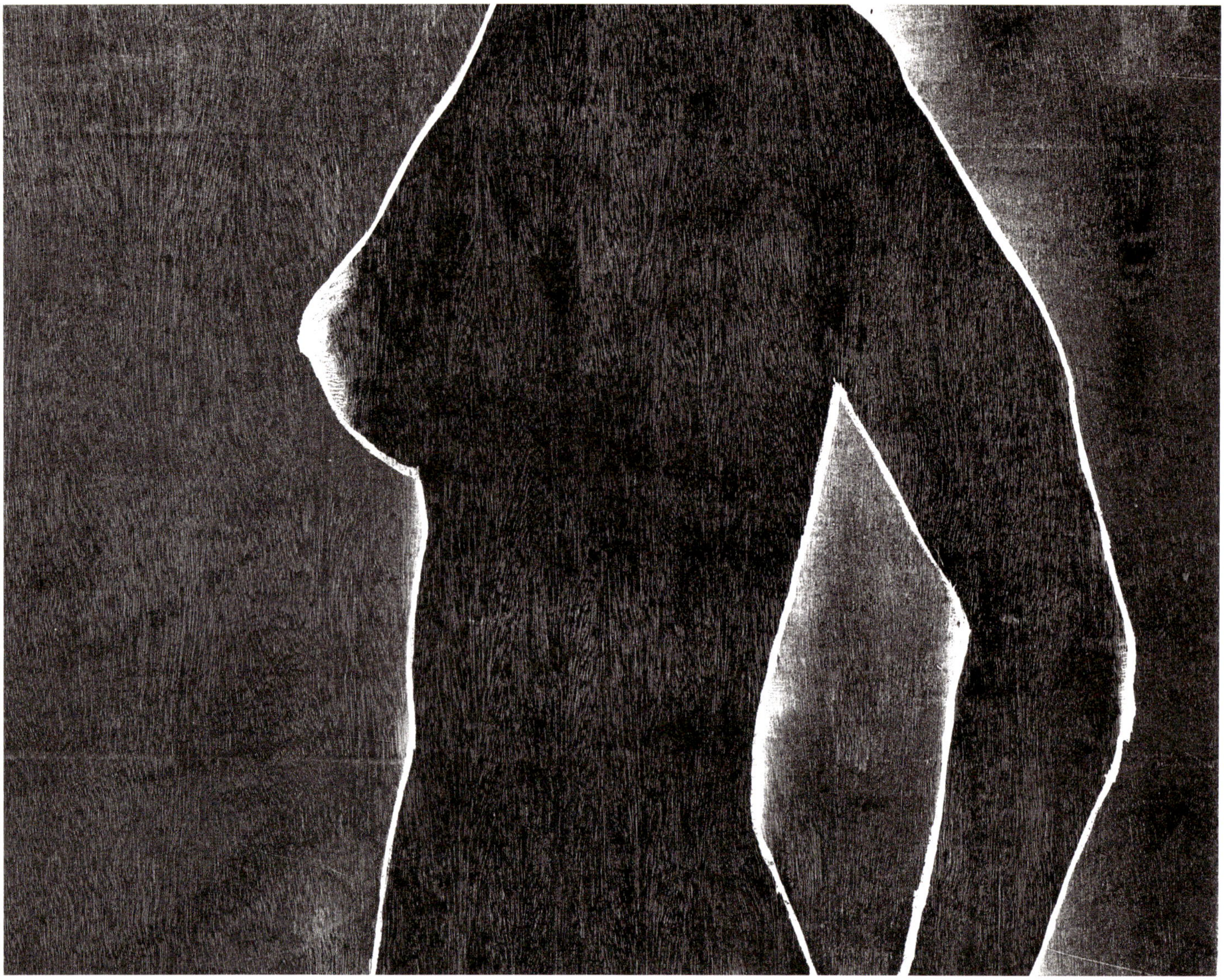

77. Profil de femme.

femme-fleur. Femme à hommes : séductrice. *Femme fatale* : coup mortel. *De femme à femme* : d'égale à égale. *Femme de main* : complice. *Femme de tête* : homme masqué. *Une femme et son homme* : un couple. **5** ◆ *Femme à barbe* : femme à poils d'homme, ancien monstre de foire. *Syn. fam.* Nana, gonzesse, meuf. *« Sans femme, l'homme s'étiole. »* (Pierre Desproges*)

◆ ☛ Individu qui produit les gamètes féminins (ovule). L'appareil génital féminin compte les ovaires, représentant les gonades, les voies génitales comprenant les trompes de Fallope, l'utérus et le vagin, ainsi que les organes génitaux externes, soit les petites lèvres, les grandes lèvres et le clitoris. Chez les fœtus des deux sexes, les gonades se développent à l'identique jusqu'à la sixième semaine, avant de se différencier en ovaires chez les femelles et en testicules chez les mâles. De même, les organes génitaux externes sont bipotentiels jusqu'à la huitième semaine, et ce n'est que par la suite qu'ils se distinguent entre masculins et féminins. À la naissance, les gonades des deux sexes restent en dormance jusqu'à l'adolescence où, avec la production de la gonadotrophine, s'achève la maturation du système reproducteur. Lorsque les fonctions endocrines des gonades sont suffisamment développées pour que la reproduction soit possible, la puberté est atteinte. Avec elle s'affirment également les caractères sexuels secondaires, soit l'augmentation du volume des seins, de l'utérus et du vagin, la présence plus prononcée de graisse au niveau des fesses, l'étroitesse des épaules et la largeur des hanches. Voir planches XXVIII et XXIX. *Voir Fille, Homme, Humain.*

Planche XXVII : Femmes, femmes, femmes

PLANCHE XXVIII : FEMMES, FEMMES, FEMMES

FÉMUR *n. m.* Notre plus grand os.

◆ ☛ Os de la cuisse, le plus volumineux parmi les os longs. Le fémur s'articule en haut avec le bassin et en bas avec le tibia et la rotule. À son extrémité supérieure, une surface sphérique appelée tête du fémur s'articule avec une cavité du bassin, sphérique elle aussi, dite « acétabulum ». Ce type d'articulation permet au membre inférieur l'exécution de tous les mouvements possibles dans l'espace (flexion-extension, abduction-adduction, rotation autour du propre axe et en fronde). La tête du fémur est soutenue par un segment cylindrique dit « col du fémur » qui, de par sa structure en fines lamelles arquées, est facilement sujet aux fractures. *Voir Cuisse, Os, Squelette.*

FESSE *n. f.* Partie charnue et musclée à l'arrière du bassin au bas du dos. Les fesses vont toujours par deux, généralement identiques. Elles s'entendent pour dissimuler ensemble le trou du cul. La raie des fesses dicte leur symétrie. La fesse est singulière, cependant. Elle se porte fière, rebondie, plate, en chou, en poire, oblongue, pointue, rembourrée. C'est l'objet de toutes les convoitises amoureuses. *Voir planche xxix.*

78. Fille blonde de passage.

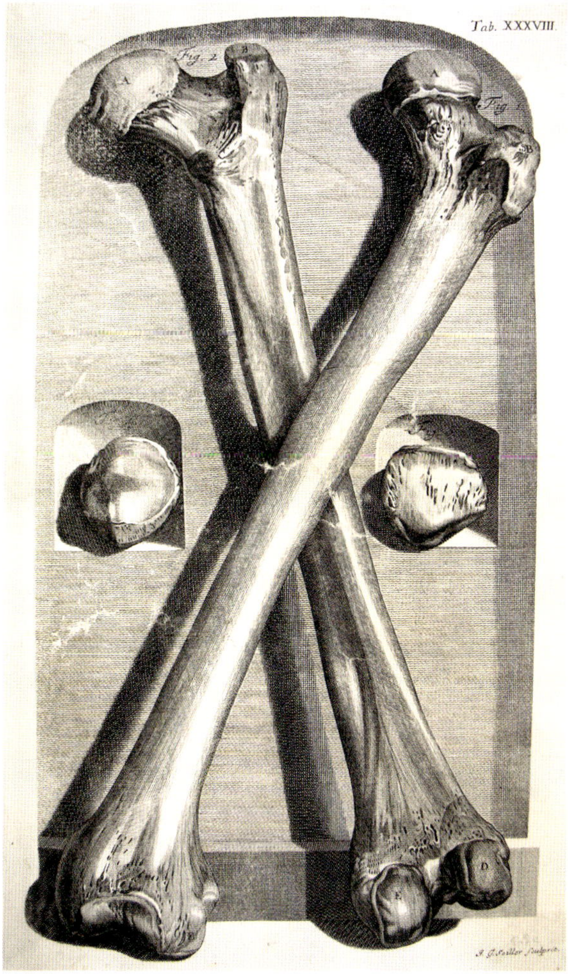

79. Deux fémurs, Mangetus, *Theatrum Anatomicum*, 1716.

◆ ☛ Parties arrondies de l'extrémité inférieure du tronc qui relient celui-ci aux membres inférieurs, comme les épaules le relient aux membres supérieurs. La forme galbée des fesses resulte du travail des puissants muscles fessiers. En se contractant, ils aident l'homme à se tenir debout. Entre les fesses court le sillon interfessier (interglutéal). Sa profondeur accentue leur rondeur. Un pli cutané, dit «pli glutéal», en limite la partie inférieure. Chez la femme, le galbe des fesses est plus marqué, de par l'inclinaison vers l'avant de son bassin. Le dépôt de tissu adipeux dans la partie supérieure des fesses en marque la limite avec la surface légèrement creuse de la région lombaire. *Voir Cul, Derrière, Fossette, Séant.*

FESSÉE *n. f.* Claque à répétition spécialisée dans la fesse. *« Qui c'est le vilain qui va avoir la fessée cul nu ? »* (Mademoiselle Solange) *Voir Fesse.*

Planche xxix : Fesses de l'une

Planche XXX : Le grand feuilleton du fœtus

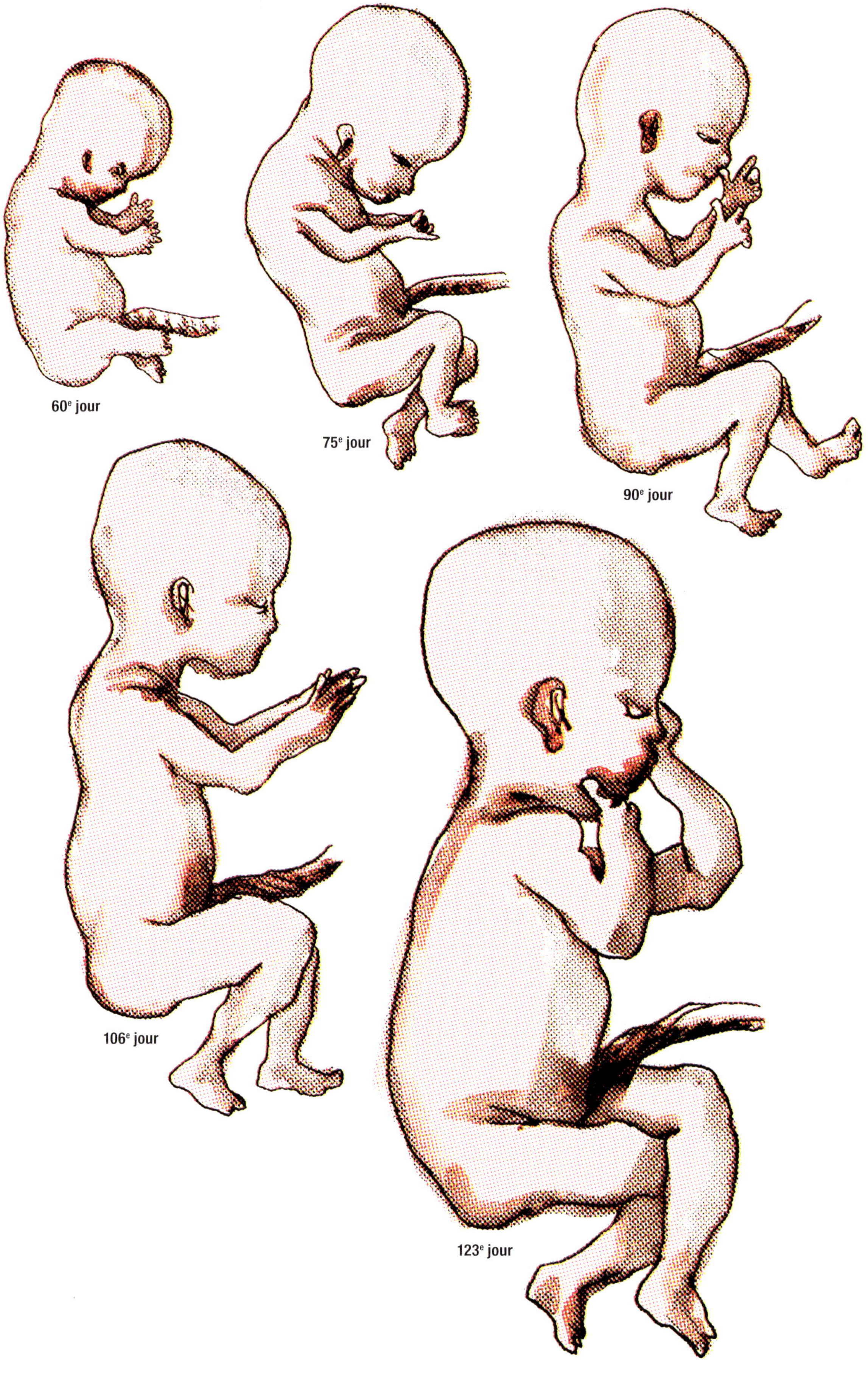

FIBRE *n. f.* Matériau de construction élémentaire du corps, qui en constitue de nombreux tissus, dont les muscles et les terminaisons nerveuses. ***Voir Muscle, Nerf.***

FIÈVRE *n. f.* **1**◆ Montée du corps en température, souvent suite à une infection et aux mesures de défense de l'organisme. **2**◆ *Fig. Fièvre au corps* : désir ardent qui ne laisse aucun repos à son impatient. ***Voir Amour, Désir.***

FIGURE *n. f.* **1**◆ Face de l'homme, très couramment visage de l'enfant. *Syn. fam.* Bille, bobine, bouille, gueule, trombine. **2**◆ Mine. *Faire bonne figure* : se montrer aimable. *Triste figure* : avoir l'air pleutre. *« T'en as plein la figure, mon cochon ! »* (PANTAGRUEL) ***Voir Face, Tête, Visage.***

FILIFORME *adj.* Au corps en forme de fil, grand échalas. *Syn.* Asperge, haricot vert. ***Voir Élancé, Maigre, Mince.***

FILLE *n. f.* **1**◆ Jeune pousse promise à un bel avenir de femme. **2**◆ Enfant ou jeune personne de sexe féminin, par distinction. *Les toilettes des filles. Petite fille, grande fille, fille pubère. Fig. Jeune fille en fleur* : qui sent bon l'adolescente. **3**◆ *Fille de…* : enfant par rapport à son père, sa mère. *Fille à papa* : fille de roi. *« Viens voir un peu ma fille ! »* (ZEUS) ***Voir Femme, Garçon.***

FLANC *n. m.* **1**◆ Chaque côté du ventre, droit et gauche, le long des côtes. **2**◆ *Loc. Être sur le flanc* : être exténué. *Tirer au flanc* : être paresseux. ***Voir Ventre.***

FLATULENCE *n. f.* Ballonnement, vent venu du ventre. Chant gazeux de l'intestin, lent et voluptueux, qui hésite sur le rythme à tenir mais ne se retient pas. *Syn.* Pet, vent. *Syn. fam.* Prout. *« Pipi caca zizi prout. »* (MARCEL GOTLIEB*) ***Voir Pet, Prout.***

FLÉCHISSEUR *n. m.* Muscle de la flexion, complice de l'extenseur.
◆ ☛ Se dit d'un muscle ou d'un groupe musculaire qui a pour fonction le mouvement vers l'avant de deux ou plusieurs segments osseux le long du plan sagittal. La colonne vertébrale est en flexion quand elle se courbe en avant par la contraction des muscles abdominaux. Le biceps du bras est un muscle fléchisseur ; en se contractant il approche l'avant-bras du bras. Le quadriceps du fémur fléchit la cuisse sur le bassin. ***Voir Extenseur, Mouvement, Muscle.***

FŒTUS *n. m.* Embryon humain après la huitième semaine de son développement, soit au moment où son cœur s'est mis à battre. VOIR PLANCHE XXX. ***Voir Bébé, Échographie, Embryon.***

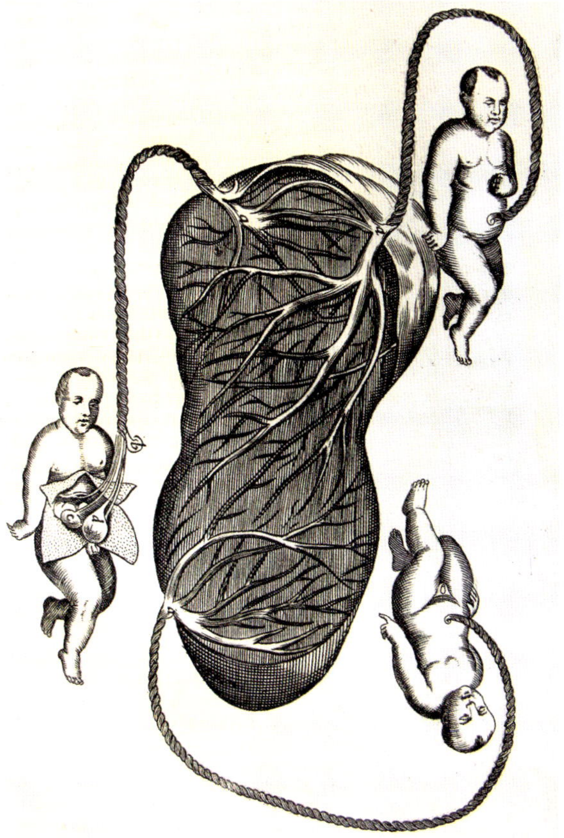

80. Fœtus et leur placenta, Bartholini, *Anatomia renovata*, 1677.

FOIE *n. m.* **1**◆ Organe-filtre qui nous tient en haleine. Glande majeure. **2**◆ *Cult.* Viscère du courage. *Loc. Avoir les foies* : avoir peur. *En pâté de foie* : tout mou. **3**◆ *Méd. Crise de foie* : par excès, sans aucun doute. *« Le foie fait l'homme. »* (SAINT AUGUSTIN)
◆ ☛ Organe le plus volumineux de tous les viscères. Il occupe dans la cavité abdominale un volume important sous le diaphragme, dans l'hypocondre droit principalement et dans l'épigastre. Le foie a une forme ovoïdale légèrement tronquée. Il est protégé par les côtes et par l'extrémité inférieure du sternum. Si l'on inspire profondément, le diaphragme abaisse le foie et il est alors possible de le palper sous l'arcade costale. Le foie est rouge-brun et pèse environ 2 kg. Il est entouré d'une enveloppe résistante, la capsule de Glisson. Quand le foie est en pleine activité, comme après un repas copieux, son volume augmente. Soumis à une tension supplémentaire, en courant par exemple, il devient douloureux. On distingue dans le foie quatre lobes, séparés entre eux par de profondes fentes. Son parenchyme (tissu) peut être subdivisé en de nombreux segments autonomes, comme celui du poumon ou du rein. La cellule principale du foie, nommée hépatocyte, a plusieurs fonctions. Elle stocke le glucose et assure un taux constant de glycémie. Elle absorbe des aminoacides du sang pour générer de nombreuses variétés de protéines, dont l'albumine, la globuline, le fibrinogène. Elle assemble des lipoprotéines complexes pour former la bile. Le foie

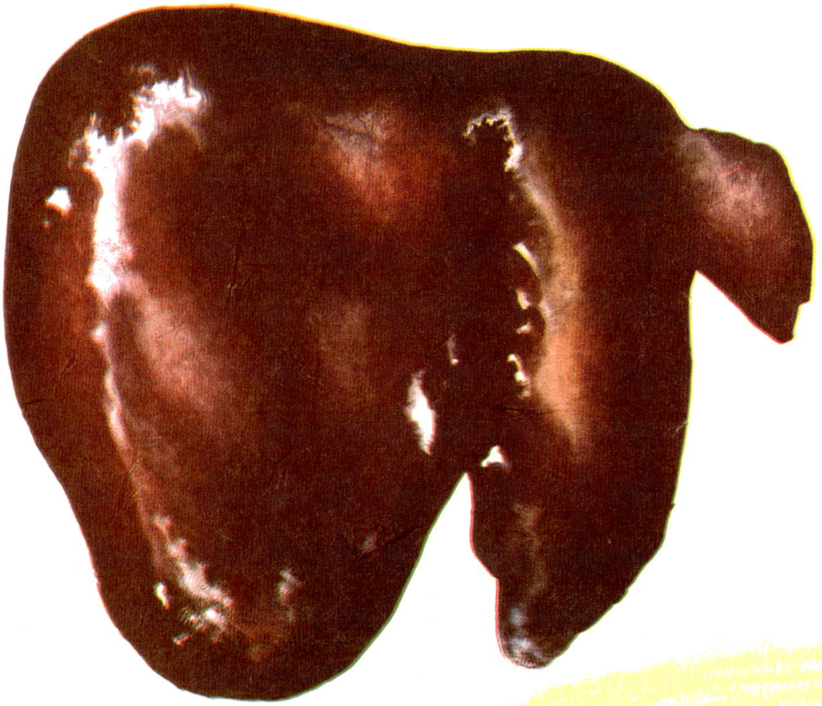

81. Foie singulier, d'après sa cire, musée Luigi Cattaneo, Bologne, Italie.

métabolise également l'azote, les médicaments, l'alcool et bien d'autres substances. Toutes ces fonctions essentielles font du foie un organe vital. ***Voir Bile, Glande, Organe, Viscère.***

FOLLICULE *n. m.* ◆ ☛ Minuscule poche de la peau ou des muqueuses pourvue d'un orifice étroit où se trouve la racine d'un poil, d'un cheveu, ou d'un cil. Il existe aussi d'autres types de follicules, comme le follicule dentaire qui contient le germe d'une dent, ou le follicule ovarien qui contient l'ovule. ***Voir Peau, Poil.***

FONTANELLES *n. f. pl.* ***Voir Crâne.***

FORME *n. f.* **1**◆ *Spécialt.* Apparence du corps, sous ses aspects visuels ou tactiles. *Syn.* Silhouette. **2**◆ *Les formes* : les contours du corps, féminin voire masculin. *Des formes avantageuses* : opulentes, gracieuses, élancées, moulées à la bouche. *« Brian porte ici un tee-shirt à rayures en viscose argentée qui épouse ses formes divinement. »* (Jean-Paul Gaultier)

FORT, E *adj.* **1**◆ Qui a de la force, physique ou morale. Puissant, solide. *Fam.* Balèze, costaud. *Force d'Hercule.* **2**◆ *Le sexe fort* : celui des hommes, évidemment. **3**◆ Grand et corpulent, quand on n'ose pas dire gros. *« Gina a une forte poitrine, elle déborde de partout ! »* (Marcel Pagnol) ***Voir Gros, Malabar, Sexe.***

FOSSETTE *n. f.* Petit creux ravissant qui marque la joue, le menton ou le haut des fesses. ***Voir Fesse, Visage.***

FRANGE *n. f.* Élément courant d'une coupe de cheveux, qui leur permet d'habiller le front, l'air de rien. *Frange courte au-dessus des sourcils ou longue, effilée ou en haie de troènes.* ***Voir Cheveu, Coiffure.***

FREIN *n. m.* ◆ ☛ Le frein est un pli muqueux qui relie une partie rigide à une partie mobile. Dans la bouche, le frein labial médian supérieur se détache de la gencive entre les deux incisives centrales pour s'insérer à la lèvre supérieure. Le frein lingual relie la gencive de l'arcade dentaire inférieure à la surface inférieure de la langue. Sur le pénis, la fine peau qui recouvre l'extrémité antérieure du gland est reliée à ce dernier par un frein. ***Voir Gland, Langue, Lèvre, Pénis, Prépuce, Verge.***

FRISSON *n. m.* **1**◆ Léger tremblement furtif qui traverse le corps en diffusant un courant froid et bleu. Le frisson a des causes aussi diverses qu'un vent frais, un son aigu ou la chatouille d'une plume. **2**◆ *Érot. Le grand frisson* : convulsion de plaisir, orgasme. *« Grand frisson fait chavirer mais pas couler. »* (La petite mort) ***Voir Fièvre.***

FROID *n. m.* **1**◆ Sensation désagréable à fleur de peau, ressentie quand la température extérieure est bien en dessous de celle du corps. Face au froid, vient la nostalgie du poil. *Attraper un chaud et froid* : avoir froid après avoir eu chaud. *Prendre froid* : avant toux. **2**◆ *Fig. Avoir froid dans le dos* : être glacé d'effroi. ***Voir Chair, Peau.***

FRONT *n. m.* Zone d'entre-deux de la face, au-dessus des sourcils. Tableau magnifique et personnel des rides d'expression, qui dit facilement si l'on est plus souvent triste ou gai.
◆ ☛ Le front correspond au vaste espace qui s'étend des arcades sourcilières à la naissance des cheveux. Sa conformation varie selon les individus. Elle est en étroite corrélation avec la forme et la dimension de l'os frontal. Celui-ci est caractérisé par ses deux saillies et ses bosses frontales latérales. Grâce à leur épaisseur et à leur dureté, sa surface est très résistante aux chocs et aux coups. L'autre saillie osseuse, au centre du front et à la racine du nez, se nomme la glabelle. Partie la plus saillante de l'os frontal, elle est pour cette raison un point craniométrique important. Voir planche XXXI. ***Voir Face, Ride, Sourcil, Visage.***

FURONCLE *n. m.* Bouton proéminent, pustule au sommet de l'infection cutanée. ***Voir Acné, Bouton, Éruption, Pus.***

82. Franges courtes et longues.

Planche xxxi : Des nouvelles du front

Gentils garçons fuyant Gertrude au grand galop

83. Galipette en couettes.

G *n. m.* Septième lettre de l'alphabet du corps de la femme. Point légendaire du sexe féminin, c'est la consonne à la porte du plaisir. ***Voir Femme, Orgasme, Sexe.***

GALBE *n. m.* **1**◆ Courbe remarquable. **2**◆ Contours élogieux du corps ou du visage. *Galbe d'un sein, d'un mollet.* ***Voir Contour, Forme, Ligne.***

GALIPETTE *n. f.* **1**◆ Sorte de roulade désordonnée que les enfants effectuent volontiers, en général la tête la première et en rigolant. Les adultes ne savent plus vraiment faire la galipette. Ils font le grand saut. **2**◆ *Fig. Faire des galipettes* : faire l'amour. ***Voir Gymnastique, Sexe.***

GALOP *n. m.* Une des quatre allures de l'homme, cependant la moins courue. Les jeunes enfants galopent naturellement très bien. Chez les adultes, c'est plus rare, sauf s'ils restent à cheval sur leurs principes. ***Voir Allure.***

GAMÈTE *n. m.* Cellule sexuelle de la plus haute importance pour la survie de l'espèce. L'ovule de madame et les spermatozoïdes de monsieur se donnent en principe rendez-vous dans les trompes de Fallope. Cependant chez les gamètes, les heureuses rencontres ne sont pas si évidentes. ◆ ☛ Cellule reproductrice sexuée qui s'unit avec la cellule reproductrice du sexe opposé lors du processus de fécondation. Ainsi le gamète mâle se lie au gamète femelle pour générer un zygote (œuf fécondé) possédant le patrimoine génétique des deux sexes, à l'origine de l'embryon. ***Voir Coït, Éjaculation, Fécondation, Gonade, Ovaire, Ovule, Spermatozoïde, Testicule.***

GANGLION *n. m.* ◆ ☛ Petit renflement regroupant des cellules nerveuses au sein d'une capsule, qui migre au stade embryonnaire du système nerveux central vers des sièges périphériques du corps. Les ganglions représentent des stations intermédiaires sur le trajet des nerfs, tel le ganglion crânien de Gasser sur le parcours du nerf trijumeau, qui reçoit toutes les perceptions sensitives du visage et du crâne et les transmet aux centres cérébraux. Le terme désignait aussi une autre catégorie de ganglions, appelés aujourd'hui plus justement nœuds lymphatiques. Petits organites de dimensions variant de quelques millimètres à plus de 1 cm, ils sont situés le long du parcours des collecteurs lymphatiques et sont le siège des réponses immunitaires. Ils contiennent les lymphocytes qui agissent pour la défense de l'organisme en arrêtant les antigènes qui ont pénétré dans la peau et les muqueuses. ***Voir Cellule, Lymphe, Nerf.***

GARÇON *n. m.* **1**◆ Jeune pousse promise à un bel avenir d'homme. **2**◆ Enfant ou jeune personne de sexe masculin, par distinction. *Les toilettes des garçons. Petit garçon, garçonnet, grand garçon, garçon pubère. Fig. Jeune garçon en bouton* : qui sent bon l'adolescent. *Syn. fam.* Gars, petit gars. *Beau garçon* : beau gosse. *« J'ai vu le garçon tout nu honnête et songeur. »* (Verlaine) *Voir* ***Fille, Homme.***

GARGOUILLIS *n. m.* Bruit de fond produit négligemment par l'estomac qui crie famine et qui n'a que faire des convenances. Le gargouillis peut vite se faire remarquer et mettre mal à l'aise le gargouilleur quand un rendez-vous s'éternise sur le coup de 13 heures.

GAUCHE *adj.* Peu adroit, quelle que soit la main.

GAUCHER, ÈRE *n.* et *adj.* Très adroit, surtout de sa main gauche. Non droitier. *Voir* ***Main.***

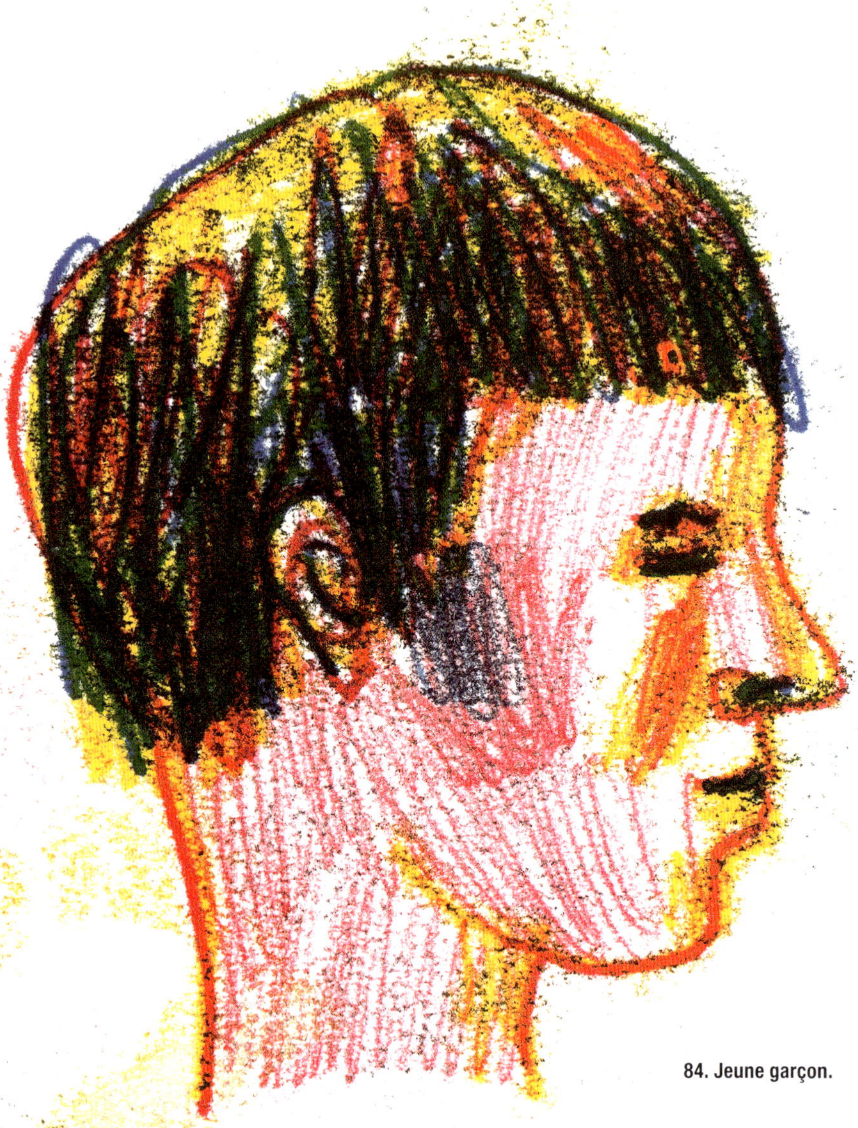

84. Jeune garçon.

GÉANT, E *n.* Personne de trop grande taille pour appartenir à l'espèce humaine. *« Bien trop grand, ce géant ! »* (Une Lilliputienne) *Voir planche XXXII. Voir* ***Grand, Taille.***

GENCIVE *n. f.* Muqueuse rosâtre qui tapisse les deux mâchoires et tient les dents par le collet. *Voir* ***Dent, Mâchoire.***

GÈNE *n. m.* Petit patrimoine personnel, dont les parents sont directement responsables. *« Où il y a des gènes, il y a eu du plaisir. »* (Albert Jacquard)
◆ ☛ Unités localisées sur des zones spécifiques des chromosomes. Leur fonction est de transmettre les caractères héréditaires. *Voir* ***Hérédité.***

GÉNITAL, E, AUX *adj.* Qui se rapporte à la reproduction sexuelle et à ses outils. *Appareil génital, masculin ou féminin. Organes génitaux externes ou internes. Glandes génitales, attrait génital. Voir* ***Femme, Gonade, Homme, Ovaire, Pénis, Prostate, Reproduction, Sexe, Testicule, Utérus, Vagin, Vulve.***

GENOU *n. m.* Articulation majeure entre la jambe et la cuisse. Le genou donne sa souplesse à la marche et du rythme à la jupe. Petit, on a souvent les genoux couronnés. *« J'aime tes genoux, tes choux, ton hibou ! »* (Lou Caillou) *Voir* ***Articulation, Cuisse, Jambe, Rotule.***

GERÇURE *n. f.* Petite fissure ou crevasse de la peau qui a souffert du froid, du vent ou du travail. *Avoir les lèvres, les mains ou les fesses gercées.*

GESTATION *n. f. Syn.* Grossesse.
◆ ☛ État particulier dans lequel se trouve la femme depuis le moment de la fécondation jusqu'à la naissance de l'enfant. *Voir* ***Accouchement, Embryon, Enceinte, Fœtus, Grossesse.***

GESTE *n. m.* Mouvement du bras, de la main ou de la tête (le plus souvent) qui parle sans qu'on ait à ouvrir la bouche ou qui trahit ce qu'on souhaite taire. Le geste peut être ébauché, discret, lent, rapide, précis, appuyé, grossier, violent ou autre. *« Pas un geste ! »* (Jack Dalton) *Voir* ***Expression, Gesticuler, Mouvement.***

GESTICULER *v. intr.* Remuer dans tous les sens, ne pas tenir en place, gigoter comme un asticot. Bref, en faire trop.

GIFLE *n. f.* Claque de la main sur la joue. Bien frappée, la gifle est sonore et rend la joue rose vif. Elle peut être doublée d'un revers, pour augmenter l'effet. *Syn.* Baffe, claque, giroflée à cinq feuilles, tape, tarte. *Voir* ***Joue.***

85. Partie visible de l'appareil génital féminin.
86. Partie visible de l'appareil génital masculin.

GLABELLE *n. f.* **1**◆ Tout petit territoire allant d'un sourcil à l'autre, qui fronce parfois. **2**◆ *Spécial.* Chez l'homme-garou, la glabelle est poilue. *« Embrasse-moi sur la glabelle ! »* (Le cyclope) ***Voir Front, Sourcil.***

GLABRE *adj.* Sans un poil apparent, rasé ou imberbe. *Un menton glabre, des oreilles glabres. « Il tendit vers moi son beau visage glabre. Je l'embrassai. »* (André Gide) ***Voir Poil.***

GLAND *n. m.* **1**◆ Fruit du chêne, tout d'abord. **2**◆ *Spécialt.* Élément façonné ayant la forme du gland susnommé. Gland d'apparat, de coussin ou de rideau, à franges ou à pompons. **3**◆ Extrémité visible à l'avant du pénis (notamment chez l'homme). De forme conique, il est plus gros que le gland du chêne et moins gros que celui des rideaux. Il est recouvert par le prépuce, mais pas toujours. **4**◆ *Rare.* Clitoris. **5**◆ *Fig. fam.* Crétin inactif. ***Voir Érection, Frein, Pénis, Phallus, Prépuce, Sexe.***

GLANDE *n. f.* **1**◆ Organe qui sécrète, en douce. Appartient à la catégorie des organes pleins. On distingue les glandes ouvertes (exocrines) déversant leurs sécrétions (larmes, lait, mucus, sébum, salive…) à l'extérieur du corps, des glandes endocrines, dont les sécrétions (hormones) restent internes, les glandes mixtes (ouvertes et endocrines) ainsi que les glandes génitales dites « gonades ». **2**◆ *Fig. fam. Avoir les glandes* : en avoir marre, être dégoûté. Avoir peur. ***Voir Foie, Gonade, Hormone, Hypothalamus, Organe, Ovaire, Pancréas, Testicule.***

GLOBE (OCULAIRE) *n. m.* ***Voir Œil, Orbite.***

GLOBULE *n. m.* Élément sphérique en suspension qui circule dans les liquides organiques. Il en existe de plusieurs types et de plusieurs couleurs, essentiellement des rouges et des blancs. ***Voir Cellule, Leucocyte, Sang.***

GLOTTE *n. f.* ◆ ☛ Région centrale du larynx qui accueille les cordes vocales. ***Voir Gosier, Larynx.***

GONADE *n. f.* Glande reproductrice de l'appareil génital qui s'occupe exclusivement de la fabrication des gamètes, cellules sexuelles. Une paire d'ovaires chez la femme contre une paire de testicules chez l'homme. ***Voir Castration, Femme, Gamète, Glande, Homme, Hypothalamus, Organe, Ovaire, Testicule.***

87. Globes oculaires à l'ancienne.

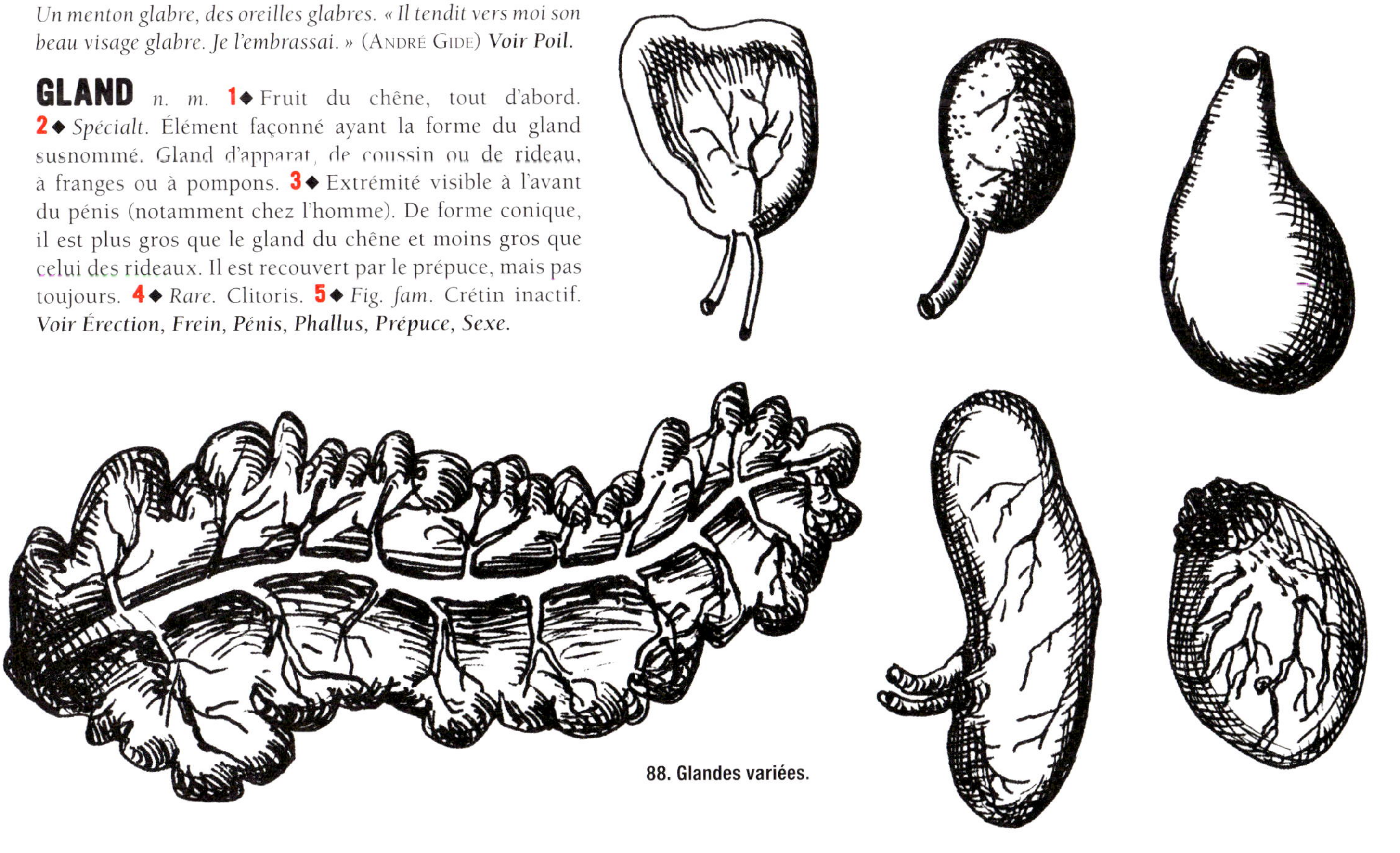

88. Glandes variées.

Planche XXXII : Tête géante, d'après l'acromégalie en cire du musée Luigi Cattaneo, Bologne, Italie

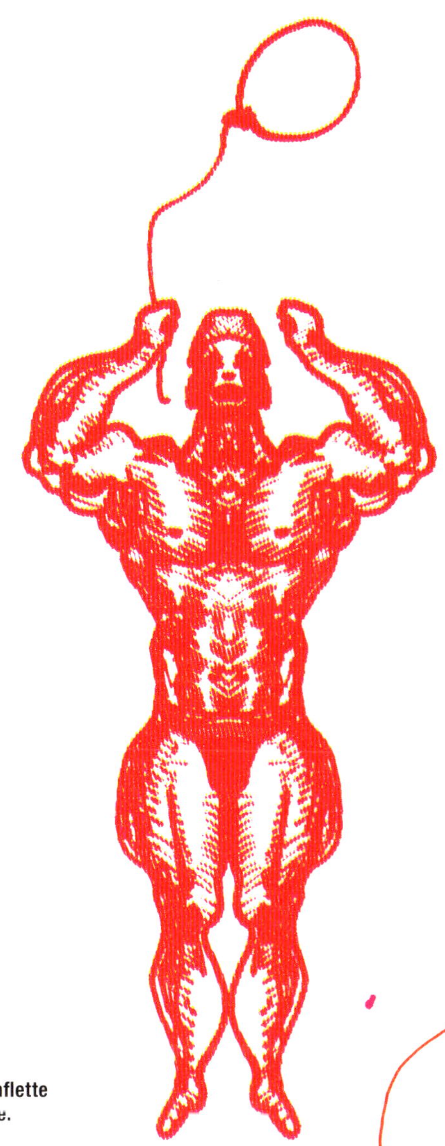

89. Gonflette parfaite.

GONFLETTE *n. f. Fam.* Genre de musculation épatante qui vise à l'augmentation rapide de la masse musculaire, généralement pratiquée avec des altères égaux. Pfff… *Syn.* Bodybuilding, culturisme. ***Voir Malabar, Muscle.***

GORGE *n. f.* **1◆** Partie principale et fort vulnérable du cou. Cette même région, à l'intérieur de la bouche, au fond tout droit, correspondant au gosier. *Trancher la gorge.* **2◆** Territoire précieux allant du cou aux seins, ou bien poitrine (chez une femme) qui s'habille d'un soutien-gorge. **3◆** *Fig. Des sanglots dans la gorge, gorge serrée. Faire des gorges chaudes* : se moquer (de quelque chose). ***Voir Cou, Décolleté, Poitrine, Sein.***

GOSIER *n. m.* **1◆** Arrière-bouche, fond de la gorge, dont l'entrée est pointée par la luette. **2◆** Carrefour (œsophage, pharynx et larynx) d'où part la voix. *Chanter à plein gosier* : à plein tube. *Se remplir le gosier* : s'empiffrer à la Grandgousier. ***Voir Bouche, Larynx, Luette, Pharynx.***

GOÛT *n. m.* **1◆** *Phys.* Un des cinq sens de l'homme, qui lui permet d'apprécier la différence essentielle entre les endives et le chocolat. À l'affaire des saveurs, le goût n'est rien sans la langue et le palais. *Bon goût, mauvais goût* : ressenti en bouche. **2◆** *Goût de la vie* : appétit, gueule à tout. ***Voir Bouche, Langue, Palais, Papille, Sens.***

GRÂCE *n. f.* Délicatesse de geste ou d'apparence. Cousine éloignée de la pesanteur.

GRAIN (DE BEAUTÉ) *n. m.* Petite tache foncée sur la peau, ronde ou ovale et fortement pigmentée. Plat ou saillant, le grain de beauté est charmeur. Il met si bien le teint en valeur qu'on en dessine encore des faux qui font mouche. Petit nævus. ***Voir Peau.***

GRAISSE *n. f.* Matière adipeuse présente en quantité très variable à divers endroits du corps, surtout dans les tissus sous-cutanés. Chez les loutres, la graisse protège du froid. Chez l'homme, une bonne doudoune suffit. ***Voir Bourrelet, Gras, Gros, Obèse, Rondeurs.***

GRAND, E *adj.* **1◆** De taille considérable ou de hauteur importante, sans être un géant. **2◆** D'une longueur hors du commun. *Un grand nez, de grands pieds, une grande bouche.* **3◆** Qui a atteint sa taille maximale, adulte. *Grandes personnes* : qui ne grandiront plus. *« Mon Dieu, Mère-Grand, comme tu as de grandes dents. »* (Le Petit Chaperon rouge) ***Voir Élancé, Géant, Taille.***

GRANDIR *v. intr.* Devenir grand, ou plus grand. Être en pleine croissance. *« Grandir autant après un si petit bout de gâteau ! »* (Alice) ***Voir Âge, Taille.***

GRAS, SE *adj.* Fait de graisse, ou qui en a beaucoup. *Un corps gras, une personne grasse.* Qui est trop rond(e), dont les formes se sont éloignées du squelette. *Fig. Discuter le bout de gras, se disputer entre gras et maigres. Syn.* Enrobé, grassouillet, dodu, potelé. ***Voir Graisse, Gros, Obèse.***

GRATTER *v. tr.* **1◆** Frotter, du bout des ongles, une partie du corps (la peau, les cheveux, l'oreille, le front, le dos…) plus ou moins vigoureusement. Se gratter, à répétition, soit parce que ça démange, soit parce que ça dérange. *Poil à gratter.* Gratter ses croûtes au genou et surinfecter la plaie, avec délice. **2◆** *Fig. fam. Pouvoir toujours se gratter* : ne rien obtenir. ***Voir Peau.***

GREFFE *n. f.* **1◆** Opération de remplacement qui vise à implanter chez un sujet un organe sain, prélevé sur le corps d'un autre, à la place d'un organe défectueux. Vivant, on peut donner un rein, mais pour donner son cœur, il faut être mort. **2◆** Autogreffe, tissu prélevé sur une partie de son propre corps et recousu sur une autre. Réparation. *Greffe du cœur.* ***Voir Chirurgie, Opération, Organe.***

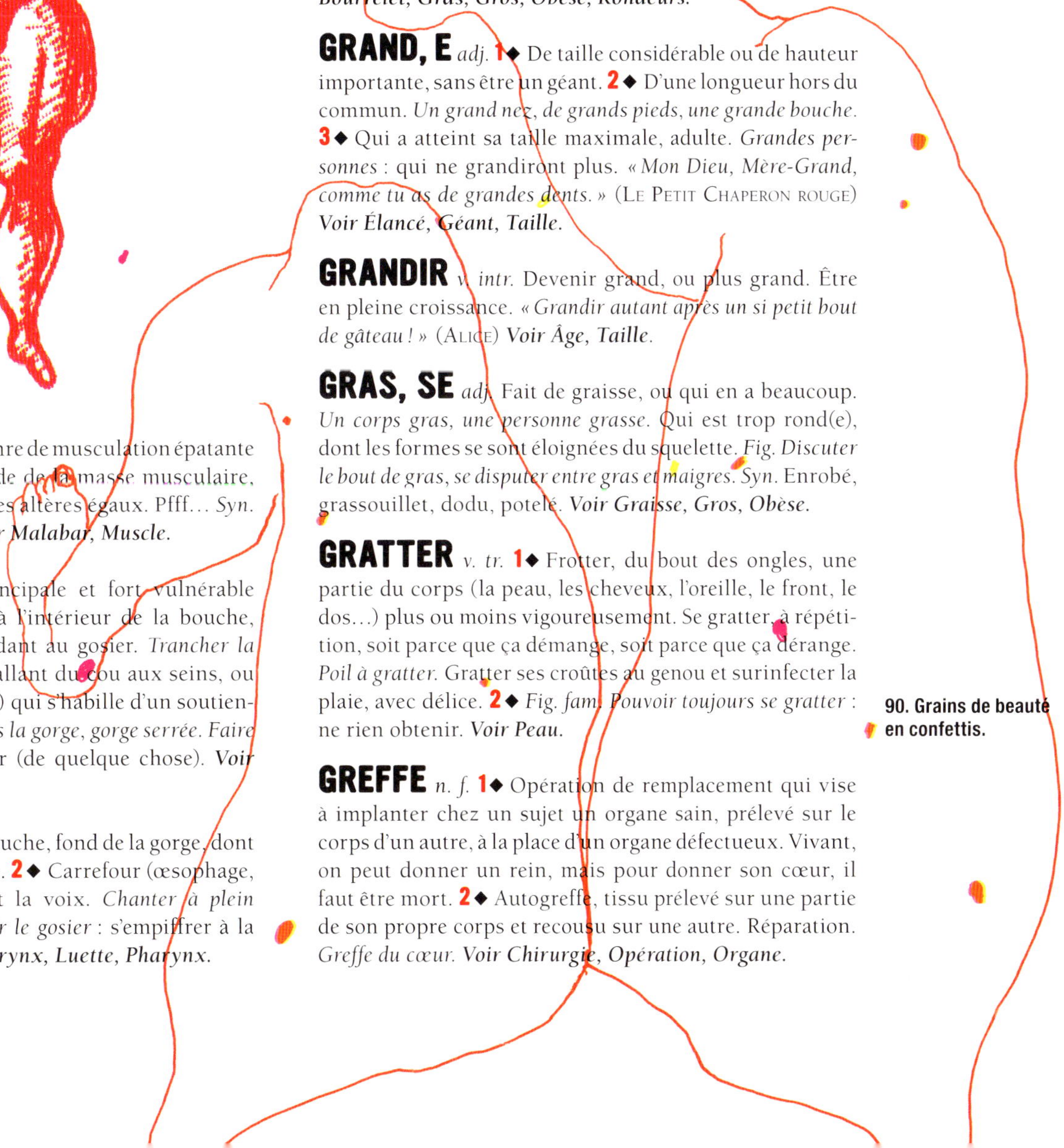

90. Grains de beauté en confettis.

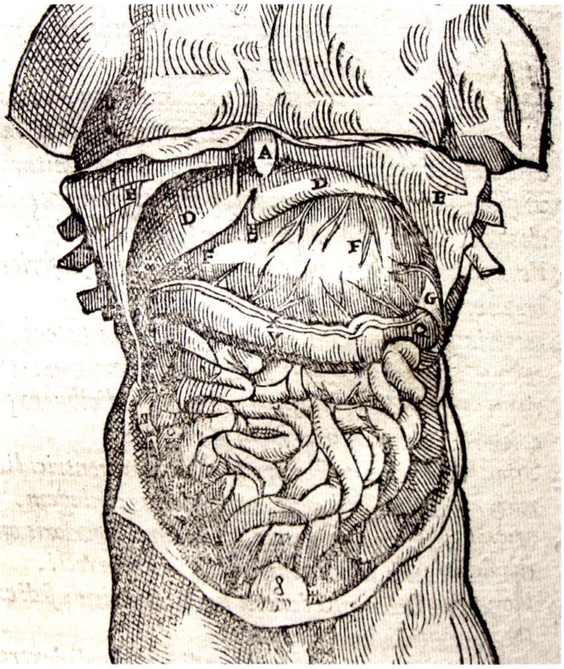

91. Intestin grêle, Vesalio, *De humani corporis fabrica*, 1543.

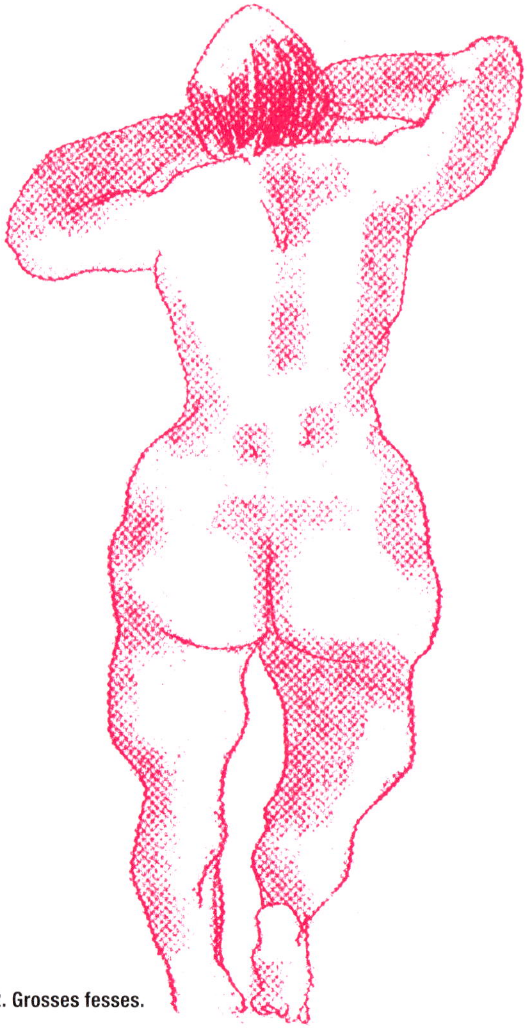

92. Grosses fesses.

GRÊLE (INTESTIN) *n. m.* Le plus menu des deux intestins.
◆ ☛ Partie du tube digestif qui va de l'estomac au gros intestin. Il a la forme d'un tuyau replié avec de nombreuses anses. Il mesure environ 7 m de long et occupe une grande part de la cavité abdominale. Son premier segment, appelé duodénum, long d'environ 30 cm, est étroitement relié à la paroi postérieure de l'abdomen. Le creux de son anse entoure le pancréas. C'est là que s'achève la digestion, au moment où se déversent la bile et les sucs pancréatiques. L'autre partie de l'intestin grêle est extrêmement mobile même si elle est également rattachée à la paroi postérieure de l'abdomen. ***Voir Abdomen, Digestion, Intestin, Tube.***

GRIMACE *n. f.* Mimique déformante du visage allant jusqu'à la contorsion, la déformation la plus folle, involontaire (tic) ou exprimée à dessein (tac). Les enfants adorent les grimaces, sauf en soupe. *Faire des grimaces de dégoût, de moquerie, hilarantes. « J'aimerais tant pouvoir faire des grimaces ! »* (QUASIMODO). ***Voir Expression, Face.***

GROS, SE *adj.* **1**◆ Qui est plus large, plus grand ou trop gras (mais pas forcément). Corpulent. Qui a de l'embonpoint, entre autres. *Syn. fam.* Patapouf. **2**◆ De taille plus importante que la normale. *Un gros nez, des gros orteils. « Betty Boop avait une grosse poitrine mais pas un gros cul ! »* (LE LOUP). **3**◆ *Loc.* fig. *Faire les gros yeux* (aux enfants) : gronder du regard. ***Voir Fort, Graisse, Gras, Obèse.***

GROSSESSE *n. f.* Période pendant laquelle la femme est enceinte. Elle porte tout d'abord un œuf, puis un embryon, ensuite un fœtus et enfin un bébé, et ce, dans son ventre (précisément dans l'utérus), avec plus ou moins de

93. Grêle sans fin.

discrétion. La grossesse débute donc avec la fécondation et se poursuit jusqu'à l'accouchement qui voit la naissance de l'enfant, neuf mois après. La grossesse de la femme est bien moins longue que celle de l'éléphante, mais tout de même. *Syn.* Gestation. ***Voir Accouchement, Accoucher, Enfantement, Femme, Gestation.***

GUEULE *n. f.* **1**◆ *Fam.* Visage de l'homme, ou sa bouche seulement, quand elle a le premier rôle. **2**◆ *Fig. Grande gueule* : Haut parleur ou beau-parleur. *Fermer sa gueule* : se taire. *Ta gueule !* : Ferme-la ! **3**◆ Palais de la gourmandise. *Fine gueule* : gourmet. *Gueule à tout* : gourmand de tout. *Qui arrache la gueule* : qui est très pimenté. *Qui s'en met plein la gueule* : qui s'empiffre en glouton. *Loc. Gueule de bois* : dur lendemain de beuverie, bouche pâteuse et tête assommée. **4**◆ Tête commune. *Bonne gueule, belle gueule, gueule d'empeigne, gueule de travers, gueule enfarinée, sale gueule. Faire une drôle de gueule. Faire la gueule* : bouder mécontent. *Casser la gueule à quelqu'un* : lui démonter le portrait. *« Atmosphère, Atmosphère… Est-ce que j'ai une gueule d'atmosphère ?!? »* (Mme Raymonde*, *Hôtel du Nord*) ***Voir Bouche, Face.***

GUILI-GUILI *n. m.* et *interj. fam.* Chachatouille cacaractérisée par son redoudoublement bébête, pour les bébés. Faire des guili-guili. *Syn.* Gouzi-gouzi *« Petit, petit, areu, areu, guili-guili ! »* (Titi Nounours) . ***Voir Chatouille.***

GYMNASTIQUE *n. f.* **1**◆ Ensemble des exercices (1, 2) qui ont pour but d'assouplir et de fortifier le corps tout entier (3, 4). Véritable éducation physique (et 1, 2), où se travaillent dans le mouvement (et 3, 4), la respiration, les postures du corps (1, 2), sa musculature et son équilibre (3, 4). **2**◆ *Hist.* Depuis l'Antiquité, la gymnastique a défendu comme idéal le développement harmonieux et total de la personnalité humaine, et non l'art de la guerre (cependant on notera des déviances). Certains confondent encore culture du corps et culte du corps. D'aucuns sont convaincus que l'équilibre entre activités physiques et intellectuelles est nécessaire pour la santé. Chez les Grecs, la gymnastique se pratiquait tout nu. **3**◆ Cette pratique, entendue comme discipline athlétique (au sol, aux anneaux, aux barres, à la poutre, au cheval d'arçons et au saut). *Voir planches XXXIII et XXXIV.* ***Voir Mouvement, Sport.***

94. Grimace qui tire la langue.

Planche XXXIII : Gymnastique athlétique en slip élastique

1. Barre fixe.
2. et 4. Anneaux.
3. Barres parallèles.
5. Barres asymétriques.
6. et 7. Au sol.

Planche XXXIV : Gymnastique athlétique en slip élastique

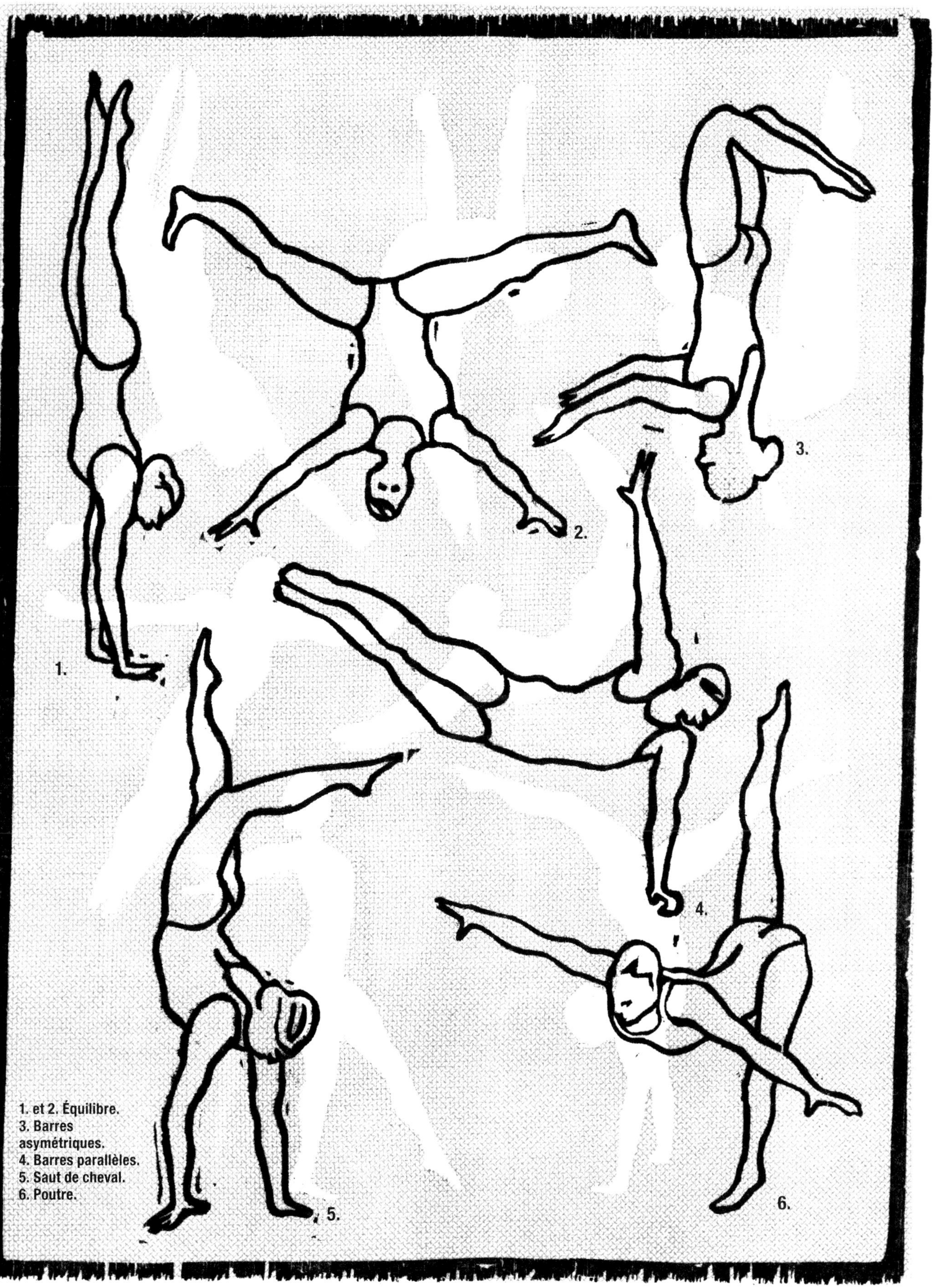

1. et 2. Équilibre.
3. Barres asymétriques.
4. Barres parallèles.
5. Saut de cheval.
6. Poutre.

Hammam où l'humidité cache l'homme

HA *interj.* Petit mot prêt à servir dans des cas contraires. **1**◆ Seul, il exprime la douleur, la langueur de vivre ou l'étonnement. *« Ha ! Vous croyez ? »* (KANT) **2**◆ Redoublé, il traduit le rire de l'homme, qui lui appartient en propre. La femme, elle, n'a plus qu'à glousser « Hi, hi, hi ! ».

HABILLÉ, E *adj.* **1**◆ Qui n'est pas nu, sous couvert de vêtements. **2**◆ Déguisé. Un homme habillé en femme est un travesti. Une femme habillée en homme passe inaperçue. ***Voir Déguisement, Nu, Travesti.***

HALEINE *n. f.* Air impur venant des poumons lors de l'expiration, accompagné de son odeur du dedans, exhalé bouche ouverte. L'haleine se parfume selon les cas, à la menthe ou au tabac. Fraîche, tiède, forte ou fétide, au choix. ***Voir Bouche, Expirer, Poumon, Souffle.***

HÂLE *n. m.* Teinte plus soutenue qu'adopte la peau exposée au plein air et au plein soleil. *« Ah, le beau hâle des marins du large ! »* (LA PETITE SIRÈNE) ***Voir Bronzage, Bronzer, Peau, Teint.***

HAMMAM *n. m.* Bain chaud à la très grande humidité où l'on se déplace en toute humilité dans le plus simple appareil. On s'y frotte délicieusement, partout, pores dilatés, au savon noir. *Syn.* Bain turc. ***Voir Pore, Sauna.***

HAN *interj.* Cri sourd de l'effort, qui joint la parole au geste pour s'accomplir, voire s'accoupler. Soupir profond. *Pousser des han langoureux. « Han, han, han ! »* (ROCCO) ***Voir Effort, Homme, Sexe.***

HANCHE *n. f.* Partie symétrique du corps juste sous la taille, en descendant le long des flancs et en posant les mains dessus. Les femmes ont facilement les hanches voluptueuses, voire rondes, les hommes non (sauf exception). Le tour de hanches est une des mesures décisives pour se faire tailler une jupe. *« C'est fou ce que j'aime ta ligne de hanche ! »* (PIERROT LE FOU*)

◆ ☛ Segment anatomique du corps qui unit le tronc au membre inférieur. La hanche est formée de trois os : le pubis, l'ischion, l'ilion qui se soudent entre eux durant la première décennie de la vie. Ils forment ensuite un os unique aplati, appelé l'os de la hanche. À leur jonction se trouve une cavité sphérique, dite « acétabule », qui s'articule avec la tête du fémur. Le bassin est constitué des os des deux hanches, avec le sacrum et le coccyx. ***Voir Articulation, Bassin, Fémur.***

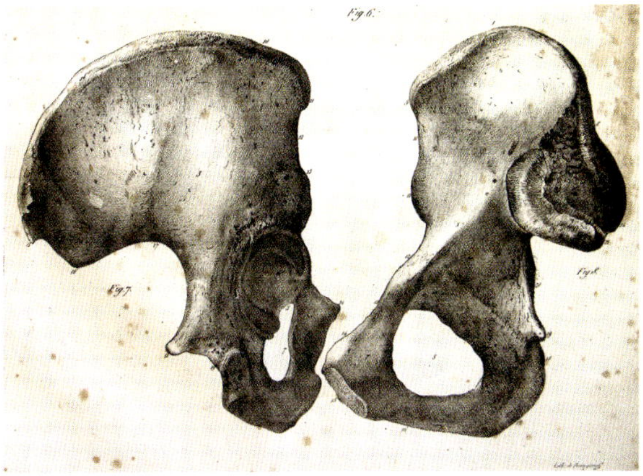

95. Os de la hanche, Jules Cloquet, *Anatomie de l'homme*, 1828.

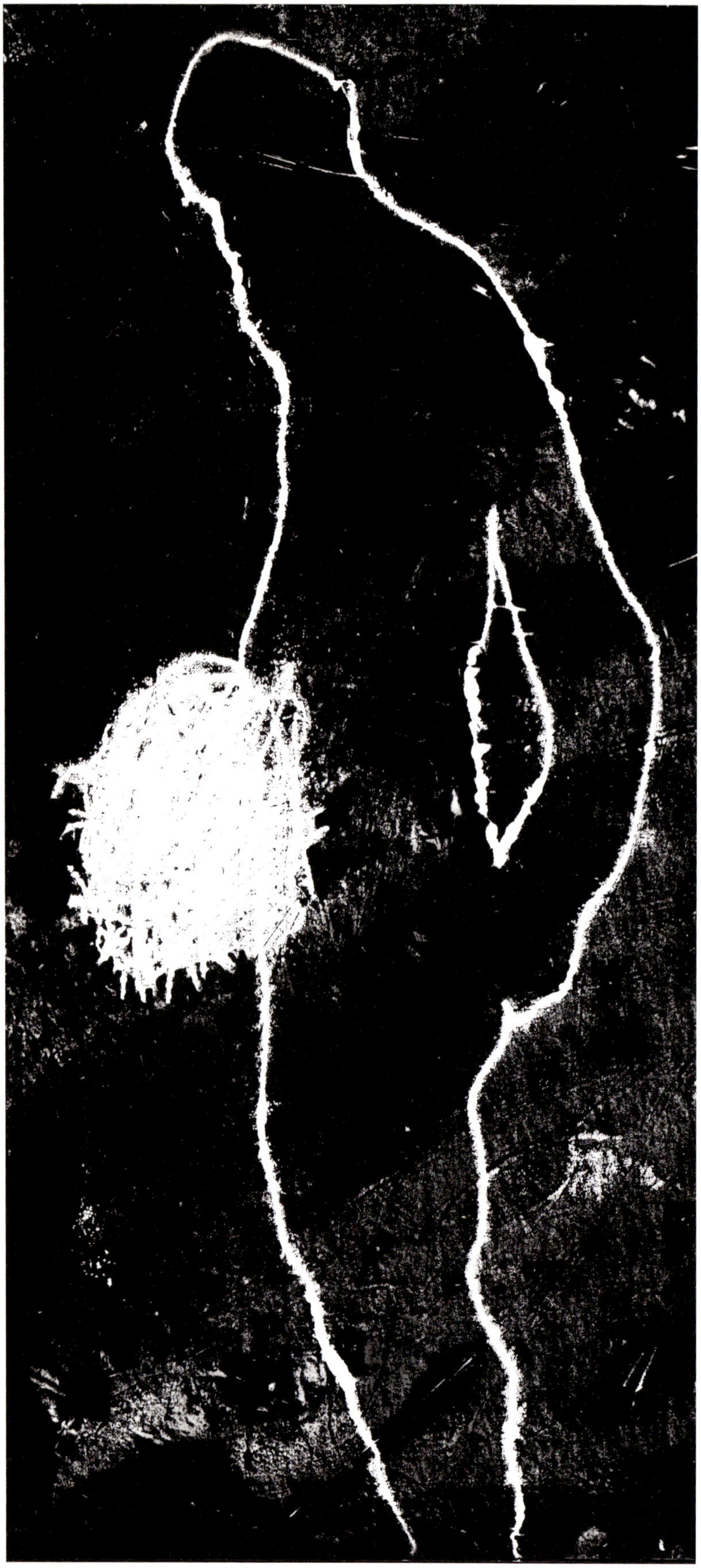

96. Cas d'hirsutisme chez l'homme.

HAUT-LE-CŒUR *n. m.* Spasme qui soulève l'estomac, de nausée ou de dégoût. ***Voir Spasme.***

HAUT-LE-CORPS *n. m.* Sursaut de surprise, bond manifeste, façon quadrupède.

HEP! *interj.* Signal d'appel qui fait lever le bras. *« Hep, toi, là-bas ! »* (LUI)

HÉRÉDITÉ *n. f.* Paquet-cadeau de caractère, délivré à l'enfant par ses parents, dont il ne saurait se défaire au cours de sa vie, et qu'il transmettra à son tour à sa progéniture. C'est grâce à l'hérédité, par exemple, que des oreilles décollées ou des nez en trompette se répandent comme une traînée de poudre dans une famille. ***Voir Gène.***

HERMAPHRODITE *adj.* et *n. m.* **1**◆ Être humain bizarrement pourvu d'attributs génitaux des deux sexes, dans un désordre certain. Chez l'homme, différemment de l'escargot, la double panoplie n'est pas complète. **2**◆ *Art.* Représentation humaine pleinement dotée d'une heureuse combinaison de corps d'homme et de corps de femme. ***Voir Androgyne, Femme, Homme, Sexe.***

HIBERNATION *n. f.* **1**◆ État de profond engourdissement qui s'empare de l'homme comme de l'ours aux premiers grands froids de l'hiver. **2**◆ *Spécialt. Hibernation artificielle* : congélation volontaire, où l'homme voit son avenir au réfrigérateur. ***Voir Froid, Hiver.***

HIRSUTE *adj.* Qui affiche des poils ou des cheveux pas rangés, ébouriffés en l'air et en tous sens. *« Ses cheveux hirsutes au réveil me rendaient jaloux. »* (EDWARD AUX MAINS D'ARGENT) ***Voir Cheveu, Coiffure, Échevelé, Poil.***

HIRSUTISME *n. m. Méd.* Développement excessif ou déplacé des poils sur une partie du corps, plus rarement sur sa totalité. L'hirsutisme pose problème à la personne qui en souffre. Sa vie est rasoir à l'extrême. ***Voir poil.***

HIVER *n. m.* Saison du corps emmitouflé, où la peau se laisse deviner à couvert. ***Voir Frisson, Froid, Hibernation.***

HOMME *n. m.* **1**◆ Être humain de sexe masculin, adulte. **2**◆ Sujet mâle de l'espèce humaine, en âge de se reproduire, par opposition à garçon. Le garçon est encore niais, l'homme sait tout (hum, hum). **3**◆ L'homme, en particulier, l'homme, en général. Parmi les hommes, il y a les hommes. L'homme, à l'instar de la femme, peut être beau, laid, intelligent, idiot, petit, grand, gros, maigre… Par contre, il ne peut pas être plus intelligent que la femme, d'après elle. À ce propos, il faut noter que l'homme, mammifère primate, est tout d'abord l'animal le plus proche du grand singe. **4**◆ *Ethn. Homme blanc, noir, vert.* **5**◆ *Loc. Homme à tout faire* : homme parfait. *Homme à femmes* : séducteur. *Homme fatal* : coup mortel. *D'homme à* *femme* : d'égal à égale. *Homme mûr* : bon à cueillir. *Syn. fam.* Bonhomme, gars, mec. « *Sans homme, la femme s'étiole, ou pas.* » (Pierrette Desproges)

◆ ☛ Individu qui produit des gamètes masculins. L'appareil génital masculin compte les testicules, représentant les gonades, les voies spermatiques, comprenant l'épididyme, le canal déférent, le canal éjaculateur et l'urètre avec les vésicules séminales et la prostate annexés, ainsi que les organes génitaux externes, soit le pénis et le sac scrotal accueillant les testicules. Chez les fœtus des deux sexes, les gonades se développent à l'identique jusqu'à la sixième semaine, avant de se différencier en ovaires chez les femelles et en testicules chez les mâles. De même, les organes génitaux externes sont bipotentiels jusqu'à la huitième semaine, et ce n'est que par la suite qu'ils se distinguent entre masculins et féminins. À la naissance, les gonades des deux sexes restent en dormance jusqu'à l'adolescence où, avec la production de la gonadotrophine, s'achève la maturation du système reproducteur. Lorsque les fonctions endocrines des gonades sont suffisamment développées pour que la reproduction soit possible, la puberté est atteinte. Avec elle, s'affirment également les caractères sexuels secondaires, soit la mue de la voix un ton plus bas, l'implantation des cheveux échancrée sur les côtés du front, la croissance accentuée du poil sur certaines régions du corps, la pousse de la barbe, l'augmentation du volume du pénis, une configuration corporelle avec des épaules larges et des muscles importants. Voir planches xxxv à xxxvii. ***Voir Femme, Garçon, Humain.***

HOQUET *n. m.* Soubresaut respiratoire dû à une contraction incontrôlée et brusque du diaphragme, qui laisse s'échapper un bruit étrange. Le hoquet – huic – est souvent – huic – à répé – huic – tition. ***Voir Diaphragme.***

HORMONE *n. f.* Haute autorité de l'organisme, agissant en sous-marin.

◆ ☛ Substance chimique sécrétée par une glande ou des cellules dites « endocrines » qui, en circulant dans le sang et les liquides interstitiels, atteint les différents tissus et organes et y provoque une réponse biologique. L'action des hormones régule les fonctions des organes en réponse aux stimuli externes ou internes, tout en les équilibrant dans leurs activités vitales. Elles opèrent en synergie avec le système nerveux, mais selon des modalités différentes. Là où le système nerveux répond rapidement, les hormones agissent plus lentement et durablement. Les glandes qui sécrètent les hormones les plus importantes sont l'hypophyse et l'hypothalamus. Logées dans la boîte crânienne, elles contrôlent l'activité des autres glandes endocrines réparties dans les différents appareils fonctionnels de l'organisme. Ces dernières sont l'épiphyse, la thyroïde et les parathyroïdes, le thymus, les glandes surrénales, le pancréas endocrinien, les gonades masculines et féminines. ***Voir Cellule, Glande, Gonade, Hypothalamus.***

HUMAIN, E *adj.* **1**◆ Qui appartient en propre à l'homme, au sens large. *Le corps humain, la nature humaine, l'être humain, la bête humaine.* **2**◆ *L'espèce humaine* : nous tous, sans exception. **3**◆ Qui a les sentiments, les forces et les faiblesses de l'homme. « *Ah, la douce chaleur humaine !* » (Émile Zola) ***Voir Femme, Homme.***

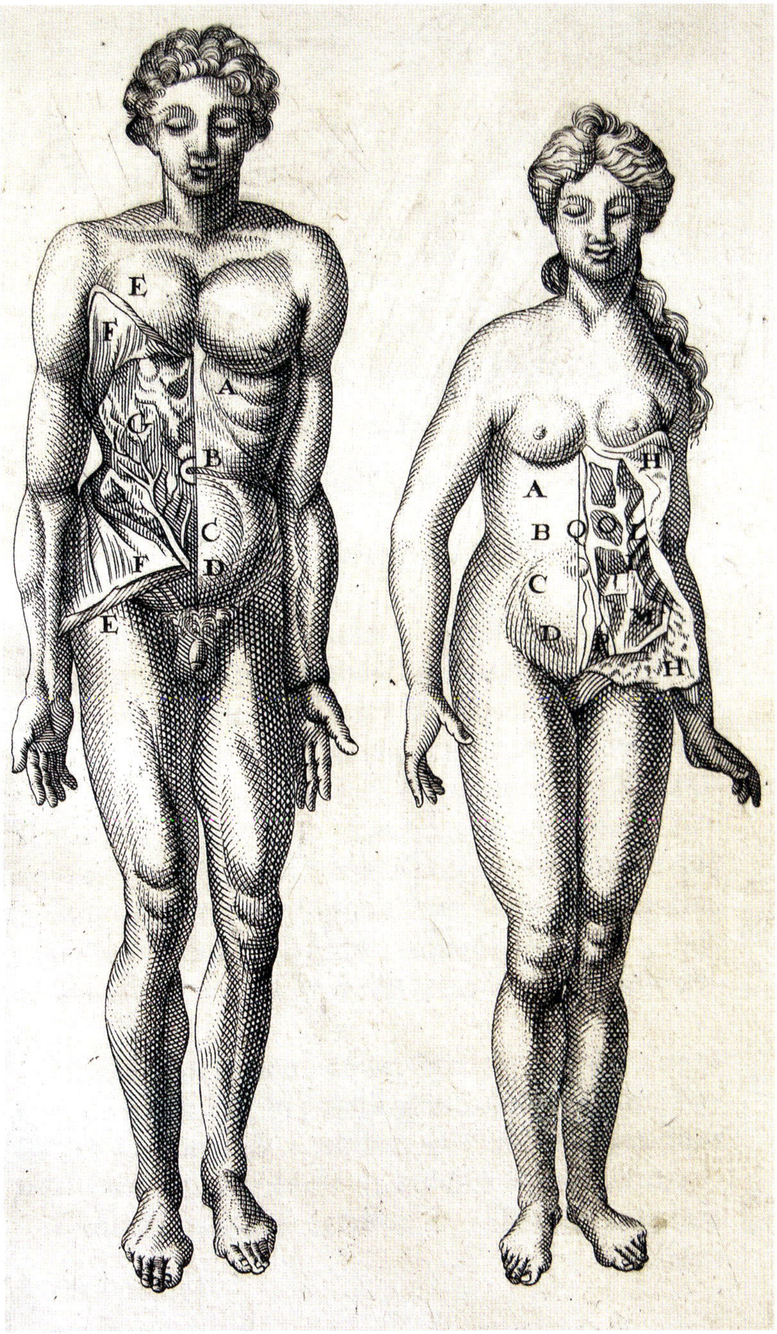

97. Couple d'humains, Petri Dionis, *Anatomia corporis humani*, 1696.

PLANCHE XXXV : HOMME NORMAL, DE FACE

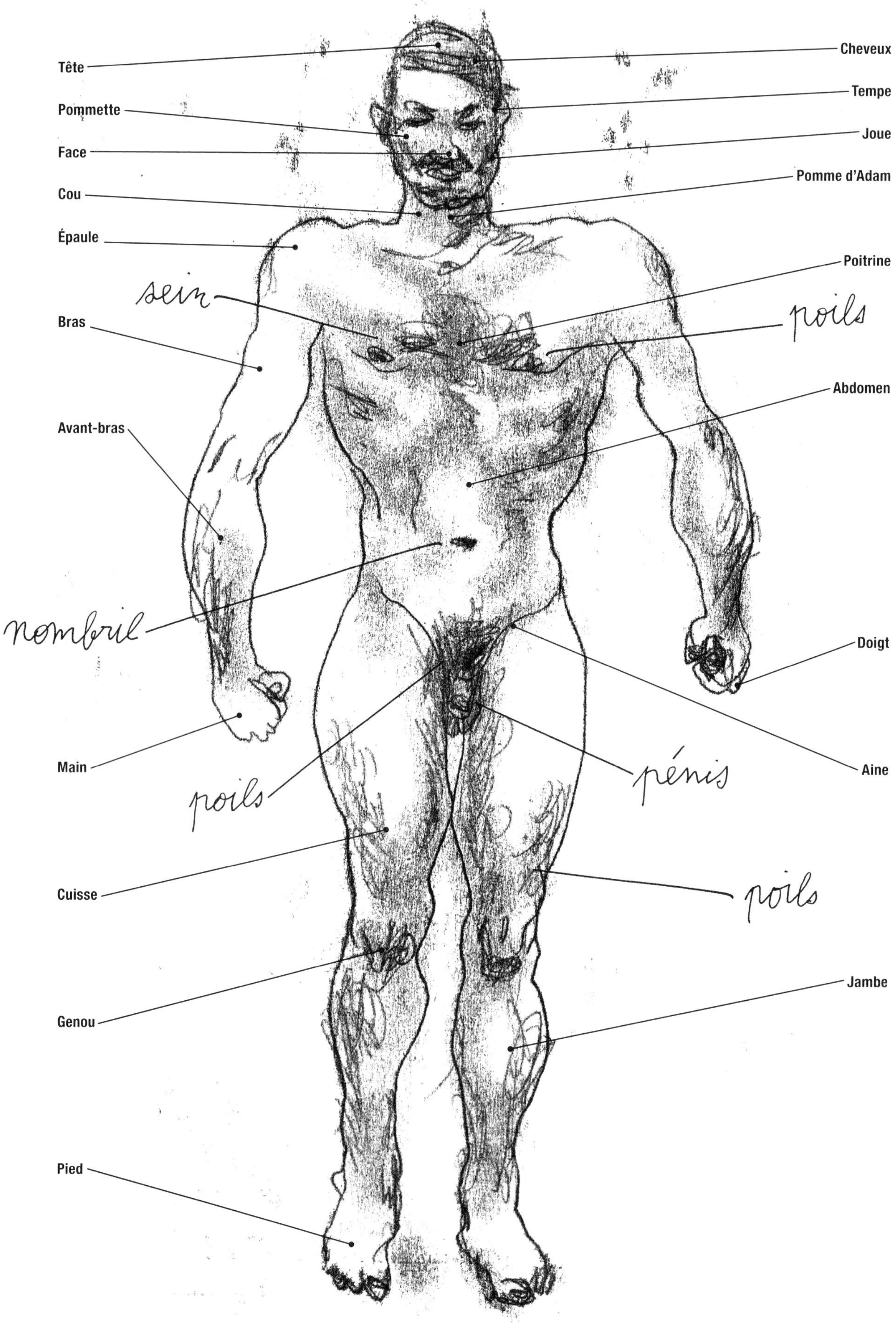

Planche XXXVI : Homme normal, de dos

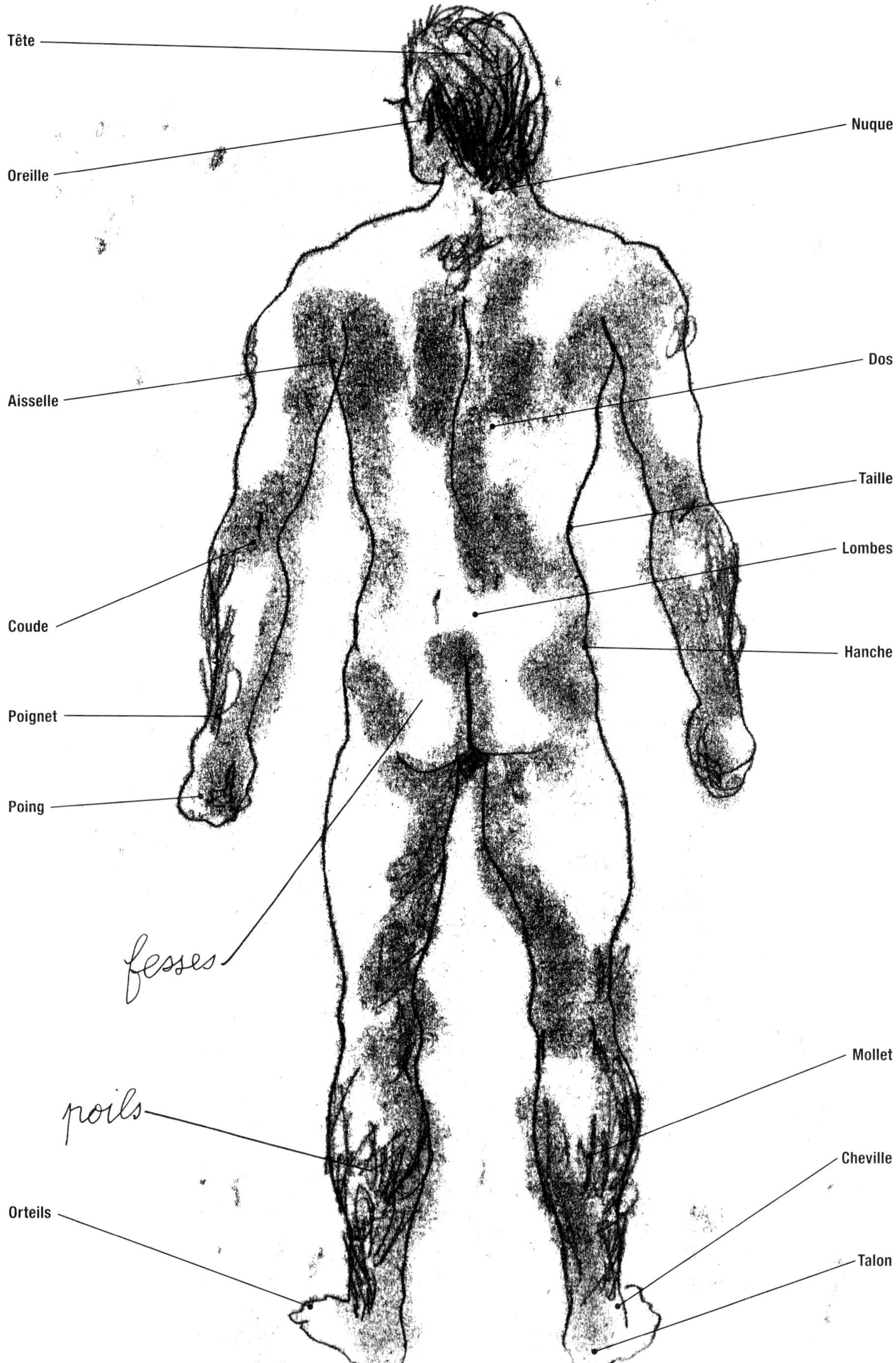

Planche XXXVII : Hommes normaux

HUMEURS *n. f. pl.* **1**◆ *Anc. méd.* Dans les premiers temps de la médecine, les humeurs désignaient les liquides organiques qui étaient censés diriger le corps et être responsables de nos états. Dans cette grande mécanique obscure, il y avait ainsi la bile (jaune) et l'atrabile (bile noire), la chassie (caca d'œil), le chyle, le flegme ou la pituite (la lymphe), les mucosités et la glaire, le pus, l'ichor et la sanie, la larme, la mélancolie, la morve et la roupie (goutte au nez), la salive, le sang, la sueur, la synovie (articulaire)… L'humeur noire (ou bile noire), sécrétée par la rate, libérait les flots de tristesse et la mélancolie. L'humeur jaune épanchait la colère. *« Madame, raisonnez donc, vos humeurs vous emportent loin de tout ! »* (MOLIÈRE) **2**◆ Humeur aqueuse et humeur vitrée, liquides transparents et épais remplissant la chambre antérieure et la cavité de l'œil. **3**◆ Dispositions psychologiques, spontanées et changeantes, qui font la pluie et le beau temps chez une personne humaine. *Bonne humeur contre mauvaise humeur. « Oh, Hardy, je t'ai encore mis de mauvaise humeur. »* (STANLEY LAUREL) *VOIR PLANCHE XXXVIII. Voir* ***Bile, Lymphe, Pus, Salive, Sang, Sueur, Vapeur.***

HYBRIDE *adj.* et *n.* Individu issu de deux espèces différentes. Chez l'être humain, pour l'heure, les hybrides ne sont pas légion, sauf dans les livres et au cinéma. Sirène, faune, centaure et minotaure sont les plus célèbres. L'homme à tête de chou reste une énigme.

HYMEN *n. m.* **1**◆ Membrane qui barre partiellement l'entrée du vagin, chez une jeune fille vierge, en principe. Déchirer l'hymen par le premier acte sexuel, déflorer. *« Mignonne, allons voir si la rose. »* (PIERRE DE RONSARD*) **2**◆ Mariage, union des époux. *Liens de l'hymen (ou hyménée). Voir* ***Coït, Sexe, Vierge.***

HYPODERME *n. m.* ◆ ☛ Tissu conjonctif sous-cutané entre le derme et les muscles superficiels. À la différence de la peau, il est facilement extensible, ce qui favorise le pincement et le soulèvement de celle-ci. *Voir* ***Peau, Sous-cutané.***

HYPOTHALAMUS *n. m.* Grand maître des hormones, glande qui mène la danse.
◆ ☛ Partie la plus centrale et inférieure des hémisphères cérébraux, appartenant au complexe des noyaux, sous le cortex. Son rôle principal est de réguler la plupart des activités neuroendocriniennes. Il sécrète les hormones influant sur la glande hypophyse qui à son tour régule les glandes endocrines périphériques, comme le thymus, la thyroïde, les glandes surrénales, les glandes génitales. L'hypotalamus contrôle aussi la température corporelle, la transpiration et la vasodilatation superficielle (pâleur et rougeur), la faim, la soif, la colère. *Voir* ***Encéphale, Glande, Gonade, Hormone, Ovaire.***

98. Hybrides damnés ou chéris.

Planche XXXVIII : Humeurs noires

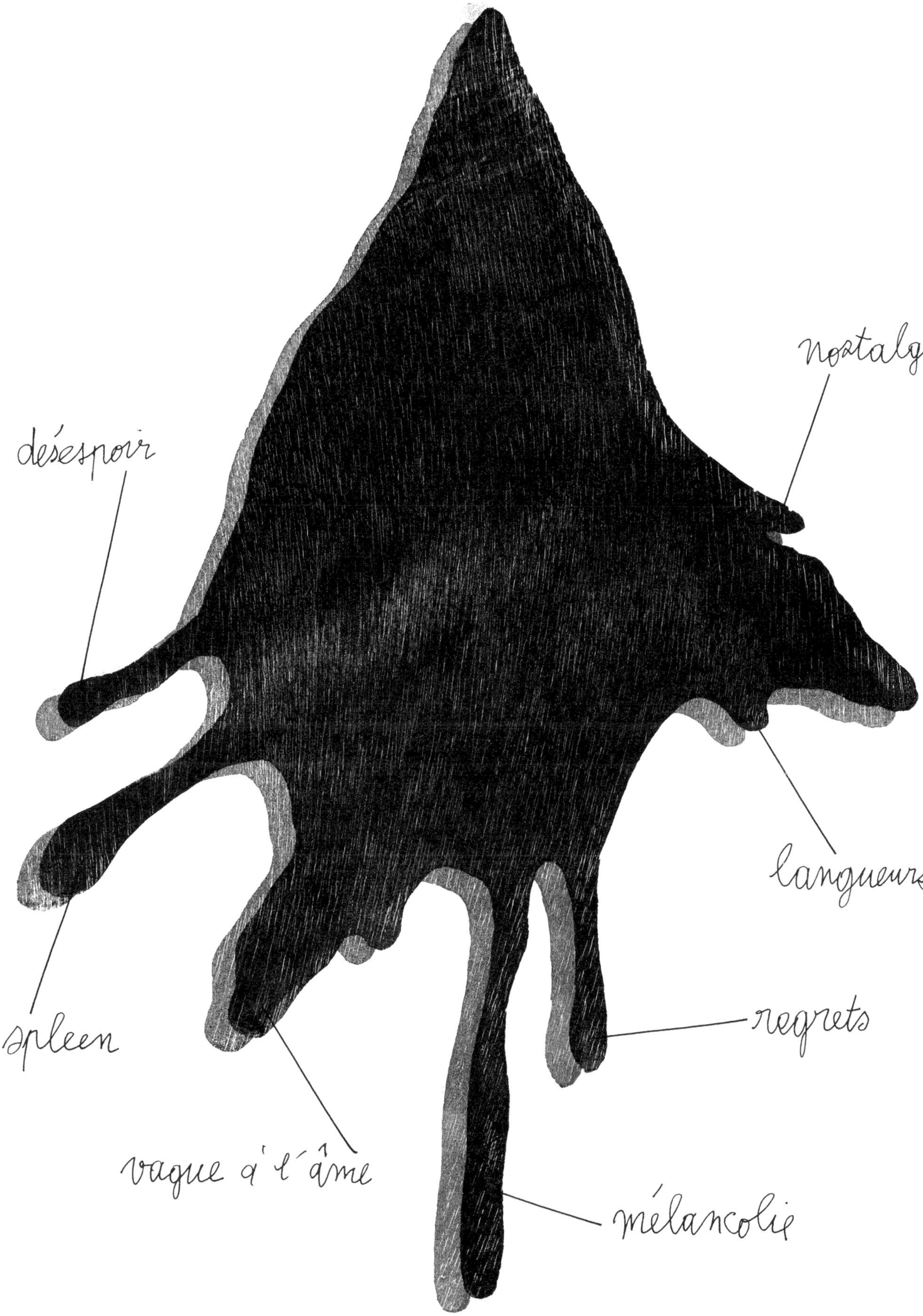

I

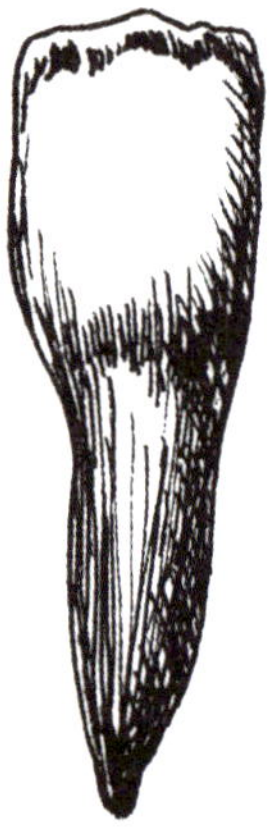

99. Incisives définitives.

ICI-BAS *loc. adv.* Sur cette terre. L'ici-bas et le corps vont main dans la main et fredonnent que tout est périssable, ce qui ne gâche rien à la vie.

IDÉAL, E *adj.* **1**◆ Créé par l'esprit, tel qu'en rêve, impalpable. **2**◆ Qui répond pleinement à son aspiration à la perfection. *« Le corps idéal n'existe pas. »* (Marilyn Monroe)

ILIAQUE *n. m.* ◆ Un des trois os du bassin qui forment de chaque côté, avec le sacrum au centre, la partie supérieure du bassin (grand bassin). On appelle aussi iliaque le muscle qui part de la surface intérieure de l'os du même nom et qui se fixe au fémur. *Voir planche xlxxviii. Voir Bassin, Os.*

IMBERBE *adj.* Naturellement sans poil. *Voir Chauve, Glabre, Poil.*

IMMATÉRIEL, ELLE *adj.* Précisément sans corps, étranger à la chair. *Voir Âme, Chair, Fantôme, Incarnation.*

IMMERSION *n. f.* Fait de plonger entièrement un corps dans un liquide. Toute sa vie de fœtus, l'homme la passe en immersion dans le liquide amniotique. À la naissance, il quitte le petit bain en pleurant. Plus tard, il retournera souvent voir la mer. *Voir Eau.*

IMMORTEL, LE *adj.* et *n.* Qui ne connaît pas la mort. Chez l'homme, il n'y a que les super-héros qui soient immortels, et encore, pas tous. *Voir Éternel.*

INANIMÉ, E *adj.* Qui n'est pas ou plus animé, c'est-à-dire sans connaissance ou, pire, sans vie. *« On a trouvé son corps inanimé sur la plage, tout près du cachalot. »* (Docteur Watson) *Voir Mort.*

INCARNATION *n. f.* **1**◆ Fait de prendre chair en s'installant dans le corps d'un homme, d'une femme ou d'un animal, si possible au choix et non à la loterie. **2**◆ *Hist.* Privilège divin, l'incarnation était dans l'Antiquité chair courante et unissait discrètement le ciel et la terre. **3**◆ *Spécialt.* Avatar.

INCARNÉ, E *adj.* **1**◆ Qui a revêtu une enveloppe charnelle, humaine ou animale. S'être (ré)incarné en chat, en canard. **2**◆ *Ongle incarné* : pris, retenu dans la chair. **3**◆ À qui on a donné chair, qu'on a personnifié. *Rôle, personnage incarné. Voir Chair.*

INCISION *n. f.* Fente, coupure effectuée dans la peau ou les chairs avec un outil tranchant, au début des opérations. *Voir Dissection, Opération, Peau.*

INCISIVE *n. f.* Dent de devant qui, comme chez le lapin, sert à trancher la salade ou les carottes. Chacune des deux mâchoires est dotée de quatre incisives, centrales dans la parure dentaire. *Voir Appareil, Canine, Dent, Mâchoire, Molaire.*

INFÉRIEUR, E *adj.* Qui indique la situation physique d'une partie du corps en dessous d'une autre mais pas d'un moindre intérêt.

INFLUX *n. m.* Impulsion électrique qui parcourt le corps pour la transmission des informations, *via* les nerfs ou les cellules nerveuses. Réseau très rapide et exempt de publicité. *Voir Nerf, Neurone.*

INNERVÉ, E *adj.* Où se diffusent des nerfs. Le corps humain est innervé jusqu'au bout des doigts, d'où sa sensibilité à fleur de peau. *Voir Nerf.*

INSPIRATION *n. f.* Premier temps de la respiration, où l'air riche en oxygène est aspiré jusqu'aux poumons. *Voir Expiration, Poumon, Respiration, Souffle.*

INSTITUT DE BEAUTÉ *n. m.* Établissement dans lequel la beauté fait recette et où il s'agit de confier aveuglément son visage ou son corps, voire les deux, à des mains de spécialistes, souvent féminines. *« Je crois que je vais aller me faire faire une beauté ! »* (Alice Sapritch)

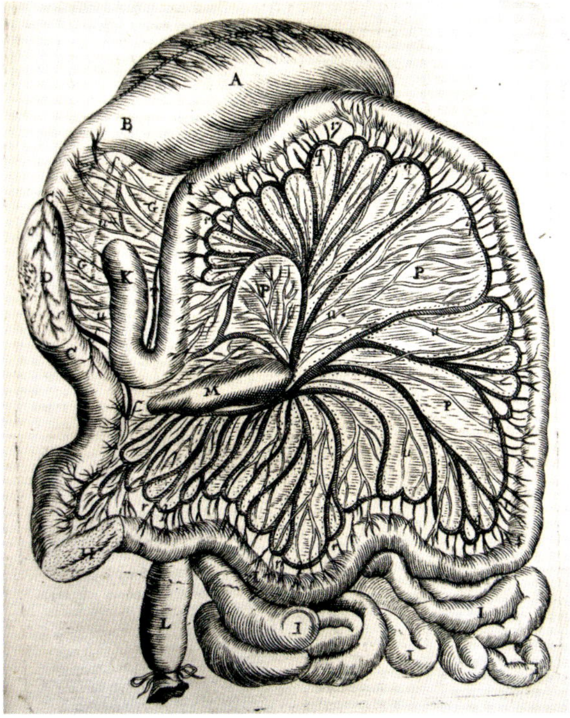

100. Intestin déployé, Bartholini, *Anatomia renovata*, 1677.

INTERCOSTAL, E *adj.* ◆ Espace entre les côtes, dans lequel se trouvent les muscles intercostaux, les nerfs, les vaisseaux sanguins et lymphatiques intercostaux. *Voir Côte.*

INTÉRIEUR *n. m.* et *adj.* **1**◆ *Spécialt.* Part cachée du corps dont la peau est l'enveloppe. *L'intérieur du corps* : le dedans, les entrailles. **2**◆ Aménagement intérieur du corps. *Un intérieur bien tenu* : boyaux rangés, estomac briqué, intestins pliés, diaphragme bordé, os blancs et vernis, rideaux aux poumons. **3**◆ *For intérieur* : boîte noire de l'être, où se tient l'intime conviction. **4**◆ *Voix intérieure* : qui résonne en nous et nous guide pour le meilleur ou le pire. *« Va jouer au casino, vends ta voiture ! »* (La petite voix)

INTESTIN *n. m.* Viscère de premier ordre, qui tient son rang dans l'abdomen. Entrailles. *Syn. fam.* Boyaux, tripes.
◆ Partie du tube digestif qui va de l'estomac jusqu'à l'anus. Il est principalement composé de l'intestin grêle et du gros intestin. Dans le premier s'achève la digestion et s'effectue l'assimilation de la plupart des aliments, à l'exception de l'eau dont l'absorption a lieu dans le second. *Voir Abdomen, Anus, Côlon, Digestion, Duodénum, Estomac, Grêle, Jéjunum.*

INTIME *adj.* **1**◆ Qui est enfoui dans la part la plus intérieure de la personne, secrète, privée. *Sentiments intimes.* **2**◆ Très proche, dans une relation de confidence. *Être intime avec quelqu'un* : intimement liés. *« J'ai toujours eu des discussions très intimes avec mon nounours. »* (Grayson Perry) **3**◆ *Spécialt. Relations intimes* : rapports sexuels. **4**◆ Relatif aux organes génitaux. *Toilette intime. Voir Âme, Génital, Intérieur, Sexuel.*

IRIS *n. m.* **1**◆ Disque magnifiquement coloré de l'œil. Véritable palette de peintre, l'iris et ses couleurs témoignent de la réjouissante diversité humaine. Atout majeur de séduction, il sait prendre la lumière sous son meilleur angle. **2**◆ *Photo.* Diaphragme de l'appareil photographique humain, l'iris use de dilatations et de contractions pour ouvrir et fermer sa pupille, régler parfaitement l'entrée de la lumière et la profondeur de champ.
◆ Partie colorée de l'œil, derrière la cornée, caractérisée par un orifice central appelé pupille. L'iris est constitué, en profondeur, par deux couches de cellules contenant un pigment foncé, la mélanine. Ce pigment sert à arrêter les rayons de lumière pour les empêcher d'atteindre la rétine. Ce n'est qu'au travers de la pupille que les rayons peuvent passer. Les différentes couleurs de l'iris, allant du bleu au gris foncé, dépendent de la présence d'autres pigments dans le tissu recouvrant les couches profondes de cellules pigmentaires. Ces derniers reflètent les rayons et génèrent de multiples gradations de couleurs. Si ces pigments sont peu nombreux, l'iris est bleu ; au fur et à mesure que leur nombre augmente sa couleur varie du gris clair au vert, du marron au gris foncé. *Voir planches XXXIX et XL. Voir Mélanine, Œil, Pupille.*

ISCHION *n. m.* Os pair de la partie inférieure du bassin, qui forme l'os iliaque avec l'ilion et le pubis. Les ischions droit et gauche sont faciles à reconnaître à la palpation parce qu'ils ne sont pas recouverts de muscle ni de graisse. En s'asseyant sur un siège dur, on peut très bien les sentir. *Voir Bassin, Iliaque, Os.*

101. Intestin grêle sans fin.

Planche XXXIX : Iris – Nuancier ardent

Réf. 0012

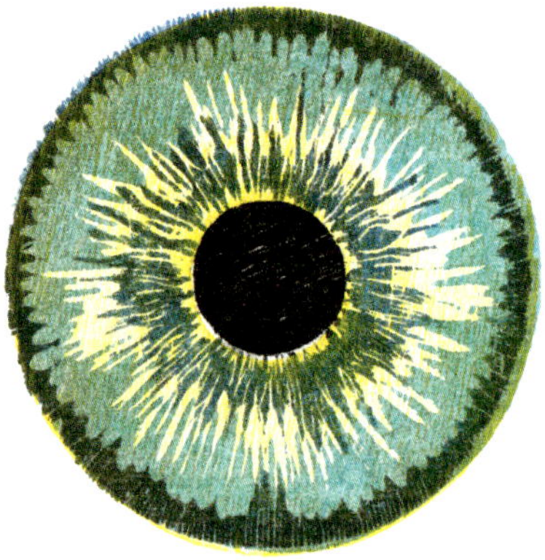

Réf. 0098

Réf. 0197

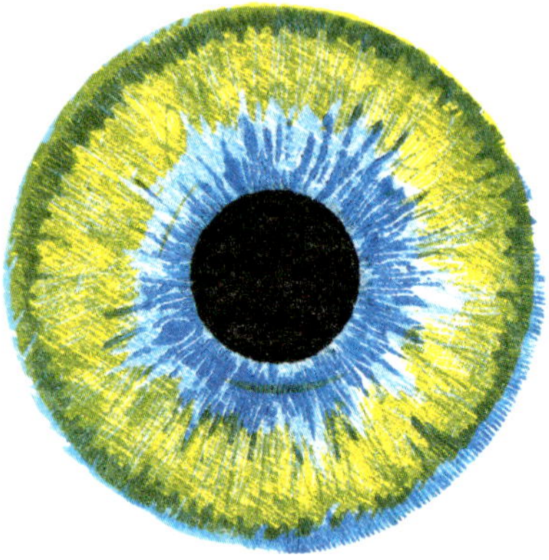

Réf. 0301

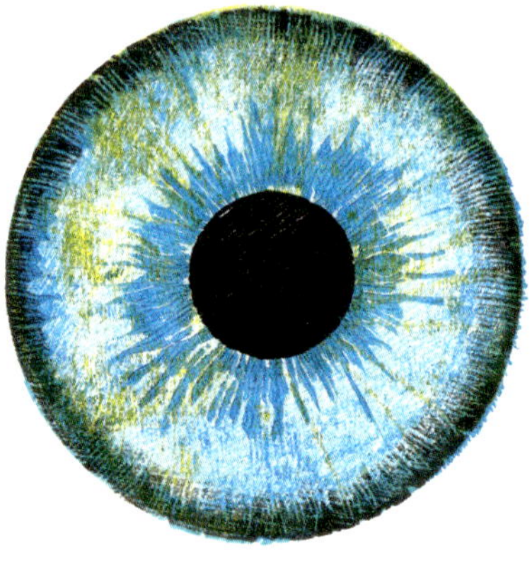

Réf. 0486

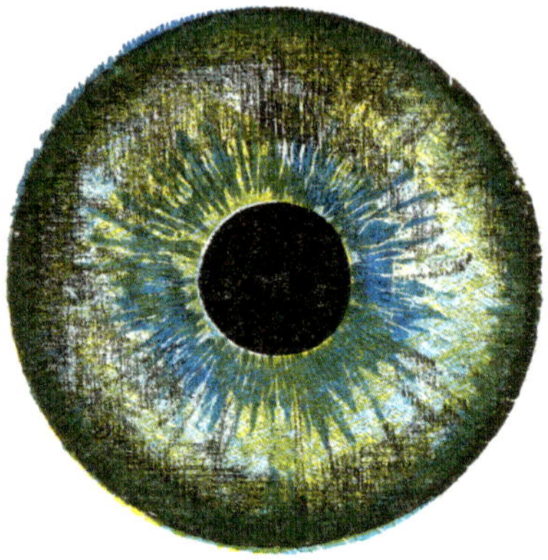

Réf. 0699

Réf. 0814

Réf. 1001

Réf. 1356

Planche XL : Iris – Nuancier ardent

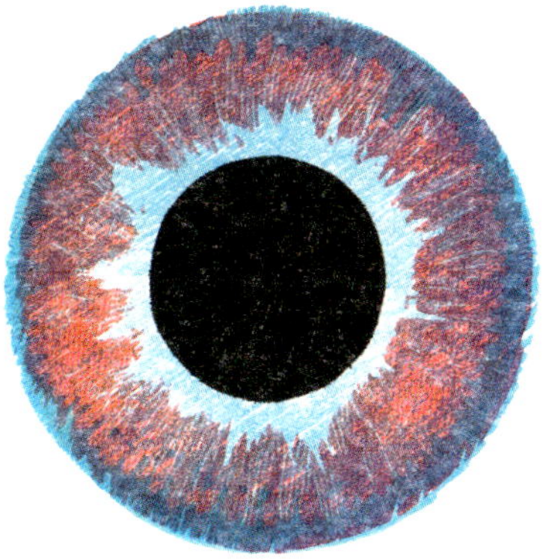

Réf. 1545

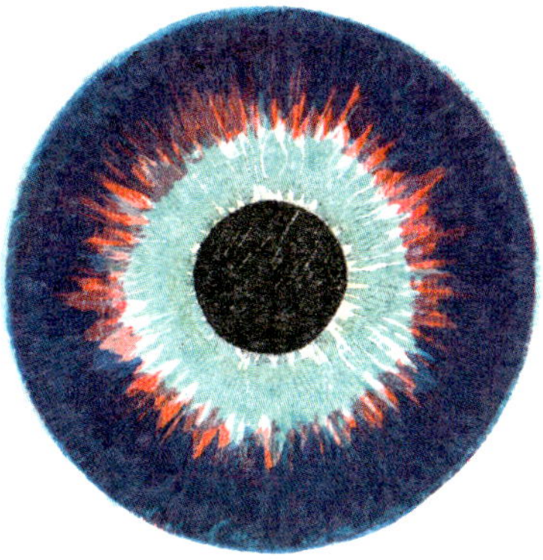

Réf. 1761

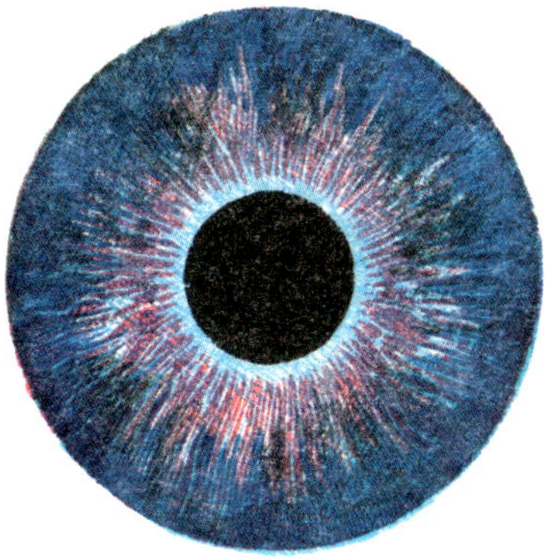

Réf. 1800

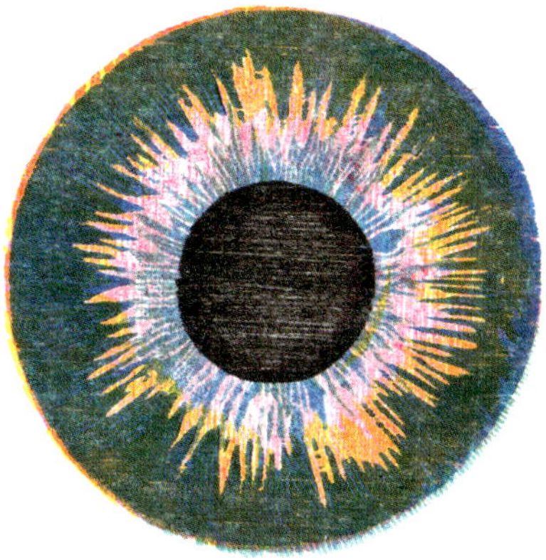

Réf. 1913

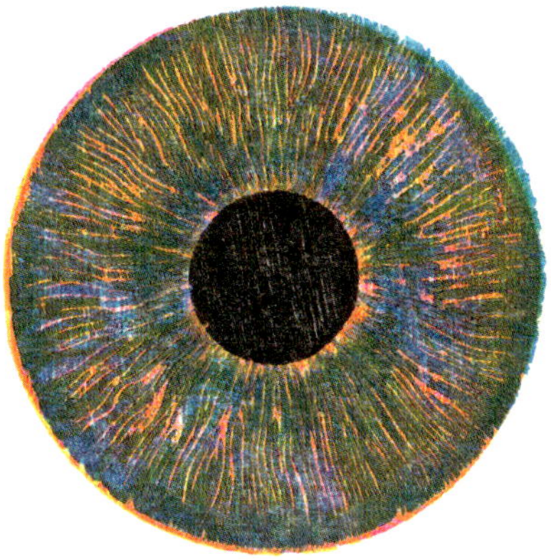

Réf. 2022

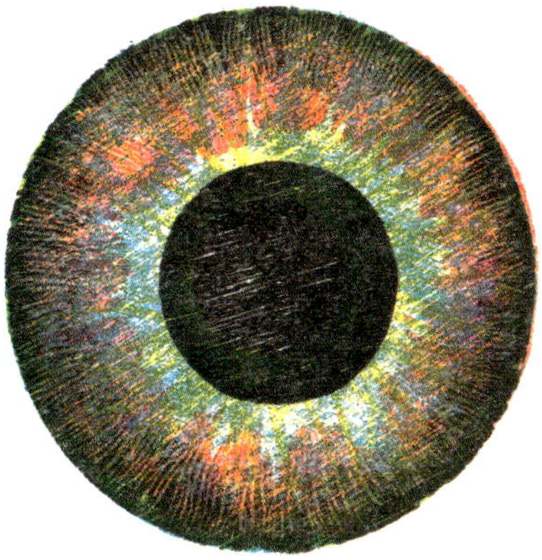

Réf. 2100

Réf. 2158

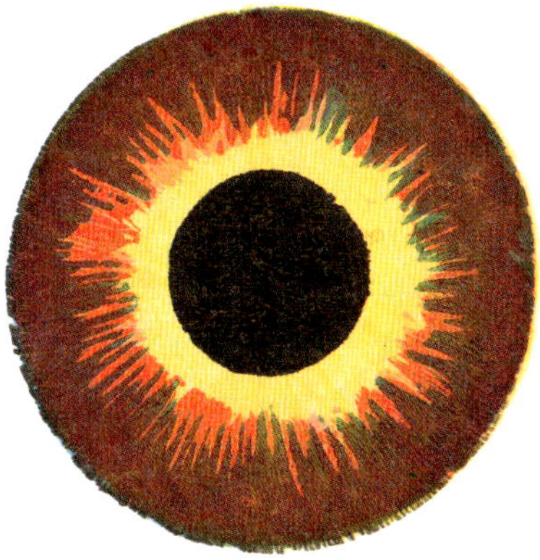

Réf. 2222

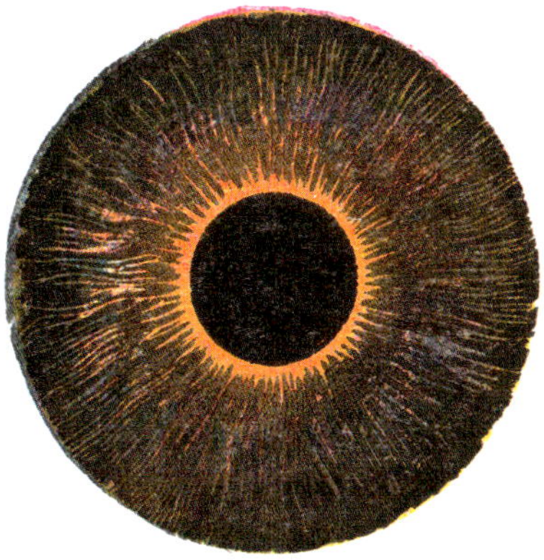

Réf. 2351

Jeu dangereux pour jeune fille au jardin, jadis

JAMBE *n. f.* **1**◆ Ce qu'il reste de patte à l'homme. À condition qu'il en dispose d'une paire, ce dernier est armé pour la course. Alternative intéressante à la queue de sirène, la jambe designe couramment le membre inférieur complet. *« Les jambes de femmes sont des compas qui arpentent le globe terrestre en tous sens, lui donnant son équilibre et son harmonie. »* (L'HOMME QUI AIMAIT LES FEMMES*) *De belles jambes fuselées. Jambes croisées* : l'une sur l'autre. *Se dégourdir les jambes. Aller jambes nues* : sans pantalon ni collant. *Avoir les jambes en compote* : les jambes coupées, de peur ou d'émotion. **2**◆ *Fig. Faire des ronds de jambe* : flatter outrageusement. *Faire une belle jambe* (ironique) : en parlant d'un avantage négligeable. **3**◆ *Jambe de bois* : pour pirate véritable exclusivement. *Jambe artificielle* : qui remplace une jambe amputée et fait « clonc, clonc » quand on la tapote. *« J'entendais le capitaine Achab hurler mon nom la nuit en frappant de sa jambe de bois sur le pont. »* (MOBY DICK) **4**◆ *Fig. érot.* et *fam. Partie de jambes en l'air* : ébats coquins. *VOIR PLANCHE XLI.*

◆ Partie du membre inférieur qui suit la cuisse et le genou et dont les os sont le tibia et le péroné. Le pied fait suite à la jambe. ***Voir Cuisse, Genou, Pied, Squelette.***

JAUNE *adj.* **1**◆ Couleur à mi-chemin entre le vert et l'orange qui peut être celle des cheveux qu'on dit alors : blond, blond platine, blond doré, blond foncé, ou même châtain. **2**◆ Jaune, de peau. Personne asiatique, le plus souvent. ***Voir Carnation.***

JÉJUNUM *n. m.* ◆ Premier segment de l'intestin mésentérique (jéjuno-iléon). À la dissection, on remarque qu'il est principalement vide, d'où sa dénomination *jéjunum*, « intestin à jeun » en latin. ***Voir Duodénum, Grêle, Intestin.***

JEU *n. m.* **1**◆ Activité du corps et/ou de l'esprit, qui ne sert qu'à profiter pleinement du plaisir qu'elle nous donne. Le jeu est purement gratuit. Les enfants jouent énormément avec le corps, les grands aussi. *Jeux de main, jeux de vilain, jeux de son âge, jeux d'adresse, jeux de l'amour, jeu d'enfant.* **2**◆ Fonctionnement d'une articulation du corps vue comme mécanisme. *Jouer des épaules. Jeu de jambes.*

JEUN (À) *loc. adv.* Le ventre vide, sans avoir rien mangé.

102. Joues de bébé, les plus tendres.

JEUNE *adj.* et *n.* **1**◆ Qui est juste en fleur, parfois même encore en bouton. Peu âgé dans l'absolu. *Un corps jeune* : tout neuf. *Un jeune garçon, des jeunes filles, deux jeunes hommes, une jeune femme.* **2**◆ *Personne jeune* : être humain au sortir de l'enfance. ***Voir Adolescent, Enfant, Fille, Garçon, Jeunesse.***

JEUNESSE *n. f.* Époque bénie de l'existence qui s'ouvre devant soi à la puberté et se termine sans qu'on s'en soit aperçu… Âge du corps en pleine peau.

JOINTURE *n. f.* Point d'articulation entre deux os. *Faire craquer ses jointures.*

JOLI, E *adj.* **1**◆ Qui est bien mignon mais pas encore beau. *Un bien joli garçon. Une jolie brune.* Ravissante, mais c'est tout. **2**◆ *Fig. Joli cœur* : coquet séducteur. ***Voir Affreux, Beau, Laid, Magnifique.***

JOUE *n. f.* **1**◆ Partie charnue du visage, de chaque côté du nez jusqu'aux oreilles et des pommettes au menton. Très musclées, les joues se gonflent et pètent à loisir sous la pression d'un doigt. *Avoir de bonnes joues. Des joues molles et pendantes* : des bajoues. *Poudrer les joues* : faire monter le rouge aux joues. *Embrasser sur les deux joues. Tendre sa joue* : plutôt pour un baiser que pour un coup. *Tendre l'autre joue* : cas rare. **2**◆ Vue de l'intérieur, paroi de la bouche, façon grotte. ***Voir Face, Gifle.***

JOUFFLU, E *adj.* Qui a de belles joues pleines ou trop pleines.

JOUIR *v. tr. ind.* **1**◆ Connaître un vif plaisir. Apprécier. Savourer. *Jouir de la vie, du printemps.* **2**◆ *Absolt.* Vivre le plaisir sexuel. Avoir un orgasme. Jouir et faire jouir. Faire jouir et jouir. *Jouir de concert* : en musique. **3**◆ *Fig.* et *fam.* Prendre son pied, son oreille, son temps. *« Aaaah, je jouiiis, je jouiiis… ! »* (LA CASTAFIORE) ***Voir Sexe.***

JOUISSANCE *n. f.* **1**◆ Plaisir intime et profond que l'on goûte jusqu'à la dernière cuillerée. Jouissance des sens, de l'esprit. **2**◆ Plaisir sexuel, absolument. *« La jouissance féminine est un continent dont on n'a pas toutes les cartes. »* (CHRISTOPHE COLOMB) *« La jouissance masculine est sûrement plus complexe qu'il n'y paraît. »* (LA MARQUISE DE MERTEUIL) ***Voir Sexe.***

JUGULAIRE *n. f.* et *adj.* Double courroie de transmission partant du cou, par laquelle la tête tient le coup. Elle ne saurait lâcher. *« Je te tiens, tu me tiens, par la jugulaire. »* (D'ARTAGNAN)

◆ ☛ On distingue deux jugulaires. Le sang veineux refluant depuis la tête se retrouve, dans sa quasi-totalité, dans la veine jugulaire interne. Seule une partie mineure du sang provenant du visage et du cou arrive dans la veine jugulaire externe. La première naît à la base du crâne où elle recueille le sang qui provient de l'encéphale et de ses méninges. Elle descend ensuite tout droit jusqu'à la base du cou où elle s'unit à la veine sous-clavière pour former le tronc brachiocéphalique. Durant son parcours, elle reçoit le sang des veines affluentes du visage.

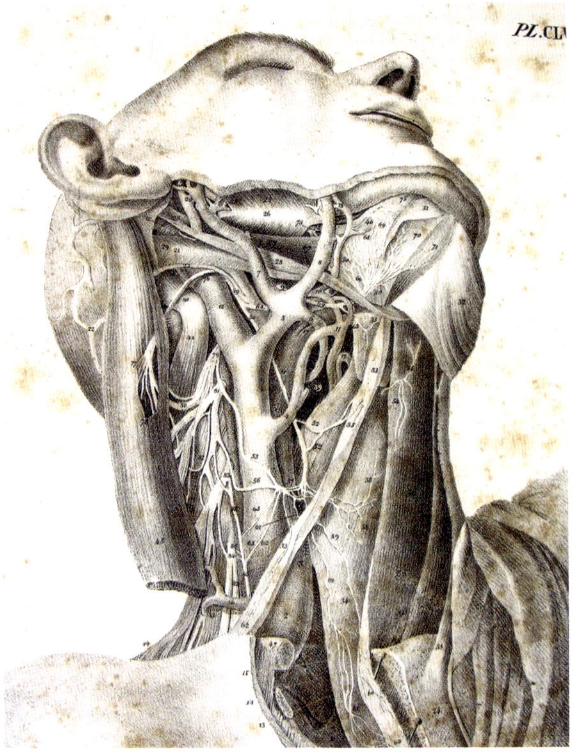

103. Veine jugulaire interne, Jules Cloquet, *Anatomie de l'homme*,1828.

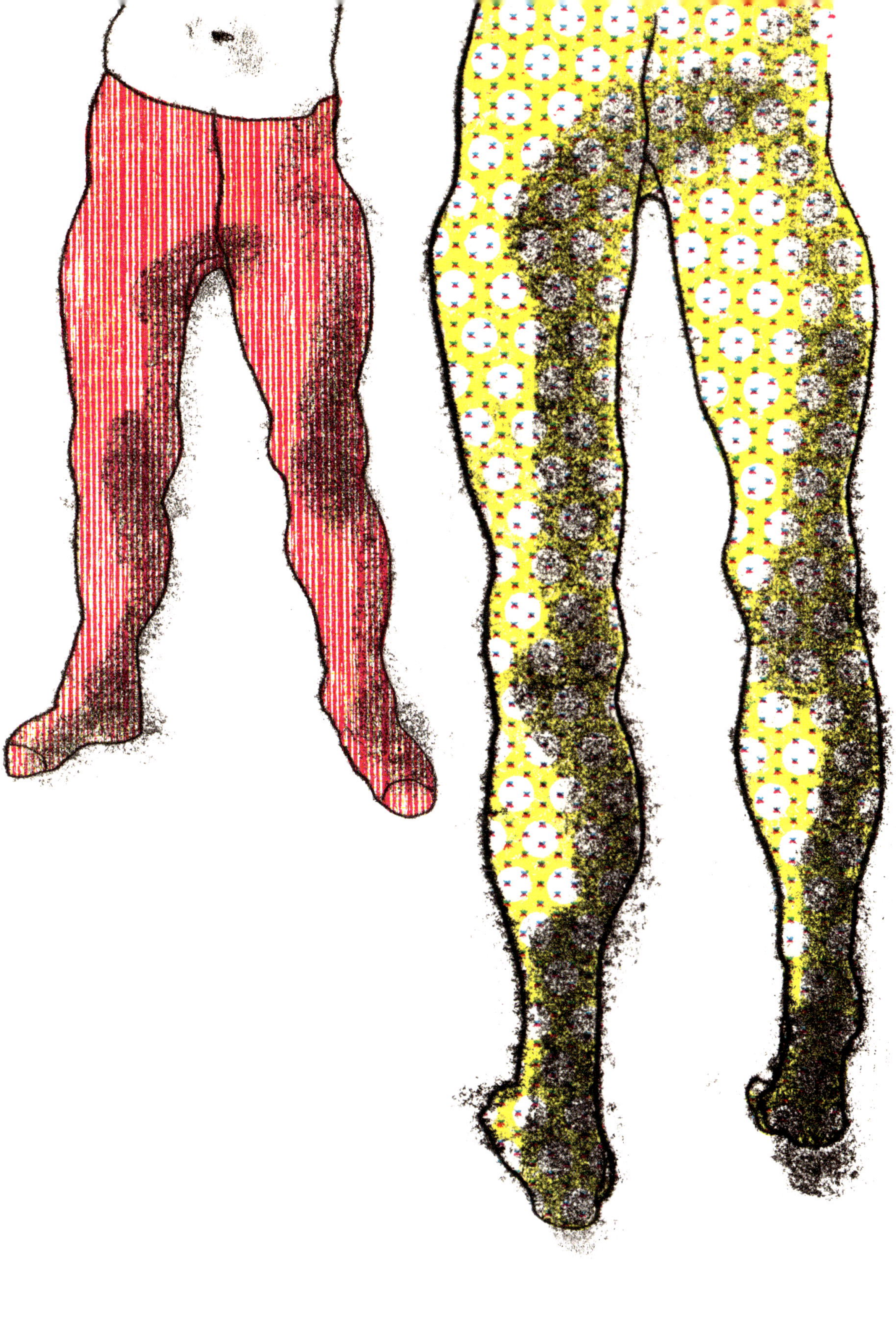

Planche xli : Jeux de jambes

Planche XLII : Homme en kit, à monter soi-même

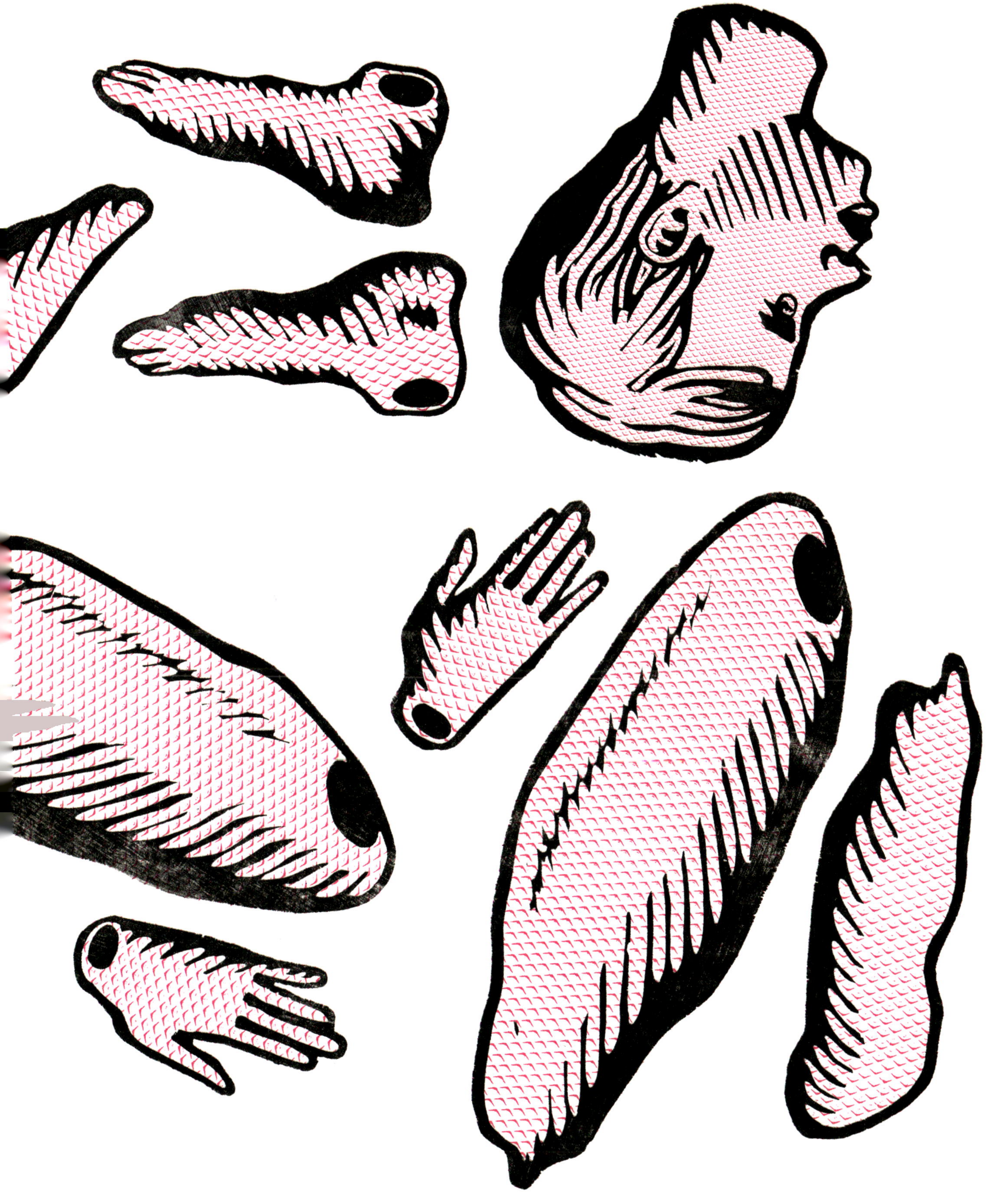

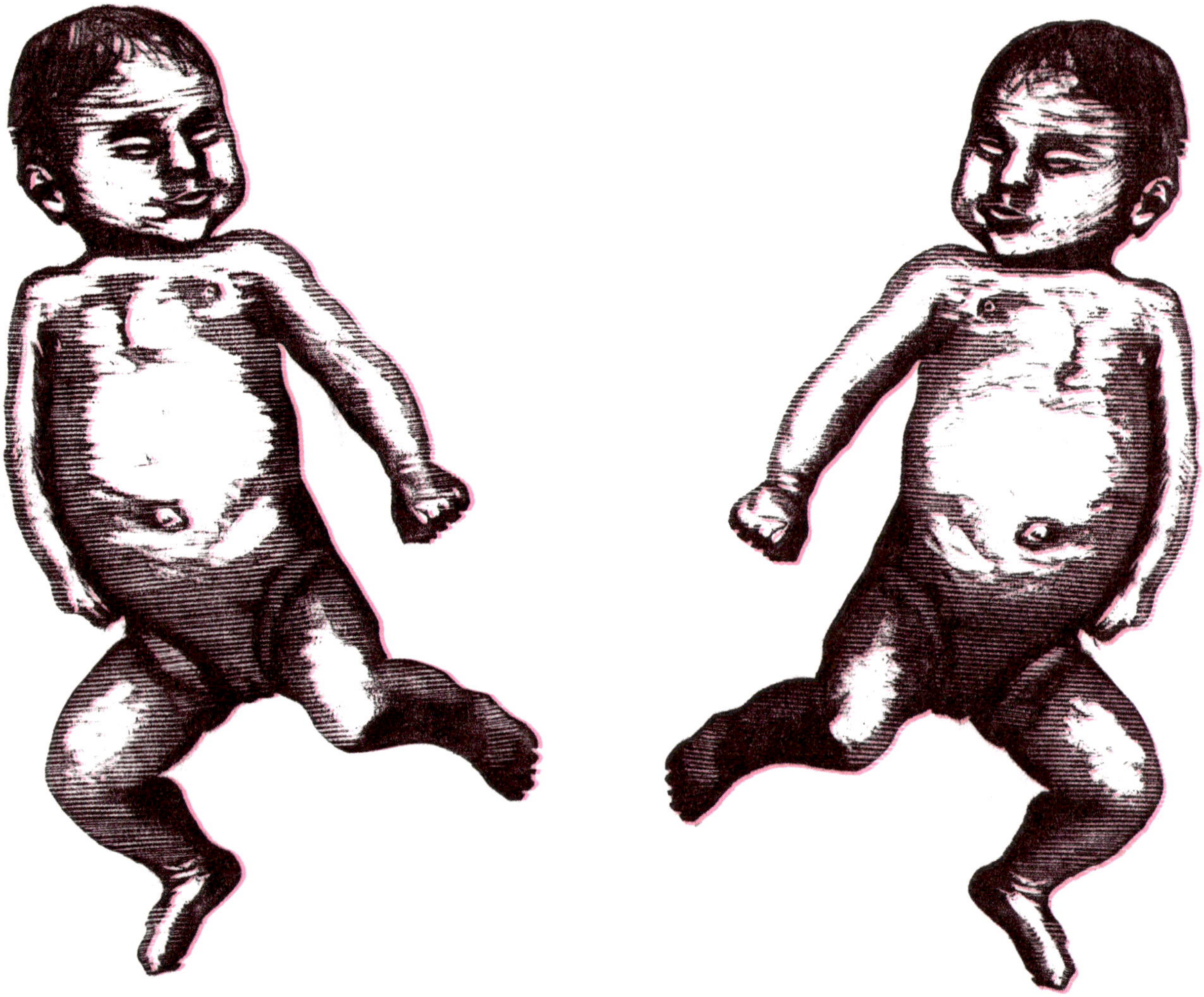

104. Paire de jumelles.

JUMEAU, JUMELLE *adj.* et *n.* Le plus souvent au pluriel. Petits d'une même portée, chiennement parlant. Les jumeaux sont au moins deux, voire trois, quatre, cinq, six… Les jumelles sont deux; pour y voir, c'est suffisant. *Mon frère jumeau, ta sœur jumelle, ses frères jumeaux, leurs sœurs jumelles.* Chez les jumeaux, on distingue les vrais des faux, plus vite que chez ses amis. Dans tous les cas, il n'y a ni faux frère, ni bonne sœur, et l'on se rend la pareille. *Jumeaux collés à la naissance* : siamois. Souvent, entre jumeaux ou jumelles, la ressemblance est troublante. *« C'est pas moi, c'est lui ! »* (IGOR ET GRICHKA BOGDANOFF)
◆ ☛ Personnes nées pendant un même accouchement. On distingue les jumeaux selon leur origine : ils peuvent être monovulaires (monozygotes) s'ils proviennent de la division d'un œuf unique (vrais jumeaux) ou pluriovulaires (dizygotes), quand ils sont issus de la fécondation de plusieurs ovules par plusieurs spermatozoïdes simultanément (faux jumeaux). Les monozygotes sont toujours du même sexe et ils ont, surtout durant leur jeune âge, une ressemblance prononcée. ***Voir Triplés, Quadruplés, Quintuplés, Sextuplés.***

K

KAMIKAZE *n.* **1**◆ *Hist.* Pilote de chasse japonais qui allait jusqu'à s'écraser sur son objectif. **2**◆ *Fig.* Fou du volant. **3**◆ *Mod.* Jusqu'au-boutiste qui n'hésite pas à sauter avec sa bombe pour réussir son attentat suicide. ***Voir Mort.***

KÉRATINE *n. f.* Substance qui constitue majoritairement les cheveux, les ongles, la corne, les poils, la laine et les plumes chez l'homme comme chez les animaux. Elle est présente également dans les cellules superficielles de l'épiderme. ***Voir Cheveu, Ongle, Poil.***

KIKI *n. m. fam.* **1**◆ Gosier. *Serrer le kiki*, prendre à la gorge. **2**◆ *Par ext.* Le sexe, uniquement chez les petits enfants. *« Veux-tu ranger ton kiki dans ta culotte ! »* (MAMIE RAYMONDE) ***Voir Gosier, Sexe, Zigouigoui, Zigounette, Zézette, Zizi.***

KILOGRAMME *n. m.* Unité de masse qui vaut 1 000 grammes (abrév. cour. 1 kg). Obsession des personnes suspendues aux régimes pour perdre du poids. *« J'ai pris des kilos, samedi soir je me remets à danser. »* (JOHN TRAVOLTA) ***Voir Poids.***

KINESTHÉSIE *n. f.* Sensation interne du mouvement d'une partie du corps obtenue grâce aux stimuli transmis au cerveau par les muscles squelettiques et par le labyrinthe de l'oreille interne. ***Voir Oreille, Proprioception.***

KIT *n. m. Spécialt.* Morceaux constitutifs du corps humain imaginés façon puzzle, vendus ou offerts prêts à assembler et uniquement pour de faux. *« Mon cadeau d'anniversaire, c'était un homme en kit, avec toutes les options ! »* (LUCETTE MECCANO) *VOIR PLANCHE XLII.*

L

LÀ *adv.* **1**◆ À un endroit donné. Le corps ignore comment faire pour être là, là et là – à la fois – car il est incapable d'ubiquité. **2**◆ *Être là* : être présent. En chair et en os, sauf exception. *« Esprit, es-tu là ? »* (MADAME IRMA) ***Voir Ubiquité.***

LABIAL, E *adj.* Relatif à la lèvre, aux lèvres. *Moue labiale, muscle labial.* ***Voir Lèvre.***

LACRYMAL, E *adj.* Relatif aux larmes. *Glande lacrymale, appareil lacrymal.* ***Voir Larme, Larmoyer.***

LAID *adj.* Qui présente des caractères disgracieux, d'un effet désagréable à l'œil. Pas beau du tout du tout. On peut être laide ici et belle ailleurs. Beau là-bas et laid ici. *Laid comme un pou. « Mais qu'il est laid, celui-là ! »* (MARCEL SANGLIER) ***Voir Affreux, Beau.***

LAIT (MATERNEL) *n. m.* Liquide blanchâtre et opaque, très nutritif, qui gorge les seins d'une femme à la naissance de son bébé et avec lequel elle peut décider (ou pas) de le nourrir, au sein justement, comme tous les jeunes mammifères. Colostrum, lait maternel des premiers jours suivant l'accouchement. ***Voir Sein.***

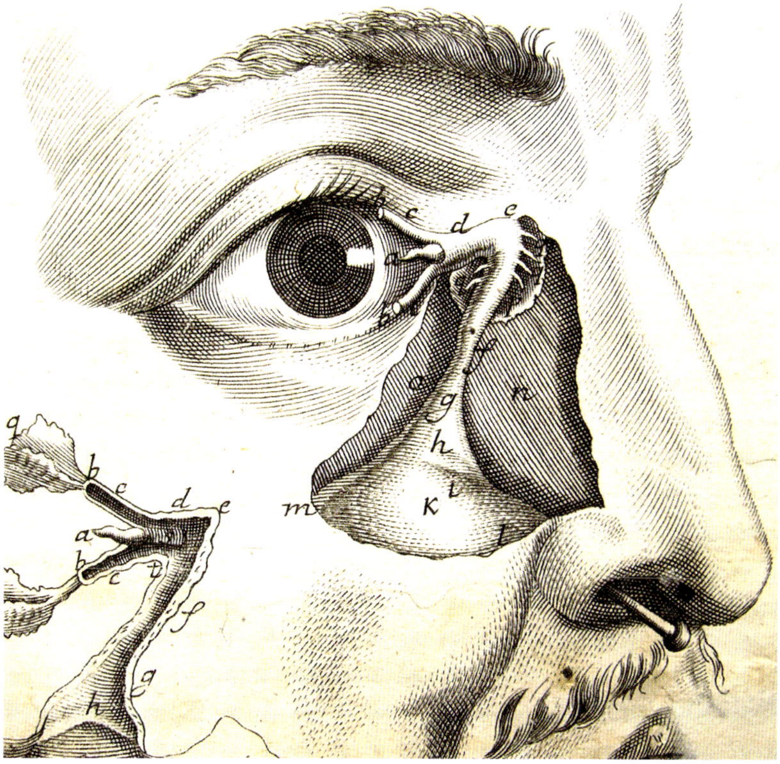

105. Appareil lacrymal, Mangetus, *Theatrum anatomicum*, 1716.

LANGUE *n. f.* **1**◆ Appendice charnu et musculeux aussi mobile que la queue du Mickey au-dessus d'un manège. Organe de premier ordre aux usages multiples. La langue se tient dans la bouche, pas dans la poche. L'arracher est un crime. La langue tient aussi la langue, justement. Déliée, elle livre la parole. Mordue, elle la retient. Ce qu'on croit savoir est toujours sur le bout de la langue, à se demander comment il reste aussi fin et pointu. Tout s'ar-ti-cu-le grâce à elle. Pourtant, les bavards l'ont toujours pendue… Les imbéciles, quant à eux, devraient plus souvent la faire tourner sept fois dans leur bouche. Par ailleurs, la langue ne fait pas de fautes de goût. Elle les reconnaît tous les yeux fermés. **2**◆ *Érot.* La langue s'invite en vedette dans le fameux « baiser à la française », connu même des Anglo-Saxons (*French kiss* : baiser avec la langue). On y apprécie particulièrement son immense mobilité et son extrême sensibilité. **3**◆ *Loc. Donner sa langue au chat* : avouer qu'on n'a pas la solution. *Être mauvaise langue, avoir une langue de vipère* : être médisant et persifleur. *Tirer la langue* : la laisser sortir toute seule dans l'effort ou, au contraire, s'appliquer à la montrer par espièglerie. *Tirer la langue* : dire aaaah… chez le docteur.

◆ ☛ Organe musculaire qui occupe la totalité de la cavité de la bouche, quand celle-ci est fermée. La langue est composée d'une dizaine de muscles. Ses muscles extrinsèques relient son corps aux os voisins (mandibule, os hyoïde), et lui permettent de bouger dans toutes les directions : à droite, à gauche, vers le palais, en arrière et en avant. Ses autres muscles, dits « intrinsèques », sont internes et modifient sa forme en se contractant, la rendant arrondie, allongée, aplatie, pointue ou repliée. Grâce à la

Planche XLIII : Grande langue démasquée

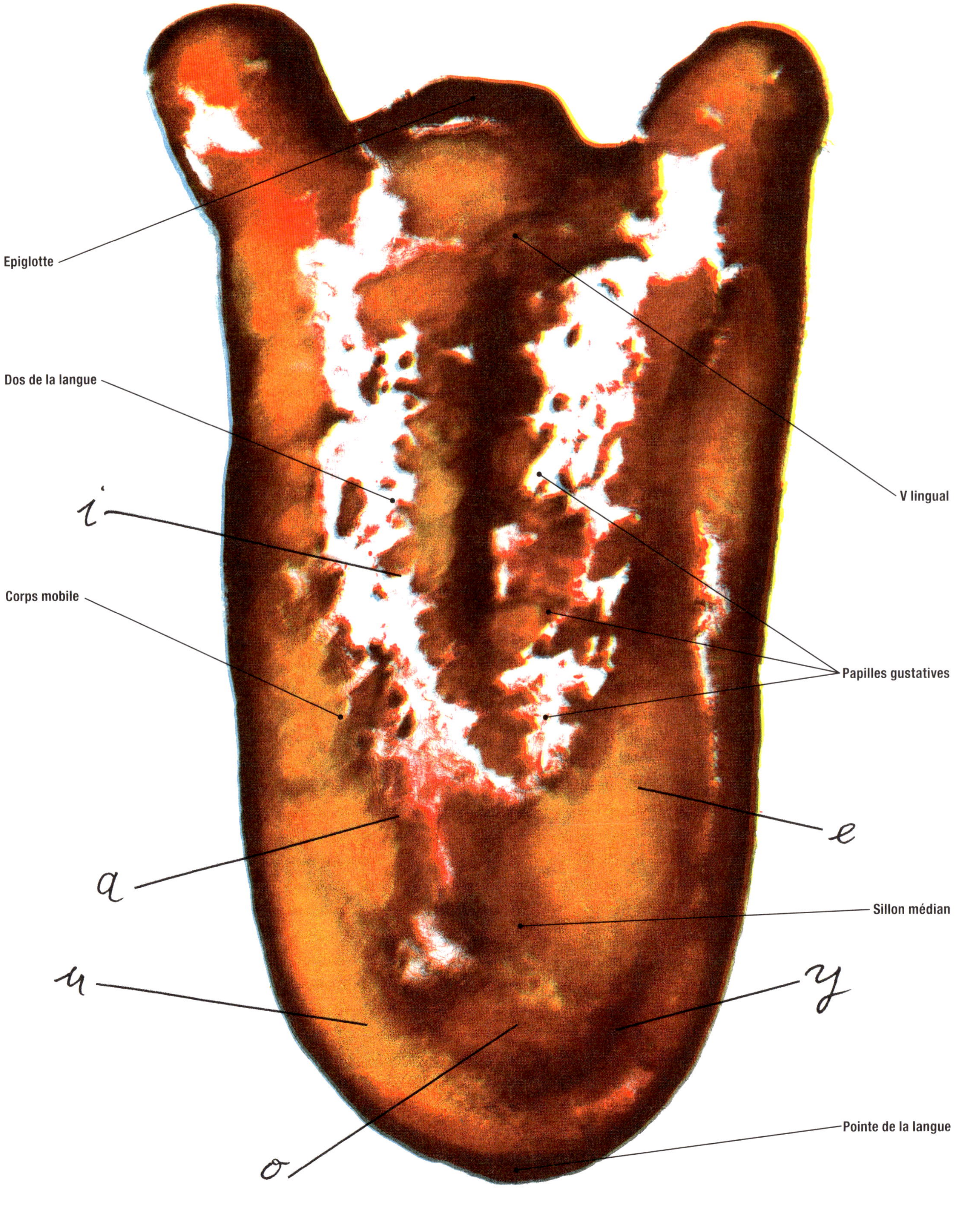

variété de ses formes et de ses mouvements, la langue agit dans la mastication en malaxant la nourriture, puis dans la déglutition en poussant celle-ci vers le pharynx. Elle est également indispensable à la prononciation puisqu'elle permet d'articuler les sons et d'émettre les sifflements. La langue est recouverte d'une membrane muqueuse aux multiples reliefs, les papilles, qui lui confèrent son aspect velouté. Celles-ci ont pour fonction de retenir d'infimes particules de nourriture afin de recueillir les perceptions du goût. *Voir planche XLIII.* ***Voir Baiser, Bouche, Frein, Goût, Luette, Muqueuse, Organe.***

LARME *n. f.* Eau salée du corps qui déborde autant de joie que de tristesse, du coin de l'œil. La larme seule n'est qu'une petite goutte, qui peut devenir un ruisseau voire un torrent quand on pleure de chagrin. *Avoir les larmes aux yeux* : être au bord du débordement. *Verser une larme* : pleurer trop peu pour être sincère. *Pleurer à chaudes larmes* : pleurer beaucoup. *Fondre en larmes* : finir en flaque de tristesse. *Pleurer toutes les larmes de son corps* : épuiser son réservoir à chagrin. *Avoir toujours la larme à l'œil* : prêt à pleurnicher. *Fam. Larmes de crocodile* : feinte de cinéma. *« Pleurez ! Pleurez mes yeux ! [...] Pleurez toutes vos larmes. »* (Chimène*)

◆ Les larmes sont produites par la glande lacrymale, logée dans une fossette osseuse de la cavité orbitaire. Elles arrivent grâce à de nombreux conduits sur la surface de la cornée et de la sclérotique, maintenant l'œil toujours humide. Le mouvement de fermeture et d'ouverture des paupières favorise une distribution uniforme des larmes. Ce film lacrymal se renouvelle en permanence et débarrasse la surface de l'œil des impuretés extérieures. L'excédent de larmes est recueilli dans le coin inférieur de l'œil, d'où il est évacué vers les fosses nasales par un système perfectionné de canalicules. Quand les sécrétions des glandes lacrymales sont très abondantes, les conduits lacrymaux ne parviennent plus à les drainer en totalité. Les larmes débordent alors en s'écoulant le long des joues. ***Voir Glande, Œil, Pleurs.***

LARMOYER *v. intr.* Pleurnicher en aboyant légèrement. *« Waouhouhouhou, waouhouhouhou... Pourquoi tu me laisses larmoyer tout seul dans la voiture ? »* (Diabolo)

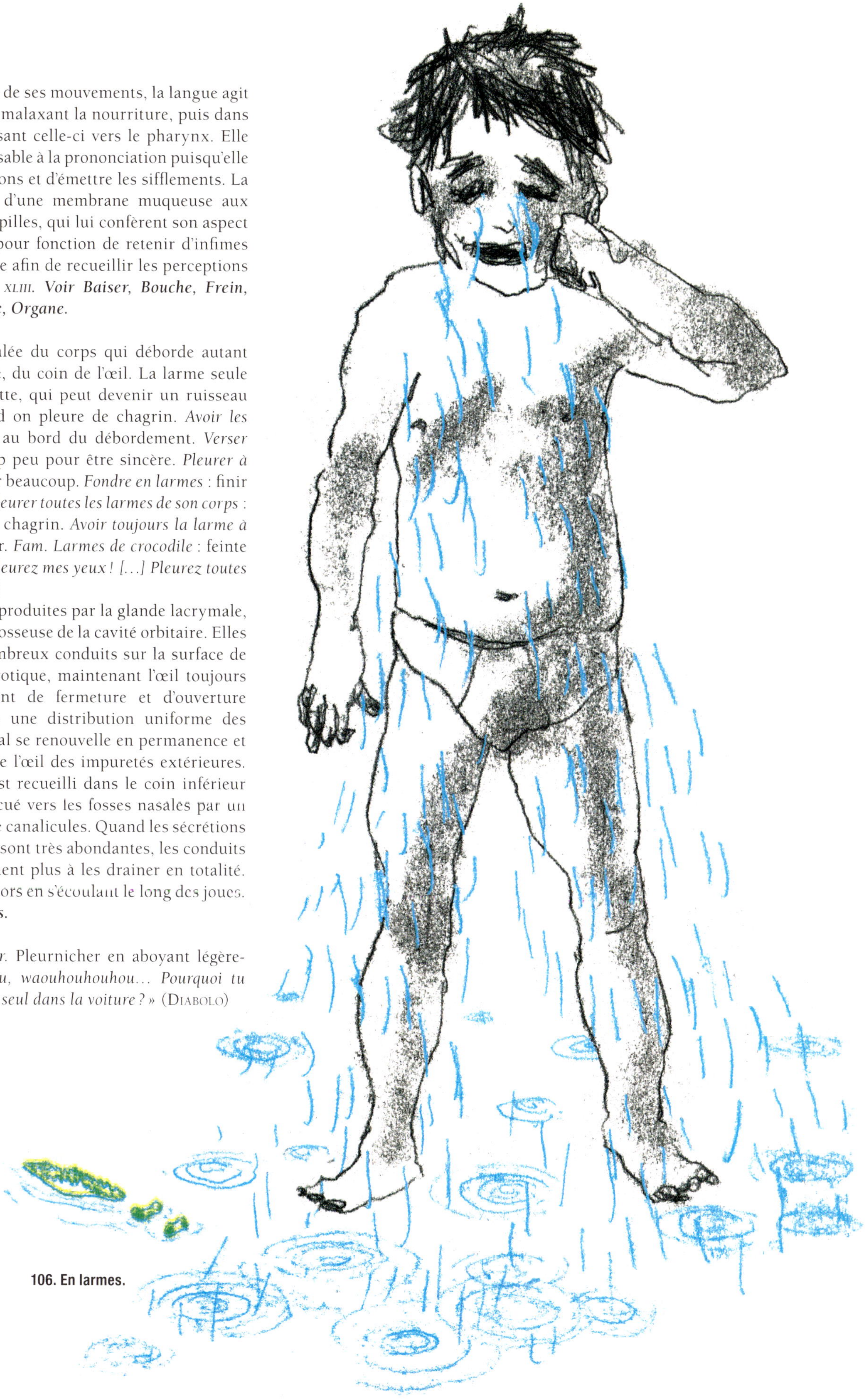

106. En larmes.

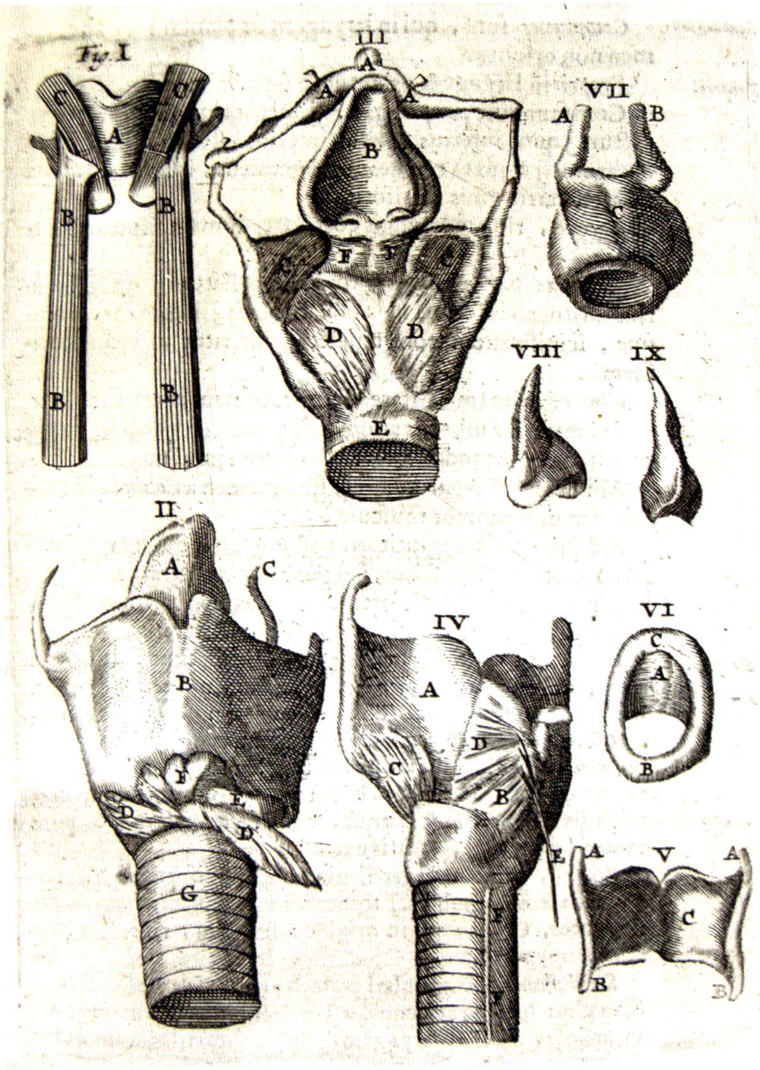

107. Larynx, Bartholini, *Anatomia reformata*, 1660.

LARYNX *n. m.* Sauf-conduit musical. Tube chantant, spécialité de l'animal humain, chèrement gagnée après son laborieux redressement préhistorique.
◆ ☛ Second segment des voies respiratoires, avant la trachée. En respirant normalement, l'air inspiré par le nez descend dans la partie haute du pharynx avant d'arriver dans le larynx, dont le conduit doit toujours rester ouvert pour permettre le passage de l'air. À cet effet, il est constitué de plusieurs segments cartilagineux assemblés par de fins muscles. Le plus grand d'entre eux est le cartilage thyroïdien (la pomme d'Adam) qui pointe au centre du cou. Il abrite les cordes vocales, deux plis muqueux qui, lors de l'expiration, vibrent et produisent des sons graves ou aigus selon leur degré de tension. Elles fonctionnent ainsi sur le modèle d'un instrument à cordes. Elles peuvent aussi s'éloigner ou se rapprocher, modifiant le calibre du cône d'air. Leur fonctionnement se rapproche alors de celui d'un instrument à vent. ***Voir Luette, Voix.***

LAVER (SE) *v. pr.* **1**◆ Se nettoyer le corps entier ou au moins une partie, avec de l'eau (et souvent du savon). *« Longtemps, je me suis lavé de bonne heure. »* (Marcel Proust) *Se laver sous la douche, au gant de toilette, dans un bain, dans la rivière. Se laver la figure, les pieds, les oreilles…*
2◆ *Loc. S'en laver les mains* : décliner sa responsabilité, à la pierre Ponce Pilate. ***Voir Bain, Débarbouiller, Hammam, Toilette.***

LÉGUME *n. m. Spécialt. Fig.* Corps mou, comme un légume, peu musclé ou ramolli au soleil. Flasque et sans tonicité par manque d'activité physique. *« Tu fonds dans le canapé, tu vas devenir un légume ! »* (Barbapapa)

LENDEMAIN *n. m.* Mot inconnu pour le corps, qui se moque bien du lendemain. Seul l'esprit s'en soucie. Pour le corps, c'est ici et maintenant qui comptent.

LEUCOCYTE *n. m.* Petit avocat globuleux qui a la défense dans le sang.
◆ ☛ Cellule du sang, appelée aussi globule blanc, qui se compose comme toute cellule d'un cytoplasme et d'un noyau. Les leucocytes circulent librement dans le sang en se différenciant des globules rouges et des plaquettes, qui n'ont pas de noyau. On en distingue trois principales catégories : les lymphocytes, les monocytes et les granulocytes, ayant chacun une fonction spécifique dans la défense de l'organisme. ***Voir Cellule, Globule, Sang.***

LÉVITATION *n. f.* Décollage spirituel, la lévitation extrait l'homme de la pesanteur quelques instants, par la seule force de son esprit (garantie sans trucage). Enfin…

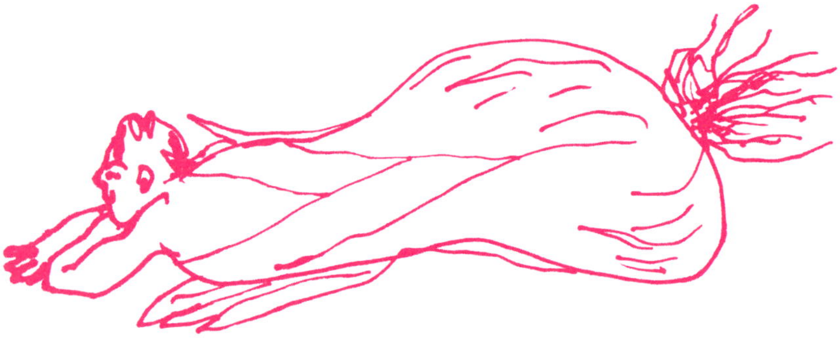

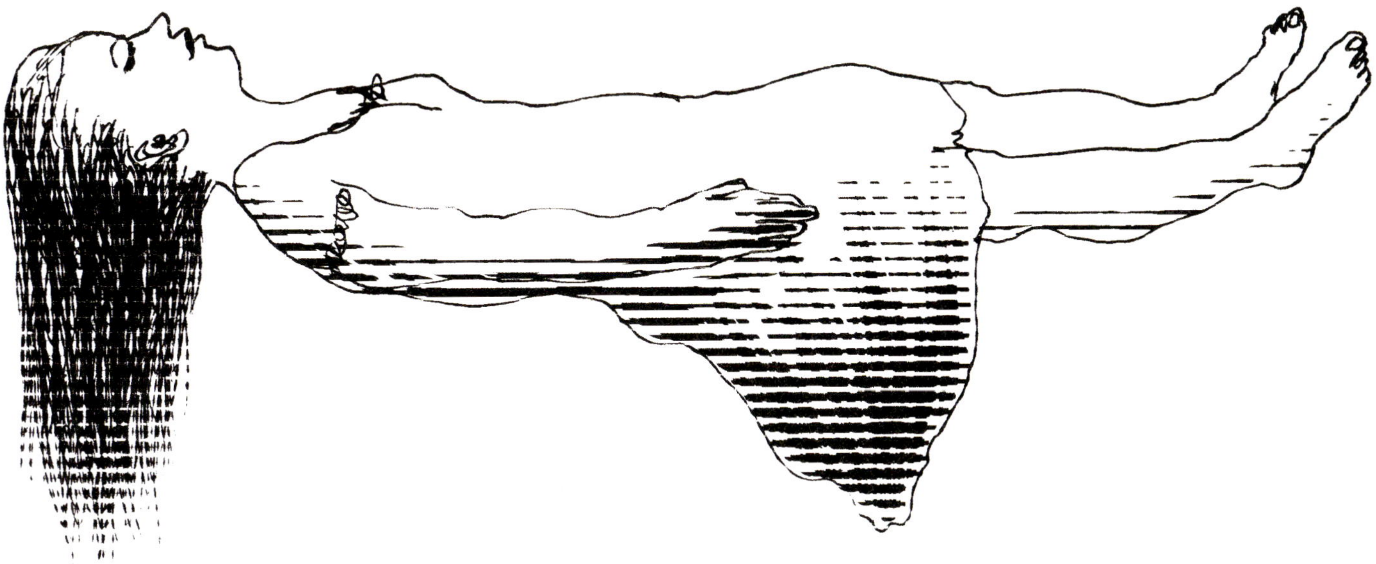

LÈVRE *n. f.* **1**◆ Muqueuse charnue et double qui borde la bouche. *Lèvre supérieure, inférieure.* Les lèvres peuvent être pulpeuses, proéminentes, délicates, ourlées, minces, parfois pincées. À elles deux, elles dessinent la bouche. *Commissures des lèvres* : aux coins des lèvres, où frise le sourire et grince le rictus. *« J'ai toujours eu facilement le sourire aux lèvres. »* (VOLTAIRE) *Rouge à lèvres* : fard à bouche de toutes les couleurs. **2**◆ *Fig. S'en mordre les lèvres* : regretter amèrement son fait. *Loc. Du bout des lèvres* : à reculons. **3**◆ Instrument sensuel du baiser, les lèvres embrassent la volupté. Poser ses lèvres entrouvertes. *Offrir ses lèvres.* **4**◆ Petites lèvres, grandes lèvres, pétales du sexe féminin, ornant la vulve. ***Voir Baiser, Bouche, Clitoris, Labial, Muqueuse, Nymphe, Sexe, Vulve.***

LIBIDO *n. f.* **1**◆ Désir sexuel. **2**◆ Pulsion de vie s'exprimant notamment par le désir sexuel. *« Métro, boulot, libido. »* (LE POINÇONNEUR DES LILAS) ***Voir Sexe, Sexualité.***

LIBRE *adj.* **1**◆ Qui jouit de sa liberté physique, de sa liberté de mouvement. Dont le corps et l'esprit ne sont pas prisonniers. *Libre comme l'air,* volage. *Les cheveux libres* : détachés. **2**◆ Dont on dispose. *La main libre* : celle qui n'est pas occupée. **3**◆ *Libre danseur* : qui danse comme il l'entend. **4**◆ *Érot. De mœurs libres* : libertines. *« Êtes-vous libre, ce soir ? »* (CASANOVA)

LIFTING *n. m.* Mensonge des traits tirés, rature qu'on inflige généralement au visage. Censé atténuer les rides d'expression, le lifting n'enlève rien à la fatigue et à l'ennui, si on s'y laisse prendre. ***Voir Ride, Visage.***

108. Jeune fille en lévitation.

LIGNE *n. f.* **1**◆ Contour, trait délimitant un visage, ou un corps. *Avoir la ligne, garder la ligne* : rester mince, au plus près de son squelette. **2**◆ *Lignes de la main* : pour lire demain. ***Voir Contour, Forme, Galbe, Hanche.***

LIVIDE *adj.* Dont la peau a perdu toute couleur, pâle comme la mort. ***Voir Cadavre, Carnation, Pâle, Peau.***

LOBE *n. m.* Partie charnue sans cartilage formant le bas de l'oreille. Un lobe par oreille, qu'on perce volontiers. ***Voir Oreille.***

LOCOMOTION *n. f.* Mise en mouvement. Action et fonction qui permettent au corps de se déplacer d'un point à un autre. Muscles locomoteurs, appareil locomoteur. ***Voir Allure, Galop, Marche, Pas.***

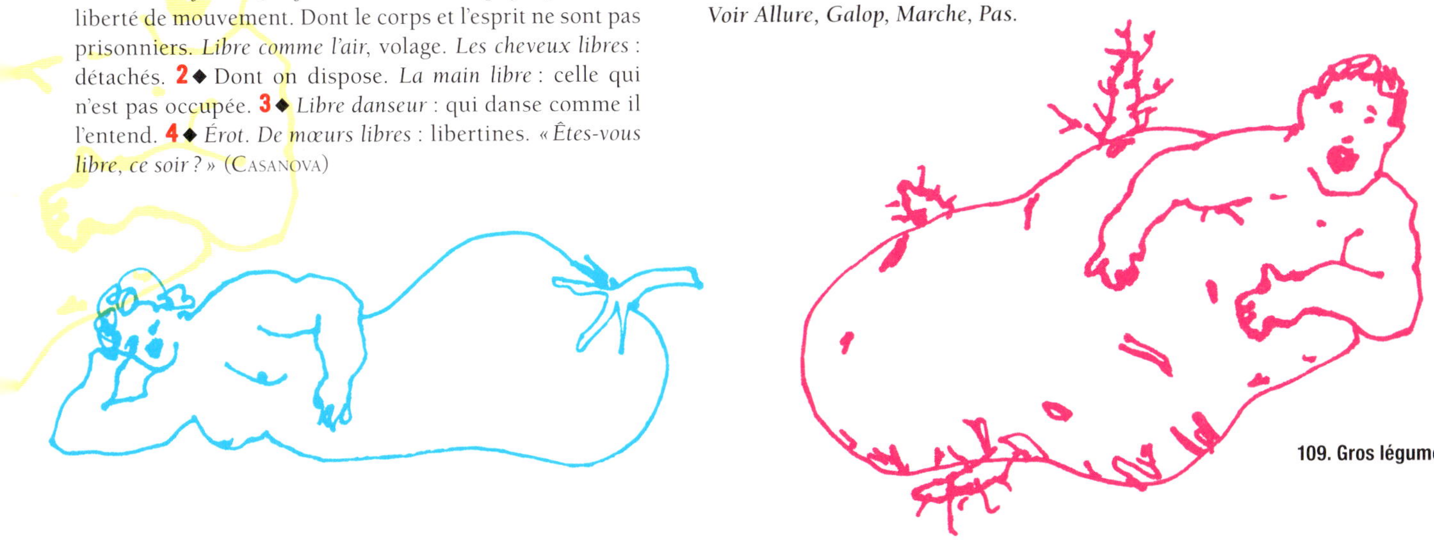

109. Gros légumes.

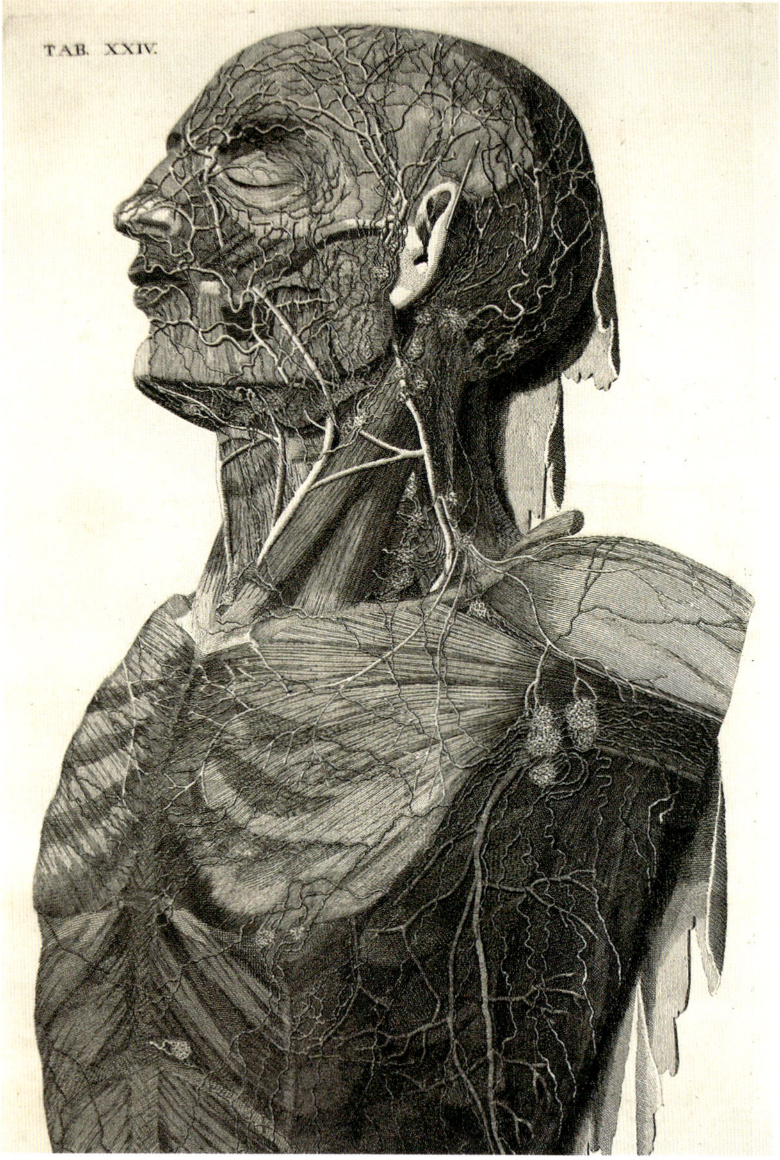

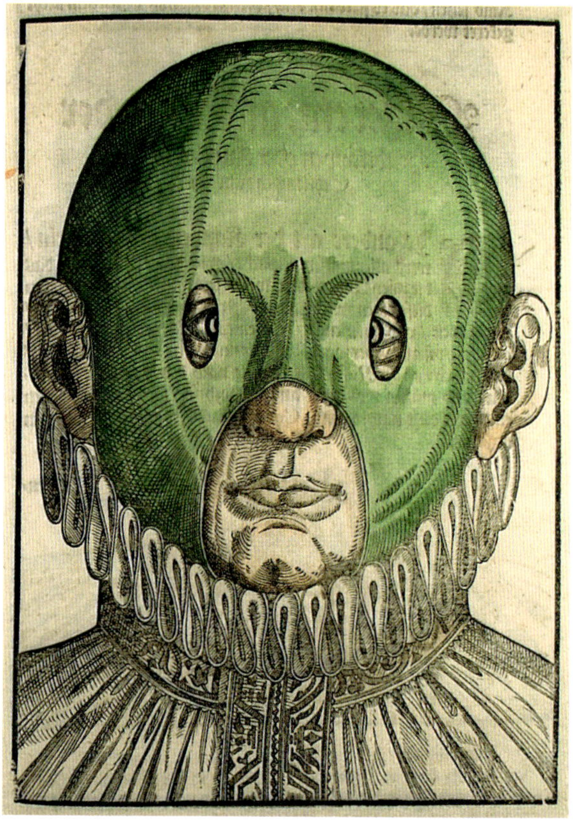

LUETTE *n. f.* Appendice au fond du palais qui pointe le gouffre du gosier. Exceptionnellement, on peut être pourvu d'une double luette, ce qui n'est pas plus seyant.
◆ ☛ Partie centrale du voile du palais, de forme ovale, qui pend vers le fond de la langue. Lors de la déglutition, le larynx s'élève en se combinant à la luette, pour empêcher le passage de la nourriture dans les voies respiratoires. *Syn.* Uvule. ***Voir Bouche, Larynx, Palais.***

110. Vaisseaux lymphatiques, Paolo Mascagni, *Vasorum lymphaticorum corporis humani*, 1787.

111. Masque pour corriger le strabisme, Georg Bartisch, *Das ist Augendienst*, 1593.

LOMBAIRE *adj.* ◆ ☛ Partie postérieure et médiane du tronc, située de chaque côté de la colonne vertébrale, qui s'étend des dernières côtes au bassin. La musculature de la région lombaire comprend les puissants muscles dorsaux, extenseurs du tronc, ainsi que le carré des lombes qui permet la flexion latérale du thorax. Comprise entre deux segments rigides, le thorax et le bassin, la région lombaire est soumise à un intense travail musculaire pour maintenir la position debout, ce pourquoi elle est souvent fatiguée et douloureuse.

LOUCHER *v. intr.* **1**◆ Avoir les yeux qui convergent, ou qui divergent, volontairement ou non. *Loucher, en fixant le bout de son nez.* **2**◆ *Fig.* Regarder quelque chose ou quelqu'un avec convoitise. ***Voir Œil, Yeux.***

LOUCHON *n. m.* Petit qui louche. *Un gentil louchon.* *Syn.* Louchard. *Voir planche xliv.*

LYMPHE *n. f.* **1**◆ Grand fluide du corps de couleur indéfinissable. **2**◆ *Anc. méd.* Dans les premiers temps de la médecine, la lymphe faisait partie des quatre humeurs principales.
◆ ☛ Liquide organique interstitiel qui imprègne tous les tissus et les organes et qui représente le moyen d'échange et d'information de cellule à cellule. Les parties corpusculaires de ce liquide, en particulier des protéines et des graisses, constituent la lymphe proprement dite. À travers un système très diffus de capillaires et de vaisseaux lymphatiques, elle remonte jusqu'au cœur où elle passe dans la circulation sanguine pour se mélanger au sang. Les molécules de petite dimension, au contraire, circulent directement par capillarité. ***Voir Eau, Humeur, Ganglion, Oreille.***

PLANCHE XLIV : LOUCHON LOUCHANT

Massage mou des mollets par médecin doux, à Menton

MACABRE *adj.* **1**◆ Qui parle de cadavres ou de squelettes, selon l'heure. **2**◆ *Par ext.* Qui évoque ou représente la mort. *Scène macabre, ambiance macabre.* **3**◆ *Art. Danse macabre* : danse, par laquelle la Mort et ses proches invitent les vivants à les rejoindre dans l'au-delà, très en vogue depuis le Moyen Âge. ***Voir Cadavre, Danse, Mort, Squelette.***

MÂCHER *v. tr.* Préparer la nourriture en bouche à faire une descente dans l'œsophage, en la triturant et la broyant avec les molaires avant de l'avaler. *Syn.* Mastiquer. *Mâcher sans bruit, bouche fermée* : d'un délicat mouvement des mâchoires. *Mâcher lentement* : en rêvant comme les vaches. *« Il faut mâcher tranquille pour jouir de toutes les saveurs. »* (BRILLAT-SAVARIN) ***Voir Dent, Mâchoire, Mastication, Molaire.***

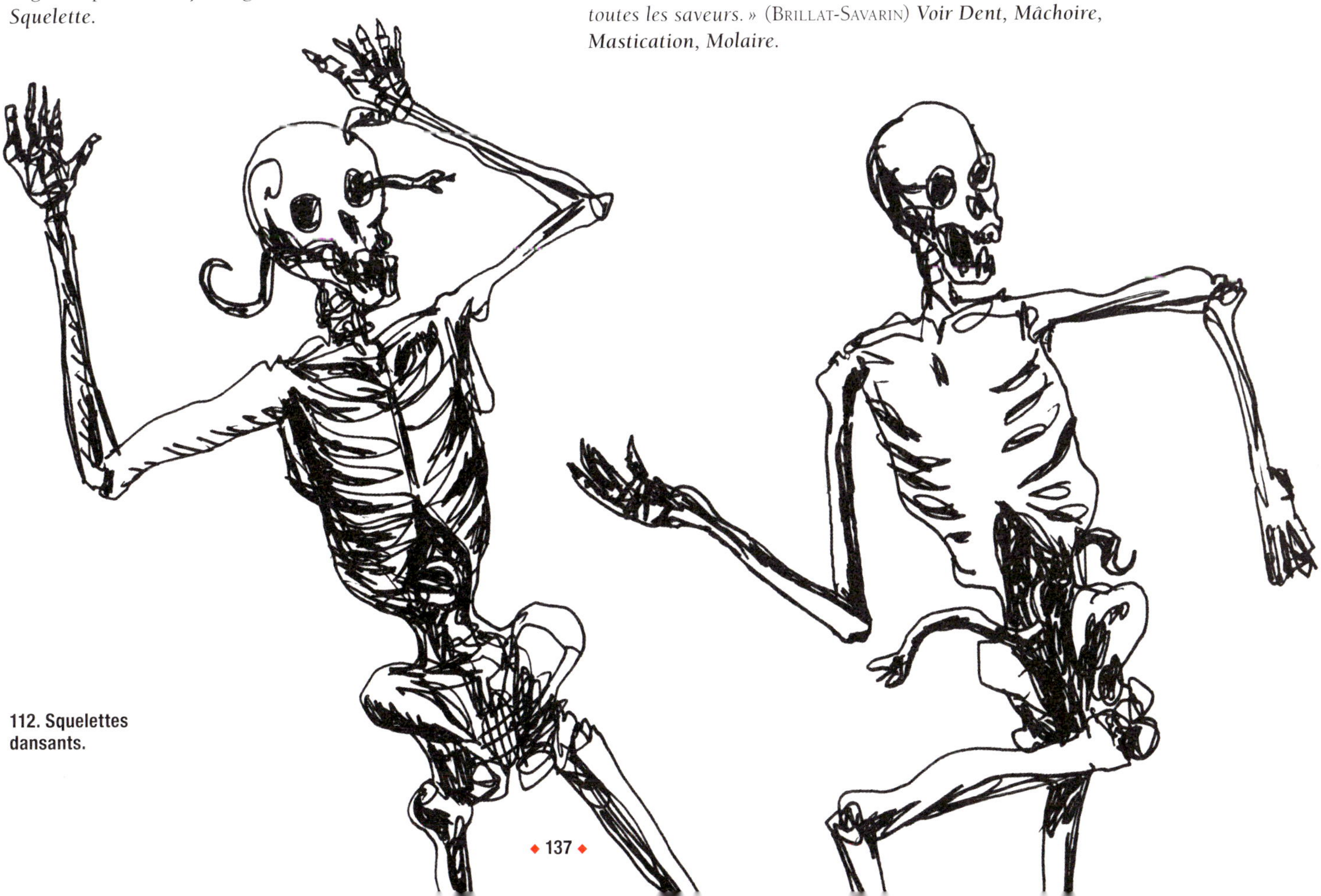

112. Squelettes dansants.

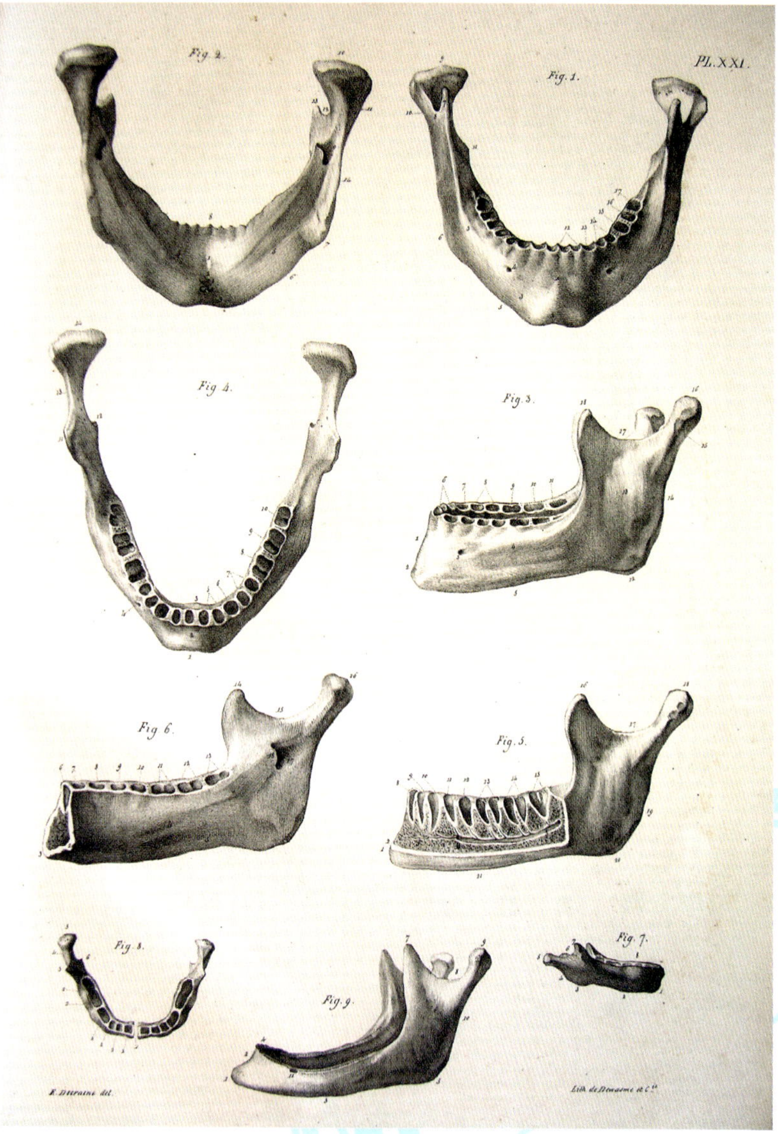

113. Mâchoires, Jules Cloquet, *Anatomie de l'homme*, 1828.

MÂCHOIRE *n. f.* **1**◆ Chacun des deux os arqués dans lesquels sont plantées deux grandes rangées de dents, et qui encadrent la bouche. **2**◆ Celle du bas, qui est articulée. *Mâchoire carrée, proéminente, triangulaire, menue, dessinant l'arrondi du visage.* **3**◆ *Loc. Bâiller à s'en décrocher la mâchoire. Fig. Avoir la mâchoire qui tombe* : être stupéfait. ◆ ☛ Os du visage formant le squelette de la bouche, composé de l'os maxillaire supérieur et de l'os maxillaire inférieur. Ces derniers soutiennent les arcades dentaires supérieure et inférieure. Communément, le terme « mâchoire » désigne le maxillaire inférieur, dont l'appellation anatomique est « mandibule ». Elle est constituée d'un os compact et très dur, pour supporter les importantes pressions des muscles s'exerçant lors de la mastication. *Voir* ***Dent, Mandibule, Maxillaire, Os.***

114. Squelette des mains, Mangetus, *Theatrum anatomicum*, 1716.

MAGNIFIQUE *adj.* Qui est d'une beauté éclatante, somptueuse, splendide… *Des cheveux magnifiques, de magnifiques trous de nez, un petit orteil magnifique* (rare). *« Mais ma chérie, tu es magnifique aujourd'hui ! »* (Louis XVI) *Voir* ***Affreux, Beau, Joli, Laid.***

MAIGRE *adj.* **1**◆ Dont le corps est très peu charnu, presque sans graisse. Fort mince. Poids plume. *Maigre comme un clou, comme un haricot.* **2**◆ *Spécialt. Fausse maigre* : qui a l'air maigre, mais qui l'est beaucoup moins une fois nue. *Voir* ***Filiforme, Menu, Mince.***

MAIN *n. f.* **1**◆ Partie du corps de l'homme qui est le premier outil à sa disposition. L'autre main étant le deuxième. *Main gauche, main droite. Deux mains adroites. Parfois deux mains gauches* : pour les maladroits. La main est le prolongement du bras et dispose de cinq doigts, dont le fameux pouce opposable, que les singes ne nous envient pas. Ce sont bien les seuls ! **2**◆ Organe aux infinies possibilités, la main unit par le geste le corps et l'esprit. Elle est capable d'adopter 12 630 positions différentes. Habile, elle permet notamment le toucher et la prise. Parlant plusieurs langues, dont l'italien et la langue des signes, elle écrit aussi et lit même le braille. Cela dit, les aptitudes manuelles sont extrêmement variables d'un sujet humain à l'autre. Certaines mains sont pianistes, d'autres sont plutôt mécaniciennes, cuisinières, écrivaines, jardinières, maçonnes, boulangères, peintres ou chirurgiennes…, d'autres encore sont incapables de débiter un oignon avec un bon couteau. Mais toutes œuvrent. **3**◆ *Érot.* Instrument privilégié de l'érotisme, la main fait l'éloge de la caresse. Spécialité des amours humaines avec le baiser, la caresse ne saurait exister sans la main, de loin l'outil le plus sensible du corps, et le plus pratique. **4**◆ Second visage de l'homme, la main (re)présente la personne. D'ailleurs par ici, il est d'usage de tendre la sienne et de serrer celle des autres, à l'origine en signe de paix. *À mains nues* : sans armes. *Mettre la main dessus* : posséder. *Demander la main de quelqu'un* : vouloir

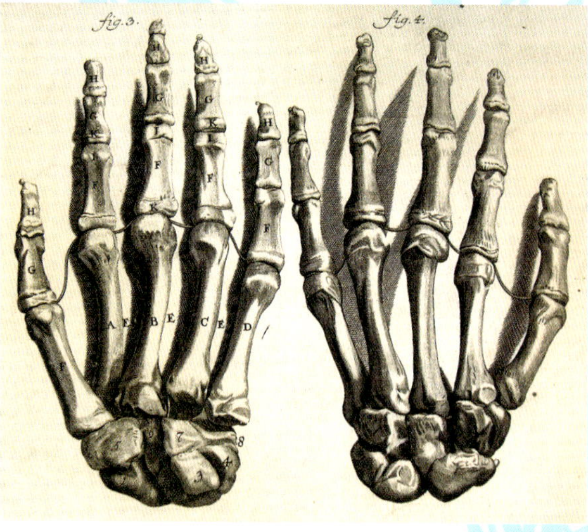

PLANCHE XLV : MAINS VARIÉES OFFERTES

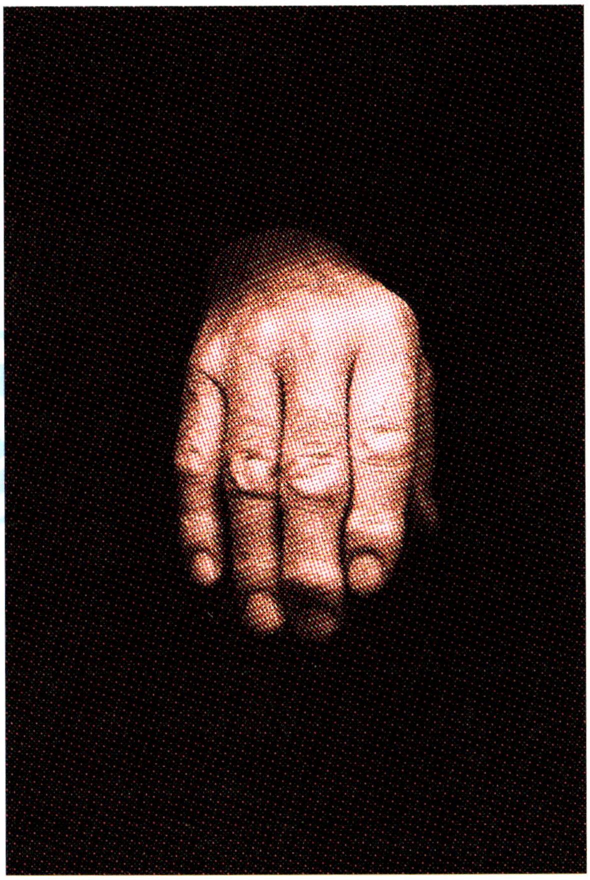

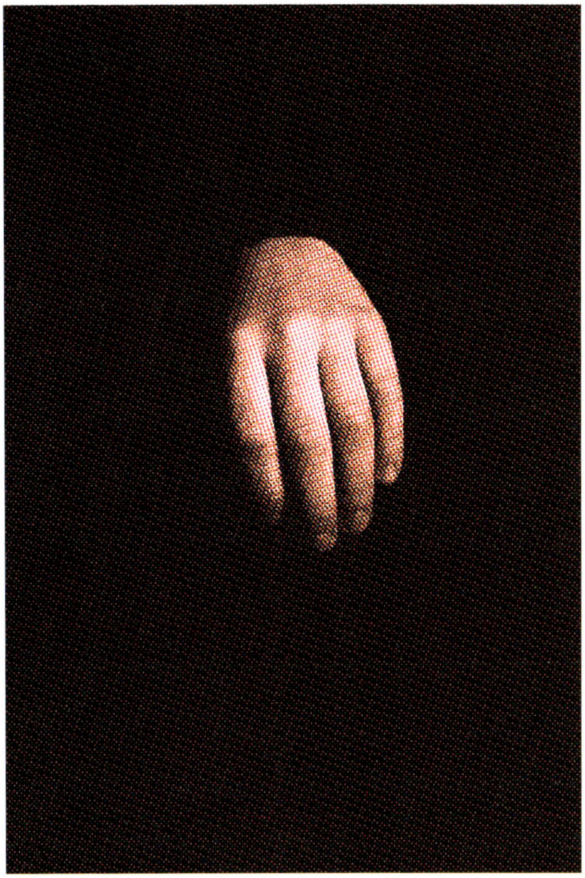

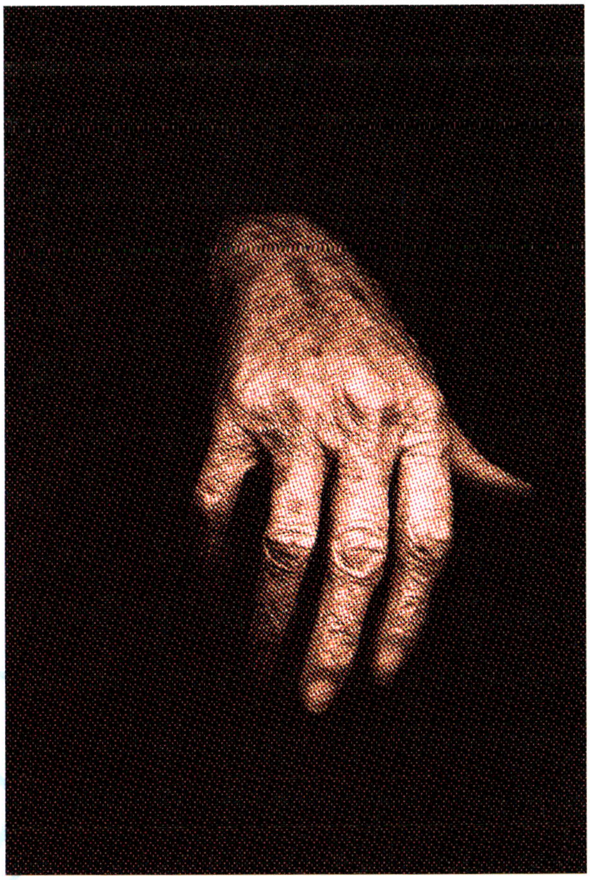

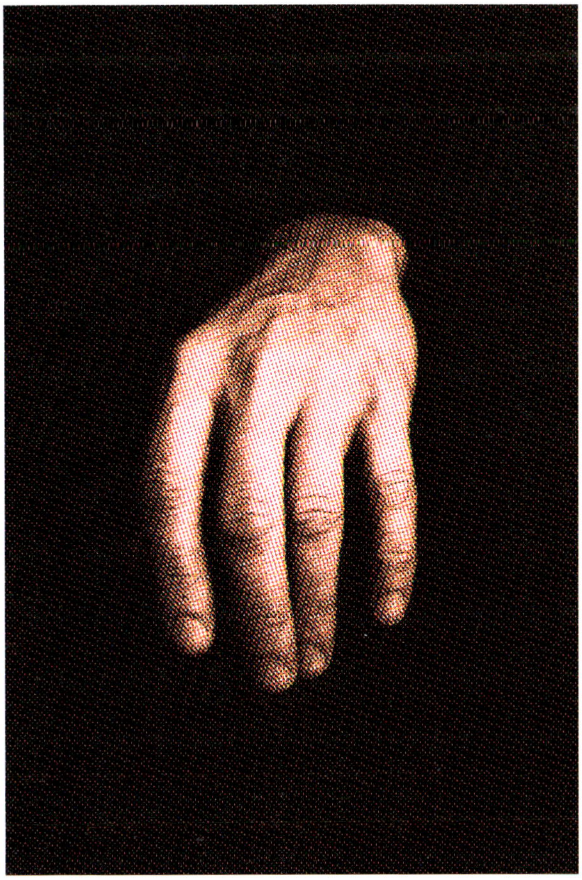

Planche XLVI : À deux mains

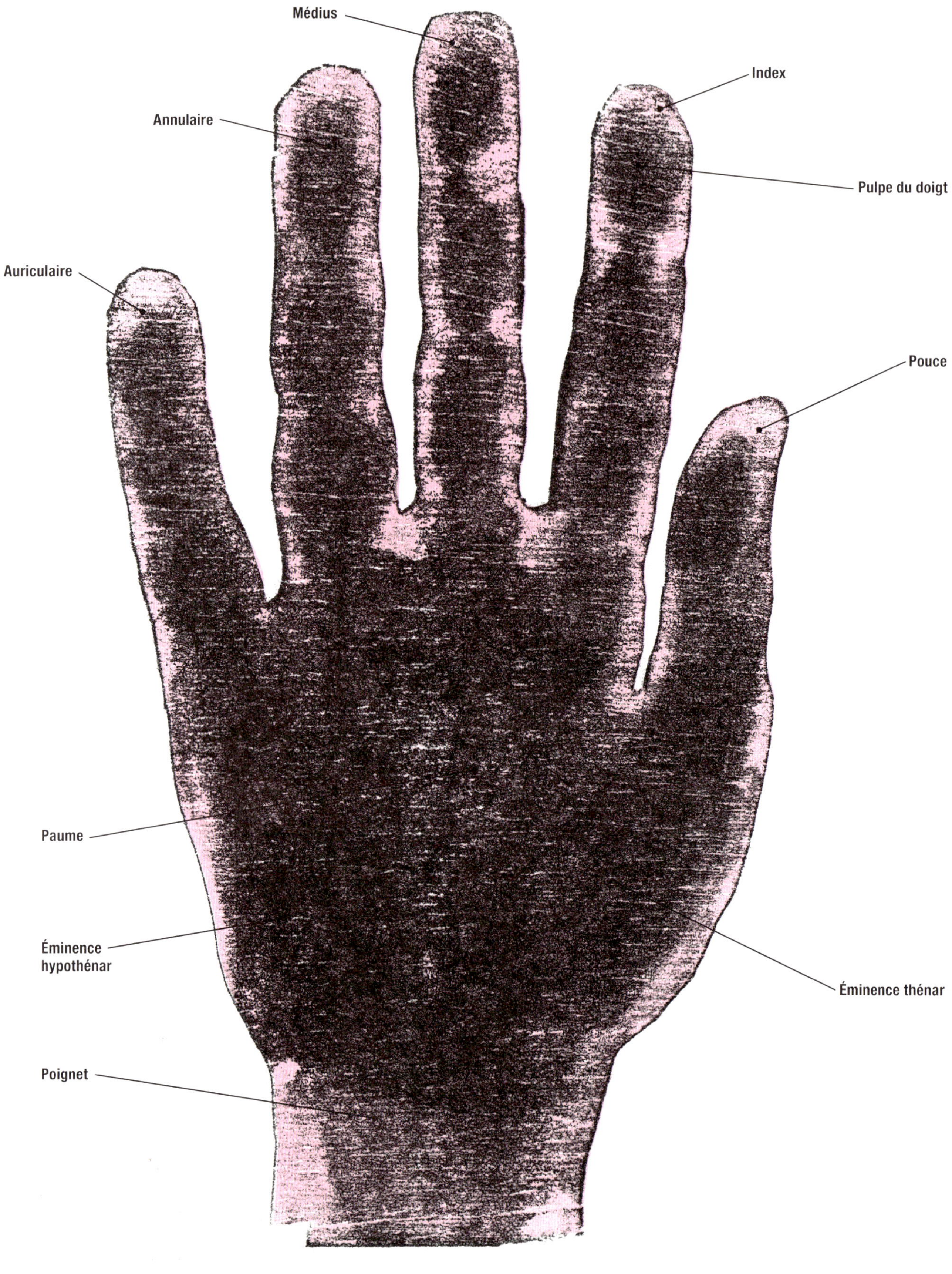

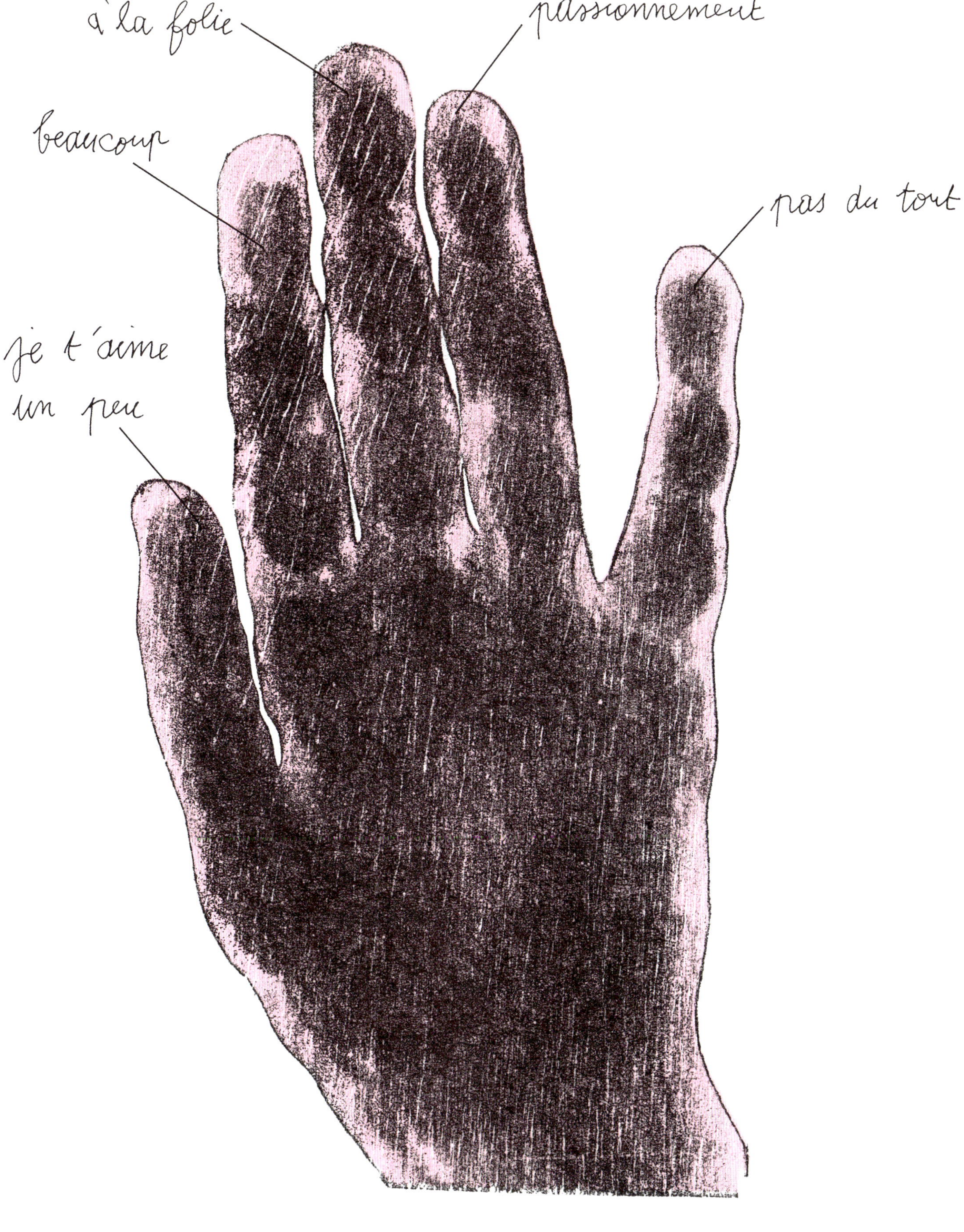
à la folie
passionnément
beaucoup
pas du tout
je t'aime
un peu

l'épouser tout entier. *Avoir les mains libres* : agir à sa guise. *Avoir un poil dans la main* : être fainéant. *Lire dans les lignes de la main* : révéler hier, aujourd'hui, demain. *« Donne-moi vite la main pour traverser ! »* (Maman)

◆ ☛ Troisième segment du membre supérieur en partant du tronc, après le bras et l'avant-bras. La main comprend les os du carpe, huit petits os articulés entre eux qui forment le squelette du poignet ; les cinq os du métacarpe qui forment le squelette de la paume de la main ; une série de cinq phalanges proximales, de cinq phalanges intermédiaires et de quatre phalanges distales (le pouce n'en a pas) qui forment le squelette des doigts. Les os métacarpiens et les phalanges s'articulent et sont dotés de ligaments spécifiques. De nombreux muscles y sont rattachés et permettent une grande variété de mouvements : flexion, extension, adduction et abduction. De plus, le pouce est capable du mouvement d'opposition (en se rapprochant de la paume de la main ou du bout des autres doigts). *Voir planches XLV et XLVI.* ***Voir Caresse, Doigt, Empreinte, Gauche, Gaucher, Ongle, Paume, Pulpe.***

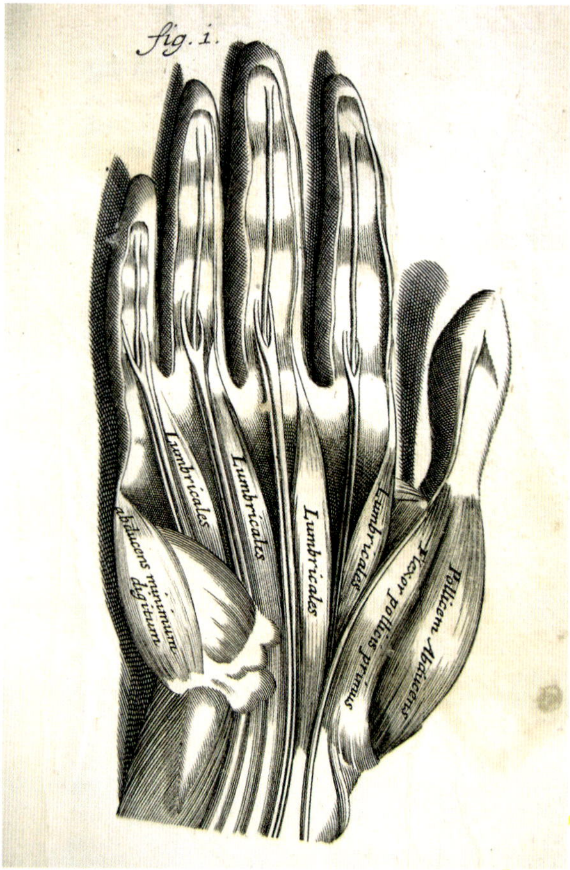

115. Musculature de la main, Mangetus, *Theatrum anatomicum*, 1716.

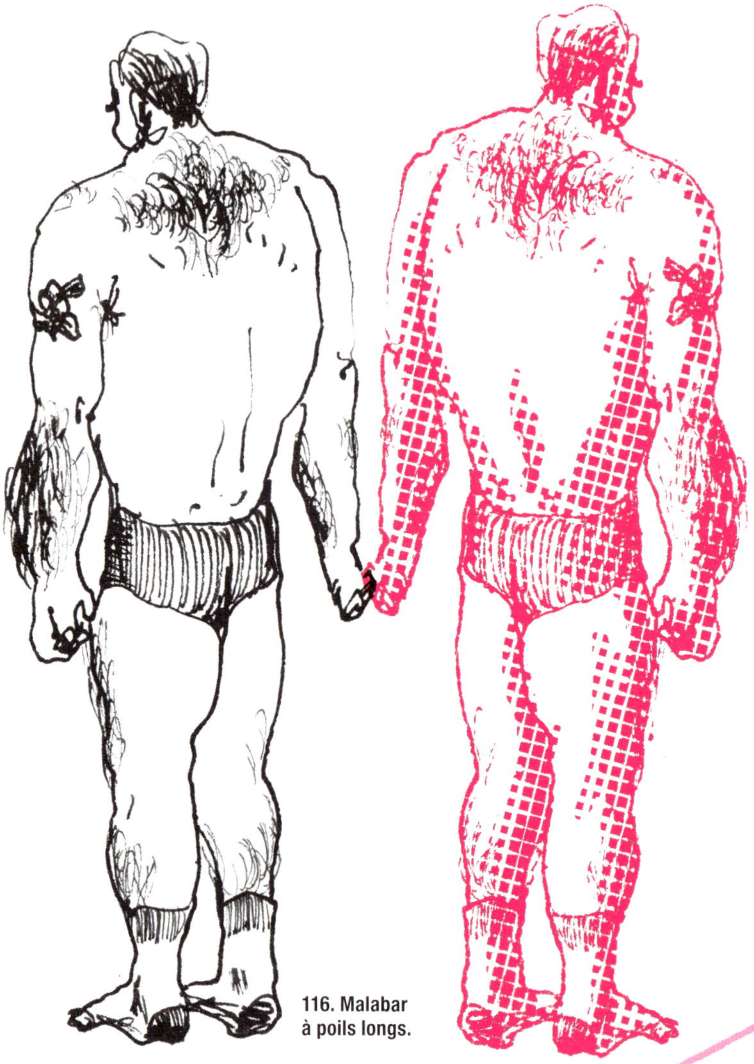

116. Malabar à poils longs.

MAINTIEN *n. m. Spécialt.* **1**◆ Capacité à se tenir debout ou assis dans une position convenable pour le corps. **2**◆ Manière de se tenir tout court, qui traduit la personnalité. *Syn.* Air, allure, attitude, posture, tenue. ***Voir Allure, Colonne vertébrale, Position, Posture, Squelette.***

MAJEUR *n. m.* Un des doigts de la main, le plus long, situé entre l'index et l'annulaire. Celui qui a l'honneur de porter l'insulte. Doigt d'honneur, *digitus impudicus. Syn.* Médius. ***Voir Annulaire, Auriculaire, Doigt, Index, Main, Pouce.***

MALABAR *n. m.* Homme très costaud, qui n'est ni rose ni élastique. *« Un sacré malabar, mon Raoul ! »* (Paul Volfoni) ***Voir Muscle, Gonflette.***

MALADROIT, E *adj.* À qui l'adresse fait défaut. Qui n'a pas toujours la maîtrise de ses gestes, ou de ses paroles. Qui ne sait pas se servir de ses mains. *Syn.* Malhabile, empoté, gauche, gourde. *« Pauvre pauvre petit oiseau, j'ai encore été si maladroit ! »* (Le dératiseur catholique) ***Voir Gauche, Main.***

MALAISE *n. m.* Émoi physique où le corps défaille jusqu'à s'évanouir. Le malaise peut aussi venir d'une brusque panne de l'organisme. ***Voir Inanimé.***

MÂLE *adj.* et *n. m.* **1**◆ Qui appartient à l'homme, qui sent l'homme, le vrai. Qui est un homme, de sexe masculin. *Le mâle et la femelle. Mâle nécessaire. Mâle du siècle, mâle de dos. Style mâle. Syn.* Viril. **2**◆ *Loc. Fig. Mâle dominant* : qui se croit à la tête du troupeau. *Syn.* Macho. **3**◆ Appartenant au sexe qui a le pouvoir de féconder. *Individu mâle* : doté notamment d'une paire de testicules. Qui sert à la fécondation. *Gamète mâle*, *hormone mâle* (testostérone), *organes mâles.* **4**◆ Partie qui entre dans une autre, sans avoir d'accident. *« Cette fois, le mâle est fait ! »* (SHERLOCK HOLMES) ***Voir Fécondation, Homme, Pénis, Sexe.***

MALFORMATION *n. f.* Défaut de fabrication du corps, visible ou invisible, touchant sa mécanique ou sa forme, et se traduisant par une anomalie, une excroissance ou une atrophie, voire une difformité ou une infirmité à la naissance. *Malformation congénitale ou héréditaire.* ***Voir Anomalie, Monstre, Siamois.***

MALLÉOLE *n. f.* ◆ ☛ Os du tarse, au nombre de deux. Les malléoles interne et externe correspondent respectivement aux extrémités inférieures du tibia et du péroné. Elles entourent l'os de l'astragale pour empêcher l'inclinaison excessive de la jambe sur le pied. ***Voir Os, Tarse.***

MAMELON *n. m.* Bout charnu du sein et son sommet, encerclé par l'aréole et de la même couleur qu'elle. Très sensible, le mamelon est érectile et réagit très vivement au froid ou à la caresse. Il est par ailleurs percé de minuscules orifices, par où peut arriver le lait comme par enfantement. *Fam.* Téton. *« J'aperçus ses mamelons qui pointaient timidement sous son ample chemise. »* (MARQUIS DE SADE) ***Voir Aréole, Sein, Téton.***

MAMMAIRE *adj.* Qui concerne de près les seins, l'un ou l'autre, ou les deux. ***Voir Sein.***

117. Mamelons aux sommets.

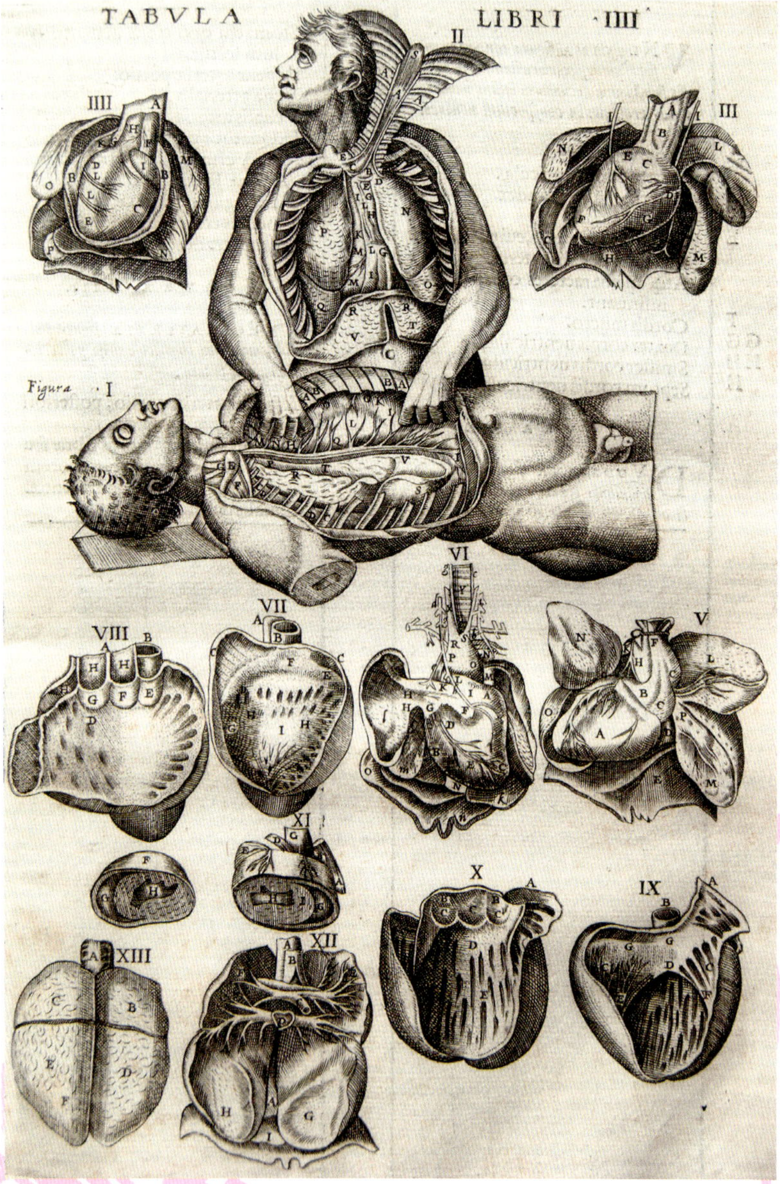

118. Médiastin ouvert, Valverde, *Anatome corporis humani*, 1560.

MANUCURE *n. f.* Soin des mains et des ongles, plus fréquemment effectué par les femmes que par les hommes, pour des raisons obscures. *Se faire faire une manucure* : se faire crémer, brosser, limer, puis vernir et revernir les ongles. L'opération peut même se terminer par la pose de griffes, à en couper l'envie. *« J'aime être belle jusqu'au bout des ongles ! »* (Cruella) ***Voir Doigt, Main, Ongle.***

MAQUILLAGE *n. m.* Opération visant à embellir le visage ou à le déguiser, à l'aide de moult fards, poudres et crayons. Action de maquiller ou bien façon de le faire. *Syn.* Farder. *Fam.* Se (re)faire une beauté. *Un maquillage léger, discret, sophistiqué, outré, vulgaire.* ***Voir Farder, Lèvre, Yeux.***

MARCHE *n. f.* Une des trois allures de l'homme, avec le trot et le galop. La marche est une succession de pas. Elle est de loin la plus employée des allures. *Faire marche arrière* : reculer. ***Voir Allure, Galop, Pas.***

MASCULIN, E *adj.* **1**◆ Qui appartient à l'homme, au sujet mâle. *Sexe masculin, caractères sexuels secondaires masculins.* **2**◆ Qui ressemble à l'homme, ou qui s'y rapporte. *Une femme masculine. Une plaisanterie masculine.* ***Voir Mâle.***

MASSER *v. tr.* Effleurer, frictionner, pétrir, pincer, tapoter, claquer ou presser des deux mains les chairs et les muscles d'une personne, pour procurer à son corps et à son esprit détente, repos ou soins. Faire un massage, tonique ou relaxant. *Se faire masser* : pour activer la circulation sanguine, dénouer les tensions musculaires ou stimuler le fonctionnement des organes. ***Voir Oindre.***

MASTICATION *n. f.* Action de mâcher et de remâcher longtemps un aliment ou une substance goûteuse avant de l'avaler, ou de le recracher si c'est un chewing-gum. ***Voir Mâcher.***

MASTOÏDE *n. m.* ◆ ☛ Os du crâne qui appartient à l'os temporal, situé juste derrière l'oreille et sur lequel s'attache le plus important muscle de la rotation du cou (muscle sterno-cléido-mastoïdien). ***Voir Crâne, Os, Tête.***

MASTURBATION *n. f.* Pratique intime voire secrète qui consiste à donner ou à s'offrir du plaisir sexuel uniquement avec l'aide complice de sa main. *Masturbation en solitaire. Syn.* Onanisme. *Fam.* Branlette. *« Jeux de mains, jeux de vilains. »* (La veuve Poignet)

MATERNITÉ *n. f.* **1**◆ Fait d'être mère ou de faire un enfant, deux enfants, trois enfants… **2**◆ *Art.* Tableau représentant la mère et l'enfant, rarement le père. **3**◆ Lieu très hospitalier, où l'on accouche entre de bonnes mains. ***Voir Accouchement, Enfantement, Femme, Gestation, Grossesse.***

MAXILLAIRE *adj.* Qui concerne les mâchoires. ***Voir Mâchoire.***

MÉDECINE *n. f.* Ensemble des pratiques et des savoirs qui visent à garder l'homme en bonne santé ou à le guérir. ***Voir Chirurgie, Docteur, Humeur.***

MÉDIASTIN *n. m.* ◆ ☛ Région centrale du thorax, située entre les deux poumons. Délimité à l'avant par le sternum, à l'arrière par la colonne vertébrale et en bas par le diaphragme, le médiastin communique avec le cou. Sa partie antérieure renferme le cœur, enveloppé dans le péricarde, et les importants troncs artériels et veineux. À l'arrière du cœur se trouve la trachée, qui descend du

a. Double léger b. Fier c. En galoche d. Pointu e. Prononcé

119. Mentons.

larynx vers les poumons ; l'aorte thoracique qui s'étend du cœur au bas du diaphragme, et enfin l'œsophage, qui relie le pharynx à l'estomac. Le médiastin abrite également la veine cave inférieure, de nombreux vaisseaux et nœuds lymphatiques ainsi que des nerfs. ***Voir Cœur, Diaphragme, Poumon.***

MÉLANINE *n. f.* ◆ ☛ Substance contenue dans les cellules de type « mélanocyte », distribuées notamment dans la peau et responsables de sa pigmentation. Les mélanocytes sont activés par les rayons du soleil et produisent alors la mélanine, ce qui confère à la peau une couleur plus foncée. Chez les personnes de couleur, les mélanocytes sont très abondants. La mélanine est présente aussi dans les cellules des couches profondes de l'iris et de la rétine. ***Voir Albinos, Bronzage, Iris, Peau.***

MEMBRE *n. m.* **1**◆ Partie, morceau qui appartient au Grand Corps. **2**◆ *Membres supérieurs* (bras, ailes), *membres inférieurs* (pattes), toujours par paires. **3**◆ *Spécialt. Membre viril* : pénis, très très rarement par paire. ***Voir Bras, Jambe, Pénis.***

MÉMOIRE *n. f.* **1**◆ Faculté de l'être humain qui lui permet d'appeler son passé à la rescousse à tout moment. Capacité à fixer les événements, les garder en tête, en convoquer les souvenirs et les reconnaître en tant que tels. **2**◆ Conservation par l'esprit de ce qui est acquis, associée au super-pouvoir de disposer de ses connaissances, à volonté, ou presque. *De mémoire* : en exploitant la mémoire. *Réciter un poème de mémoire* : par cœur. *Trou de mémoire* : quand la mémoire s'absente sans laisser de mot. **3**◆ Grande fabrique de souvenirs, avec ou sans neige. Puissante machine à remonter le temps. *Mémoire immédiate* : à chaud. *Mémoire différée* : à froid. **4**◆ Formes de mémoire, associées à un des cinq sens en particulier. *Mémoire visuelle, auditive, olfactive, gustative, tactile.* Différemment développées selon les individus, elles constituent pour une part la matière des souvenirs et des madeleines de Proust. **5**◆ La mémoire de l'esprit ne se triture pas. On ne peut jamais effacer un souvenir encombrant. Si le stockage des informations y est illimité, la mémoire est cependant faite d'oubli et d'efforts pour le combattre. Qui veut récolter ses souvenirs doit se lever de bonne heure… C'est avec la mémoire que se construit l'histoire de chacun. **6**◆ *Mémoire du corps, mémoire des gestes* : des positions et des habitudes. **7**◆ *Mémoire de la peau* : cicatrice. *« Avec ma mémoire d'éléphant et ma tête de linotte, j'ai bien du mal à garder un secret ! »* (LE GARDIEN DU ZOO) ***Voir Cicatrice, Cicatriste, Esprit, Odeur.***

MÉNISQUE *n. m.* ◆ ☛ Segment fibrocartilagineux intercalé entre les têtes osseuses d'une articulation et ayant pour fonction principale d'optimiser leurs rapports. Dans la cavité articulaire du genou se trouvent deux ménisques en forme de C, qui s'interposent entre les condyles arrondis du fémur et les surfaces aplaties du tibia. Au niveau de la mâchoire, un ménisque en forme de disque complète l'articulation. ***Voir Articulation, Cartilage, Genou.***

120. Membres à part.

MENSTRUATION *n. f. Voir* ***Femme, Règles, Sexe, Utérus.***

MENTON *n. m.* Partie centrale du bas du visage, directement sous la bouche. À l'image de la mâchoire, le menton peut être pointu, à fossette, rond, carré, en galoche. *Menton fuyant* : qui bat en retraite, laissant la bouche tomber. *Double menton* : manteau gras du menton (triple, quadruple menton…). *Poils au menton* : barbe ou bien bouc, barbichette. ***Voir Barbe, Mâchoire, Visage.***

MENU, E *adj.* Fin et délicat. Se dit de tout le corps ou d'un morceau seulement. *Un corps tout menu, un cou menu.* ***Voir Élancé, Mince.***

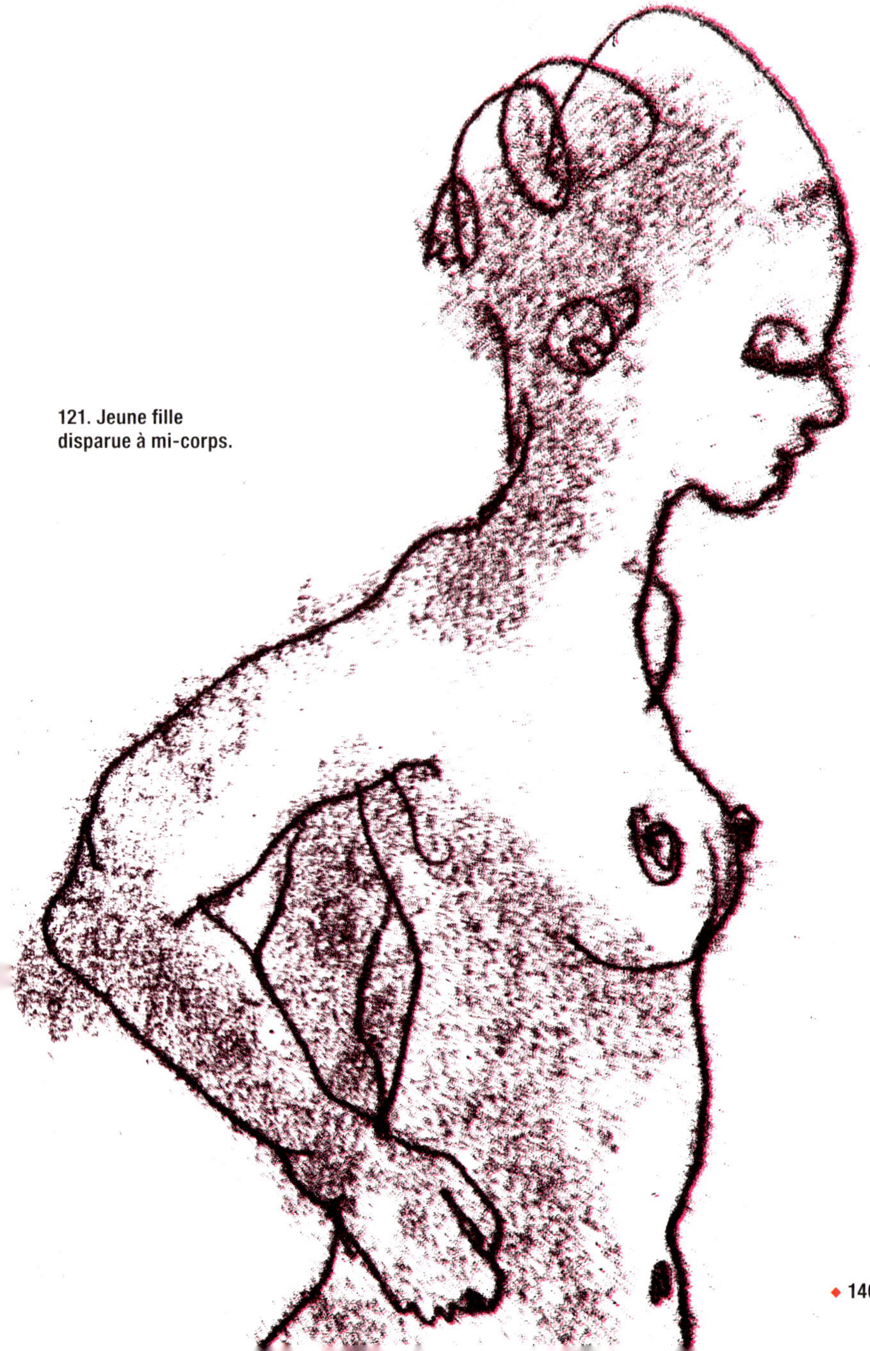

121. Jeune fille disparue à mi-corps.

MÉTACARPE *n. m.* ◆ ☛ Le métacarpe constitue le squelette osseux de la paume de la main. Il est formé de cinq os longs, les métacarpiens, qui s'articulent avec les os du carpe et avec les phalanges. ***Voir Main, Os, Squelette.***

MÉTATARSE *n. m.* ◆ ☛ Le métatarse constitue, avec le tarse, le squelette osseux de la plante du pied. Il est formé de cinq os longs, les métatarsiens, qui s'articulent avec les os du tarse et avec les phalanges. ***Voir Os, Pied, Squelette.***

MEURTRE *n. m.* Action de tuer son congénère volontairement, voire avec préméditation. Pour supprimer une personne de la surface de la terre, on notera qu'il faut le plus souvent s'en prendre à son corps. Le meurtre a plus d'un tour dans son sac, de l'empoisonnement le plus vicieux au découpage minutieux en rondelles… Il s'opère de façons multiples, indescriptibles et épouvantables tout à la fois. *Syn.* Assassinat, crime. *« Arthur, où t'as mis le corps ? »* (Boris Vian*) ***Voir Cadavre, Mort, Sang.***

MI-CORPS (À) *loc. adv.* Qui arrive à la moitié du corps, de bas en haut, soit à la taille. S'oppose à ce qui est en dessous de la ceinture. ***Voir Corps, Mi-jambe, Plan américain.***

MIGNON, NE *adj.* Qui est joli, mais pas trop, suscitant plutôt l'attendrissement que l'admiration. *« Il est drôlement mignon celui-là ! »* (Blanche-Neige) ***Voir Abdomignon, Joli.***

MI-JAMBE (À) *loc. adv.* À la hauteur du milieu de la jambe. Une moitié de jambe plus haut. Mi-cuisse et mi-mollet, pour les quarts. *« Elle était déjà entrée dans l'eau jusqu'à mi-jambes, il ne me restait plus qu'à lui dire adieu. »* (Alphonse de Lamartine)

MIMER *v. tr.* Imiter par le geste et sans paroles une scène ou une action, un animal ou simplement un homme. Art magique qui use de mimiques et de simulacres, grâce auxquels on se fait passer pour ce qu'on n'est pas avec trois fois rien. ***Voir Expression, Geste.***

MINCE *adj.* Dont le corps est fin, menu, sans être maigre. *« Elle était grande et mince, lui petit et trapu. »* (Henri Troyat) *Syn.* Élancé, svelte. *Fam.* Longue tige, asperge. ***Voir Élancé, Maigre, Menu.***

MINE *n. f.* **1**◆ Apparence, naturelle ou feinte. *Faire mine (de)* : faire semblant. **2**◆ Aspect du visage qui en dit long sur l'état de santé. *Avoir bonne ou mauvaise mine. Mine de papier mâché, sale mine, mine de déterré ou de repêché.* **3**◆ Expression du visage qui traduit l'humeur ou le caractère. ***Voir Expression, Visage.***

MIROIR *n. m.* Surface de verre qui réfléchit la lumière et renvoie l'image inversée de la personne qui s'y mire. Se regarder dans un miroir, pour voir les choses en face, entre flatterie, questionnement et méditation sur le temps qui passe, selon son âge. *« Miroir, ô mon bon miroir, dis-moi qui est la plus belle en ce royaume. »* (LA REINE)

MIXTE *adj.* Accessible indifféremment aux individus des deux sexes. Doux mélange « filles et garçons ». *École mixte. Sport mixte. Toilettes mixtes. Vêtement mixte.*

MODÈLE *n. m. Art.* Personne qui pose nue ou habillée devant un artiste qui la dessine. *Cours de modèle vivant* : pour apprendre à voir le corps, son anatomie et ses mouvements. *Le peintre et son modèle.* ***Voir Anatomie.***

MOELLE *n. f.* **1**◆ Moelle des os, substance extrêmement précieuse, logée au plus profond du corps. **2**◆ Au plus intime de soi-même. *Jusqu'à la moelle. « À t'attendre ainsi, me voilà gelée jusqu'à la moelle. »* (LA BELLE AU BOIS DORMANT) **3**◆ *Fig.* Part la plus précieuse et la meilleure d'une chose. *« Rompre l'os, et sucer la substantifique moelle. »* (RABELAIS)

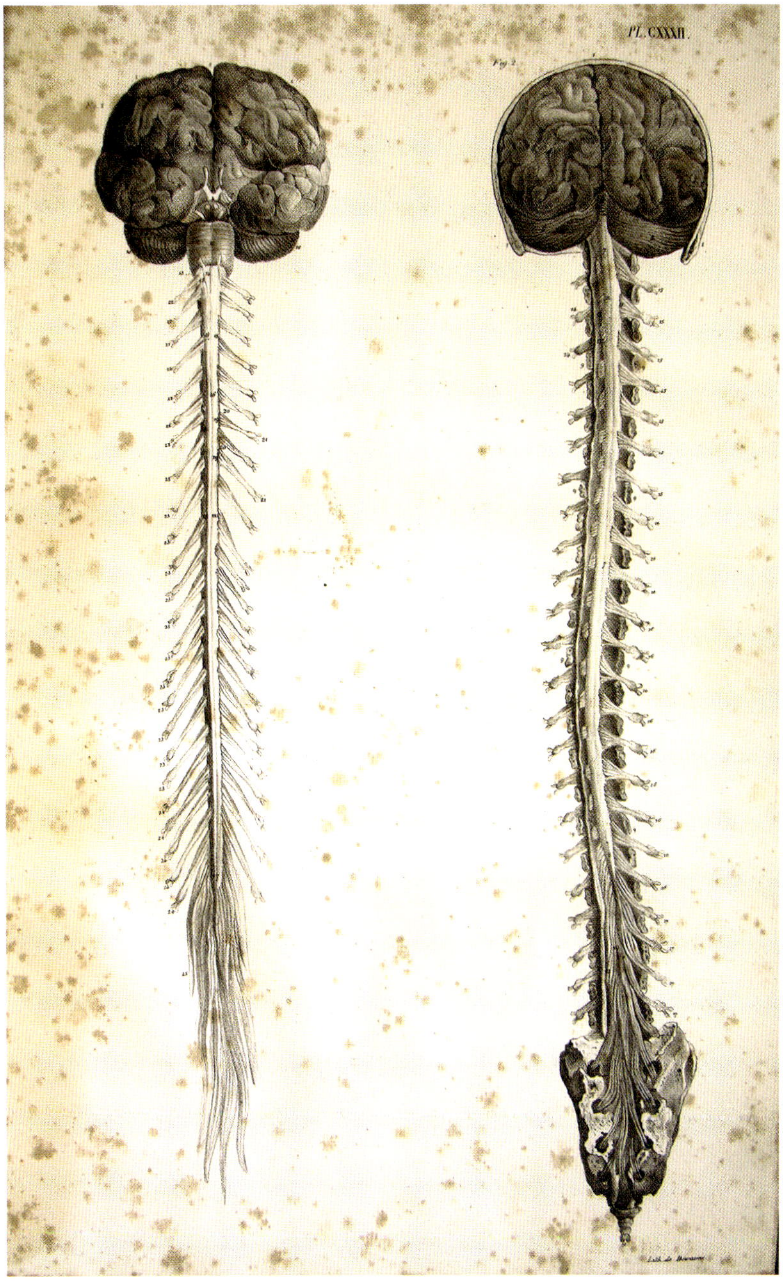

◆ ☛ **1**◆ Moelle épinière : Partie du système nerveux central située dans le canal vertébral, où elle s'étend du bas de la deuxième vertèbre lombaire jusqu'en haut du tronc encéphalique, puis jusqu'au cerveau. De la moelle épinière partent les nerfs spinaux, vers le tronc et les membres. **2**◆ Moelle osseuse : Partie molle, non calcifiée, à l'intérieur des os. On distingue la moelle rouge, constituée des cellules du sang aux différentes phases de leur développement, et la moelle jaune, constituée de graisse. La moelle rouge est présente en quantité remarquable dans le sternum et dans la crête iliaque. C'est là qu'on prélève la moelle osseuse si nécessaire. *Voir Nerf, Os, Vertèbre.*

122. Molaire adulte.

123. Mœlle épinière, Jules Cloquet, *Anatomie de l'homme*, 1828.

124. Enfant-éléphant, Jacob Rueff, *De conceptu et generatione hominis*, 1580.

MOIGNON *n. m.* Partie du corps dont il manque un bout, extrémité d'une jambe ou d'un bras amputé. Bout du corps qui a perdu la partie. ***Voir Amputation, Jambe, Mutilation.***

MOITE *adj.* Humide de sueur – mais pas ruisselant – par forte chaleur ou par timidité. *« Ma parole, mais elle a les mains moites. »* (Guy Bedos*) ***Voir Sueur.***

MOLAIRE *n. f.* Une de nos quatre variétés de dents. Après la prémolaire, en allant vers le fond de la bouche. La molaire est la dent de la trituration et du broyage. ***Voir Canine, Dent, Incisive.***

MOLLET *n. m.* **1**◆ Partie charnue, musculeuse de l'arrière de la jambe. *Galbe du mollet.* **2**◆ *Fig. Mollets de coq* : petits mollets. *Œuf mollet* : dont le jaune court encore. *Gambader à mollets perdus* : sautiller, insouciant. ***Voir Jambe.***

125. Monstre bi-Smith, fin du XXe siècle.

MOLLIR *v. intr.* Être victime d'un ramollissement général, façon barbapapa, et perdre alors toute sa tonicité. ***Voir Cadavre, Légume, Tonus.***

MOMIE *n. f.* Cadavre d'homme ou de femme desséché, embaumé et très bien emballé, entouré de bandelettes de la tête aux pieds, dans un réel souci de conservation.

MONSTRE *n. m.* **1**◆ Créature fantastique dont l'apparence semi-humaine se confond avec l'animal, hybride de plusieurs animaux réels, difforme dans des proportions qui forcent le respect. **2**◆ Être humain qui présente une importante anomalie, dont la conformation est nettement sortie de la normalité. Ancien phénomène de foire, le monstre était l'objet de toutes les fascinations. **3**◆ *Fig.* Personne très effrayante, par son physique ou par ses actes (ou les deux). *Fam.* Monstresse, femme-monstre. *Voir planche XLVII.* ***Voir Anomalie, Hirsutisme, Hybride, Malformation, Siamois.***

MORT, E *adj.* Qui n'est plus vivant. *Corps mort* : cadavre. *Syn.* Décédé, défunt. *« Amenez-le-moi, mort ou vif ! »* (Jules César) ***Voir Cadavre, Inanimé, Kamikaze.***

Planche xlvii : Monstre de Gif-sur-Yvette,
hommage à Ambroise Paré

126. Moustache fameuse.

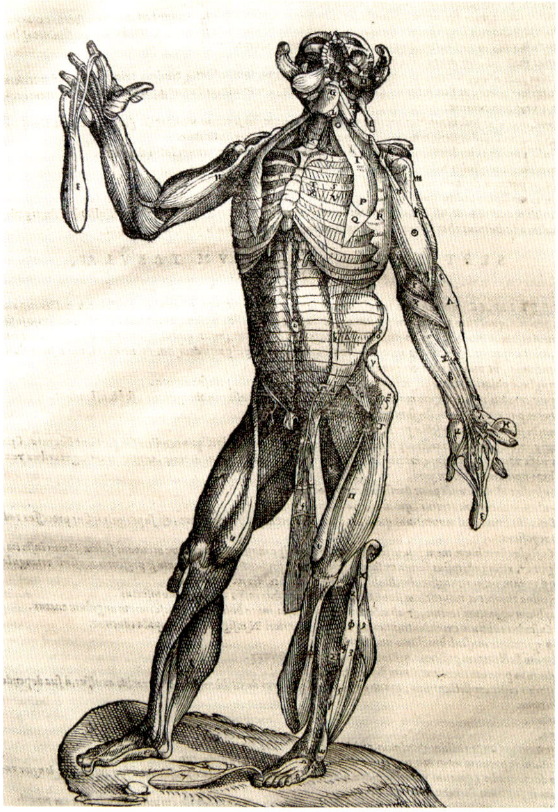

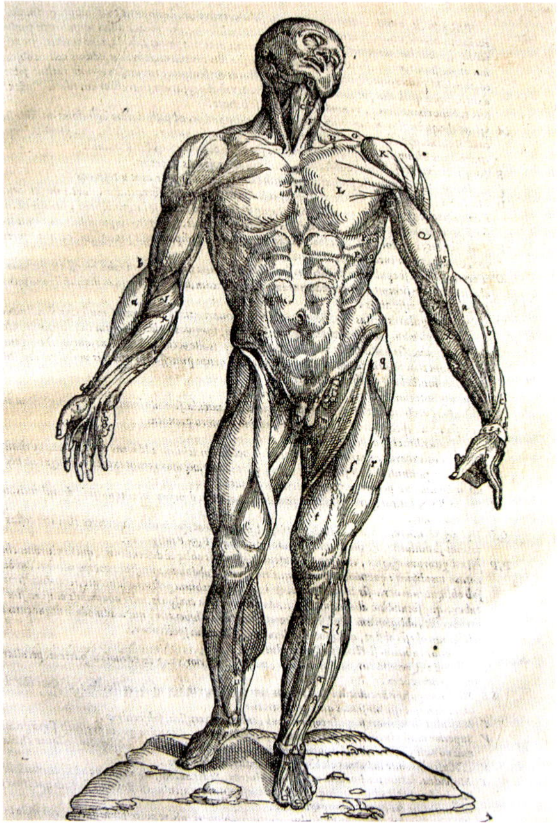

127. Muscles profonds et muscles superficiels, Vesalio, *De humani corporis fabrica*, 1543.

MORTEL, LE *adj.* **1**◆ Qui va mourir un jour. **2**◆ Qui fait mourir sur l'heure. ***Voir Ici-bas.***

MORVE *n. f.* Humeur visqueuse s'écoulant du nez. On est morveux, tant qu'on ne sait pas se moucher. *Espèce de petit morveux.* ***Voir Mucus.***

MOUSTACHE *n. f.* Poils à façons poussant au-dessus de la lèvre supérieure des hommes, en particulier. *Porter la moustache, ou des moustaches,* par moitiés et taillées trop souvent de façon symétrique. *Moustache fine, en virgules, épaisse, enroulée, tombante, à la gauloise.* Se laisser pousser la moustache et devenir un jour moustachu. *« Par mes moustaches, j'ai cru voir un gros kiki ! »* (SACHA GROMINET) ***Voir Barbe, Poil.***

MOUVEMENT *n. m.* **1**◆ Changement de position du corps ou d'une partie du corps. *« Debout, assis, debout, assis ! »* (LA MAÎTRESSE) **2**◆ Déplacement du corps dans l'espace. Marche, course, allure. *Des mouvements lents, brusques, désordonnés, gracieux, colériques… Mouvements orchestrés, chorégraphiés, dansés. Mouvements de gymnastique. Liberté de mouvement.* **3**◆ Manifestations du vivant à l'intérieur du corps humain : battements des cils et du cœur, circulation sanguine ou lymphatique, déglutition, influx nerveux, respiration…

◆ ☛ En anatomie, chaque position ou mouvement d'une partie du corps se rapporte aux trois plans de l'espace : le plan sagittal (d'avant en arrière, verticalement), le plan frontal (perpendiculaire au précédent, soit de face, verticalement) et le plan horizontal ou transversal (perpendiculaire aux deux précédents). Sur le plan sagittal se développent les mouvements de flexion et d'extension. Sur le plan frontal se développent les mouvements d'abduction et adduction. Sur le plan horizontal se développent les mouvements de torsion ou de rotation. *Voir Allure, Articulation, Brasse, Circulation, Danse, Geste, Gesticuler, Galop, Gymnastique, Marche, Nager, Position, Posture.*

MUCUS *n. m.* **1**◆ Sécrétion autonettoyante des bronches, drainant les impuretés et s'écoulant par les fosses nasales. **2**◆ Liquide visqueux et transparent tapissant les muqueuses du corps. Lubrifiant des orifices naturels du corps. *Voir Bronche, Morve, Muqueuse.*

MUE *n. f.* **1**◆ Changement intégral de peau, comme chez les serpents. Dans ce sens-là, en principe, l'homme ne mue pas. Les cellules de sa peau se régénèrent en permanence, plus discrètement. Cependant s'il a grillé au soleil, il pèle. **2**◆ Modification du timbre de la voix qui survient à la puberté et trahit l'âge des garçons. *Voir Homme, Peau.*

MUQUEUSE *n. f.* ◆ Membrane qui tapisse les cavités du corps (estomac, intestin...) et fait suite à la peau au niveau des orifices naturels (bouche, nez, anus, vagin...). Les muqueuses sont lubrifiées en permanence par la sécrétion du mucus. À l'instar de la peau, elles sont fortement vascularisées. *Voir Estomac, Mucus, Orifice, Peau.*

MUSCLE *n. m.* Paquet de fibres organiques rouges et élastiques qui permet au corps de bouger, sauter, danser, selon ses quatre volontés. Garants de la tonicité et de la puissance du corps, nos muscles sont notre chair, de la viande, avant tout, pour les lions. Ils ont du ventre, portent une gaine et sont bien enveloppés. Les muscles ont ainsi grand besoin d'exercice. Certains l'oublient trop : un rapide constat confirme qu'ils sont plus ou moins développés selon les personnes. *Avoir des muscles* : être musclé. *Muscles complémentaires ou antagonistes* : selon qu'ils travaillent ensemble ou en alternance dans des mouvements contraires. *Muscles du bras, de la jambe. Muscle du cœur.* Crispation musculaire, crampe. La musculature est aussi différente selon les sexes, donnant l'avantage à l'homme dans la bagarre. *Monsieur Muscle. « Madame Muscle, vous voulez rire ! »* (UNE ANCIENNE NAGEUSE SOVIÉTIQUE)
◆ Formation charnue contractile (dans son acception anatomique la plus courante) dont les extrémités tendineuses inextensibles s'insèrent sur les os. Il s'agit de la musculature squelettique qui a comme propriété fonctionnelle de se contracter sous l'effet de la volonté. Elle présente une organisation de fibres striées transversales et, pour cela, est aussi appelée musculature striée. Cette dernière s'accompagne de la musculature lisse, non striée, qui se trouve dans les parois des viscères creuses et qui se contracte indépendamment de la volonté. *Voir Athlète, Bodybuilding, Cœur, Gonflette, Gymnastique, Locomotion, Malabar, Myocarde, Sport.*

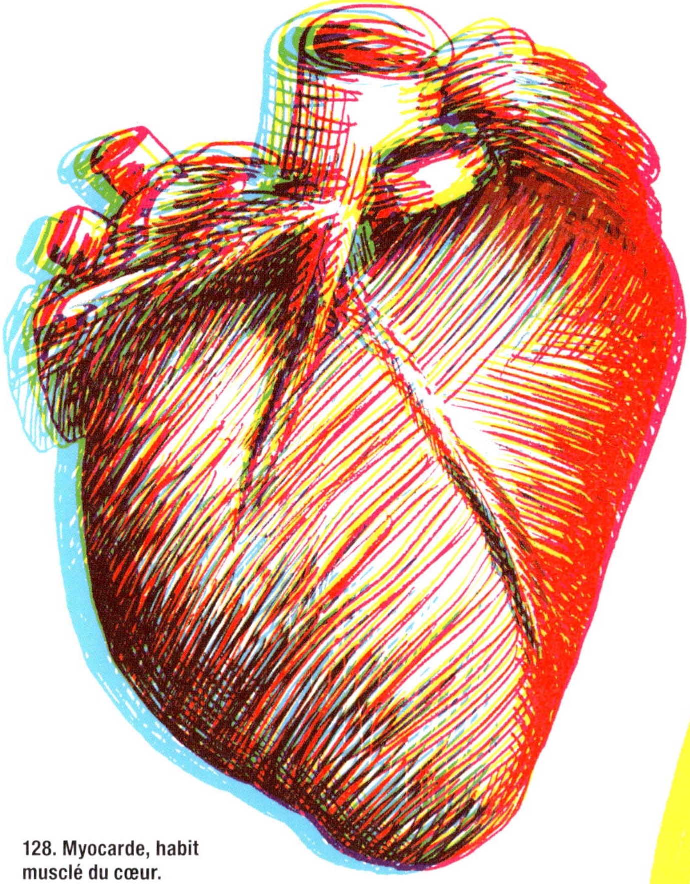

128. Myocarde, habit musclé du cœur.

MUTILATION *n. f.* Ablation, perte accidentelle, criminelle ou volontaire d'une partie du corps, bras, jambe, oreille, doigt, parties génitales, etc. *Voir Ablation, Amputation, Moignon.*

MYOCARDE *n. m.* Armure battante du cœur.
◆ Paroi musculaire du cœur. À l'extérieur, le myocarde présente un revêtement séreux, appelé épicarde, et à l'intérieur un revêtement analogue à celui qui tapisse la surface interne des artères et des veines, appelé endocarde. Bien qu'ayant une structure striée semblable à celle des muscles squelettiques, le myocarde se contracte de façon involontaire. L'augmentation ou la réduction de la fréquence de contraction, c'est-à-dire le rythme des battements du cœur, est fixée par les impulsions venant des nerfs cardiaques. Cette augmentation peut aussi être déterminée par l'adrénaline, substance produite par les surrénales, qui atteint le cœur *via* la circulation sanguine. Les efforts physiques, mais parfois également les facteurs psychiques, influent sur la fréquence des contractions cardiaques. *Voir Cœur, Péricarde.*

129. Muscle strié.

Planche XLVIII : Collection anatomique 2/3

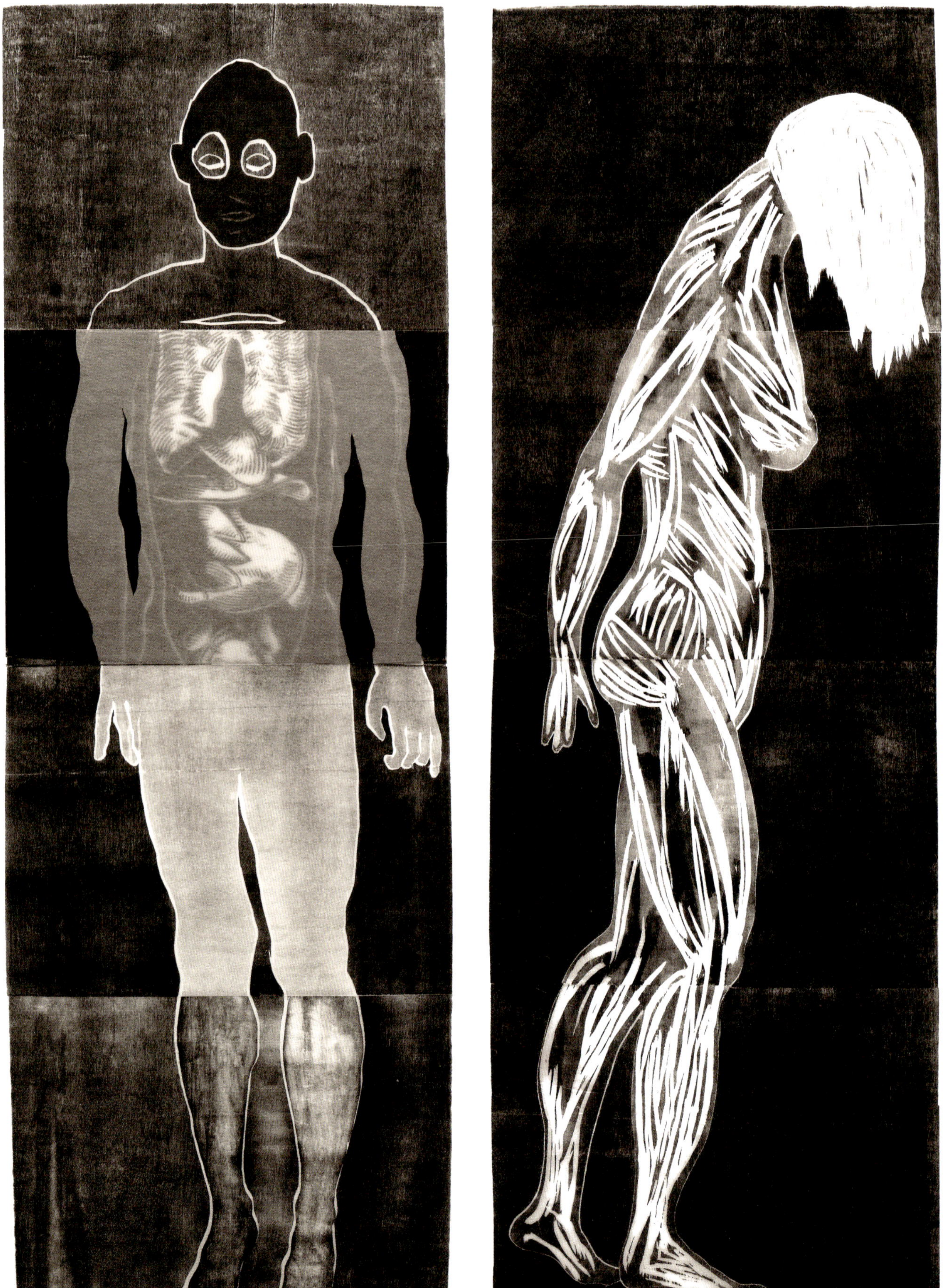

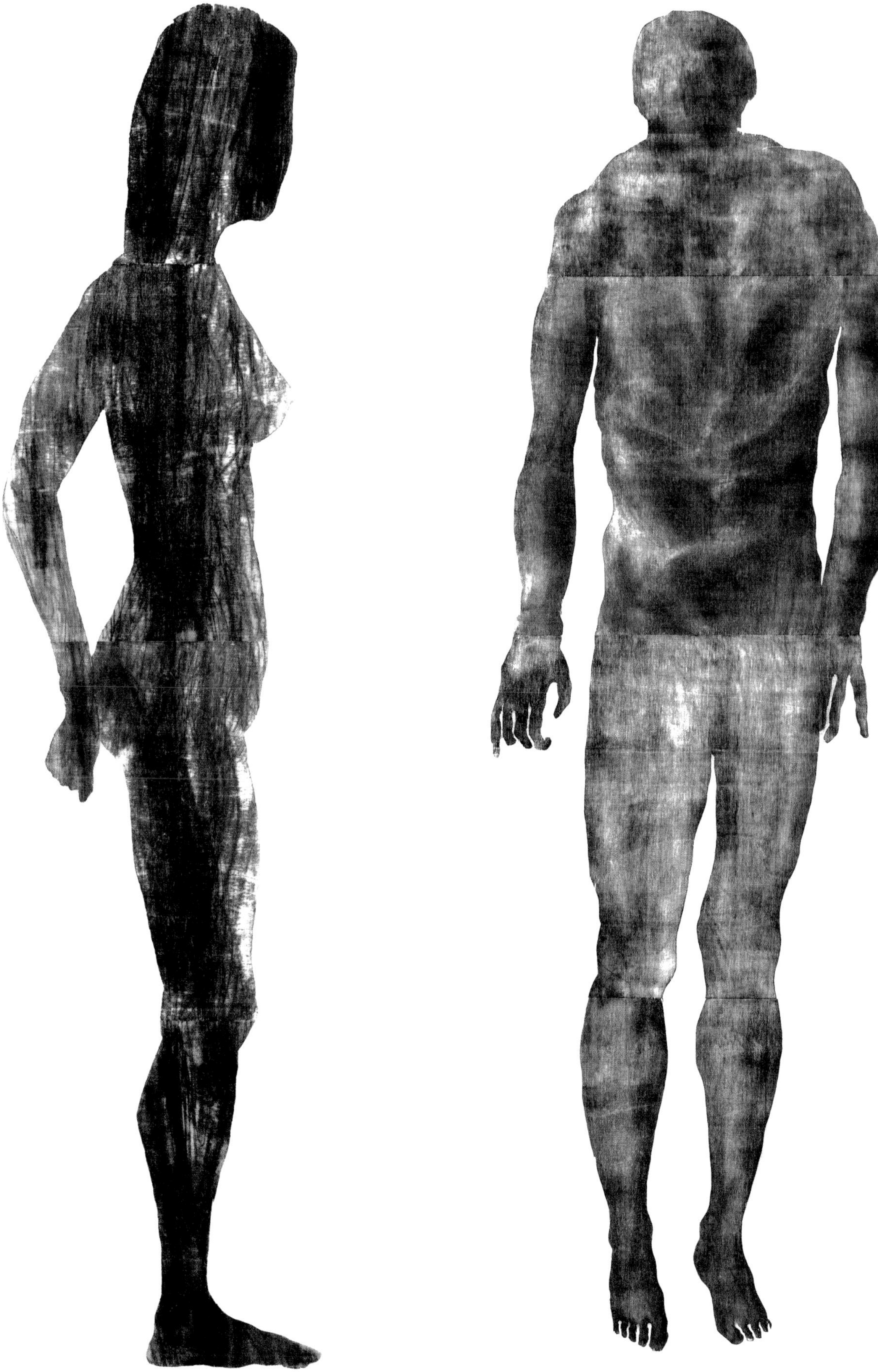

Nain naturiste porté aux nues,
d'après Vélasquez

NAGER *v. intr.* Se mouvoir à la surface de l'eau, sans nageoires ni flotteurs. *Nager sous l'eau.* Sportivement parlant, pratiquer la natation, en piscine ou en mer. *Nager la brasse coulée, le crawl, le dos crawlé* ou *la brasse papillon.* *« À l'aide, je ne sais pas nager ! »* (UN VRAI MARIN) **VOIR PLANCHE XLIX. *Voir Brasse.***

NAIN, E *adj.* et *n.* Personne de toute petite taille. D'une telle discrétion qu'on pourrait croire un instant avoir vu un farfadet ou un lutin. *« Atchoum, Dormeur, Prof, Grincheux, Timide, Joyeux, Simplet, debout ! »* (BLANCHE-NEIGE)

NAISSANCE *n. f.* Instant et acte de la venue au monde. Bon-cadeau pour le grand voyage, sans billet de retour. ***Voir Accouchement, Bébé, Gestation.***

NARINE *n. f.* Orifice du nez, au rez-de-chaussée, en bas à gauche et à droite. Filtre à air véritable, la narine est pourvue de poils fins et sensibles, qu'on préfère ne pas voir dépasser. Trou noir, à dessin. Partie à boucher en cas d'odeur incommodante. Deux narines valent toujours mieux qu'une, pour jouir d'un bonheur olfactif. ***Voir Nez, Orifice.***

NASAL, E *adj.* Relatif au nez en général. *Attraction nasale, bataille nasale, chantier nasal.* ***Voir Nez.***

NATTE *n. f.* Coiffure consistant à tresser les cheveux sur la tête, par deux ou trois brins de fille. ***Voir Chevelure, Cheveu, Coiffure.***

130. Nattes aux fesses.

Planche xlix : Nager dans le bonheur et l'eau salée

NATURISME *n. m.* Mouvement du grand retour à la nature, qui prône la vie au grand air, une alimentation naturelle, et le nudisme. *« Ah, la santé par les belles plantes ! »* (Docteur Natürlich) ***Voir Nudisme.***

NERF *n. m.* **1**◆ Circuit électronique de l'organisme, responsable des connexions. **2**◆ *Fig.* Énergie, vigueur qui anime et fait la force d'une personne. *Avoir du nerf. « Allez, du nerf, ramez, bande de fainéants! »* (Jules César) **3**◆ Fibres conductrices des excitations et des tensions de l'être. *Être énervé*, fragile des nerfs. *Avoir les nerfs en boule, en pelote* : être très irrité et sans démêlant. *Loc. Paquet de nerfs* : personne très nerveuse. *Tapant sur les nerfs* : trop énervant. *À bout de nerfs* : au bord de la crise de nerfs. **4**◆ *Hist.* Tendon qui était censé tirer les ficelles et actionner les muscles dans l'ancienne médecine jusqu'au XVIIe siècle.
◆ ☛ Faisceau de fibres nerveuses enroulées dans une gaine dite « périnèvre » qui se ramifie depuis le système nerveux central (encéphale et moelle épinière) jusqu'aux tissus et autres organes du corps. Ces fibres transmettent des impulsions nerveuses centrifuges ou centripètes. Dans le premier cas, les fibres sont dites « motrices » (nerfs moteurs), car elles stimulent les contractions musculaires, volontaires et involontaires, ainsi que la sécrétion des glandes. Dans le deuxième cas, les fibres sont dites « sensitives » (nerfs sensitifs), car elles recueillent les impulsions (perceptions) sensorielles de la peau, des os, des ligaments, des muscles et des viscères. Chaque fibre étant le prolongement d'une cellule nerveuse, en cas de lésion et selon la nature du traumatisme, les terminaisons nerveuses peuvent se régénérer et se reconstituer. ***Voir Moelle, Neurone.***

NEURONE *n. m.* ◆ ☛ Cellule du système nerveux dont la fonction est de transmettre un signal électrique (influx nerveux) jusqu'aux cellules. Comme toute cellule, le neurone est pourvu d'un noyau et d'un cytoplasme. Il s'en distingue cependant par ses nombreux prolongements : les dendrites, très nombreuses, reçoivent et conduisent l'influx nerveux jusqu'au corps cellulaire ; l'axone ou neurite, unique, le transmet ensuite vers d'autres neurones ou vers les cellules des différents tissus et organes. Pour cette raison, l'axone peut mesurer plus de 1 m et se ramifie souvent à son extrémité. Quand il est particulièrement long, il est recouvert d'une gaine épaisse de myéline et prend ainsi le nom de fibre. Voir planche XIII. ***Voir Cellule, Influx, Nerf.***

NEZ *n. m.* **1**◆ Appendice à trous au design plus ou moins réussi, situé (hélas) en pleine face. D'une grande utilité respiratoire, on lui pardonnera ses faiblesses, dont la bien connue goutte au nez (poil au…) ainsi que la crotte de nez. *Nez droit, busqué, retroussé, en trompette, épaté, aquilin, en patate. Gros nez. Syn. fam.* Blair, pif, tarin. *Loc. Les doigts*

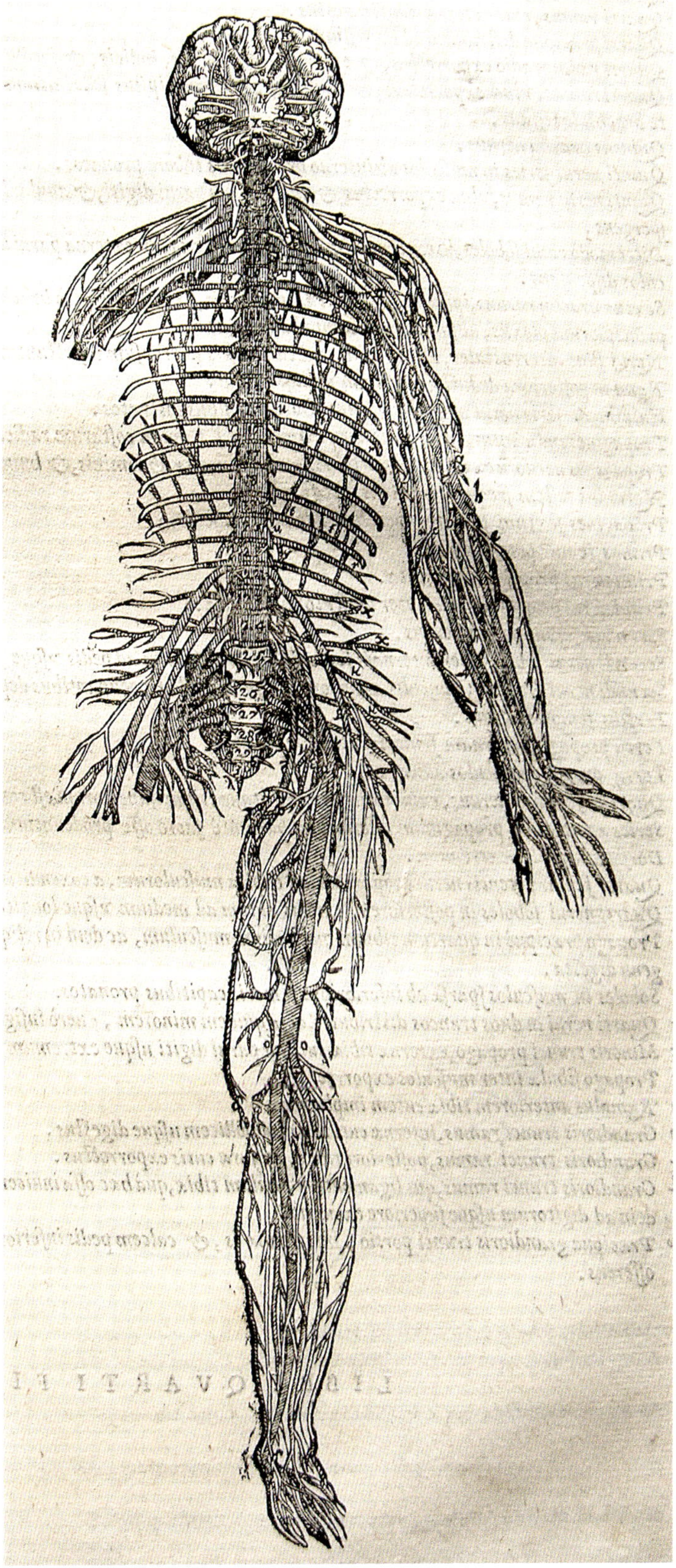

131. Nerfs, Vesalio, *De humani corporis fabrica*, 1543.

dans le nez : très facilement. **2** ◆ *Fig.* Faire un baiser esquimau, se faire la bise en se frottant nez contre nez, quand la bise au-dehors est glacée. « *Princesse qui a le nez refait ne sera pas couronnée.* » (CHARLES PERRAULT)

◆ ☛ Relief, également appelé pyramide nasale, situé au centre du visage et soutenu par un squelette osseux et cartilagineux. Le nez est composé d'une racine légèrement creuse, d'un dos au profil rectiligne, convexe ou concave, et d'un sommet dont les deux surfaces latérales sont appelées ailes nasales. Une cloison ostéo-cartilagineuse sépare la cavité du nez en deux fosses, droite et gauche, qui s'ouvrent à l'arrière dans la cavité du pharynx. Elles communiquent aussi avec d'autres cavités creusées dans les os attenants au nez et appelées sinus de la face. La surface interne des fosses nasales et des sinus est tapissée d'une muqueuse recouverte de nombreux cils vibratiles. Celle-ci réchauffe l'air inspiré et filtre la poussière atmosphérique. Ainsi lorsqu'il fait froid ou que l'environnement est poussiéreux, il est recommandé de respirer par le nez. VOIR PLANCHES L À LII. ***Voir Épaté, Muqueuse, Narine, Nasal, Odeur, Odorat, Pharynx.***

NOMBRIL *n. m.* Personnage central de l'abdomen, qui s'y croit seul et unique. Le nombril n'est en fait que la cicatrice du nœud fait à la naissance en coupant le cordon ombilical, pour séparer la mère du bébé. Chaque nombril a un visage particulier. *Fig. Être le nombril du monde* : se croire au centre des opérations. ***Voir Abdomen.***

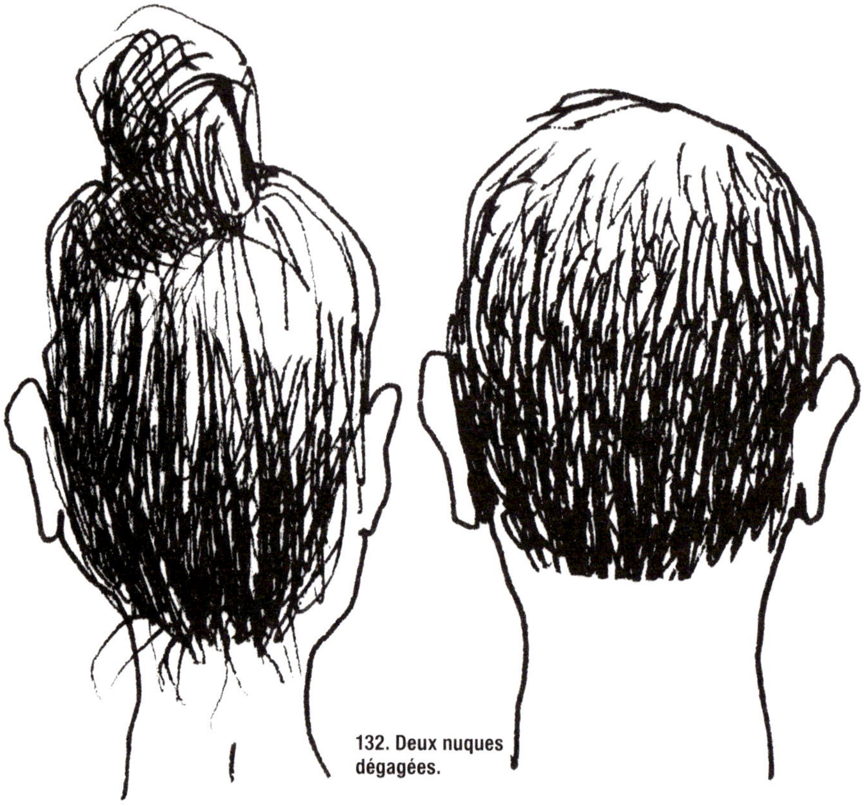

132. Deux nuques dégagées.

133. Nombril du monde.

NORMAL, E *adj.* **1** ◆ Qui n'existe pas dans sa particularité, qui répond à la norme. Sans anomalie. Il n'y a pas de corps normal, à y regarder de plus près. **2** ◆ *Corps à l'état normal* : sans aucun dysfonctionnement ni aucune perturbation. *Se sentir dans son état normal – ou pas* : quand on est – ou pas – dans son assiette. ***Voir Anomalie.***

NOUVEAU-NÉ, -NÉE *adj.* et *n.* Qui vient de naître, fraîchement sorti du ventre de sa mère. Bébé qui a pointé le bout de son nez ou bien montré son cul, il y a moins de vingt-huit jours. ***Voir Bébé, Embryon, Enfant, Fœtus, Utérus.***

NU, E *adj.* et *n. m.* **1** ◆ En costume de peau, sans vêtement aucun. Fort et faible à la fois, comme dans la nature. Sans camouflage. Dans le plus simple appareil, en costume d'Adam ou d'Ève. *Bras nus, pieds nus* (seulement). *Fam. Tout nu* : à poil. *Nu comme un ver et grelottant.* **2** ◆ *Art.* Le nu, genre artistique qui regroupe les représentations du corps nu. « *Comme on est bien, tout nu sous la pluie !* » (LADY CHATTERLEY) ***Voir Déshabiller, Glabre, Naturisme, Nudisme, Peau.***

NUDISME *n. m.* Fait et choix de circuler en costume de peau, même à vélo, si possible dans la nature, avec la zizigounette et la toutouffe au vent. Le nudiste est souvent un adepte du naturisme. ***Voir Naturisme.***

NUDITÉ *n. f.* Fait d'être tout nu. Dans une nudité totale. ◆ ☛ Dans la nudité du corps, on constate que chaque saillie ou renfoncement de sa surface est recouvert harmonieusement par la peau grâce à son tissu sous-cutané d'épaisseur variable. ***Voir Naturisme, Nu, Nudisme, Peau.***

NUQUE *n. f.* Partie arrière du cou commençant là où l'implantation des cheveux s'arrête. *Nuque dégagée. Nuque effilée* : aux cheveux dégradés. Mèches folles chatouillant la nuque par la grâce du chignon. ***Voir Cou.***

NYMPHE *n. f.* **1** ◆ Par deux, petites lèvres du sexe féminin, qui ornent la vulve en dominant leurs grandes sœurs, sous l'œil du clitoris. **2** ◆ *Myth.* Déesse de second ordre qui courait les bois ou surfait sur les vagues. Représentation de ladite déesse, peinte ou sculptée, sous la forme d'une jeune femme nue. *Fig. Nymphette* : jolie jeune fille. **3** ◆ *Art.* Cuisse de nymphe émue, couleur rêvée, rose d'incarnation. ***Voir Clitoris, Femme, Lèvre, Sexe, Vulve.***

Planche L : Nez en majesté

Planche LI : Pyramide nasale

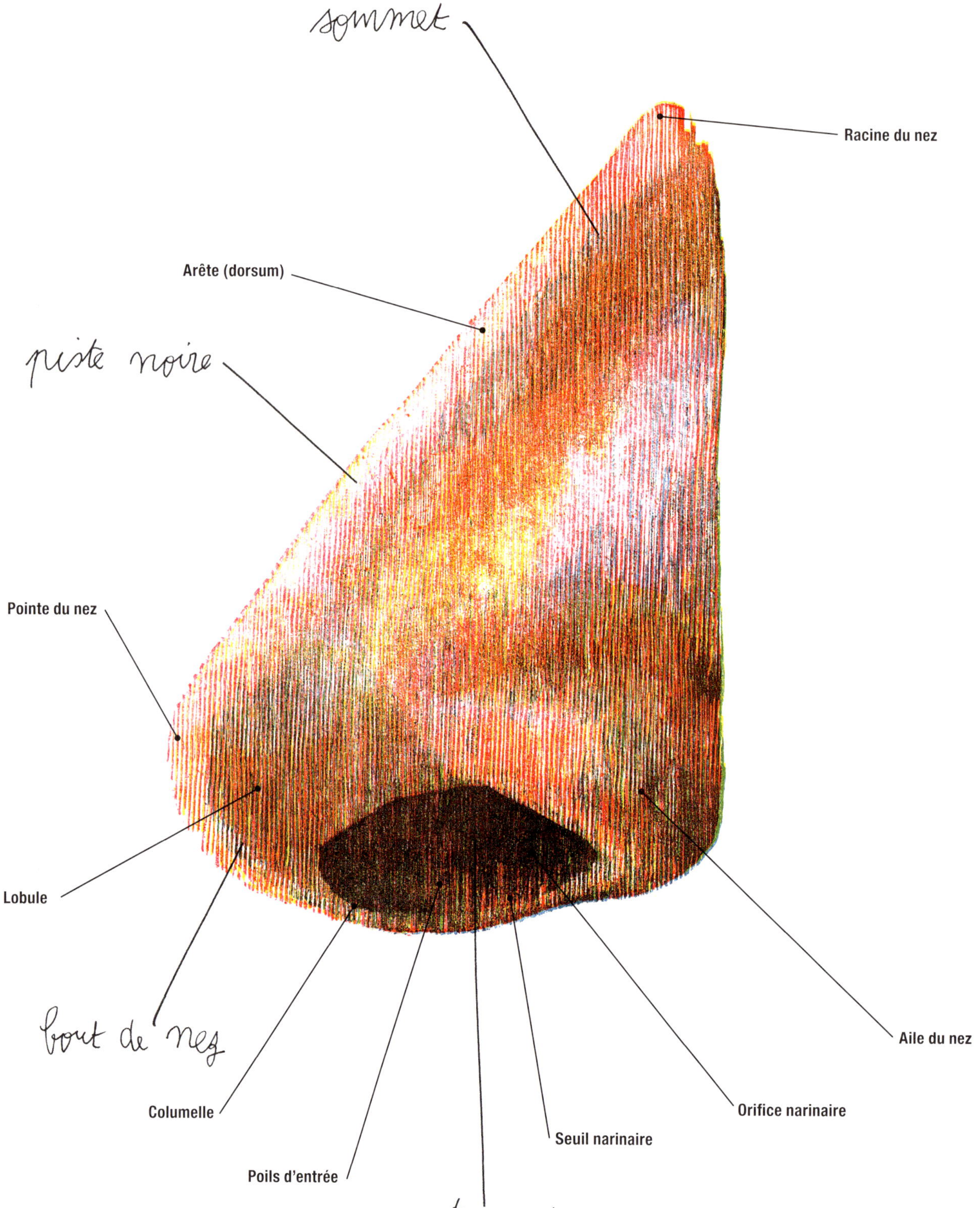

Planche LII : Nez variés à la Bertillon

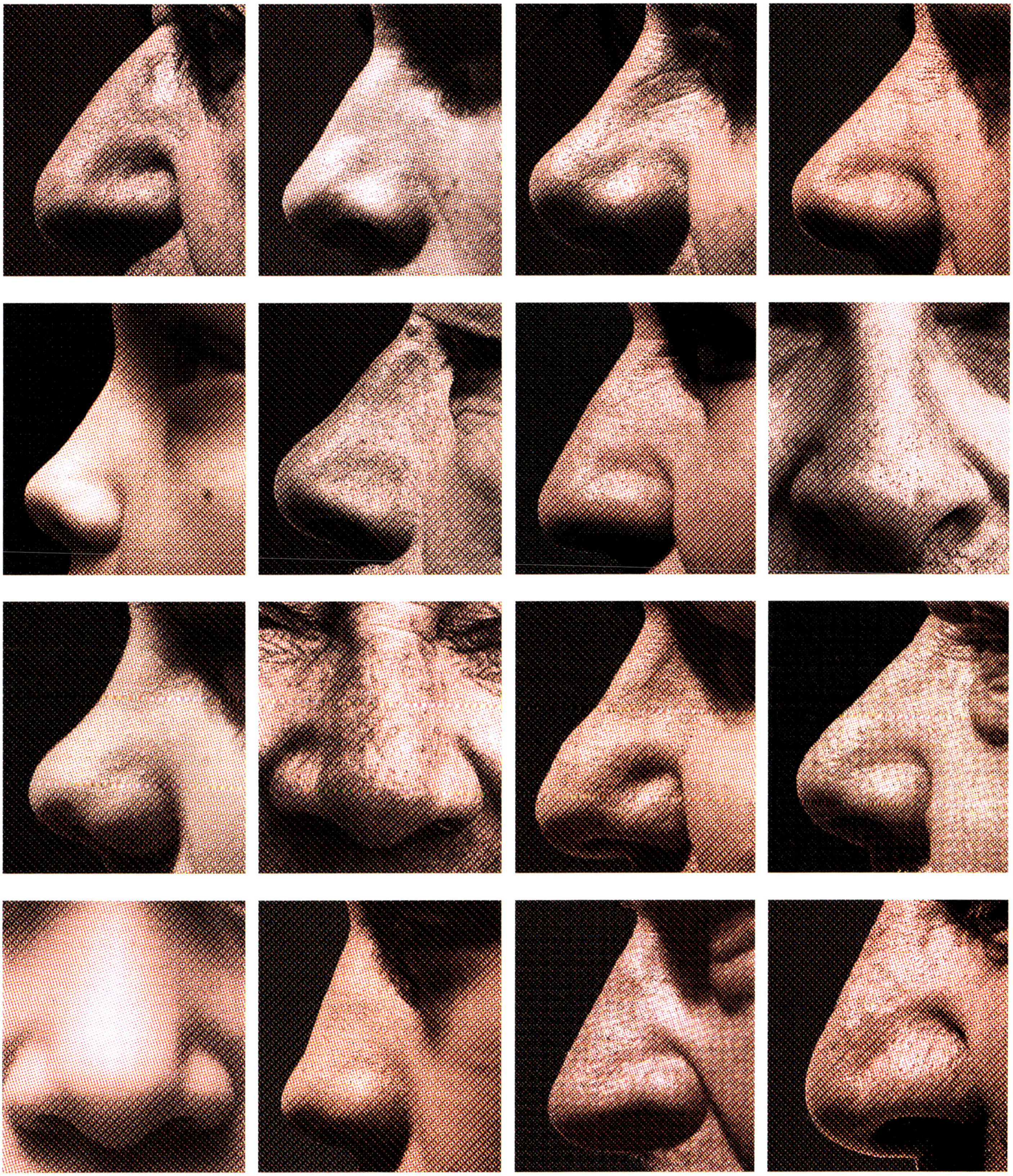

OBÈSE *adj.* et *n.* **1**◆ Qui est beaucoup trop gros, au corps débordant de graisse. L'obèse dissimule les formes de son corps dans les replis de son enveloppe. Trop lourd et trop volumineux, il marche difficilement et partout sa place compte double. **2**◆ *Méd.* Atteint d'obésité. ***Voir Corpulent, Gras, Gros.***

134. Jeune obèse, ancien phénomène de foire.

OCCIPITAL *n. m.* Os impair et médian qui referme la cavité postérieure du crâne. Sa partie verticale correspond au squelette de la nuque. Sa partie horizontale soutient le cervelet et, à l'avant, abrite le trou occipital à travers lequel le tronc encéphalique rejoint la moelle épinière. ***Voir Crâne.***

OCCIPUT *n. m.* Partie arrière et basse de la tête, au centre du coup du lapin. ***Voir Nuque.***

OCULAIRE *adj.* Relatif à l'œil. ***Voir Œil.***

ODEUR *n. f.* **1**◆ Effluve invisible et volatil, puissant et pénétrant qui provoque toujours une sensation, réponse de notre sens olfactif. *À l'odeur,* à vue de nez. **2**◆ *Spécialt.* Odeurs corporelles. Parfums naturels du corps humain, fort variés et diversement appréciés. Les odeurs diffèrent d'un individu à l'autre et sont aussi en rapport avec l'hygiène pratiquée. *Odeur fine, légère des cheveux, odeur de la sueur* : relent âcre de transpiration, puanteur de pieds… **3**◆ Connaissance émotionnelle de la personne. Il paraît même que l'on peut se fier à son nez quand il a l'intuition qu'on est fait pour s'entendre avec quelqu'un. Si ce dernier part en fumet, son odeur sera gardienne de nos souvenirs. ***Voir Nez, Odorat.***

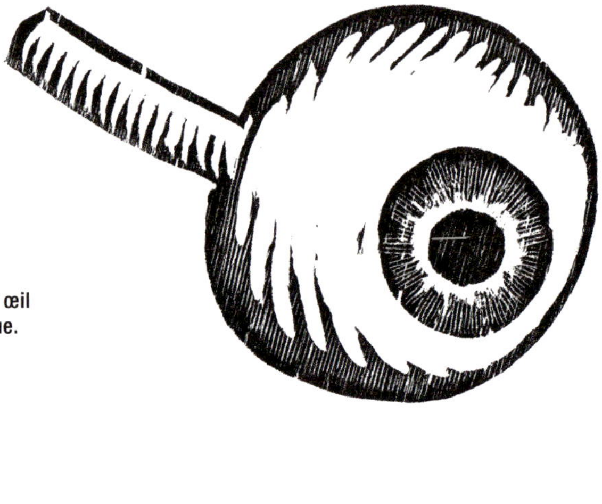

135. Œil pour œil et nerf optique.

ODORAT *n. m.* Sens de l'olfaction, qui permet la perception des odeurs. De nos cinq sens, c'est le plus animal. L'odorat est, du coup, souvent sous-estimé. L'homme rechigne à tutoyer la bête qui l'habite, c'est bien connu. Flairer son prochain est toujours plus convenable chez les chats ou chez les chiens. Et pourtant, l'odorat est aussi un sens du contact. Il renseigne avec finesse, et l'on n'oublie jamais ce que l'odeur raconte. Attraction et répulsion se vaporisent. L'être humain se laisse lui aussi mener par le goût de son nez. ***Voir Désir, Nez, Odeur.***

ŒIL *n. m.* **1**◆ Merveilleuse chambre noire de l'appareil photographique humain, très bien dotée en équipement pour recevoir les images du monde extérieur. Dans l'œil, l'interprétation est beaucoup plus fine qu'à la télévision, sauf exception, bien sûr. **2**◆ Accessoire de haute séduction, seul ou par paire. *Clin d'œil* : œillade clignotante.

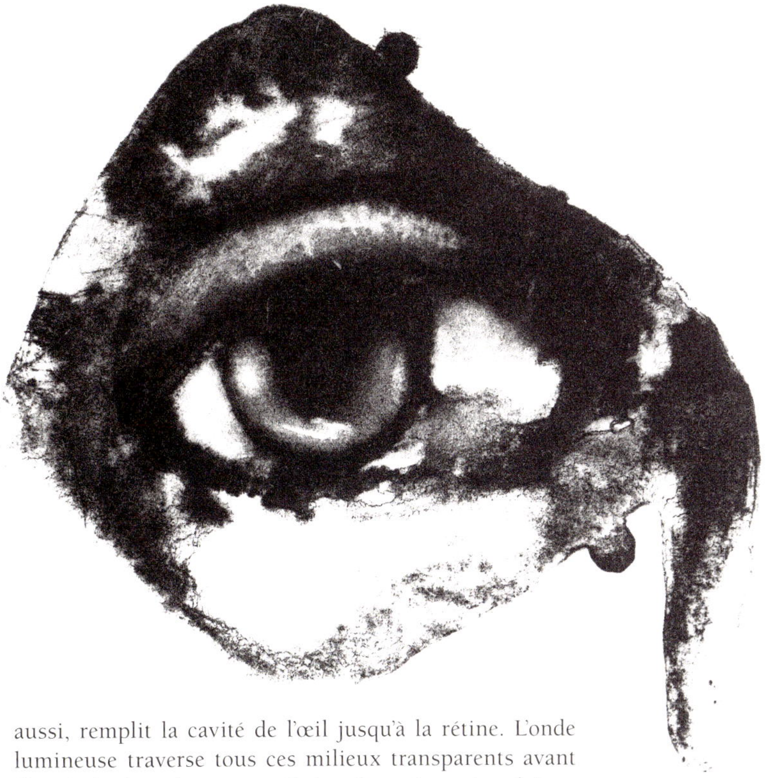

136. Larme à l'œil, purement gratuite.

Un œil, deux yeux. L'œil n'a pas son pareil pour traduire la vivacité d'esprit de son propriétaire. *Avoir l'œil vif* : pétiller d'intelligence. *Fig. Ouvrir l'œil (et le bon)* : être aux aguets. *Avoir l'œil* : surveiller. *Avoir un œil qui dit merde à l'autre* : loucher. *Avoir un œil au beurre noir* : sans pour autant avoir été cuisiné. **3** ◆ *Par ext.* Regard tout court. *Coup d'œil* : regard furtif, à la dérobée. *Attirer l'œil* : capter le regard. *Taper dans l'œil* : séduire. *Se mettre le doigt dans l'œil (jusqu'au coude)* : se faire de fausses idées. *Se rincer l'œil* : mater en voyeur. *Tourner de l'œil* : s'évanouir. *Loc. adv. À l'œil* : gratuitement. *« Mon œil ! »* (Barbe-Noire)

◆ ☛ L'œil, ou globe oculaire, est l'organe principal de la vision. De forme sphérique, il est constitué de trois tuniques (enveloppes) concentriques. La tunique externe, fibreuse, comprend la sclérotique, blanche et opaque, à l'arrière, et la cornée, transparente et bombée, à l'avant. La tunique médiane, richement vascularisée, comprend à l'arrière la choroïde et à l'avant le corps ciliaire et l'iris. Enfin, la tunique interne correspond à la rétine, partie de l'œil apte à recevoir les ondes lumineuses. La cornée agit comme une lentille convergente. La chambre antérieure de l'œil, remplie d'humeur aqueuse, sépare la cornée de l'iris et du cristallin. L'iris est un disque coloré avec un orifice central, la pupille. Il agit comme un diaphragme devant le cristallin, lentille biconvexe transparente dont le rayon varie pour assurer l'accommodation (mise au point). À l'arrière du cristallin, le corps vitré, transparent lui aussi, remplit la cavité de l'œil jusqu'à la rétine. L'onde lumineuse traverse tous ces milieux transparents avant d'atteindre la rétine et ses cellules photoréceptrices (cônes et bâtonnets). De la rétine part le nerf optique, dont les fibres rejoignent l'aire visuelle du cortex cérébral où sont interprétés les stimuli lumineux. Les muscles entourant le globe oculaire permettent les mouvements de l'œil dans toutes les directions. Le sourcil, la paupière, la conjonctive et l'appareil lacrymal sont également annexés à l'appareil de la vision. *Voir Iris, Lacrymal, Loucher, Louchon, Orbite, Paupière, Yeux.*

ŒSOPHAGE *n. m.* Tube digestif qui entraîne le bol alimentaire dans sa chute pour le voir s'étaler dans les profondeurs noires de l'estomac. *Voir Abdomen, Bouche, Digestion, Estomac, Grêle, Intestin, Luette.*

ŒUF *n. m.* Toute première cellule de l'être humain, propre à chacun. Chez l'homme, ou plutôt chez la femme, tout commence aussi par un œuf. Il démarre dans la vie avec une toute petite valise, pourtant lourde de son patrimoine génétique au complet.

◆ ☛ Organisme qui naît de la fusion de deux cellules reproductrices (gamètes masculin et féminin), appartenant à deux individus de sexes différents. Le spermatozoïde, gamète masculin, est une petite cellule mobile. L'ovule, gamète féminin, est au contraire une cellule plus grande, riche de matériel de réserve. La fusion du spermatozoïde avec l'ovule s'appelle la fécondation. La nouvelle cellule, qui contient le bagage génétique des deux gamètes, prend le nom de zygote, ou œuf. *Voir Embryon, Fécondation, Fœtus, Gamète, Grossesse, Sexe, Utérus.*

OINDRE *v. tr.* Enduire délicieusement d'huile, souvent parfumée, pour pratiquer un massage ou un soin du corps. *Voir Masser.*

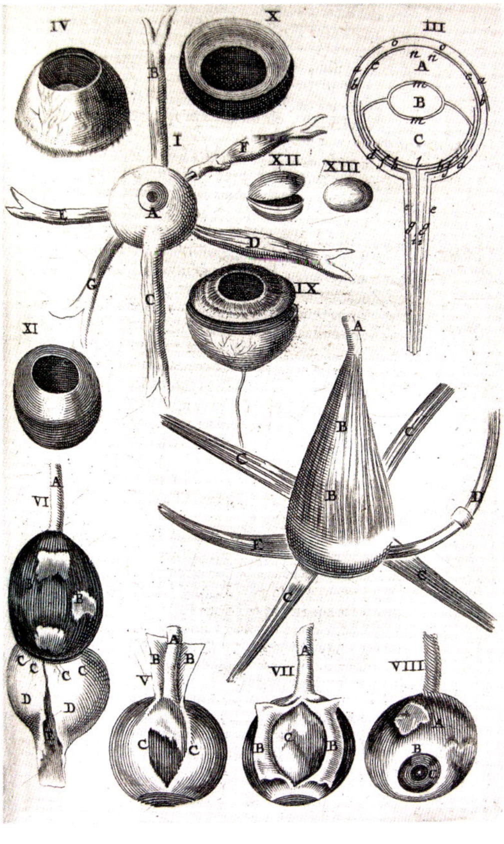

137. Œil, Bartholini, *Anatomia reformata*, 1660.

PLANCHE LIII : AU THÉÂTRE DE L'OMBRE

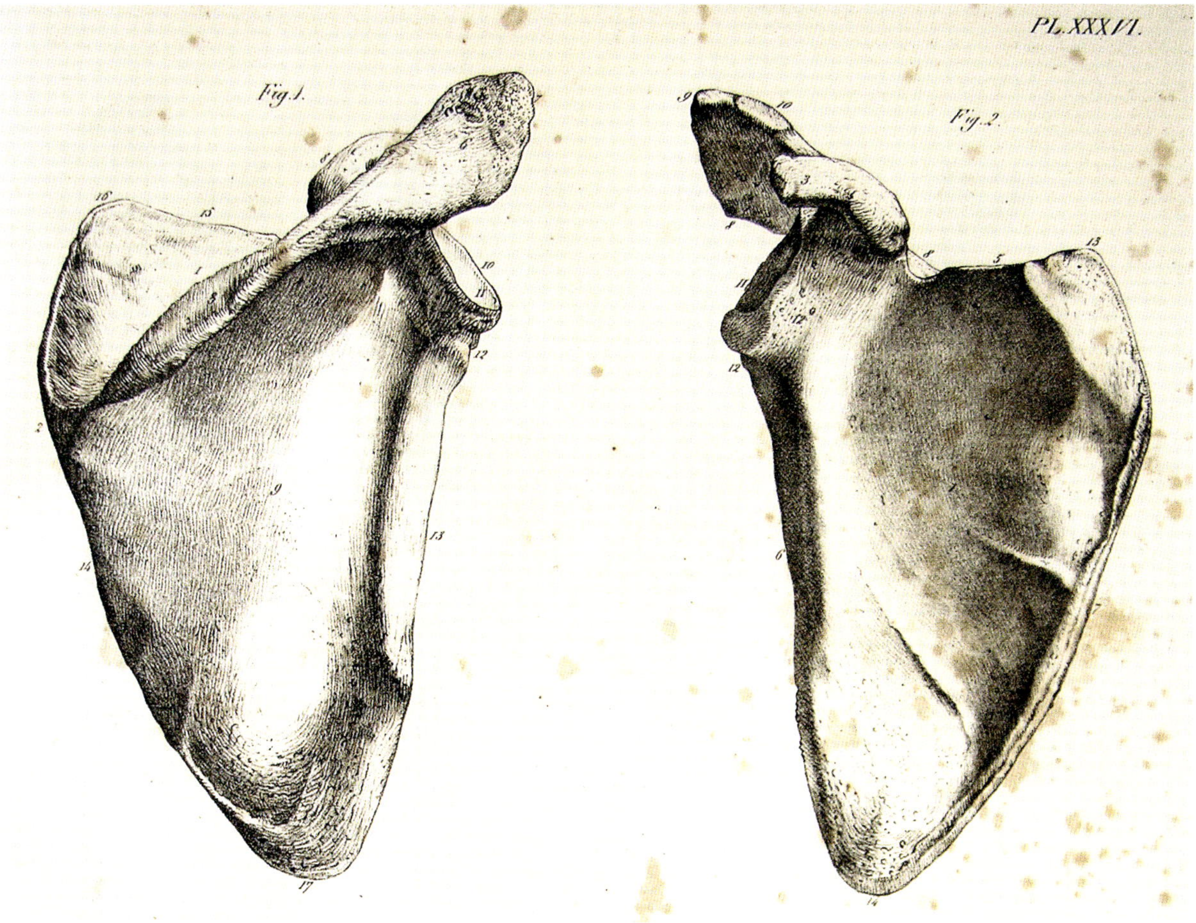

138. Omoplates, Jules Cloquet, *Anatomie de l'homme*, 1828.

OMBRE *n. f.* **1**◆ *Spécialt.* Projection sombre de l'image du corps, obtenue en se plaçant entre les rayons du soleil et la surface du sol ou d'un mur (situation très fréquente par beau temps). Selon l'heure, l'ombre sera plus étirée ou plus courte et la silhouette rallongée ou raccourcie d'autant. On pourra ainsi donner l'heure. Notre ombre s'invite également en pleine nuit à la faveur d'un lampadaire, d'une lumière. À nos pieds, elle ne nous lâche jamais. Image impalpable et rampante, elle offre de voir son corps mouvant côtoyer son propre fantôme. Fig. *Être l'ombre de soi-même* : son pâle reflet. *Avoir peur de son ombre* : s'effrayer d'un rien. *Être l'ombre de quelqu'un* : le suivre comme un chien. *Faire de l'ombre à quelqu'un* : lui voler la lumière. *Tirer plus vite que son ombre* : s'appeler Lucky Luke. *« Au secours, au secours, j'ai perdu mon ombre ! »* (PETER PAN) **2**◆ *Ombre à paupières* : fard illuminant le regard. **3**◆ *Ombres chinoises* : silhouettes projetées sur un écran, à l'aube du cinéma. VOIR PLANCHE LIII.

OMOPLATE *n. f.* Os plat et très mince en forme de triangle (façon pelle à tarte) qui constitue la pointe dorsale de l'épaule. L'omoplate est bien visible chez les maigres comme chez les oisillons. D'ailleurs, c'est là que poussent les ailes si elles doivent pousser un jour.

◆ ☛ Segment osseux appliqué contre la partie postérieure du thorax, également appelé scapula. Avec la clavicule, située à l'avant, il forme la ceinture scapulaire, un anneau osseux qui relie le tronc et le membre supérieur. Les muscles de l'omoplate et ceux de la clavicule s'insèrent ensemble sur le thorax d'un côté et sur l'humérus de l'autre, établissant ainsi une solide connexion articulée entre ces os. *Voir Épaule, Os, Squelette.*

ONGLE *n. m.* **1**◆ Petite capsule cornée qui habille le bout de chaque doigt, des mains comme des pieds. Du dos de la main, l'ongle protège la pulpe du doigt dans le contact. Véritable accessoire du doigt, il sait aussi bien caresser, chatouiller que gratter ou griffer. C'est aussi lui qui décolle les bouts de scotch et défait les nœuds trop serrés. **2**◆ Les ongles poussent continuellement, fort heureusement d'ailleurs. Certains les rongent et les mangent, même. D'aucunes les portent longs, arrondis ou carrés. *Limés* : débarrassés de leurs envies (petites peaux alentour), certains sont tout de même vernis. **3**◆ *Loc. Jusqu'au bout des ongles* : vraiment, à fond. *« Je vais finir par connaître l'alphabet jusqu'au bout des ongles ! »* (KATY COUPRIE*) *Voir Doigt, Incarné, Main, Manucure.*

OPÉRATION *n. f.* Réparation chirurgicale du corps, qui utilise de très nombreux outils. L'opération est pratiquée par les chirurgiens voilés et stérilisés, en costumes blancs. *Voir Chirurgie, Greffe, Organe.*

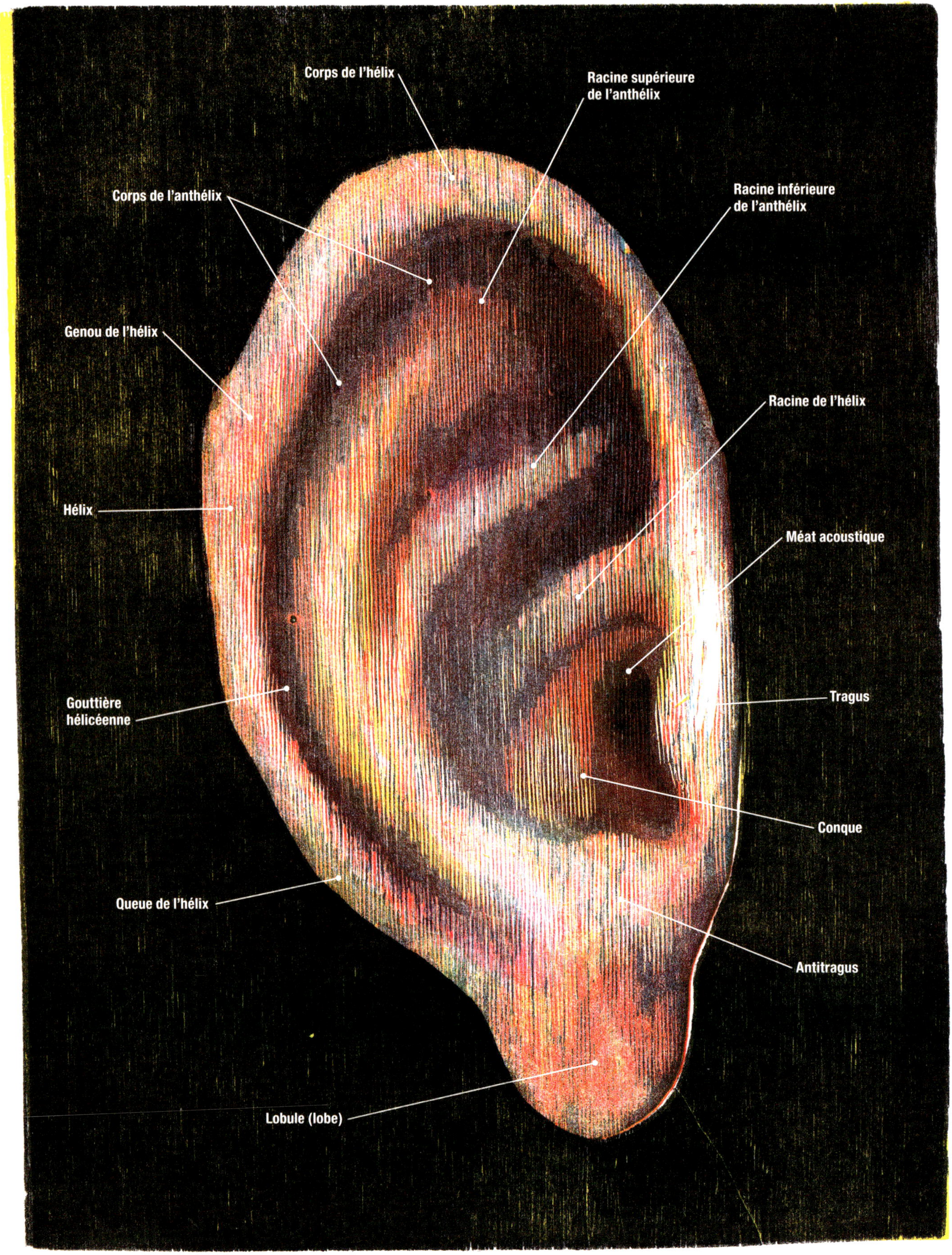

Corps de l'hélix
Racine supérieure de l'anthélix
Corps de l'anthélix
Racine inférieure de l'anthélix
Genou de l'hélix
Racine de l'hélix
Hélix
Méat acoustique
Tragus
Gouttière hélicéenne
Conque
Queue de l'hélix
Antitragus
Lobule (lobe)

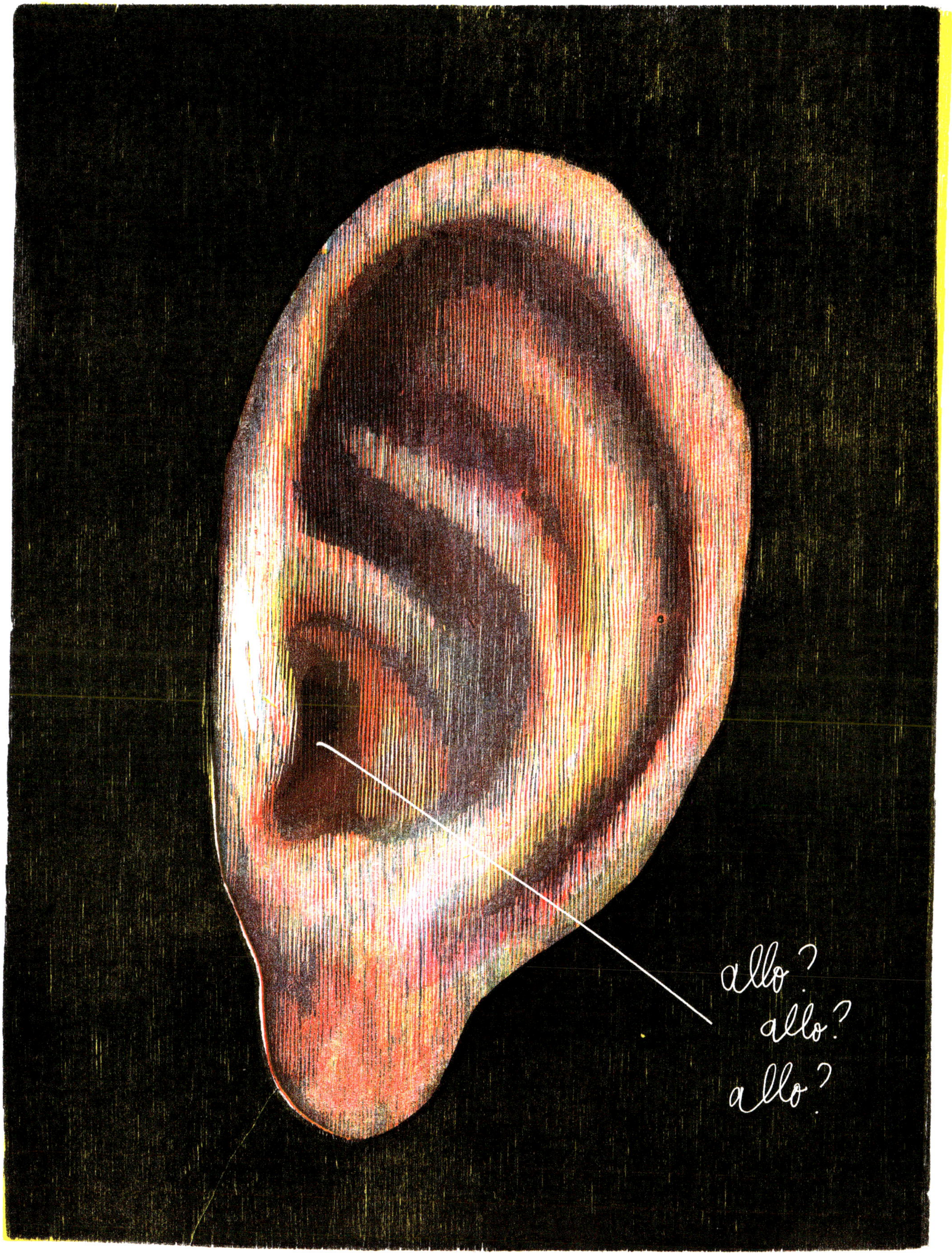
allo?
allo?
allo?

Planche lvi : Oreilles variées à la Bertillon

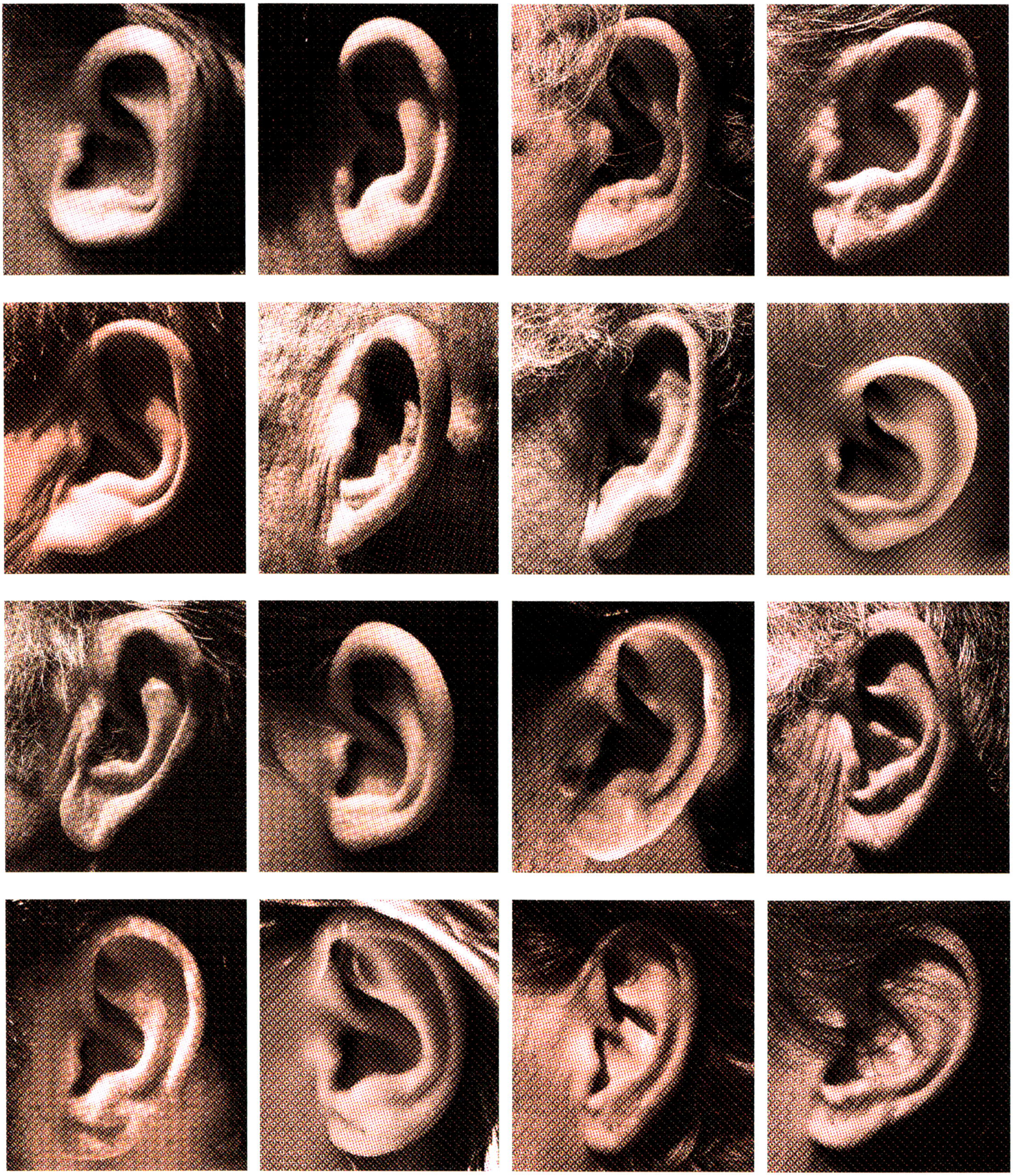

ORBITE *n. f.* Cavité de la face du crâne, dans laquelle se loge l'œil, bien à l'abri. *Voir Crâne, Œil.*

OREILLE *n. f.* **1**◆ Pavillon de cartilage élastique, demi-feuille de chou qui émerge de chaque côté de la face, plus ou moins discrètement. Chaque modèle d'oreille est unique. On ne les choisit pas sur catalogue. Cruelle injustice, la taille de l'oreille n'a rien à voir avec la finesse de l'écoute. *Se faire tirer les oreilles, se faire tailler les oreilles en pointe* : se faire gronder. *Oreille décollée* : oreille qui a été mal pliée en atelier lors de sa fabrication. **2**◆ Organe de l'ouïe absolument, l'oreille sait aussi dire non quand elle se bouche. **3**◆ Sans sa face cachée, l'oreille interne, nous ne tiendrions pas debout une seule minute. *Voir planches LIV à LVI.*

◆ ☛ Organe dévolu à deux importantes fonctions, l'ouïe (appareil auditif) et l'équilibre. L'appareil auditif comprend le pavillon auriculaire et le conduit auditif externe qui servent à diriger les ondes sonores jusqu'à la membrane du tympan qui entre alors en vibration. Celle-ci transmet les sons à trois osselets accolés (le marteau, l'enclume et l'étrier) qui les transmettent à leur tour à la cochlée (en forme de limaçon), où des récepteurs traduisent les ondes sonores en impulsions nerveuses. Des fibres du nerf auditif les envoient alors au cerveau, dans une aire spécifique du cortex (aire auditive), où les sons sont perçus et interprétés. L'oreille interne comprend aussi le labyrinthe, dédié à l'équilibre. Creusé dans l'os temporal, il se compose du vestibule (macule, saccule et utricule) et des canaux semi-circulaires. À l'intérieur de ceux-ci se trouvent des récepteurs, inclus dans la lymphe, qui envoient des informations électriques au cerveau à chaque déplacement du corps dans l'espace (gravité et force centrifuge). *Voir Équilibre, Kinesthésie, Organe, Ouïe, Pavillon, Sens.*

ORGANE *n. m.* Pièce importante, incontournable ou vitale de la mécanique du corps humain, dont le corps ne saurait se défaire. Les organes forment une très grande famille, avec des petits, des gros, des longs, des courts, des tordus, des plats, des creux, des pleins… Famille du mou, avec qui les os du squelette jouent les durs au cœur de l'organisme. Les organes œuvrent ensemble avec des fonctions complémentaires dans un même appareil (appareil digestif, urinaire…), alors qu'au sein d'un système sont réunis des organes de natures différentes pour achever une même fonction. Tous dévoués à la cause, ils assurent pour le corps de longues années de bons services, souvent sans broncher. La délicatesse des organes est trop souvent oubliée, ce qui leur cause un chagrin douloureux. Certains ne s'en remettent jamais. Peu d'entre eux se greffent.

Formation anatomique aux fonctions spécialement déterminées. On distingue des organes pleins et des organes creux. Les organes pleins sont pour une part des glandes, dont le poids et les dimensions sont extrêmement variables. Le foie, par exemple, pèse environ 2 kg, alors que les glandes sudoripares ou sébacées sont très petites et quasi invisibles. Les autres organes pleins ayant chacun une fonction spécifique sont le poumon, le pancréas, le rein, la langue, l'ovaire et la rate. Les organes creux, quant à eux, ont pour rôle de contenir et de véhiculer des substances. En font partie les viscères de l'appareil digestif ou de l'appareil urogénital. Leur taille peut varier brutalement car ils doivent parfois accueillir des volumes importants. La vessie et l'estomac peuvent ainsi se détendre jusqu'à contenir respectivement : 1 à 2,5 l d'urine, et 4 à 5 l de nourriture solide ou liquide. *Voir Cerveau, Cœur, Estomac, Foie, Glande, Greffe, Hypothalamus, Intestin, Langue, Œsophage, Oreille, Ovaire, Pancréas, Poumon, Rein, Utérus, Vésicule, Vessie.*

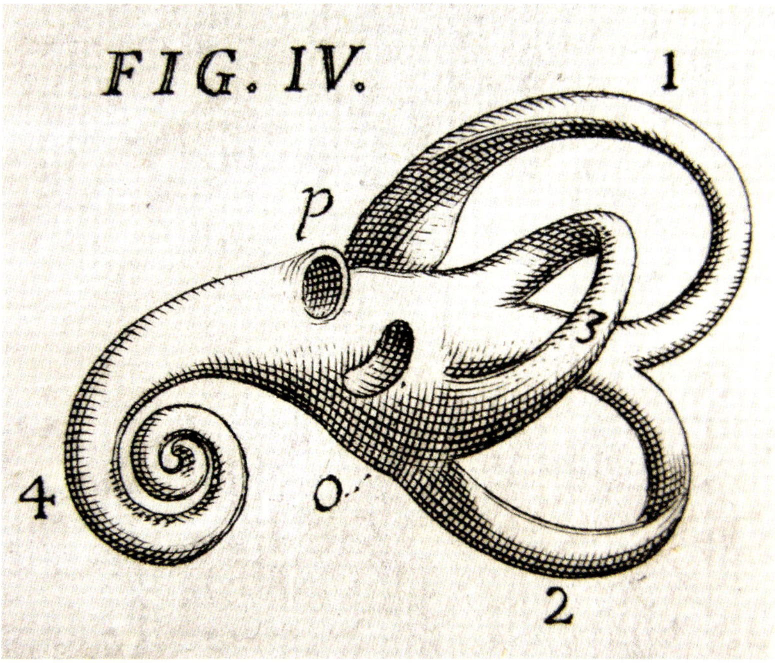

139. Oreille interne, cochlée et labyrinthe, Morganus, *Valsalvae opera*, 1740.

ORGANISME *n. m.* Ensemble des composants de la mécanique du corps humain. L'organisme convoque tous les organes, les fluides et les muscles pour la mise en branle de l'individu au réveil. *Voir Cerveau, Cœur, Glande, Lymphe, Muscle, Nerf, Organe, Réveil, Sang.*

ORGASME *n. m.* Point culminant du plaisir sexuel, sommet en soi. Chez l'homme, l'orgasme correspond le plus souvent au moment du lancement éjaculatoire. *Syn. fam.* Feu d'artifice, pompon. Chez la femme, des mécanismes plus élaborés sont à l'œuvre. L'orgasme se fait parfois appeler « la petite mort », cependant on en réchappe presque toujours. *Voir Clitoris, Frisson, G, Jouissance, Sexe.*

ORIFICE *n. m.* Trou du corps, en quelque sorte, mais en beaucoup moins grossier. Les orifices sont tapissés d'une muqueuse sensible, fortement vascularisée. On cite souvent les orifices naturels du corps humain. Il faut dire que les trous survenus par accident ont souvent des conséquences graves pour la santé du sujet. *Voir Anus, Bouche, Muqueuse, Narine, Oreille, Peau, Pore, Vagin.*

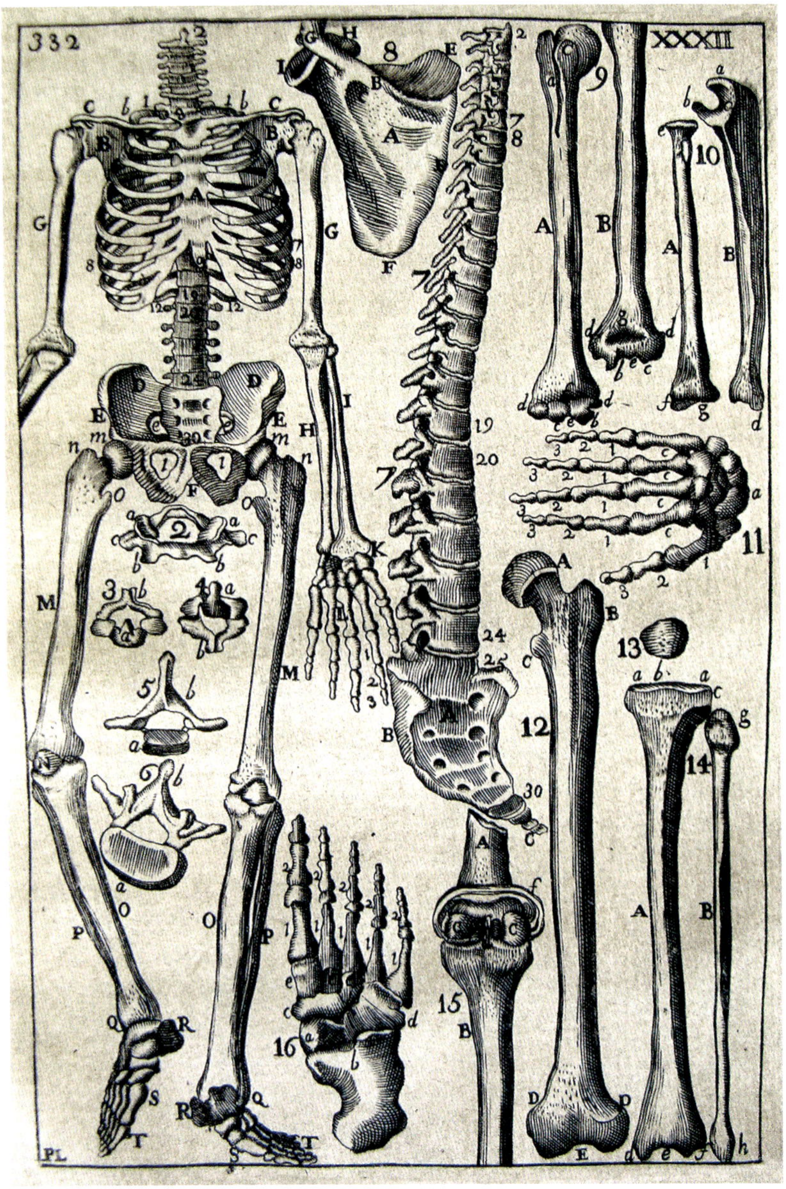

140. Os variés réunis, Philippi Verheyen, *Anatomia corporis humani*, 1712.

OS *n. m.* **1**◆ Pièce du puzzle du squelette, qui a son importance, où qu'elle soit et quelle que soit sa taille. Charpente du corps humain, construite pour durer, en matériaux de première qualité, garantie *x* années. L'os joue les durs avec la famille du mou, les entrailles. *Os du crâne* : tête de mort des plus distinguées. *Os du fémur* : le plus gros de tous. *Fig. En chair et en os* : « en vrai », en personne. *Jusqu'à l'os, jusqu'aux os* : complètement et plus. *Se rompre les os* : se briser en fractures. *Faire de vieux os* : vivre vieux. *Loc. fam. Sac d'os* : personne très maigre. **2**◆ Les os sont ce qu'il reste de nous quand tout a pourri sous terre, à condition d'y aller. Pour preuve, Lucy. Les os sont à la fois mémoire de la mort et témoignage du vivant. Ils disent « hier, aujourd'hui, demain » à qui veut bien l'entendre. *« Amène tes os et prends ton sac, on y va ! »* (Jack Kerouac)

◆ ☛ Organes de tailles et de formes très différentes qui, ensemble, constituent le squelette. À l'âge adulte, ce dernier compte 203 os, auxquels s'ajoutent des os surnuméraires ou os sésamoïdes. Ils se caractérisent par une organisation en lames et lamelles dont la densité est corrélée aux forces qui s'exercent sur eux. Les os longs ont une densité maximale, étant soumis à des forces importantes (pression, tension et flexion). À l'intérieur des os longs, se trouve la moelle osseuse, substance molle et non calcifiée. On distingue la moelle rouge, constituée des cellules du sang aux différentes phases de leur développement, et la moelle jaune, constituée de graisse. Les os courts et les os plats, simplement sujets à des tensions, sont moins denses et ont une structure spongieuse. Le taux élevé de calcium et le fait que les os soient composés de lamelles épaisses et compactes contribuent à les rendre aussi durs que l'ivoire par endroits. L'organisation lamellaire de type spongieux les rend moins résistants. D'autres cellules osseuses, dites « ostéoclastes », interviennent pour restructurer l'os à la suite d'une fracture ou en cas de besoin accru de calcium dans le sang. Voir planche lvii. ***Voir Crâne, Sésamoïde, Squelette.***

OUÏE *n. f.* Un des cinq sens de l'homme, et plus encore de la femme, qui a l'ouïe fine. *« L'ouïe de l'oie de Louis a ouï. Ah oui ? Et qu'a ouï l'ouïe de l'oie de Louis ? »* (Raymond Devos*) ***Voir Oreille, Sens.***

OVAIRE *n. m.* ◆ ☛ Organe génital féminin, pair et symétrique. Chez l'homme, son homologue est le testicule, pair également. Situé dans le petit pelvis (petit bassin), il a la forme d'une amande et mesure environ 4 cm de long, 2 cm de large et 1 cm d'épaisseur. Il est partiellement enveloppé par l'infundibulum tubaire, extrémité en forme d'entonnoir de la trompe utérine (trompe de Fallope), qui se prolonge jusqu'à s'ouvrir dans la cavité de l'utérus. L'ovaire produit les follicules ovariens, organules sphériques qui contiennent la cellule-œuf, gamète féminin nommé ovule et qui est destiné à être fécondé par le spermatozoïde. Dès la puberté, chaque mois, une dizaine de follicules ovariens commencent leur maturation. Arrivé à maturité, un des follicules libère l'ovule qui tombe alors de l'ovaire à l'intérieur de l'infundibulum tubaire. C'est durant son parcours dans la trompe de Fallope vers l'utérus que l'œuf peut rencontrer, s'il y a eu copulation, les spermatozoïdes et être fécondé par l'un d'entre eux. ***Voir Femme, Glande, Gonade, Hypothalamus, Testicule.***

OVULE *n. m.* Cellule sexuelle sexuée, ou gamète féminin. Œuf promis à la rencontre avec l'Élu – toujours un spermatozoïde – à la bonne heure. ***Voir Fécondation, Gamète, Gonade, Ovaire, Sexe, Spermatozoïde.***

PLANCHE LVII : OS EN VRAC

Première prise de pouls chez les Papous

PAF! Onomatopée qui correspond au bruit que fait la deuxième tape que l'on reçoit en jouant. *Pif, paf !* ***Voir Nez.***

PAIR, E *adj.* et *n. f.* **1**◆ *Spécialt.* Qui se trouve réuni en deux exemplaires – identiques ou non – dans le corps humain, au-dehors ou au-dedans. Beaucoup de parties du corps ou du visage qui vont par paire sont symétriques, mais pas toutes. *Une paire de jambes, de fesses, une paire de seins, de mains, de pieds. Une paire d'yeux, d'oreilles, de trous de nez, de joues.* **2**◆ Organes pairs, allant par deux et travaillant de concert. *Paire de poumons, paire de reins, paire d'ovaires ou paire de…*

PALAIS *n. m.* Château de Madame de la Bouche dans lequel tous les goûts sont reçus et où l'on claque de la langue.
◆ ☛ Voute de la cavité de la bouche. Les deux tiers antérieurs du palais sont constitués d'une lame osseuse formant le palais dur. Son tiers postérieur, dit « palais mou » ou « voile du palais », est uniquement muqueux et musculaire. Ce dernier s'élève et s'abaisse pendant la déglutition pour empêcher que les aliments ne refluent par les fosses nasales. ***Voir Bouche, Luette.***

PÂLE *adj.* Dont la peau a perdu ses couleurs. *Au teint pâle* : diaphane ou livide. *Visage pâle* : Blanc d'hier chez les Peaux-Rouges. *« Elle devint soudain pâle. Elle gémit, puis s'évanouit. »* (Honoré de Balzac) ***Voir Carnation, Livide, Peau.***

PALPITATION *n. f.* Emballement du cœur qui bat la chamade à la suite d'une vive émotion ou d'un dérèglement de la machine. ***Voir Cœur.***

PANCRÉAS *n. m.* ◆ ☛ Organe glandulaire accolé à la paroi postérieure de l'abdomen. Il sécrète le suc pancréatique, un complexe d'enzymes qui permettent la digestion des protéines, des graisses et des glucides. Le suc pancréatique est déversé dans le duodénum pendant la digestion lorsque le bol alimentaire quitte l'estomac. Le pancréas comprend également des regroupements glandulaires, appelés îles pancréatiques. Celles-ci produisent l'insuline, une hormone destinée à réguler le taux de glucose (la glycémie) dans le sang. ***Voir Abdomen, Duodénum, Estomac, Glande, Sécrétion.***

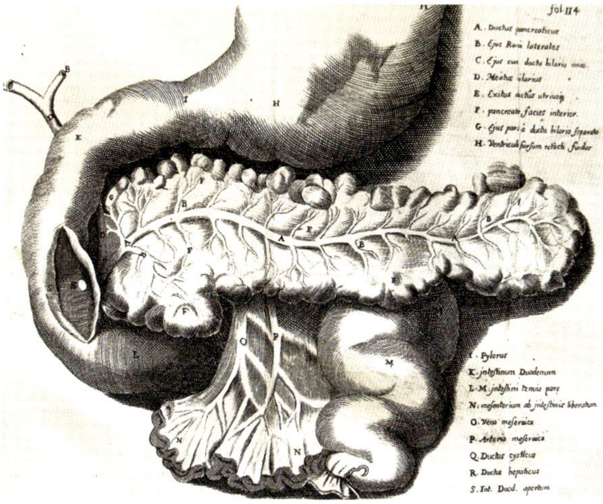

141. Pancréas en place, Bartholini, *Anatomia renovata*, 1677.

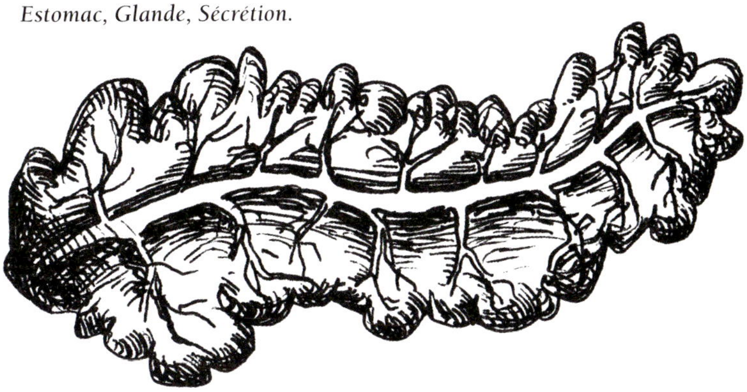

142. Pancréas de tout son long.

143. Pas alerte.

PANSEMENT *n. m.* Consolation adhésive appliquée sur une petite plaie, qui la protège pendant sa guérison et la dissimule aux regards. *Faire un pansement. Arracher un pansement d'un coup sec.* ***Voir Bandage.***

PAPILLE *n. f. Spécialt.* Petite protubérance qui tapisse la langue en légion et lui confère son bel aspect velouté. Les papilles se réservent des miettes de nourriture pour recueillir les perceptions du goût et sonner l'alarme si besoin. ***Voir Langue.***

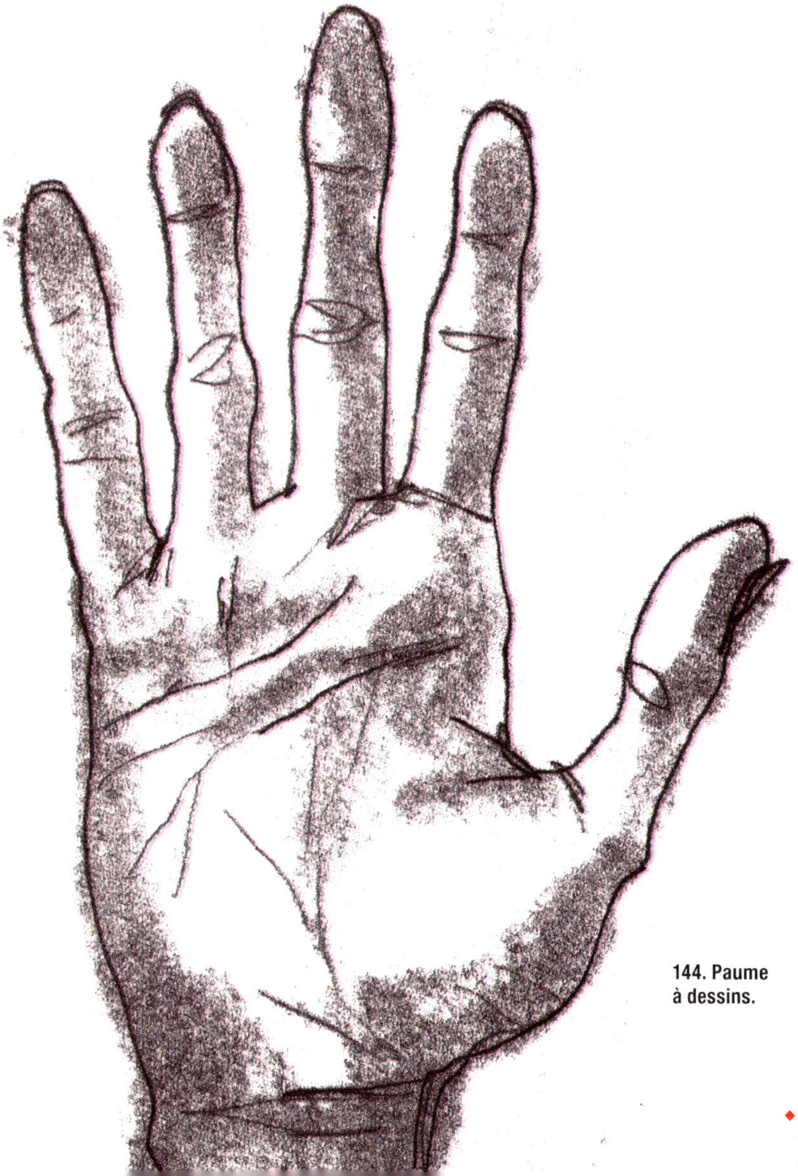

144. Paume à dessins.

PARFAIT, E *adj.* Qui frôle la perfection, c'est-à-dire qui surpasse les espérances. En haut de l'échelle, sans cueillir des cerises. Sans le moindre défaut ou poil de travers. *Un corps parfait, un nez parfait, des seins parfaits, d'une parfaite inutilité et d'un parfait ennui.* ***Voir Affreux, Anomalie, Beau, Gros, Joli, Laid, Malformation, Mignon, Obèse.***

PAROI *n. f.* ◆ ☛ Cloison délimitant une structure de l'organisme ou une cavité, séparation interne. Tissu, membrane d'un organe creux. *Paroi de l'estomac, de l'abdomen.*

PAS *n. m.* **1**◆ Une des allures de l'homme, la plus ordinaire. *Aller d'un bon pas. Marcher au pas.* **2**◆ *Un pas, deux pas, trois pas.* Suite de changements d'appui d'une jambe sur l'autre qui permet à l'homme de marcher en avançant ou en reculant, voire de côté. Une suite de pas compose la marche, ou mène la danse. **3**◆ *Fig. Faire ses premiers pas* : débuter. *Faire un faux pas* : faire un écart. *Faire les cent pas* : attendre. *Pas à pas* : petit à petit. ***Voir Allure, Danse, Marche.***

PAUME *n. f.* Partie creuse au-dedans de la main. C'est là notamment qu'on porte les coccinelles. C'est aussi dans la paume qu'on lit les lignes de la main. ***Voir Main.***

PAUPIÈRE *n. f.* Membrane à la peau extrafine qui habille et protège l'œil, sur le devant. Paupières supérieure et inférieure, bordées de cils tout du long. Seule la paupière supérieure est mobile. Elle bat régulièrement pour que les larmes puissent garder l'œil humide et balayer la poussière. Elle baisse le rideau quand le sommeil vient. Noir *cut*. Elle le monte pour s'éveiller. Elle sait faire un clin d'œil quand il le faut et battre des cils pour séduire. *« Paupières fardées ne durent jamais. »* (Auguste) ***Voir Cil, Iris, Œil, Peau.***

PAVILLON *n. m.* **1**◆ Demi-feuille de chou en cartilage élastique formant la partie externe de l'oreille. Le pavillon comprend un lobe, partie basse et tendre qui se laisse percer pour une boucle ou un brillant. **2**◆ *Spécialt. Pavillon de complaisance* : oreille à l'écoute des échanges. ***Voir Oreille.***

PEAU *n. f.* **1**◆ Premier habit de la femme et de l'homme. *En costume de peau* : dans le plus simple appareil. À poil ! **2**◆ Enveloppe extérieure du corps, sensible et vulnérable,

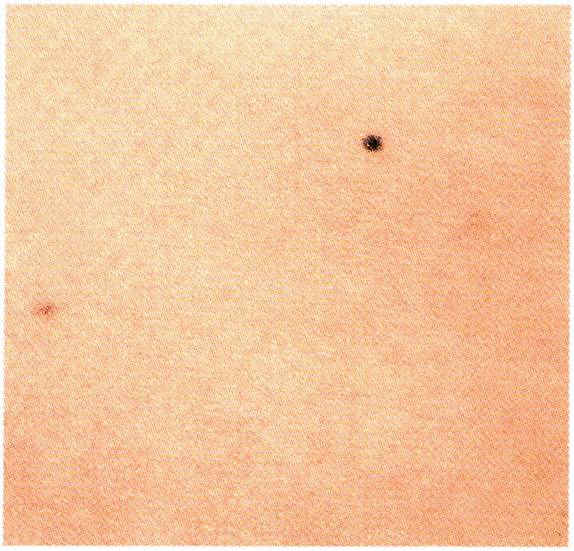

145. **Peau de fesse, la plus chère.**

sans carapace aucune. *À même la peau* : contre la peau nue. *À fleur de peau* : d'une grande sensibilité. *Loc. fig. Être bien ou mal dans sa peau* : en accord ou en désaccord avec soi-même. *Dans la peau de quelqu'un* : à sa place. **3**◆ Chair, carnation. *Grain de peau* : qualité de sa texture. *Peau douce, lisse, granuleuse, sèche, irritée, grasse, couperosée… Loc.* Chair de poule, peau hérissée sous l'effet du froid ou de l'effroi. *Coûter la peau des fesses, la peau du cul* : valoir très cher. **4**◆ *Petites peaux* : miettes de peau, peaux mortes ou pellicules du cuir chevelu, envies au pourtour des ongles. *Exfolier la peau* : la débarrasser des peaux mortes. **5**◆ Couleurs de la peau : palette d'une infinie variété, dont on a souvent fait mauvais usage. Prétexte au racisme. *Peau noire, café au lait, cuivrée, dorée, jaune, mate, claire, blanche, diaphane. Peau bronzée, hâlée, tannée par le soleil et l'air.* **6**◆ *Érot.* La peau nue appelle la caresse et suscite le désir. *Avoir quelqu'un dans la peau* : en être très amoureux, le désirer ardemment. *Coller à la peau* : être inséparable. *« J'aimerais tellement retourner encore une fois dans la peau de John Malkowicz ! »* (Lotte Schwartz) **7**◆ Vie tout court. *Tenir à sa peau. Risquer sa peau* : jouer sa vie.

◆ ☛ Membrane qui recouvre toute la surface du corps, prolongée par les muqueuses au niveau des orifices naturels. La peau est constituée d'une couche superficielle appelée « épiderme » et d'une couche profonde dite « derme ». Son épaisseur est variable, plus conséquente en général chez l'homme que chez la femme. La peau est aussi plus épaisse, chez un même individu, à certains endroits du corps, au niveau de la tête, du cou, du tronc, des hanches, des paumes des mains et des plantes des pieds. Elle est au contraire particulièrement fine sur certaines parties : le canal auditif externe, les petites lèvres chez la femme et le prépuce chez l'homme. Son épaisseur varie aussi avec le vieillissement. Le derme s'amincit progressivement, par ses pertes en eau et en élastine, ce qui cause l'apparition des rides. La couleur de la peau est due à la présence de pigments dans le derme (dont la mélanine) et à une importante irrigation sanguine. Elle varie selon l'origine ethnique. Chez un même individu, la peau change de couleur dans des zones restreintes du corps (aréoles mammaires, parties génitales), et au cours de la grossesse ou en cas d'exposition prolongée au soleil. La surface de la peau est rendue irrégulière par la présence de petites dépressions punctiformes qui correspondent à l'implantation des poils ou aux pores des glandes sudoripares. Sur la paume des mains et sur la plante des pieds, la peau présente en outre une alternance de rides et de crêtes qui forment des dessins propres à chaque individu appelés « dermatoglyphes », identifiables par les empreintes digitales. La peau possède de nombreuses qualités fonctionnelles. Grâce à sa texture compacte, ses propriétés biologiques et ses capacités de régénération, elle protège le corps des attaques physiques et chimiques. Ses premières fonctions sont le sens du toucher, la capacité à reconnaître la température d'un corps, sa consistance, la nature de sa surface (lisse ou rugueuse), son degré d'humidité. Elle agit aussi comme un véritable organe thermorégulateur, en produisant la sueur qui abaisse la température corporelle en s'évaporant. ***Voir Albinos, Bronzage, Caresse, Carnation, Chair, Désir, Écorché, Égratignure, Empreinte, Épiderme, Expression, Face, Hâlé, Mélanine, Mue, Pellicule, Poil.***

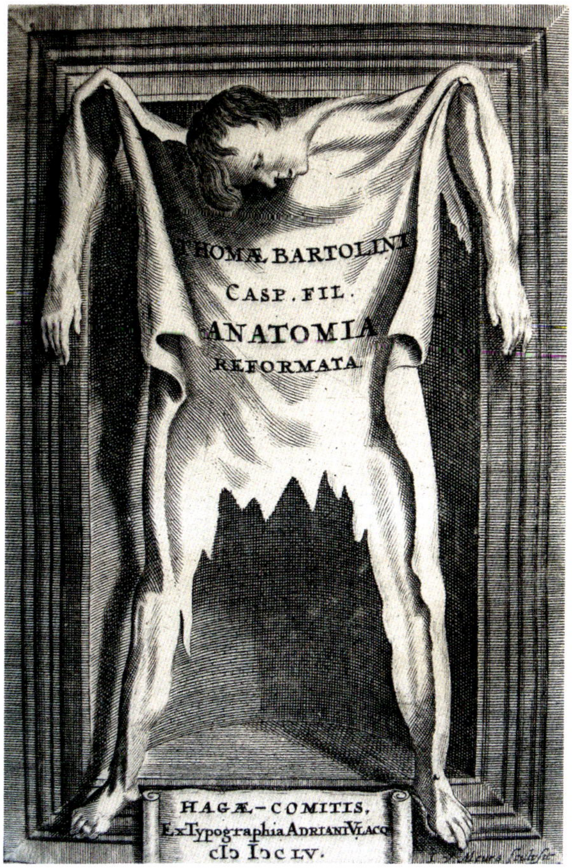

146. Peau en frontispice, Bartholini, *Anatomia reformata*, 1660.

147. Perruques en tous genres.

PECTORAL, E *adj.* Relatif à la poitrine. *Muscles pectoraux* : insérés sur le thorax d'une part et sur l'avant du bras d'autre part. « *J'adore quand tu frappes sur tes pectoraux en hurlant le soir dans la canopée.* » (JANE) ***Voir Poitrine.***

PELLICULE *n. f.* **1**◆ Peau très fine. **2**◆ Légère desquamation du cuir chevelu, quand il neige sur les épaules. Petites lamelles exfoliées de la surface de l'épiderme. ***Voir Épiderme, Peau.***

PELVIEN, NE *adj.* Relatif au bassin (*pelvis* en latin). *Cavité pelvienne, os pelviens.* ***Voir Bassin, Hanche.***

PÉNIEN, NE *adj.* **1**◆ Relatif au pénis. **2**◆ *Ethnol. Étui pénien* : gaine enroulée autour du pénis et nettement plus longue que ce dernier, portée en guise de parure protectrice, notamment chez des peuples d'Afrique, d'Amérique du Sud et d'Océanie. ***Voir Pénis.***

PÉNIS *n. m.* Organe exclusivement mâle qui jouit d'une grande réputation à travers l'histoire des hommes et qui aurait fait également, paraît-il, des envieuses parmi les femmes (bof…). Appendice retombant au naturel, se balançant dans l'entrecuisse comme un pendule, le pénis est une excroissance qui n'est pas sans évoquer le nez au milieu de la figure. Son côté vulnérable au repos contraste fortement avec son attitude conquérante dans l'érection. Sans aucun doute, ce rapprochement possible avec la figure de Superman – homme ordinaire qui s'envole tout à coup, devenu surpuissant – lui a causé du tort. Il ne s'agit pas pour lui d'obéir à son maître et d'être le roi des organes. Il est bien capable de jouer des tours dans des instants cruciaux. En fait, le pénis est un organe sensible qui ne ressemble qu'à lui. *Syn.* Membre viril, phallus (en érection), verge. *Syn. fam.* Bistouquette, moineau, quéquette (*enf.*), zizi. « *Entre le pénis et les mathématiques […] il n'existe rien. Rien ! C'est le vide !* » (LOUIS-FERDINAND CÉLINE*)
◆ ☛ Organe masculin de la miction et de la copulation. Pour accomplir cette dernière, il est doté d'un tissu spongieux, dit « corps érectile », qui se gorge de sang pendant l'excitation sexuelle, permettant ainsi au pénis de gagner en volume et en rigidité. Ce phénomène, appelé « érection », lui permet de pénétrer dans les voies génitales de la femme pour y déposer le liquide séminal. Du point de vue anatomique, le pénis comprend une racine fixe rattachée au pubis ; un corps mobile qui, en conditions normales, est flasque et pend ; une extrémité plus large, de forme conique, dite « gland ». Il est traversé par l'urètre, long canal qui part de la vessie où il recueille l'urine, puis reçoit également le liquide séminal arrivant des testicules par les canaux déférents. Une fine peau recouvre le pénis, jusqu'à englober complètement le gland où elle forme un repli intérieur adhérant à sa base. Avec l'érection et l'allongement du pénis, ce pli cutané appelé prépuce se trouve ainsi retenu en arrière, laissant le gland à découvert. Un pli médian appelé frein du prépuce le rattache à la surface inférieure de ce dernier. *VOIR PLANCHE LVIII.* ***Voir Érection, Frein, Gland, Phallus, Prépuce, Quéquette, Sexe, Verge, Zizi.***

PÉRICARDE *n. m.* Le péricarde est à la fois la veste du cœur et sa doublure. Il l'habille et le contient, tout en le mettant à l'aise.
◆ ☛ Sac fibreux qui entoure le cœur et son pédicule vasculaire. Il est constitué de deux gaines (feuillets) séparées entre elles par une cavité virtuelle dite « cavité péricardique ». Sa gaine externe, très rigide, constitue un sac presque inextensible qui isole le cœur des organes environnants, recouverte entièrement d'un fin feuillet dit « péricarde séreux ». La gaine interne, dite « épicarde », très fine, adhère directement à la musculature cardiaque, la recouvrant d'une atmosphère adipeuse qui contient les vaisseaux et les nerfs. Entre ces deux gaines, la cavité péricardique renferme un mince film de liquide qui favorise le glissement de l'une sur l'autre et permet ainsi au cœur de bouger librement au cours de la révolution cardiaque, une contraction systolique suivie d'une dilatation diastolique. ***Voir Cœur, Myocarde.***

PÉRONÉ *n. m.* Os long et mince qui compose avec le tibia l'ossature de la jambe. ***Voir Jambe, Os, Squelette, Tibia.***

PERRUQUE *n. f.* Coiffure d'apparat ou postiche pour chauve, faite à partir de vrais ou de faux cheveux. *Porter une perruque.* Et rire quand elle se décroche. On a beaucoup porté perruque aux XVIIe-XVIIIe siècles en Europe dans une mode outrancière. La vraie chevelure se réservait pour l'intimité. *Syn. péj.* Moumoute. ***Voir Chauve, Cheveux, Faux.***

PLANCHE LVIII : PÉNIS SOIT QUI MAL Y PENSE

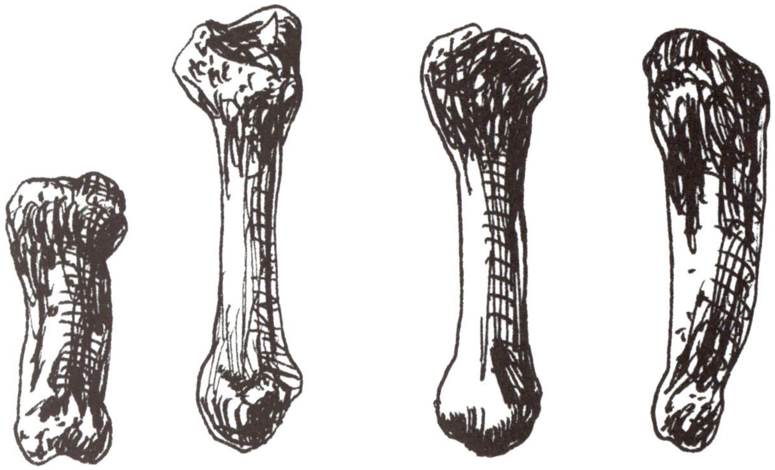

148. Quelques phalanges.

PESANTEUR *n. f. Absolt.* Force soumettant un corps à l'attraction terrestre. *Voir Apesanteur.*

PET *n. m. Fam.* **1**◆ Vent, gaz intestinal relâché bruyamment par l'anus. *Pet silencieux* : vesse. *Syn. enf.* Prout. **2**◆ *Fig. Pet de nonne* : beignet. *« Le pétomane est mort. Pet à son âme. »* (FRÉDÉRIC DARD*) *Voir Anus, Flatulence, Pet.*

PÉTER *v. intr. Fam.* **1**◆ *Spécialt.* Émettre un pet, libérer des gaz intestinaux, des flatulences. *Syn. enf.* Faire un prout. *Loc. Péter, c'est la santé. « Ah, celui-là, il ne pètera plus. Il est mort ! »* (RAYMONDE) **2**◆ *Fig. Péter le feu* : être en pleine forme. *Péter plus haut que son cul* : faire le vantard, le vaniteux. *Voir Anus, Flatulence, Pet.*

PETIT, E *adj.* **1**◆ Qui est d'une taille inférieure à la moyenne ou de faible dimension. *Petit bras, petit bonhomme. Petit doigt* : riquiqui. *Loc. Petite nature* : qui n'a pas de santé. **2**◆ Jeune, dans l'enfance. *Petite fille et petit garçon.* **3**◆ Affectueux, charmant, mignon. *Des petites oreilles, un joli petit nez, de charmantes petites fesses.*

PHALANGE *n. f.* Pièce osseuse articulée du doigt ou de l'orteil, étroitement liée à ses voisines. *Phalanges proximales, phalanges intermédiaires (phalangines), phalanges distales (phalangettes, absentes au pouce). Voir Doigt, Main, Os, Pied.*

PHALLUS *n. m.* **1**◆ Membre viril en érection, pénis érigé. **2**◆ Sa représentation, symbole de la fécondité et de la toute-puissance du vivant. **3**◆ *Architect. Phallus transcendant* : pointant le ciel et les dieux, métaphore de la pierre dressée (Benben), flamme des bâtisseurs. *Voir Érection, Frein, Gland, Pénis, Prépuce, Sexe, Verge.*

PHARYNX *n. m.* ◆ ☛ Canal situé à l'avant des premières vertèbres cervicales, que l'on peut explorer, bouche grande ouverte, derrière l'isthme du gosier. Il communique à l'avant avec la bouche, en haut avec les fosses nasales et en bas avec le larynx. Le pharynx est ainsi le passage commun vers les voies respiratoires et vers les voies digestives. Sa muqueuse renferme de petits organites constitués de tissu lymphoïde communément appelés tonsilles ou amygdales. Celles-ci jouent un rôle important dans la défense immunitaire en luttant contre les agents infectieux contenus dans l'air ou les aliments. On distingue les amygdales palatines, visibles de part et d'autre du fond de la gorge, les amygdales pharyngées (« adénoïdes ») qui se trouvent dans la voûte du pharynx aux abords des fosses nasales, les amygdales tubaires sur les côtés et les amygdales linguales à la base de la langue. *Voir Amygdale, Bouche, Larynx.*

PHYSIQUE *adj.* et *n. m.* **1**◆ *Spécialt.* Qui concerne les propriétés et les attributs du corps humain. *Caractères physiques, forme physique, éducation physique, effort physique.* **2**◆ Lié au corps, et pas au sentiment. *Répulsion physique* : incontrôlable. *Désir physique* : attirance sexuelle. *Amour physique* : passion charnelle. *Plaisir physique* : bonheur sensuel. **3**◆ Apparence de la personne, ses caractéristiques extérieures. *Un physique engageant. « Il n'y a pas que le physique qui compte. »* (OBÉLIX)

PIED *n. m.* Partie du corps humain sur laquelle il repose, debout, et grâce à laquelle il marche, danse, court, saute et joue au football. Chez l'homme, en principe, les pieds sont deux, ce qui est de loin préférable pour garder l'équilibre. *Pied gauche, pied droit. Pied grec, égyptien, fin, cambré, plat.*

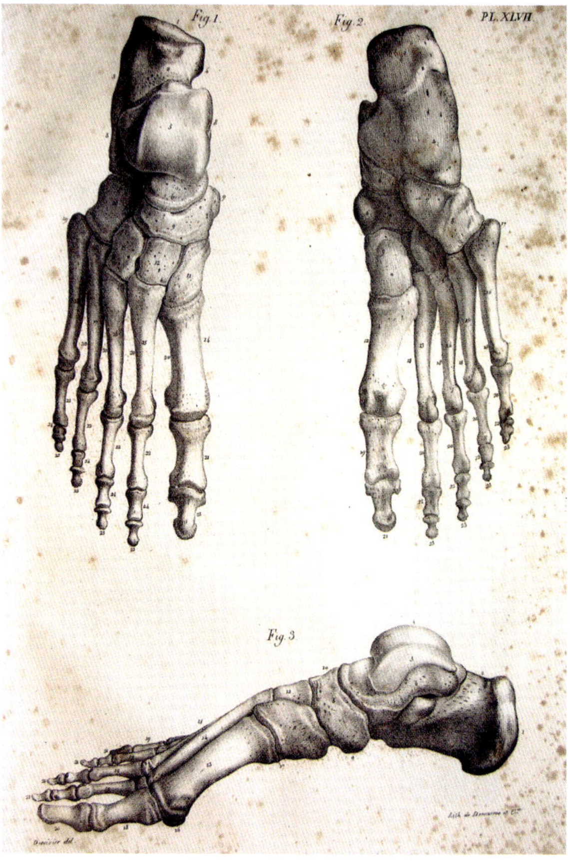

149. Squelette du pied, Jules Cloquet, *Anatomie de l'homme*, 1828.

Grand pied : Berthe. *Pieds des petits* : petons. *Petits, petons, petits, petons… Pieds nus, nu-pieds* : sans chaussures. *D'un pied sur l'autre ou à pieds joints. À pied* : en marchant. *À cloche-pied* : en sautillant sur un pied. *D'aplomb sur ses deux pieds. Les pieds sur terre* : preuve à l'appui. *Mettre pied à terre* : descendre de cheval. *Du bout du pied* : négligemment. *Faire des pieds et des mains* : en venir aux extrémités, se démener. *Faire un pied de nez* : se moquer. *Traîner les pieds* : rechigner. *Avoir bon pied, bon œil* : être en bonne santé. *Sentir des pieds* : puer. *Loc. Avoir les deux pieds dans le même sabot* : être empoté. *Bête comme ses pieds* : trop bête. *Casse-pieds* : emmerdeur. *Coup de pied au cul ! Fam. C'est le pied* : c'est super. *Fig. Prendre son pied* : jouir. *Syn. fam.* Panard, patte, pinceau, ripaton. *« Je crois que j'ai trouvé chaussure à mon pied… »* (CENDRILLON)

◆ Troisième segment du membre inférieur en partant du tronc, après la cuisse et la jambe. Le squelette du pied comprend les os du tarse, du métatarse et des phalanges. Le tarse, squelette de la cheville, est constitué de sept os s'articulant. Deux d'entre eux sont plus gros que les autres, devant soutenir le poids du corps : l'astragale, articulée avec les os de la jambe, et le calcanéum en contact direct avec le plan d'appui. Devant eux sont alignés les autres os du tarse, qui jouent un rôle fondamental dans les mouvements de flexion et d'extension de la cheville. À l'avant du tarse, cinq autres os constituent le squelette de la plante du pied : les os métatarsiens. Ils s'articulent à leur tour avec les phalanges qui forment, comme celles de la main, le squelette des doigts du pied. Se succèdent en série : cinq phalanges proximales, cinq intermédiaires (phalangines) et quatre phalanges distales (phalangettes). La phalangette du gros orteil n'existe pas. Les os métatarsiens ainsi que les phalanges sont articulés entre eux et pourvus de ligaments spécifiques. Ils donnent également insertion aux muscles qui permettent les mouvements de flexion dorsale et ventrale du pied, son inclination latérale et médiale, ainsi que la flexion et l'extension des orteils. ***Voir Astragale, Calcanéum, Phalange, Squelette, Tarse.***

PILEUX, EUSE *adj.* Qui concerne le poil, les poils. *Système pileux.* ***Voir Poil.***

PIPI *n. m.* **1**◆ *Fam.* Urine, plutôt chez les enfants. **2**◆ *Fam.* ou *enf. Faire pipi* : uriner. *Faire pipi dans sa culotte, au lit. Avoir très envie de faire pipi. Un gros pipi, un petit pipi, un pipi pour la route. « Pipi caca boudin prout. »* (TOUS LES ENFANTS) ***Voir Urine, Uriner.***

PIQÛRE *n. f.* **1**◆ Blessure faite par un objet, une plante ou un animal qui pique, comme le moustique ou le porc-épic. **2**◆ *Faire une piqûre.* Faire exprès d'introduire une aiguille creuse dans une partie du corps, soit pour y prélever du sang ou une autre substance organique, soit pour injecter un médicament. *Piqûre dans la fesse* : intramusculaire. *Piqûre dans la veine* : intraveineuse. **3**◆ *Fig. Piqûre de rappel* : pour rafraîchir la mémoire.

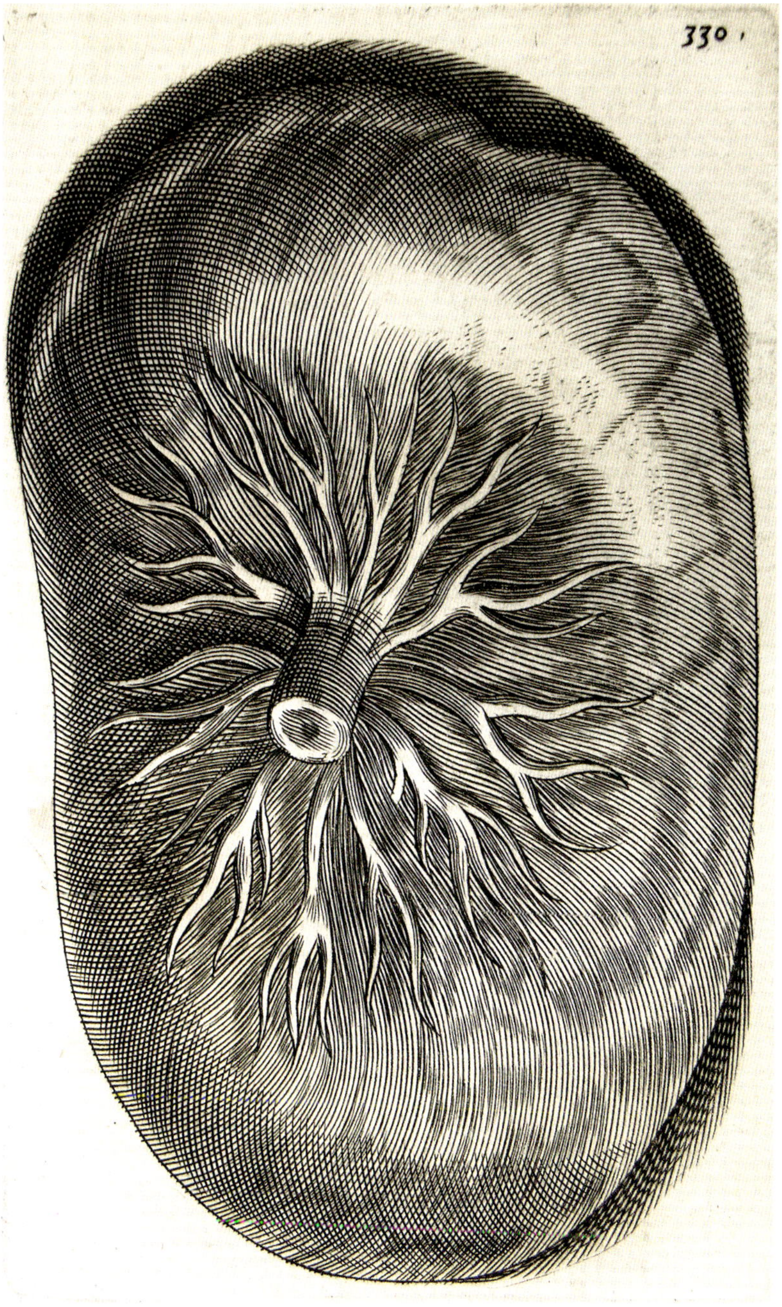

150. Placenta, Bartholini, *Anatomia renovata*, 1677.

PLACENTA *n. m.* Tissu épais et spongieux, très vascularisé et adhérent à la paroi interne de l'utérus, qui nourrit le fœtus auquel il est relié par le cordon ombilical. Il est expulsé pendant l'accouchement, dans la délivrance. ***Voir Accouchement, Fœtus, Grossesse, Utérus.***

PLAN (AMÉRICAIN) *n. m.* Composition d'une image dans laquelle le corps du sujet est coupé à mi-cuisses, sans saigner. *Cadrage en plan américain.* ***Voir Mi-corps, Position.***

Planche LIX : Pieds en famille, père, mère & filles

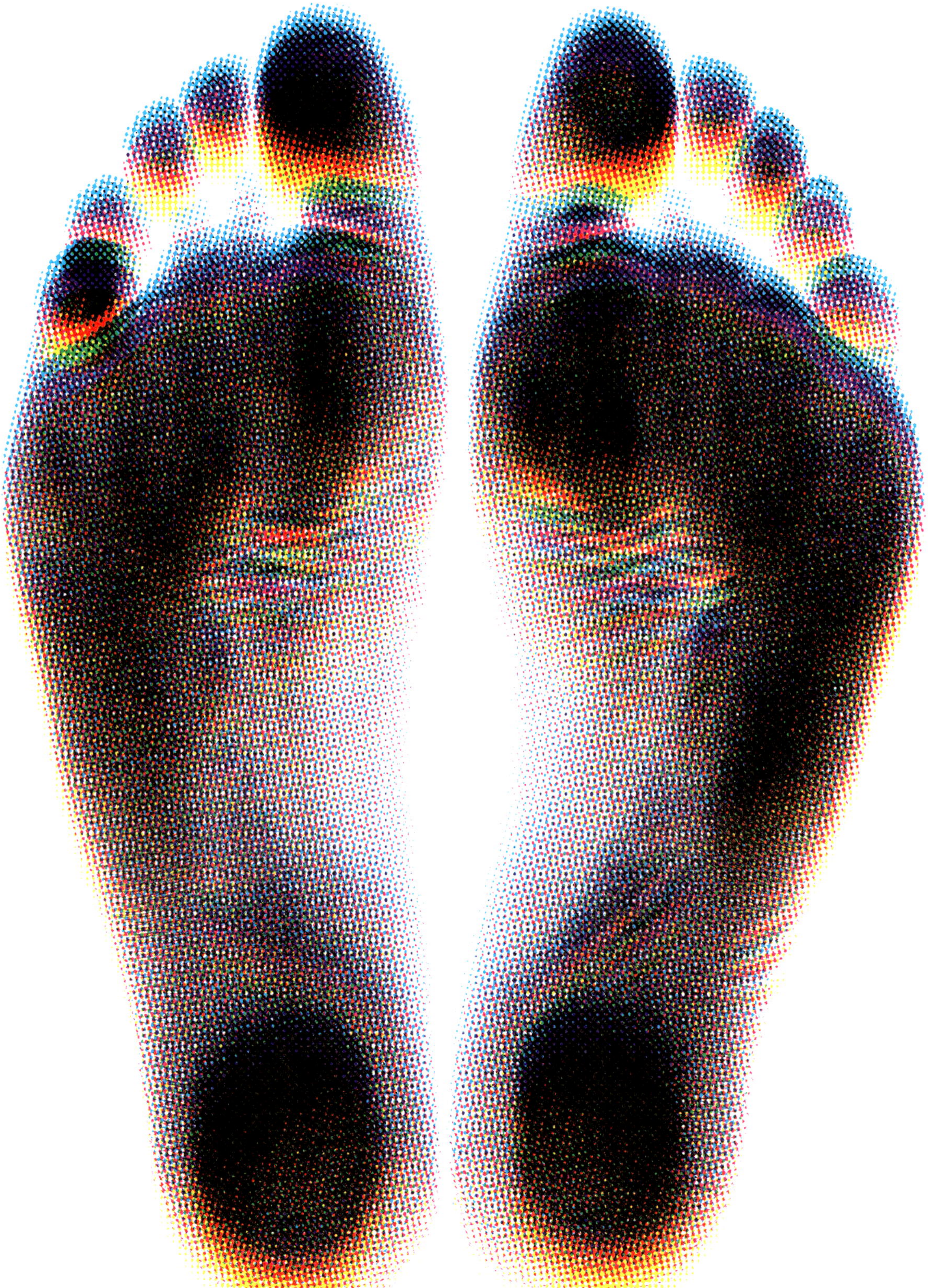

Pointure 45

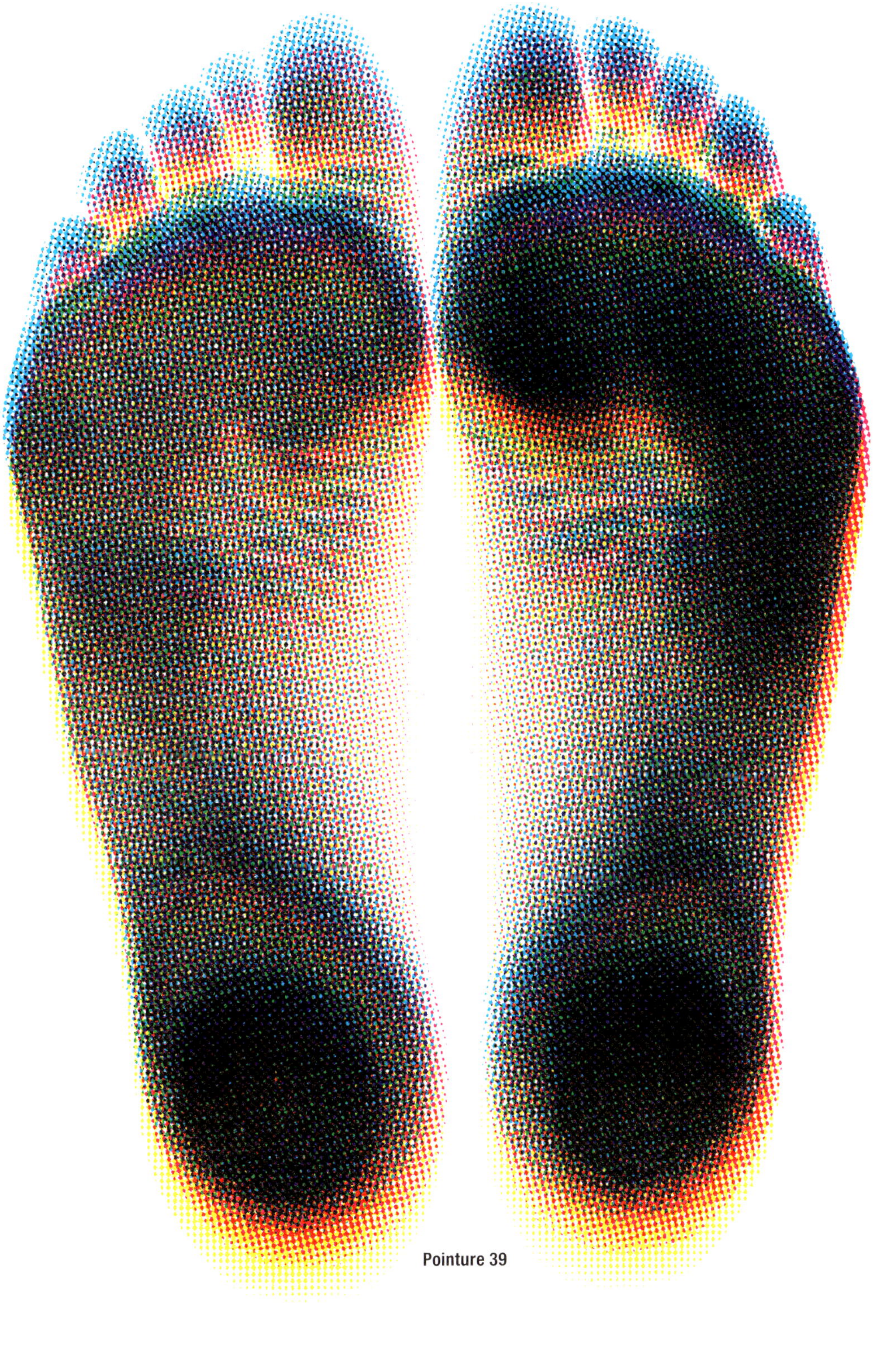

Pointure 39

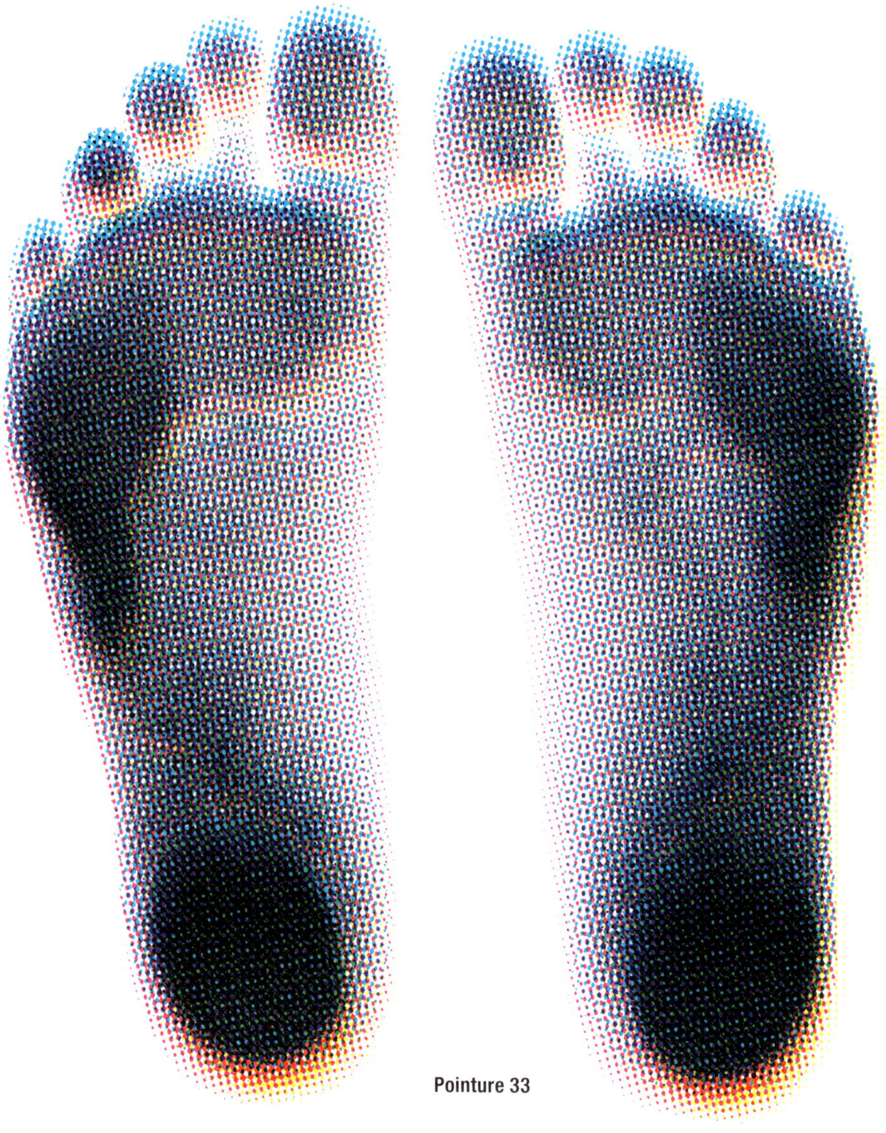

Pointure 33

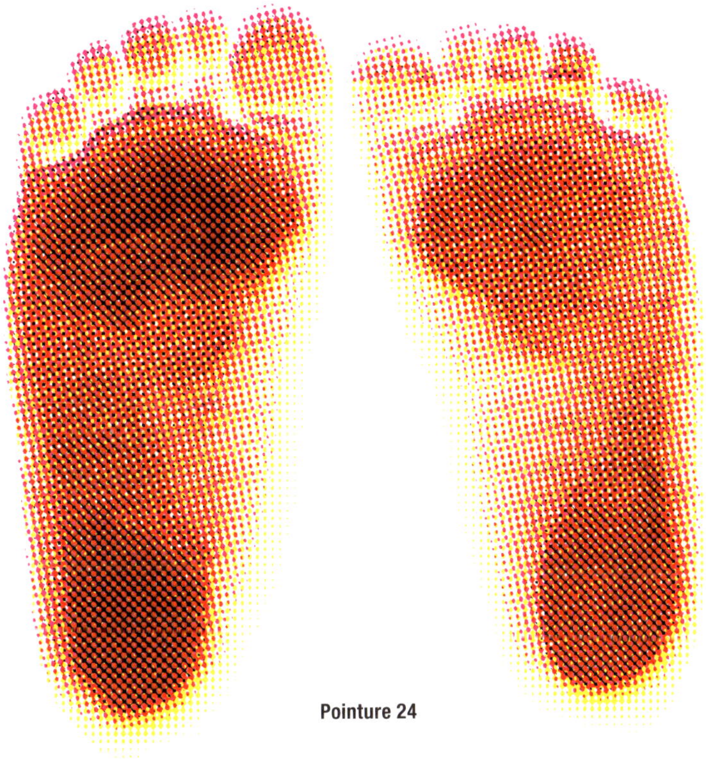

Pointure 24

151. Poils plantés là.

PLASTIQUE *adj.* et *n. f.* **1**◆ *Spécialt.* Qui concerne les formes du corps, qui les modèle. *Chirurgie plastique.* **2**◆ *Art. La plastique* : qualité sculpturale d'un corps. Beauté de ses formes, artistiquement parlant. « *Cette femme obèse et ce grand homme maigre ont tous deux une plastique exceptionnelle. Je veux les voir à l'atelier.* » (Lucian Freud)

PLEURS *n. f. pl.* Larmes coulant à flots. « *J'aime à les laisser lasses et toutes en pleurs.* » (Don Juan) ***Voir Lacrymal, Larmes.***

PLÈVRE *n. f.* Double membrane des poumons, de première importance dans la respiration. ***Voir Cage thoracique, Poumon.***

POIDS *n. m.* **1**◆ Masse du corps et sa pesanteur. C'est souvent une balance qui donne le poids d'une personne. Certains échangeraient bien le poids pour l'ombre, d'aucuns préféreraient le mettre au secret, d'autres encore s'en moquent… **2**◆ Au classement des boxeurs, il y a deux poids, deux mesures : *poids mouche, poids coq, poids plume, poids léger, mi-moyen, poids moyen, mi-lourd, poids lourd* : **3**◆ *Prendre du poids* : grossir. *Perdre du poids* : maigrir. « *Et toi, tu surveilles ton poids ?* » (La fée Clochette) ***Voir Kilogramme.***

POIGNET *n. m.* Articulation de la main avec l'avant-bras. Le squelette du poignet est formé par le carpe, poisson d'étang très recherché car très combatif, et constitué de huit petits os. Au poignet, on prend volontiers le pouls, battement du cœur. *À la force du poignet* : par sa seule énergie. *Coup de poignet du pêcheur* : geste vif pour ferrer le poisson. *Poignets et chevilles* : attaches des extrémités. « *Si les poignets sont fins, les chevilles le seront.* » (Amateur anonyme) ***Voir Articulation, Avant-bras, Main.***

POIL *n. m.* **1**◆ Fil vivant du corps, fin et soyeux, plus ou moins bouclé, qui n'est ni un cheveu, ni un cil et se trouve inégalement reparti sur l'épiderme des hommes et des femmes. Indéniablement, il est présent dans des proportions très variables, du glabre au velu, en quelque sorte. *Poil fin, duveteux, brillant, frisé, épais.* **2**◆ *Le poil* : tous poils compris. *Avoir du poil. Avoir le poil long* : avoir besoin d'une coupe de cheveux ou d'un rasage, voire d'une épilation. *Touffe de poils* : bouquet pileux. *Fig. Caresser dans le sens du poil* : flatter quelqu'un. *Avoir un poil dans la main* : être paresseux. *Hérisser le poil* : énerver quelqu'un. **3**◆ *Propriocept.* Outil précieux pour la perception de son propre corps dans l'espace, en pleine acrobatie, par exemple, grâce au mouvement de l'air et à la sueur à condition d'être au moins torse nu. **4**◆ *À poil* : tout nu, en costume de peau. « *Princesse, poil aux fesses, prince charmant, poil aux dents, grand roi, poil au doigt, petite reine, poil à l'aine, jamais déchus, poil au…* » (Voltaire)

◆ ☛ Les poils sont, avec les ongles et les glandes sébacées et sudoripares, les annexes cutanées (phanères) de l'épiderme, couche la plus superficielle de la peau.

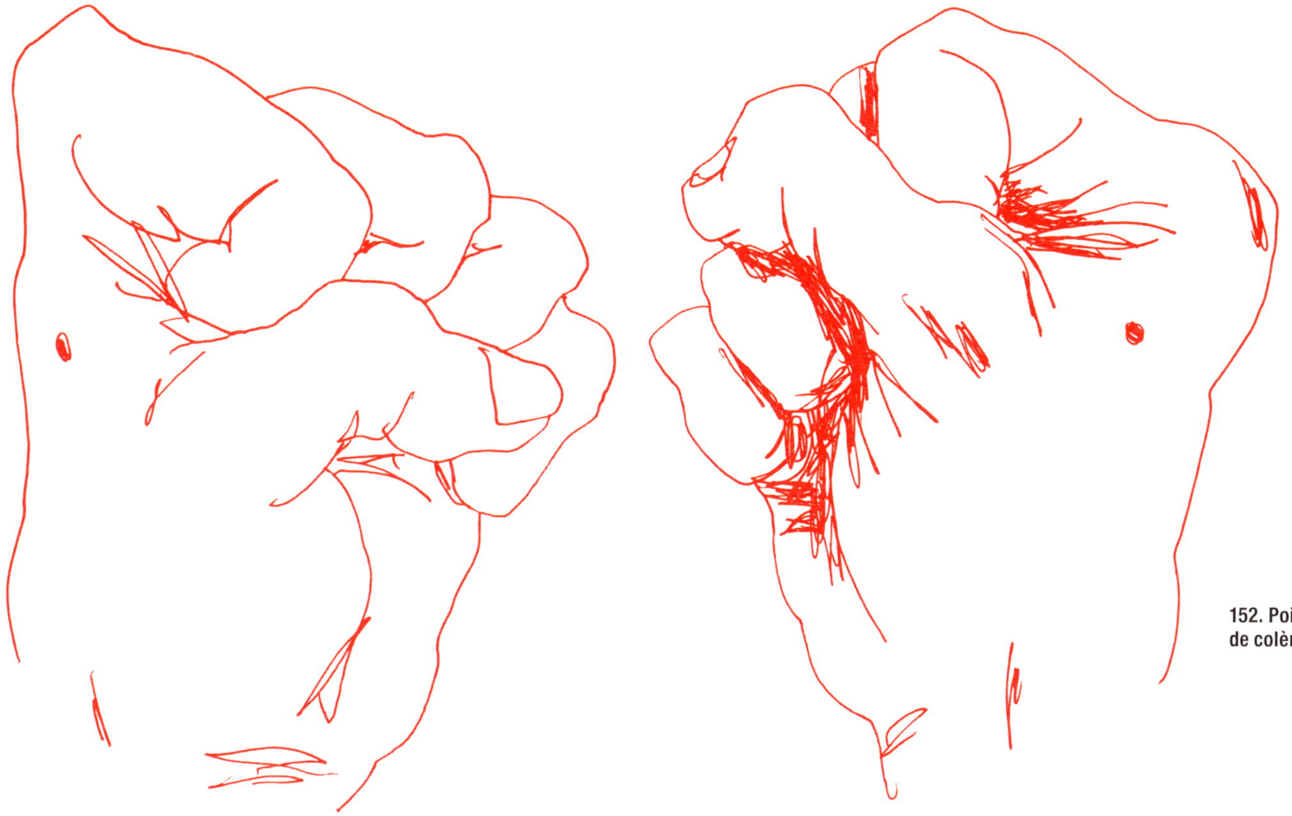

152. Poings de colère.

Ce sont des filaments de différentes longueurs répartis sur toute la surface du corps, à l'exception de quelques zones restreintes comme la paume des mains et la plante des pieds, les lèvres, le prépuce et la surface interne de la vulve. Le nombre et la longueur des poils varient considérablement d'un individu à l'autre et en fonction du sexe. Leur apparence varie avec l'âge : minces comme un duvet durant les trois derniers mois de la vie intra-utérine, fins et incolores après la naissance, longs et différemment pigmentés pendant la croissance et l'âge adulte. En vieillissant, ils commencent à blanchir à cause d'une réduction progressive des pigments. Chaque poil est doté à sa base d'un bulbe pileux qui assure sa croissance. Si le poil est arraché, il peut repousser grâce à ce bulbe, resté en place. Aux poils sont annexés les glandes sébacées et les muscles érecteurs du poil (horripilateurs). Ces glandes produisent le « sébum » qui lubrifie le poil et répartit aussi à la surface de la peau une couche protectrice. Ces muscles, qui se contractent sous l'effet du froid ou de la peur, font dresser le poil et provoquent la chair de poule. Le poil est un amplificateur des perceptions tactiles. À sa base se trouvent des terminaisons nerveuses, enroulées en spirales. Il suffit d'effleurer un poil pour que celui-ci puisse transmettre, en se courbant, sa tension à cette fibre nerveuse qui envoie à son tour un stimulus au cortex cérébral. ***Voir Cheveu, Hirsutisme, Ongle, Peau, Poilu, Pore.***

POILU, E *adj.* Franchement pourvu de poils. Au système pileux abondant, à forte pilosité. *« Oh, mon Dieu ! Comme il est poilu, mon prince ! »* (La Belle au bois dormant) ***Voir Hirsute, Poil.***

POING *n. m.* Main fermée serrée, doigts repliés sur la paume. *Fig. Dormir à poings fermés* : profondément. Coup de poing. *« Tu veux mon poing dans la figure ? »* (Popeye) ***Voir Doigt, Main, Paume.***

POINTURE *n. f.* **1**◆ Taille du pied, sa dimension en longueur. **2**◆ *Fig. Être une pointure* : une référence. Voir planches LIX et LX. ***Voir Pied, Taille.***

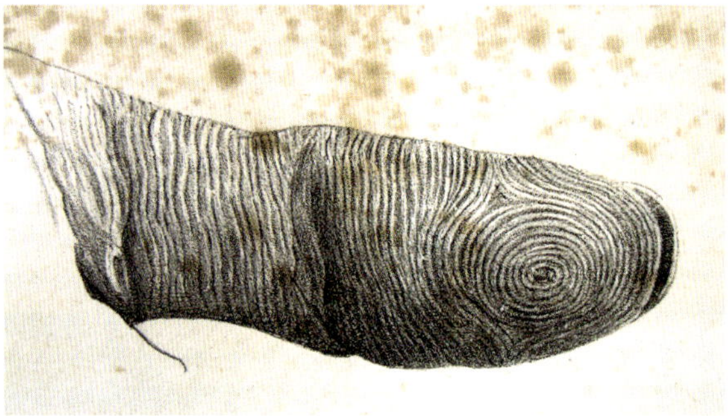

153. Pouce, Jules Cloquet, *Anatomie de l'homme*, 1828.

POITRINE *n. f.* **1**◆ Partie du corps habillant avantageusement la cage thoracique, des épaules à l'abdomen. La poitrine contient les joyaux du cœur et des poumons. Sa frontière est gardée par le diaphragme. *Tour de poitrine* : mesure au point le plus large de la poitrine dans l'inspiration. *Syn. fam.* Coffre. Avoir du coffre, avoir du souffle. **2**◆ Partie avant du thorax, dont les vedettes sont les deux seins, devant le sternum et les côtes. *Poitrine large, souvent poilue des hommes. Poitrine découverte* : nue. *Gonfler la poitrine* : se montrer à son avantage. *Sortir la poitrine* : se redresser. *« Sors la poitrine, tu trotteras mieux ! »* (L'INSTRUCTEUR D'ÉQUITATION) **3**◆ Seins eux-mêmes, le plus souvent ceux des femmes. *Poitrine plate, menue, généreuse, opulente, énorme. Avoir de la poitrine, ou pas, se laisser pousser les seins. Loc. fam. Il y a du monde au balcon* : avoir beaucoup de poitrine. ***Voir Buste, Cage thoracique, Cœur, Diaphragme, Médiastin, Poumon, Sein.***

POMMETTE *n. f.* Partie plus saillante du haut de la joue, plus ou moins marquée selon les personnes. *Pommettes roses, poudrées.* ***Voir Joue, Zygomatique.***

PORE *n. m.* Minuscule orifice de la peau par où sortent les sécrétions des glandes sudoripares. Orifice de chaque glande sébacée, s'accompagnant d'un poil. *Pores dilatés sous la vapeur* : pour un nettoyage de peau. *Pores obstrués* : en cas d'acné bourgeonnante. *Fig. Par tous les pores de la peau* : de tout son être. ***Voir Orifice, Peau, Poil.***

POSE *n. f.* **1**◆ Attitude du corps dans sa station debout, assise ou couchée. *Prendre des poses* : s'y croire, se la jouer. **2**◆ Position adoptée par le modèle vivant que l'on dessine. *Garder la pose* : jusqu'à la crampe. *Pose courte, longue.* ***Voir Attitude, Maintien, Modèle, Position, Posture.***

POSITION *n. f.* **1**◆ Attitude du corps, debout, assis ou couché. **2**◆ *Érot. Positions amoureuses* : *Kâmasûtra*, ouvrage de référence.
◆ ☛ En anatomie, chaque position ou mouvement d'une partie du corps se rapporte aux trois plans de l'espace : le plan sagittal (d'avant en arrière, verticalement), le plan frontal (perpendiculaire au précédent, soit de face, verticalement), et le plan horizontal ou transversal (perpendiculaire aux deux précédents). Sur le plan sagittal se développent les mouvements de flexion et d'extension. Sur le plan frontal se développent les mouvements d'inclinaison latérale. Sur le plan horizontal se développent les mouvements de torsion ou de rotation. ***Voir Pose, Posture, Sexe.***

POSTURE *n. f.* Manière d'être particulière dans son maintien. Position surprenante ou artificielle. La posture en dit long sur le comportement en société ou les habitudes d'une personne. ***Voir Pose, Position.***

POTELÉ, E *adj.* Joufflu de partout. Qui a un peu d'embonpoint sans être gros. *« Pour avoir un bébé potelé, de lait il faut l'abreuver. »* (PERRETTE)

POUCE *n. m.* Premier des cinq doigts de la main, nettement plus court et plus large que les autres. Le pouce fait bande à part et va même jusqu'à s'opposer dans la prise de position. D'ailleurs, il a une phalange de moins. *Pouce du pied* : gros orteil, non opposable chez l'homme. *Fig. fam. Se tourner les pouces* : ne rien faire. *Manger sur le pouce* : manger rapidement. *Pouce !* : Stop ! ***Voir Annulaire, Auriculaire, Doigt, Index, Main, Majeur, Phalange.***

POULS *n. m.* Battement d'une artère, qui donne le rythme cardiaque et l'intensité du flot sanguin expulsé du cœur. *Prendre le pouls* : compter le nombre de pulsations

154. Postures dansées, d'après *Pina* de Wim Wenders.

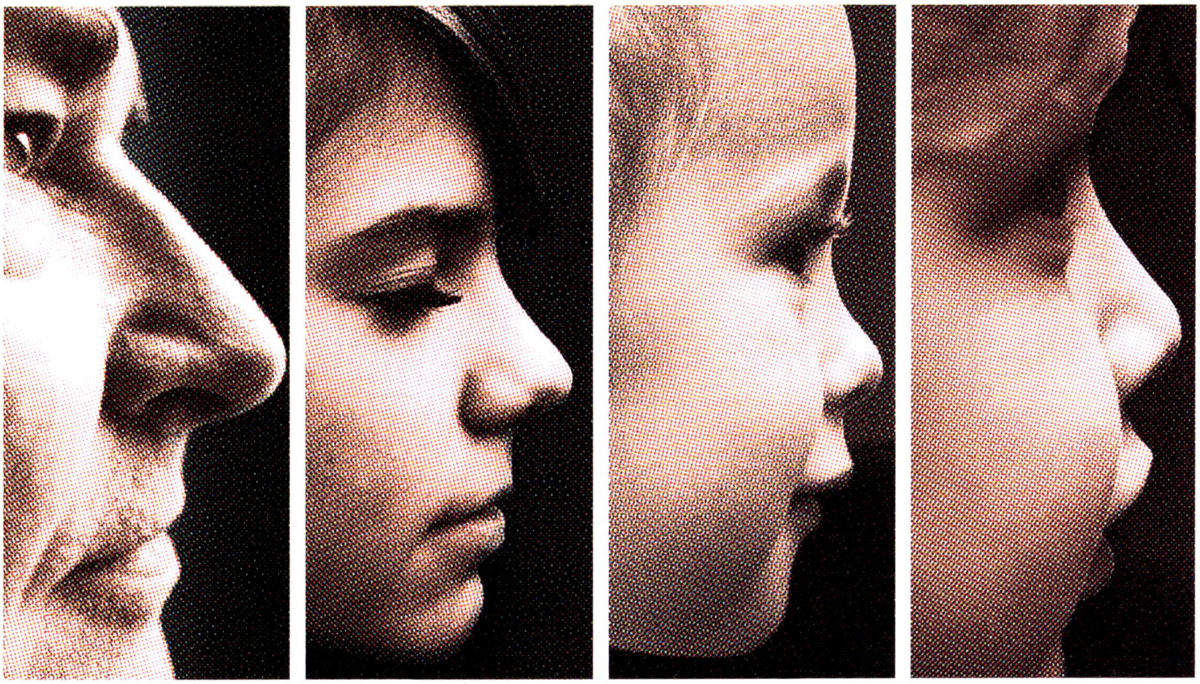

155. Profils variés à la Bertillon.

par minute (soixante-douze environ, au repos). Perceptible au toucher, le pouls se prend surtout au poignet ou dans le cou. *Pouls rapide, lent, régulier, saccadé, imperceptible, interrompu. « Tâtez donc mon pouls, monsieur, mon émoi est sincère ! »* (Mme de Pompadour) ***Voir Cœur, Pulsation, Sang.***

POUMON *n. m.* Bol d'air du corps.

◆ Organes pairs de la respiration. Pour exercer leur activité métabolique, tous les tissus et les organes du corps absorbent l'oxygène véhiculé par le sang et y rejettent l'anhydride carbonique (dioxyde de carbone). Les poumons ont pour tâche d'approvisionner le sang en oxygène et d'éliminer le dioxyde de carbone accumulé. Ce processus advient dans la respiration, grâce aux bronches, conduits de l'arbre respiratoire occupant la totalité des lobes pulmonaires : l'air inspiré parcourt les plus fines ramifications des bronches jusqu'à arriver aux alvéoles où s'effectue l'échange d'oxygène et de dioxyde de carbone. Les poumons droit et gauche occupent les cavités respectives du thorax, enveloppés par la plèvre. Cette membrane a deux feuillets, l'un adhérent à la cage thoracique, l'autre aux poumons. Entre les deux se trouve un vide pneumatique. Les poumons suivent ainsi les mouvements d'expansion et de réduction de la cage thoracique (successivement dans l'inspiration et dans l'expiration), se gonflant et se dégonflant. La dilatation des poumons génère à son tour un vide dans les alvéoles pulmonaires et provoque une arrivée d'air. La respiration s'opère grâce au retour élastique de chaque alvéole pulmonaire. *Voir planche LXI.* ***Voir Alvéole, Bronche, Cage thoracique, Diaphragme, Plèvre.***

PRÉPUCE *n. m.* Repli de peau fine qui habille le gland du pénis. ***Voir Érection, Frein, Gland, Penis.***

PROFIL *n. m.* Alternative à la vue de face, autant que la vue de dos. Pour le portrait du visage, le profil lui est d'ailleurs souvent préféré, a vue de nez. *De profil* : vu de côté. *Sous son meilleur profil* : à son avantage. ***Voir Face, Nez.***

PLANCHE LXI : POUMONS NON FUMEURS

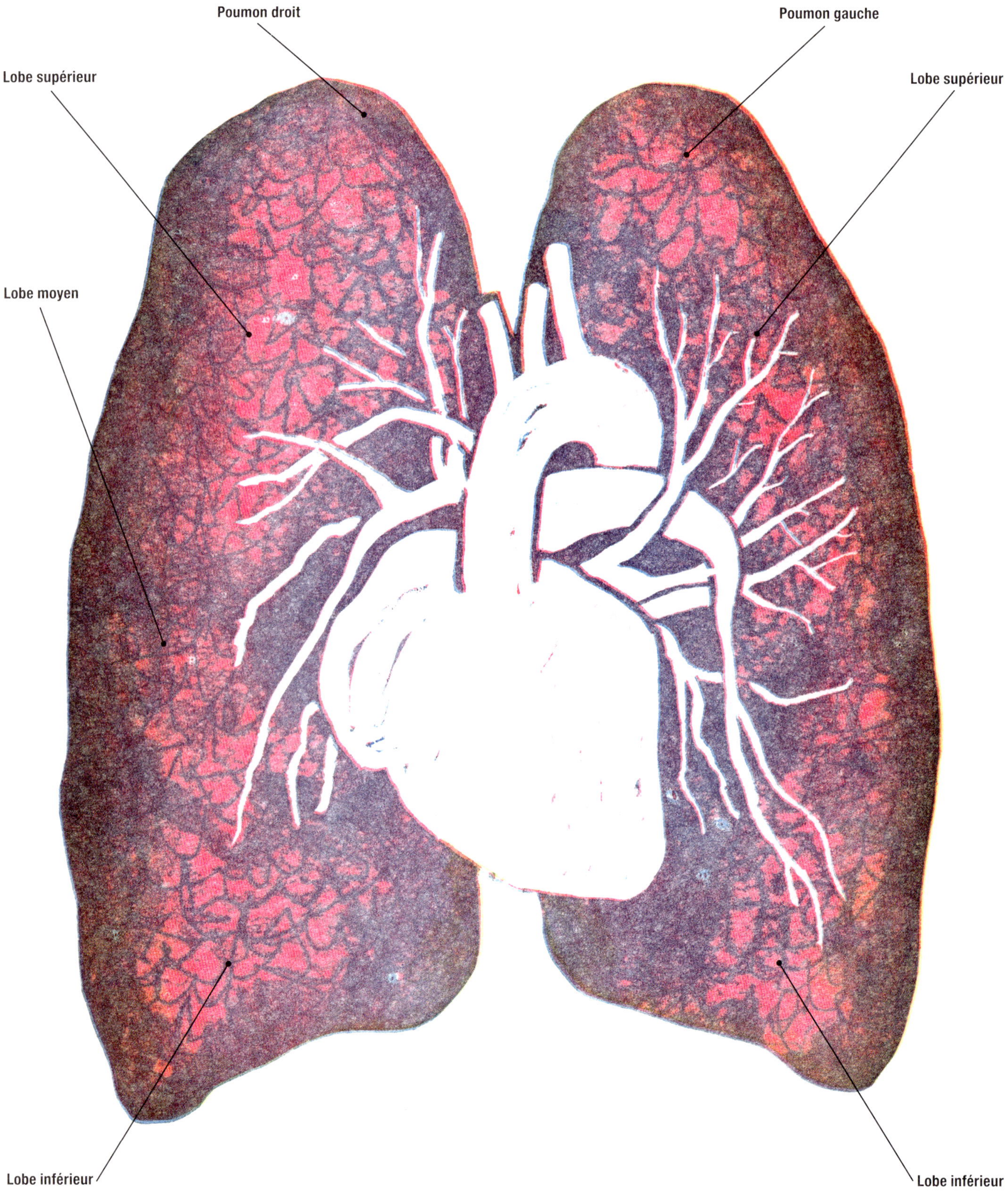

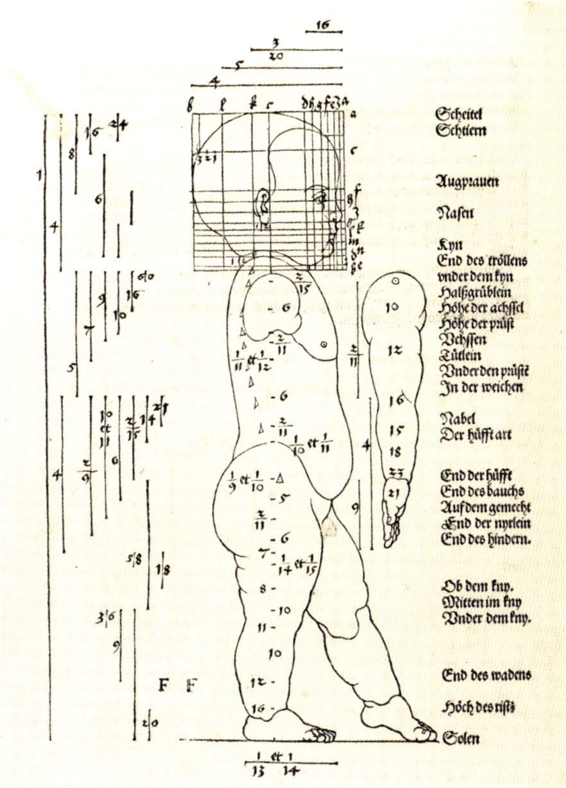

156. Proportions de l'enfant, Dürer, *Vier Bücher von menschlider Proportion*, 1528.

PROPORTION *n. f. Spécialt.* Rapport de taille entre les différentes parties du corps ou bien entre une de ces parties et le tout. Entre la tête et le ventre, le nez et l'oreille, les fesses et les seins, les yeux et le visage. *Toutes proportions gardées* : en étant raisonnable. Libérée des canons, la beauté se fiche de toutes proportions garder. *Voir Canon.*

PROPRIOCEPTION *n. f.* ◆ ☛ Faculté sensible particulière qui permet à un être humain de situer son corps dans l'espace. Elle s'exerce grâce aux informations transmises par les os, les muscles et les articulations, qui signalent aux centres nerveux chaque variation de position de l'organisme. Les stimuli proprioceptifs partent des pressions exercées sur les os, des tensions appliquées aux capsules des articulations ou aux ligaments, des contractions et tractions des muscles squelettiques. Ils signalent alors aux centres nerveux l'état fonctionnel de ces tissus et suscitent en même temps une réponse motrice. Le maintien de l'équilibre, quand on est immobile ou bien en mouvement, résulte donc d'un jeu continuel de contractions et de relaxations musculaires contrôlé par une série ininterrompue de stimuli proprioceptifs.

PROSTATE *n. f.* Glande impaire, annexe de l'appareil génital masculin. Traversée par l'urètre qui y reçoit l'arrivée des conduits éjaculateurs, la prostate ajoute sa propre sécrétion dans la fabrication du sperme. *Voir Glande, Sperme, Urètre.*

PROUT *interj.* et *n. m.* Onomat. **1**◆ Bruit du pet. **2**◆ Pet tout court, chez les enfants. *« Ça sent le prout, ici ! C'est toi, monsieur ? »* (ARTHUR) *Voir Flatulence, Pet.*

PUBERTÉ *n. f.* Grand saut entre l'enfance et l'adolescence. Admission définitive dans le grand bain, grâce à l'achèvement de la maturation sexuelle. La puberté signe la capacité à se reproduire et l'affirmation des caractères sexuels secondaires. *Voir Femme, Homme, Sexe.*

PUBIS *n. m.* **1**◆ Petite région vallonnée du bas-ventre sous la protection des plis de l'aine, dotée chez la femme d'une colline qui s'appelle mont de Vénus (ou pénil). *Poils au pubis* : poils pubiens. **2**◆ Os du bassin, partie de l'os iliaque. *Voir Bassin, Hanche.*

PULMONAIRE *adj.* Relatif au poumon.

PULPE *n. f.* **1**◆ Partie charnue et tendre du corps, sa chair même. *Créature pulpeuse* : à la chair appétissante. **2**◆ Chair du bout du doigt, en face interne. *Voir Doigt, Ongle.*

PULSATION *n. f.* Battement du pouls. *Pulsation cardiaque, artérielle. Voir Cœur, Pouls.*

PUPILLE *n. f.* Trou noir au beau milieu de l'iris de chaque œil. C'est par les pupilles que les rayons lumineux passent dans le globe oculaire. Sans elles, on n'y voit rien. *Syn.* Prunelle. *Voir Iris, Œil.*

PUS *n. m.* Liquide épais et jaunâtre qui suinte d'une plaie infectée, quand l'organisme livre bataille. *Voir Humeur.*

PUSTULE *n. f. Voir Acné, Bouton, Furoncle.*

157. Pupille bien dilatée.

Quatre pattes sans queue ni tête

QUADRICEPS *n. m.* Muscle à quatre chefs, très puissant et volumineux.
◆ ☛ Muscle de la partie antérieure de la cuisse, pourvu de quatre faisceaux musculaires distincts, dont les tendons se terminent par quatre insertions osseuses. Extenseur de la jambe. ***Voir Biceps, Cuisse, Muscle, Triceps.***

QUADRUPLÉS, ÉES *n. pl.* Jumeaux ou jumelles au nombre de quatre, monozygotes ou dizygotes. ***Voir Jumeaux, Quintuplés, Sextuplés, Triplés.***

QUANT-À-SOI *n. m. inv.* Sentiments immuables que l'on garde pour soi, au chaud dans son for intérieur, juste derrière la tige pituitaire. ***Voir Intérieur, Intimité.***

QUÉQUETTE *n. f.* **1**◆ *Fam.* Nom familier et affectueux donné par les enfants au pénis, le leur, comme celui des autres. *Syn. fam.* Bistouquette, kiki, moineau, zizi. **2**◆ *Exclamat. Quéquette !* : rien du tout ! ***Voir Pénis, Zizi.***

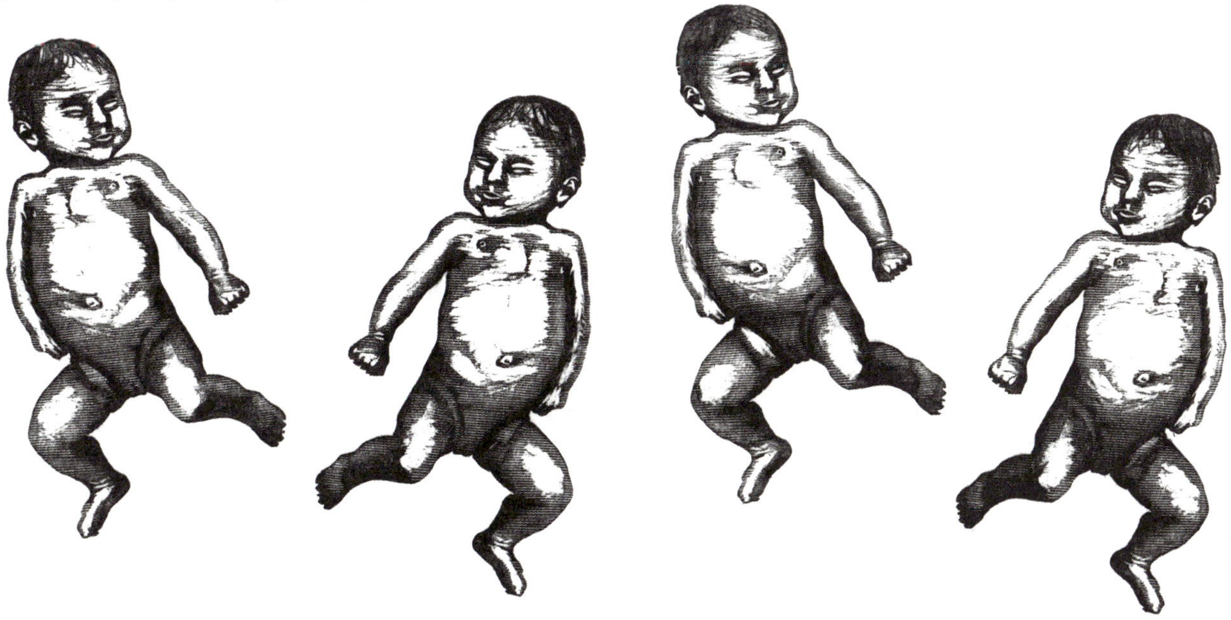

158. Vraies quadruplées.

159. Vraies quintuplées.

QUEUE *n. f.* **1**◆ *Zool.* Appendice mobile, plus ou moins long, élégamment situé en haut des fesses, juste au-dessus de l'anus. Prolongement de la colonne vertébrale, composé des vertèbres coccygiennes. La queue joue un rôle important dans l'équilibre, notamment, chez les singes. Chez l'homme, le nombre de ces vertèbres est trop réduit pour pouvoir faire une queue. Dommage. **2**◆ *Fam.* Membre viril. **3**◆ *Faire la queue* : attendre sagement alignés. *À la queue leu leu* : en file indienne. **4**◆ *Queue de cheval* : coiffure de consolation pour cheveux lisses uniquement, plate imitation de la magnifique queue du quadrupède. *« Elle se fit une queue de cheval, et partit au trot. »* (Colonel Jousseaume) ***Voir Coiffure.***

QUINTE *n. f.* Toux à répétition, rouge ou noire, revenant précisément toutes les cinq heures. ***Voir Toux.***

QUINTUPLÉS, ÉES *n. pl.* Jumeaux ou jumelles au nombre de cinq, monozygotes ou dizygotes. ***Voir Jumeaux, Quadruplés, Sextuplés, Triplés.***

160. Queues de cheval.

RACHIS *n. m.* ◆ ☛ Axe complexe du squelette composé de la colonne vertébrale, de ses nombreuses articulations et de muscles puissants qui lui confèrent stabilité et grande mobilité. On distingue un rachis cervical (sept vertèbres cervicales) ; un rachis thoracique (douze vertèbres thoraciques ou dorsales) ; un lombaire (cinq vertèbres lombaires) ; un sacré (cinq vertèbres sacrées soudées en un seul os, le sacrum) et un coccygien (trois-quatre vertèbres coccygiennes). Le rachis soutient la tête à son sommet et le tronc sur l'avant ; il renferme le canal vertébral qui contient la moelle épinière. D'apparence sinueuse, il présente sur l'avant une alternance de courbures concaves (au niveau des vertèbres thoraciques et des sacrées) et convexes (au niveau des vertèbres cervicales et des lombaires). Ce mouvement sinusoïdal lui confère une plus grande résistance aux pressions verticales. Le rachis cervical compose le squelette du cou. Il est doté de vertèbres relativement petites et possède une grande mobilité (flexion, extension, inclinaison latérale et rotation). Le rachis thoracique est moins mobile car ses mouvements sont limités par la cage thoracique. Alors que le rachis lombaire est mobile, le rachis sacré est totalement immobile puisque soudé. Le rachis coccygien dispose, quant à lui, d'une certaine mobilité (flexion et extension). La mobilité du rachis est favorisée par la présence entre les vertèbres de disques intervertébraux constitués d'une capsule fibreuse qui renferme un noyau gélatineux majoritairement aqueux. Tel un coussinet d'eau, le disque intervertébral favorise l'inclinaison de la colonne en s'amincissant du côté de la flexion et en se gonflant du côté opposé à l'extension. Un nombre élevé de faisceaux musculaires verticaux tendus entre chaque vertèbre et chaque groupe de vertèbres en favorise l'espacement, réduisant ainsi la compression exercée sur elles par le poids du corps et les charges que ce dernier peut supporter. Il est conseillé, pour cette raison, de fortifier les muscles de la colonne et du dos à titre préventif. ***Voir Articulation, Coccyx, Colonne vertébrale, Dos, Muscle, Vertèbre.***

RACINE *n. f.* **1**◆ Partie du cheveu plantée dans le cuir chevelu, qui le nourrit et le fait pousser continuellement. **2**◆ Partie conique de la dent qui est implantée dans l'os de la mâchoire et recouverte par la gencive jusqu'au collet. **3**◆ Morceau d'un organe qui représente sa base, sa naissance. *Racine du nez* : opposée à son bout. **4**◆ *Plur.*, origine, lieu d'où l'on vient. ***Voir Cheveu, Dent, Gencive, Mâchoire, Organe.***

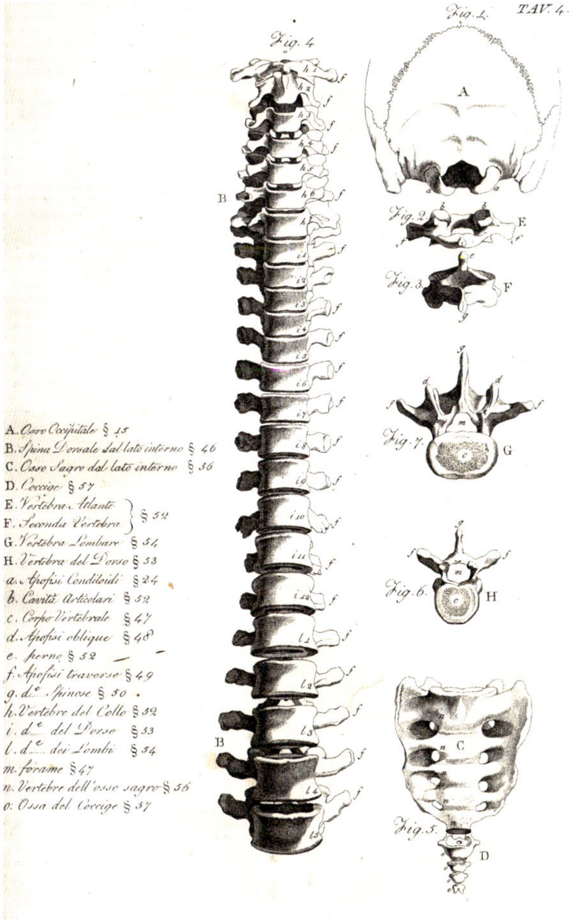

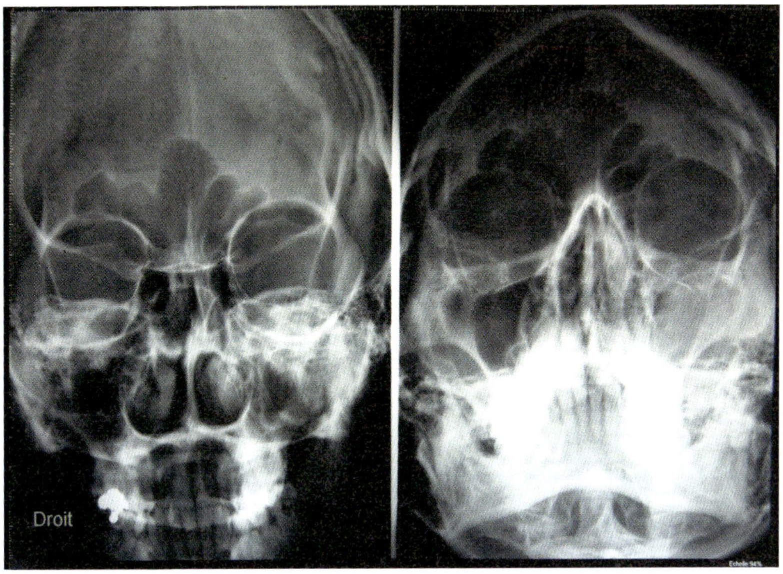

161. Radiographie du crâne.

RADIOGRAPHIE *n. f.* Image photographique de l'intérieur du corps obtenue grâce à sa traversée par les rayons X. Une radiographie offre un voyage en noir et blanc dans les profondeurs, loin des apparences.

RADIUS *n. m.* Os long situé à la partie externe de l'avant-bras, proche voisin du cubitus. *Cubitus-radius.* ***Voir Avant-bras, Cubitus, Os, Squelette.***

RAIE *n. f.* **1**◆ Séparation faite entre les cheveux qui les sépare en deux clans distincts, laissant voir le cuir chevelu. La raie se fait en tirant un trait avec un peigne, en général d'avant en arrière. *Raie sur le côté, raie au milieu.* **2**◆ *Raie des fesses* : sillon interfessier. ***Voir Cheveu, Coiffure, Fesse.***

RAPETISSER *v. intr.* Devenir plus petit, d'une taille inférieure à celle de la veille ou de l'avant-veille. En vieillissant, l'homme rapetisse légèrement, lentement, discrètement. Une bonne potion donne des résultats beaucoup plus spectaculaires. *« J'aime beaucoup voir les hommes rapetisser. »* (La mouche) ***Voir Rachis.***

162. Rachis complet, Del Medico, *Anatomia per uso dei pittori e scultori*, 1811.

RASER *v. tr.* **1**◆ Couper le poil au ras de la peau, plutôt avec un rasoir. *Se raser les joues, le menton, les jambes, les aisselles...* Là où on ne souhaite pas voir un poil dépasser. **2**◆ *Se raser la barbe, la moustache ou les cheveux* : se dépouiller momentanément d'un attribut touffu et remettre sa peau à nu. *« Jacques venait de se raser la moustache, il était méconnaissable, sa bouche paraissait monstrueuse. »* (Adèle Blanc-Sec) ***Voir Barbe, Cheveu, Moustache, Poil.***

163. Rate et ses annexes.

RATE *n. f.* **1**◆ Organe de couleur violacée, voisin de l'estomac, dont le premier travail est de contribuer à la production de sang frais. Sa constitution lui permet selon ses besoins de se contracter ou de se dilater énormément, ce qui en a fait jaser plus d'un. **2**◆ *Hist.* Dans l'ancienne médecine des humeurs, la rate était supposée produire la bile noire ou atrabile, responsable de la mélancolie. *Fig. Se mettre la rate au court-bouillon* : se faire du souci. *Courir comme un dératé* : courir à fond de train. *Dilater la rate* : faire rire. *« J'ai la rate qui se dilate, j'ai le foie raplapla… »* (Gaston Ouvrard*)

◆ Organe lymphoïde logé dans l'hypocondre gauche de l'abdomen, sous le diaphragme et à gauche de l'estomac. La rate est constituée d'une pulpe rouge gorgée de sang, où s'opère la destruction de globules rouges avec la production de l'hémoglobine et d'une pulpe blanche, qui produit surtout des lymphocytes, cellules impliquées dans les défenses immunitaires. Elle n'est pas indispensable à la survie de l'homme qui peut vivre dératé sans présenter de troubles importants. ***Voir Sang.***

RECTAL, E *adj.* Relatif au rectum. *Prendre sa température rectale* : avec un thermomètre dans l'anus (1 minute seulement). *Ampoule rectale* : partie dilatée à l'extrémité du rectum, qui éclaire le passage vers le trou noir de l'anus. ***Voir Anus, Rectum.***

RECTUM *n. m.* Dernière portion du gros intestin, mesurant de 12 à 14 cm, se concluant par l'anus. Le rectum est la salle d'attente des matières fécales en voie d'expulsion. ***Voir Anus, Intestin, Rectal.***

REGARD *n. m.* **1**◆ Orientation des yeux vers quelque chose ou quelqu'un pour mieux le voir et l'observer. **2**◆ Façon de regarder, expression qui l'anime. *Un regard torve, vif, vide, appuyé, absent, fixe, distrait, concentré, naïf, perçant, menaçant, réjoui, sombre, pétillant… Braquer son regard* : regarder façon torche. *Fig. Caresser du regard. Dévorer du regard. « Suivez mon regard ! »* (Rita Hayworth) ***Voir Expression, Œil, Yeux.***

RÈGLES *n. f. pl.* **1**◆ Moment du cycle féminin où l'utérus entreprend son grand ménage périodique en se débarrassant de la partie superficielle et gonflée de sa muqueuse, qui devait servir de nid pour un œuf qui n'est pas au rendez-vous. Sous l'impulsion des hormones sexuelles, l'utérus se contracte afin d'éjecter cette muqueuse très vascularisée. C'est ainsi qu'un peu de sang s'écoule du vagin sans qu'il y ait de blessée. *Premières règles* : diplôme de la puberté. *Être réglée comme du papier à musique* : très précisément. *Loc. Avoir ses règles. Syn. fam.* Avoir ses ragnagnas. « Les Anglais débarquent. » **2**◆ Écoulement du sang proprement dit. Les règles durent en moyenne deux à cinq jours et reviennent, en principe, tous les vingt-cinq à trente et un jours, selon les femmes, de la puberté à la ménopause. En cas de grossesse, elles s'interrompent, ce qui a servi à en confirmer plus d'une. *Syn.* Menstruation, menstrues. ***Voir Sexe, Utérus.***

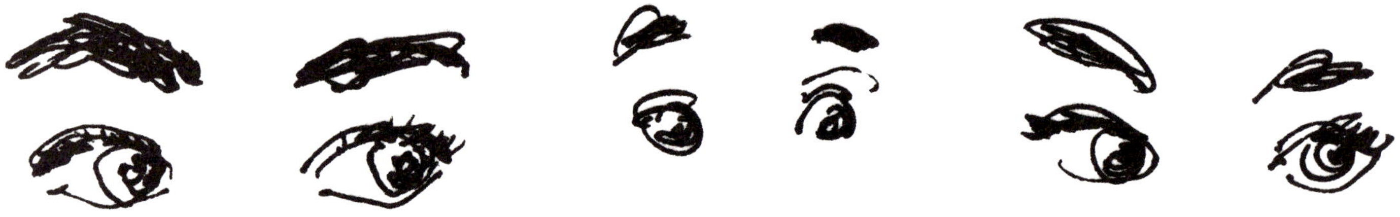

Planche lxii : Yeux révulsés, d'après *les Diaboliques* de Clouzot

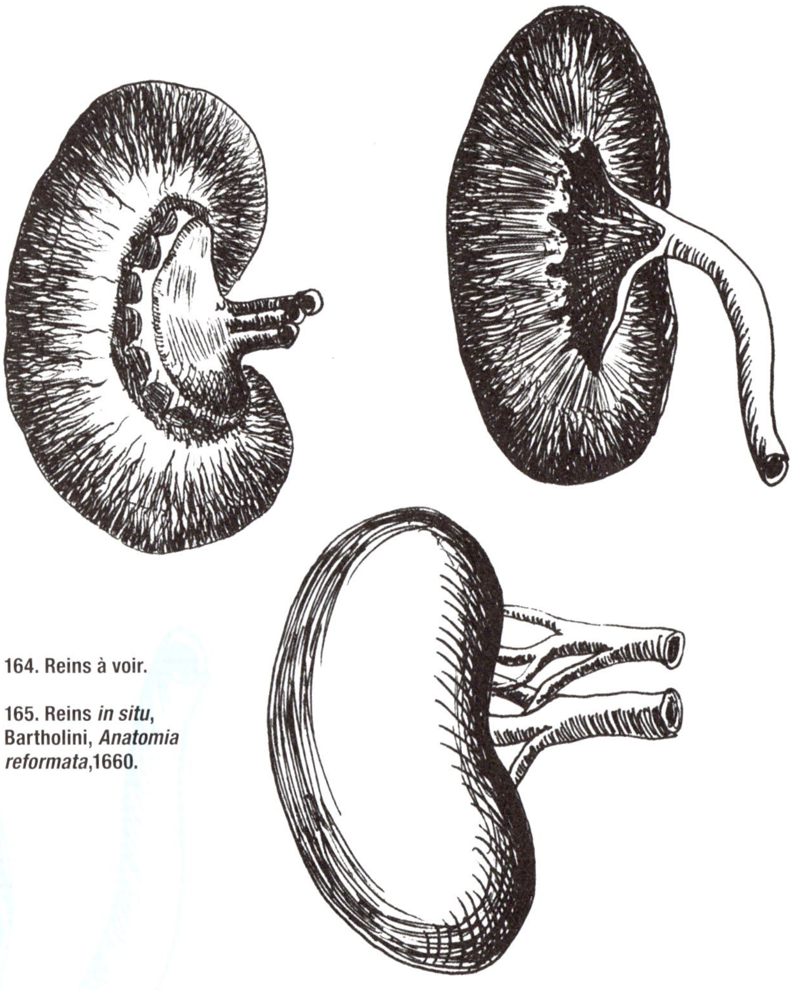

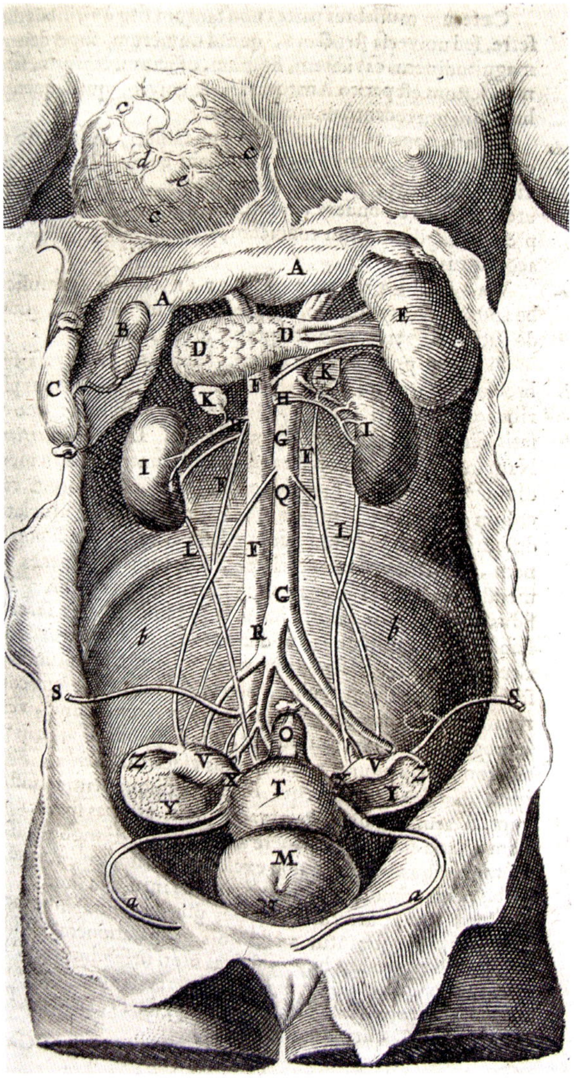

164. Reins à voir.

165. Reins *in situ*, Bartholini, *Anatomia reformata*,1660.

REIN *n. m.* **1**◆ Bas du dos, région lombaire. *Bas des reins* : là où se dessine la cambrure au-dessus des fesses. *Des reins joliment cambrés. Loc. Chute de reins. Fig. Coup de rein* : gros effort. *Se casser les reins* : s'épuiser. **2**◆ Organe-filtre, double haricot magique, indispensable à la survie. En cas de besoin, il est possible d'en donner un pour sauver une vie.

◆ ☛ Organe pair situé dans la région postérieure de l'abdomen, immédiatement sous le diaphragme. La première fonction du rein est de filtrer le sang en retenant les déchets, éliminés sous forme d'urine. Sa deuxième fonction importante est l'élimination de l'eau et des nombreux ions comme le sodium, le potassium, les phosphates. Son rôle fondamental est également d'équilibrer les fluides du corps (« homéostasie »), afin de maintenir constantes les valeurs de pH du sang et la pression artérielle. Il s'agit d'un processus complexe appelé dialyse. Les voies urinaires comprennent l'uretère, la vessie et l'urètre, par où l'urine est évacuée à l'extérieur. ***Voir Greffe, Organe, Uretère, Urètre, Urine, Vessie.***

RÉINCARNATION *n. f.* Faire peau neuve et s'inscrire, pour une deuxième vie, dans une autre chair. ***Voir Incarnation, Incarné.***

REPRODUCTION *n. f.* Action ou fait de se reproduire, le plus souvent en commettant un acte sexuel, avec ou sans préméditation, et sans copier. ***Voir Accouplement, Coït, Femme, Homme, Sexe.***

RESPIRATION *n. f.* **1**◆ Souffle de vie qui anime le corps et l'être tout entier. Tout premier échange avec le monde extérieur, comme le crient si bien les nouveau-nés. Suite perpétuelle d'inspirations et d'expirations, dont le rythme change en fonction de l'activité du corps. *Respiration ralentie, calme, régulière, accélérée, haletante, irrégulière, suffocante, interrompue. Arrêt de la respiration* : rapide menace de mort. **2**◆ Fonction vitale qui assure à tout l'organisme l'apport nutritif en oxygène et l'élimination du gaz carbonique, grâce à l'absorption et au rejet de l'air par les poumons. **3**◆ *Respiration cutanée* : autre ventilation du corps, opérée par la peau. ***Voir Alvéole, Apnée, Bouche, Bronche, Cage thoracique, Expirer, Haleine, Inspiration, Larynx, Nez, Peau, Pharynx, Poumon, Souffle, Trachée.***

Planche lxiii : La rousse tout en couleurs

166. Rictus inoubliable.

RESSEMBLANCE *n. f.* Similitude dans l'apparence du corps ou du visage. Celle des jumeaux est troublante, surtout celle des vrais. De l'air de famille à la pâle copie, en passant par le sosie et bientôt par le clone. ***Voir Jumeaux, Sosie.***

RÉSURRECTION *n. f.* Retour à la vie, après la mort. Billet de retour non disponible. ***Voir Âme, Mort, Vie.***

RÉTINE *n. f.* Tapis magique à l'intérieur de l'œil qui œuvre pour la création de l'image du monde.
◆ ☛ Tunique interne de la cavité oculaire, qui reçoit les ondes lumineuses grâce à ses cellules photoréceptrices (cônes et bâtonnets) et qui les transmet au nerf optique. ***Voir Œil.***

RÊVE *n. m.* **1**◆ Activité psychique se produisant pendant le sommeil, au cours de laquelle une autre vie et cependant la même se déroule sous les yeux clos. Film nocturne dont nous sommes toujours l'auteur. Les visions du rêve sont insoumises et ignorent la volonté. Pendant que le corps dort, l'inconscient veille librement à ses désirs. *Faire de beaux rêves. Des mauvais rêves* : des cauchemars. *Syn.* Songe. *« Le rêve est le gardien du sommeil. »* (Sigmund Freud*) **2**◆ *Rêve éveillé* : survenu en veille. L'homme rêve aussi dans un état de transe légère, lors de ses transports quotidiens ou en marchant. ***Voir Sommeil.***

RÉVEIL *n. m.* Passage du sommeil à la veille, le lendemain ou après la sieste. Le réveil est la mise en branle du corps, qui doit d'abord ouvrir l'œil, puis se lever du bon pied.

REVENANT *n. m.* ***Voir Esprit, Fantôme.***

RÉVERSIBLE *adj.* Dont on peut retourner l'envers sur l'endroit et vice-versa. Rien n'est réversible dans le corps, et surtout pas son costume de peau. ***Voir Peau.***

RÉVULSÉ, E *adj.* **1**◆ Sens dessus dessous. Bouleversé de dégoût ou d'horreur. **2**◆ Se dit des yeux quand ils sont chavirés et que la pupille est partie du côté obscur de la face. *« Il gisait dans la baignoire, le corps immergé dans l'eau, les yeux révulsés. L'instant d'après, il se leva. Elle s'évanouit. »* (Boileau-Narcejac) ***Voir planche LXII. Voir Yeux.***

RICTUS *n. m.* Sourire grinçant plus proche de la grimace que du bonheur, dont la crispation fait travailler les zygomatiques. ***Voir Face, Sourire, Zygomatique.***

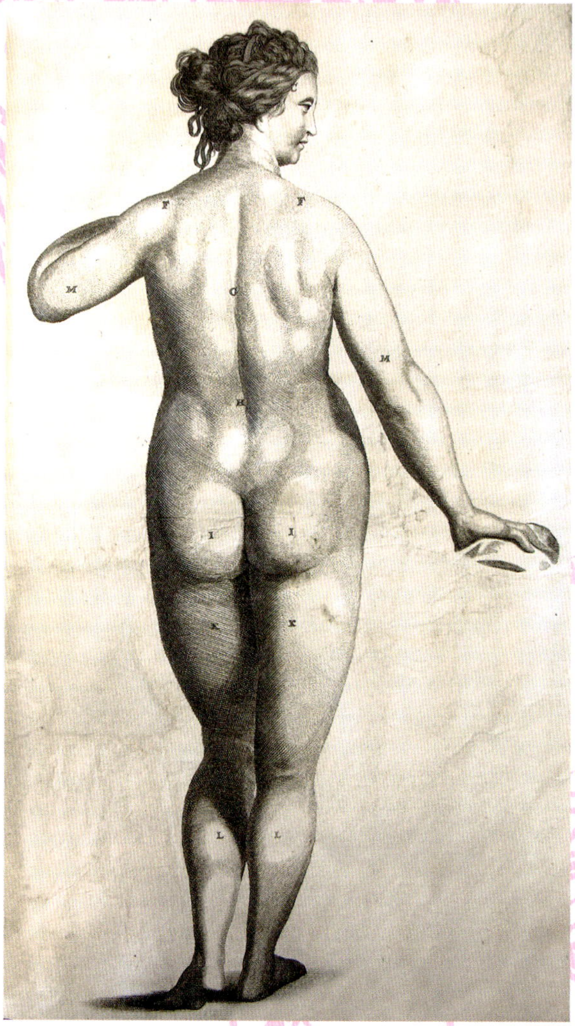

167. Rondeurs passées, Mangetus, *Theatrum anatomicum*, 1716.

168. Rides bien dessinées, Pépés & Mémés.

RIDE *n. f.* Trait fin s'ajoutant au dessin du visage pour décompter le temps qui passe. Frisson de peau sous le froid des ans. *Rides d'expression* : bons ou mauvais plis des habitudes. *Rides soucieuses, rides enjouées, rides creusées. Ride du lion* : en plein front. *Pattes d'oie* : aux coins des yeux. ***Voir Lifting, Peau, Visage.***

RIRE *n. m.* et *v. intr.* Montée irrésistible de gaieté qui parcourt le corps entier, vient secouer la face, chatouiller la bouche et agiter les zygomatiques, avec des expirations qui font « ah, ah » et qui chantent bruyamment, jusqu'à l'explosion dans le fou rire. Le rire fait aussi monter les larmes, presque autant que la tristesse. *Pleurer de rire. Éclater de rire* : partir d'un rire tonitruant et soudain. *Pouffer de rire* : rire à l'étouffée. *Crise de rire* : hilarité générale. *Syn. fam.* Rigolade. *« Le rire n'est plus le propre de l'homme. »* (CHARLES ROBERT DARWIN) ***Voir Zygomatique.***

RONDEUR *n. f.* Se dit d'une partie du corps, quand elle est un peu enveloppée (de graisse) et charnue, et qu'elle ferait plutôt oublier le squelette qui en est la charpente. *Avoir des rondeurs* : avoir un léger embonpoint. *Syn. fam.* Être rondelet, rondelette. ***Voir Gras, Gros.***

RONFLER *v. intr.* Faire un bruit de moteur, de mobylette, de machine à café, de râpe à bois, de moulin à légumes, de scie égoïne, de triste sire… en respirant par le nez pendant son sommeil, éventuellement bouche ouverte. *Ronfler doucement* : ronfloter. ***Voir Sommeil.***

ROT *n. m. Fam.* Sortie par la bouche et en grand fracas de gaz de l'estomac lors d'une digestion délicate, accompagnée de « beurp » caractéristiques. Le rot est au pet ce que le pet est au rot : un brusque rappel de la matérialité du corps, le nôtre. Déjà tout petit, il faut faire son rot. *Syn.* Éructation, renvoi. *Fam.* Rototo. *« Fais ton rot, Toto ! »* (LE GRAND FRÈRE) ***Voir Pet.***

ROTATION *n. f.* ◆ ☛ Mouvement se développant autour d'un axe du corps. Rotation de la tête, du tronc, des membres. ***Voir Position.***

ROTULE *n. f.* Petit os plat de forme triangulaire situé sur l'avant du genou, sur lequel s'insèrent en haut le tendon du quadriceps crural et en bas le ligament rotulien qui l'unit au tibia. *Loc. fam. Être sur les rotules* : tomber à genoux de fatigue. ***Voir Genou.***

169. Rotule, de face.

ROUGIR *v. intr.* Virer brusquement au rouge sous le coup de l'émotion ou de la chaleur, quand le sang monte à la tête. *Rougir de timidité, de confusion, de honte ou de colère. Loc. Rougir jusqu'aux oreilles* : rougir énormément. *Syn.* S'empourprer. *« Non, non, non, ne rougis pas, non, ne rougis pas. »* (HUGUES AUFRAY*) ***Voir Carnation, Peau.***

ROUX, ROUSSE *adj.* et *n.* **1**◆ Qui est flamboyant, couleur renard. C'est-à-dire : blond vénitien, orangé, cuivré, auburn. *D'une belle rousseur. Des cheveux roux.* **2**◆ Qui a le poil et les cheveux roux, comme le cheval alezan ou le lion, la peau élégamment saupoudrée de taches de rousseur. *Un roux devant, deux rousses à l'arrière. Syn.* Rouquin. VOIR PLANCHE LXIII. ***Voir Blond, Brun.***

PLANCHE LXIV : COLLECTION ANATOMIQUE 3/3

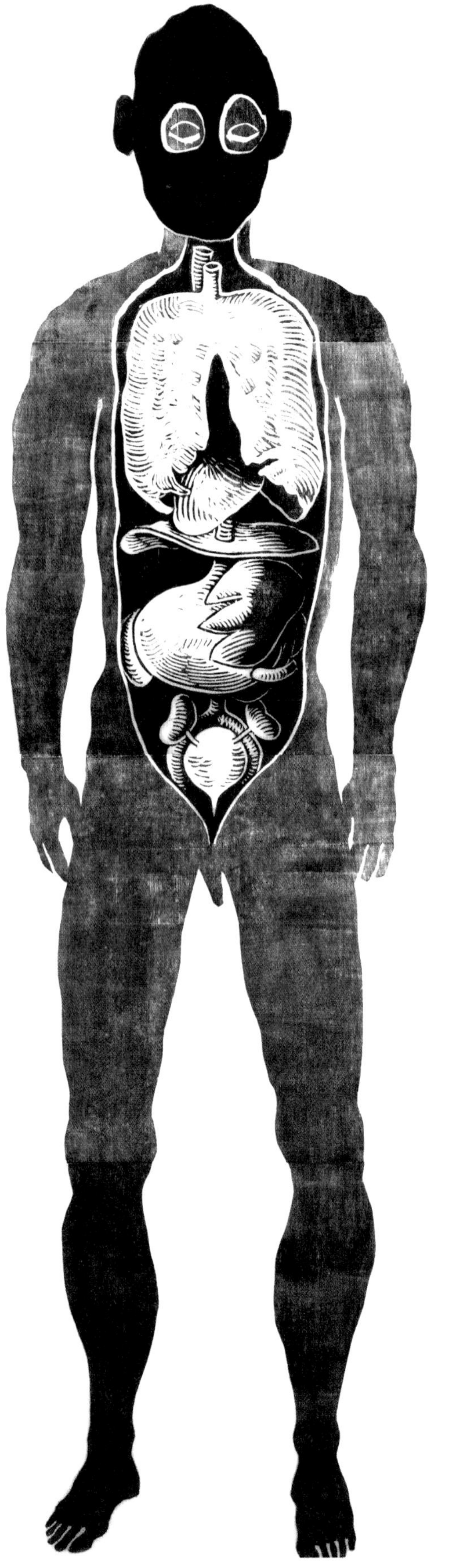

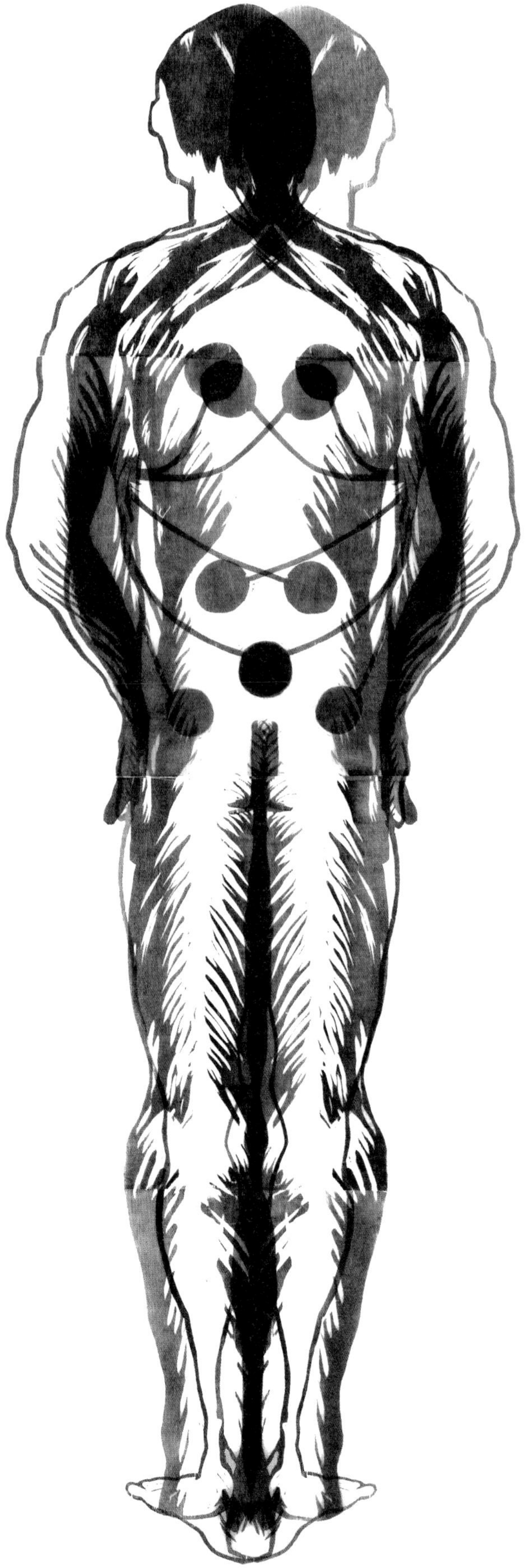

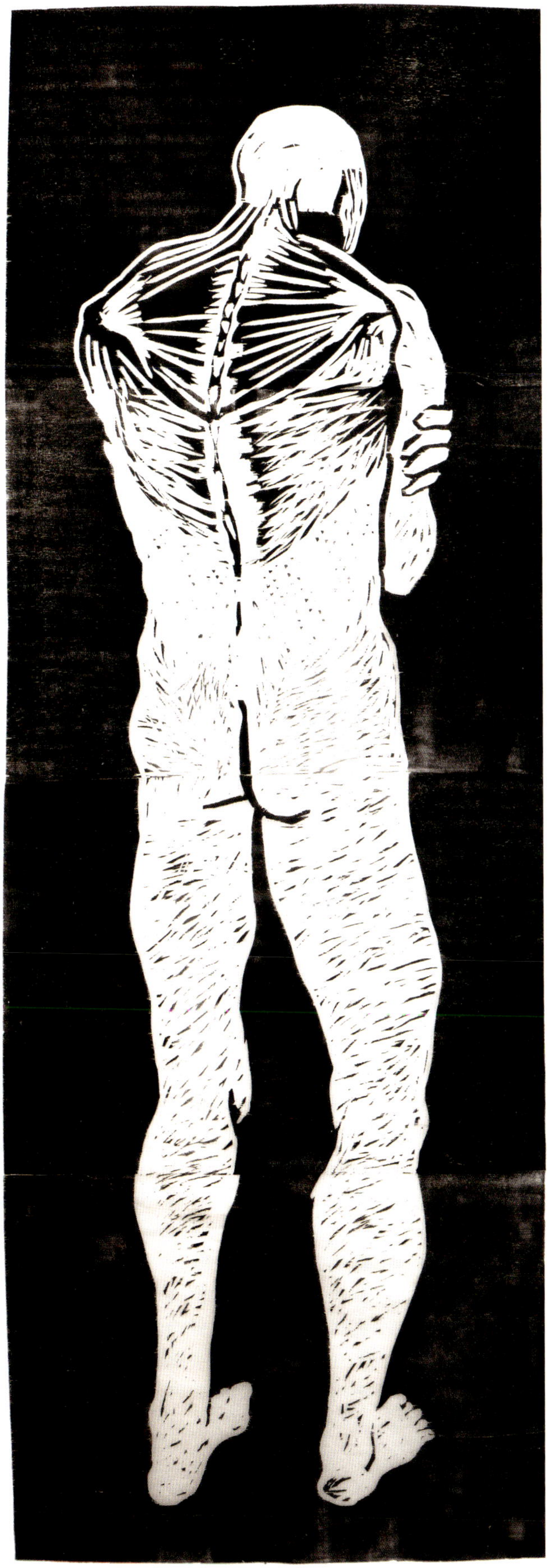
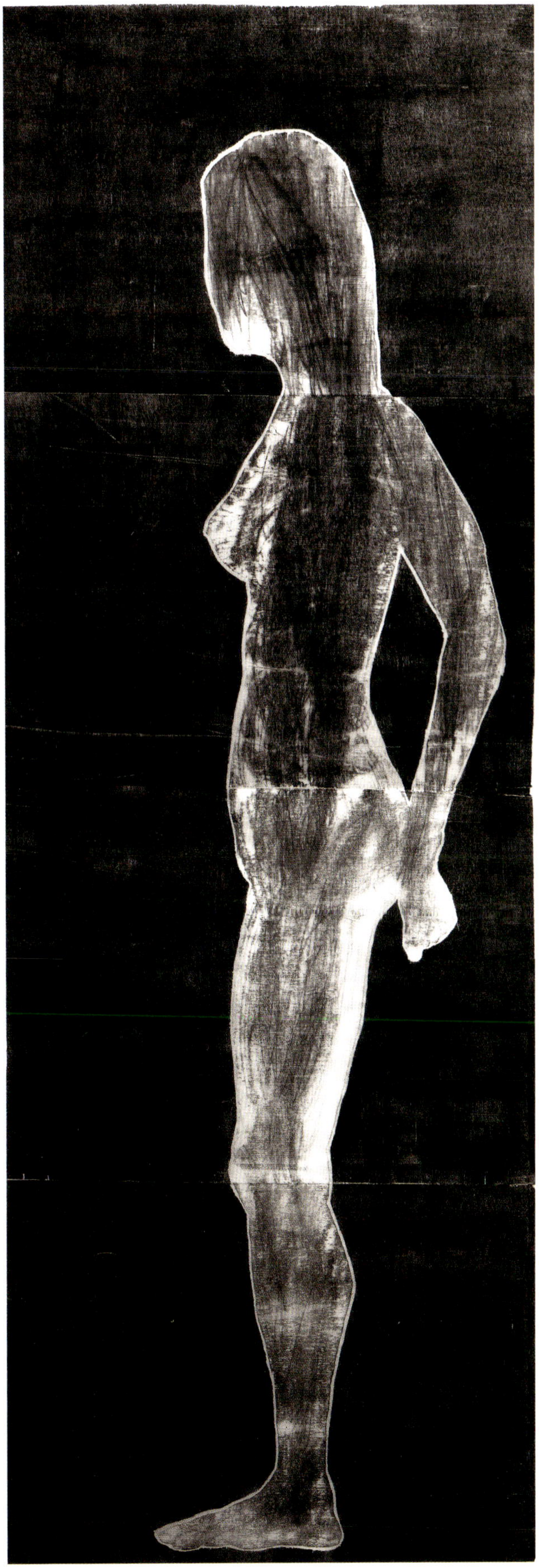

Somnambule surprise au secret du sommeil

S

SACRUM *n. m.* ◆ ☛ Os correspondant aux cinq vertèbres sacrées soudées (rachis sacré). Il est compris entre les vertèbres lombaires et les dernières vertèbres coccygiennes. ***Voir Colonne vertébrale, Os, Rachis.***

SAIGNÉE *n. f.* **1**◆ *Hist.* Pratique très en vogue dans la médecine ancienne des humeurs et dans les pièces de Molière, qui consiste à prélever une certaine quantité de sang au malade, ce qui est censé lui fortifier l'organisme et peut cependant l'affaiblir fatalement. La saignée est toujours pratiquée de nos jours, mais beaucoup plus rarement. *Faire une saignée.* **2**◆ *Par ext.* Flot de sang dont on provoque l'évacuation par cette méthode. **3**◆ Pli interne entre le bras et l'avant-bras, où se pratique souvent la saignée ou la prise de sang. ***Voir Sang.***

SAIGNER *v. intr.* **1**◆ Perdre du sang, son sang. *Saigner du nez, saigner pendant les règles* : sans s'être blessé. **2**◆ Être blessé, saigner d'une blessure, d'un coup. *Fig.* Souffrir d'une blessure affective. *Fam. Ça va saigner !* : Il va y avoir du grabuge. *« Si tu me coupes, je saigne. »* (Tom Waits*) ***Voir Blessure, Règles, Sang.***

SALIÈRE *n. f.* **1**◆ Petit récipient qui s'invite à table et qui contient le sel dont on ne saurait se passer. **2**◆ Partie légèrement creuse au-dessus de l'œil, moins marquée chez l'homme que chez son meilleur ami. **3**◆ *Fam.* Petit creux à l'arrière de la clavicule, visible uniquement chez les minces. Chez les maigres, les salières retiennent même les perles du collier ou les gouttes de pluie. ***Voir Clavicule.***

SALIVE *n. f.* **1**◆ Liquide filant et transparent qui lubrifie l'intérieur de la bouche en permanence pour apporter le plus grand confort aux jeux incessants de la langue. Sécrétée par les glandes salivaires, la salive se déverse à volonté sur commande, sauf en cas d'émotion débordante. À la vue ou à l'évocation d'un mets délicieux, elle inonde la bouche, à la faire baver d'envie. La salive met littéralement l'eau à la bouche et postillonne même parfois dans l'emportement des mots. Elle concocte si bien la bouillie dans la mastication qu'elle parvient à faire avaler le morceau à la déglutition, et joue un rôle précieux dans la digestion. Quand elle s'ennuie, elle se chamaille volontiers un moment avec un chewing-gum. **2**◆ *Érot.* Monnaie d'échange pour accéder aux terrains glissants. La salive joue l'atout baveux du baiser avec la langue pour nouer intimement le dialogue. **3**◆ *Hist.* Humeur distinguée par l'ancienne médecine. *Syn.* Bave. ***Voir Baiser, Bouche, Humeur, Langue***

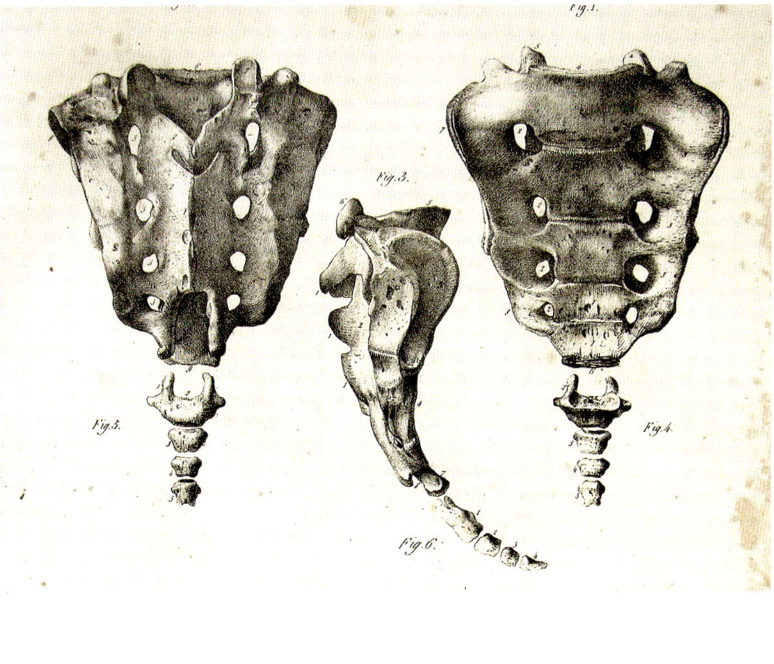

170. Sacrum et ses coccygiennes, Jules Cloquet, *Anatomie de l'homme*, 1828.

171. Sang frais.

SANG *n. m.* **1**◆ Or rouge foncé et capiteux, vivant fluide qui règne en maître sur l'organisme. Liquide nourricier qui circule dans les vaisseaux, à travers la surface et les profondeurs du corps, jusqu'au moindre tissu. Le sang est chaud, plus ou moins épais et odorant. Son rôle est vital. *Sang qui monte à la tête* : afflux de sang qui fait rougir, suite à l'émotion ou à la colère. *Être en sang* : couvert du sang qui coule. *Lorsque le sang n'a fait qu'un tour* : l'homme est bouleversé. *Circulation du sang* : sang bleu dans les veines, sang rouge dans les artères. *Groupes sanguins* : sangs classés par types. **2**◆ *Hist.* Dans l'ancienne médecine, le sang était l'une des quatre grandes humeurs, celle qui dirige le caractère et les passions. **3**◆ Symbole de vie, d'énergie et de passion. *De chair et de sang* : vivant, réel et mortel. *Sang qui bouillonne dans les veines* : chez les êtres impétueux. *Sang de navet, sang de poulet* : chez les poltrons. *Se faire du mauvais sang* : se faire du souci. *Syn. Sang d'encre* : sang noir. **4**◆ *Dans le sang* : dans le tempérament, de naissance. *Liens du sang* : transmission héréditaire. *« Le sang a parlé, viens petit, c'est ton tour ! »* (Don Vito Corleone) **5**◆ Liquide du drame, du crime. *Effusion de sang* : violence répandue avec blessure, mort ou carnage. *Bain de sang* : massacre. Nourriture des vampires. *« Bon sang, mais c'est bien sûr ! »* (Dracula)

◆ ☛ Liquide de couleur rouge qui circule à travers le corps par un système de canaux en circuit fermé. Le système sanguin comprend un organe propulseur, le cœur, les vaisseaux artériels (artères) qui distribuent le sang oxygéné à toutes les parties du corps et les vaisseaux veineux (veines) qui le renvoient au cœur. Le sang est composé d'une partie liquide appelée « plasma » et des corpuscules qui y sont en suspension : les globules rouges, les globules blancs et les plaquettes. Le plasma contient aussi de nombreuses substances absorbées par l'intestin et une multitude d'autres molécules (hormones, enzymes, antigènes, anticorps, vitamines, etc.) libérées par les organes et viscères de l'organisme ou par les propres cellules du sang. Les globules rouges distribuent l'oxygène aux tissus et en reçoivent le dioxyde de carbone. Les globules blancs sont chargés de défendre l'organisme contre les attaques d'agents pathogènes. Quant aux plaquettes, elles assurent la coagulation du sang. Les cellules du sang ont une durée de vie limitée qui varie de quelques jours à quelques années, comme c'est le cas pour les lymphocytes. Elles sont donc régénérées en permanence au cours de la vie par les organes dits « hématopoïétiques » parmi lesquels on distingue la moelle osseuse, qui produit tous les types de cellule. Les lymphocytes, globules blancs plus particulièrement impliqués dans les défenses immunitaires, sont également produits par des organes lymphoïdes comme le thymus (chez les jeunes), la rate, les nœuds lymphatiques, les amygdales. *Voir* ***Artère, Blessure, Capillaire, Cœur, Humeur, Meurtre, Rate, Règles, Saignée, Vaisseau, Veine.***

SANGLOT *n. m.* Hoquet des pleurs, lors d'un chagrin plus salé que les autres. *Voir* ***Cicatriste, Larme, Pleurs.***

SANTÉ *n. f.* **1◆** Qualité du corps et de l'esprit bien portants, en pleine forme. En bonne santé, l'organisme ronronne régulièrement, le cœur bat dans la poitrine, le corps nous porte sans douleur ni grincement d'aucune sorte et… on l'oublie. En pleine santé, l'homme pourrait presque se croire immortel. *Fam. Péter la santé, éclatant de santé.* **2◆** Toast à la vie. *À votre santé ! « La santé est un épisode heureux qui n'est jamais à la fin du film. »* (Docteur Folamour)

SAUNA *n. m.* Petite cabane en bois où règne une chaleur vaporeuse et où l'on se fait suer en serviette en songeant à la Suède. *Voir* ***Hammam.***

SCAPULO-HUMÉRAL, E *adj.* ◆ ☛ Qui concerne l'omoplate (scapula) et l'os du bras (humérus). Articulation scapulo-humérale, représentant l'épaule. *Voir* ***Bras, Omoplate.***

SCROTUM *n. m.* Sac en peau fine et brunâtre qui enveloppe les testicules, d'aspect fripé et plus ou moins poilu. *Syn. cour.* Bourses des testicules. *Voir* ***Bourse, Testicule.***

SÉANT *n. m.* Derrière, fesses. *Syn. fam.* Cul. *Sur son séant* : assis, quand on était couché. *Se redresser sur son séant.* *Voir* ***Cul, Derrière, Fesse.***

SÉCRÉTION *n. f.* Faculté qu'ont certains organes à s'épancher, éventuellement en bavant sur les autres ou en filant en douce.
◆ ☛ Processus par lequel les glandes, les groupes de cellules ou les cellules isolées produisent des substances. Lorsque celles-ci sont déversées à l'extérieur du corps ou dans des cavités communicant avec l'extérieur, elles sont appelées sécrétions « externes » ou « exocrines » (larmes, lait, mucus, sébum, salive…). Les glandes annexées aux appareils digestif, respiratoire, uro-génital, à la peau et aux muqueuses sont à sécrétion externe. Lorsque ces substances s'écoulent directement dans le sang, elles sont dites sécrétions « internes » ou « endocrines » (hormones). Les glandes à sécrétion interne sont principalement l'hypophyse, l'épiphyse, la thyroïde, la parathyroïde, les surrénales, ainsi que celles annexées au pancréas et aux gonades des deux sexes. *Voir* ***Bile, Glande, Hormone, Humeurs, Lait, Larme, Salive.***

SEIN *n. m.* **1◆** Poitrine, le plus souvent de la femme. **2◆** Chaque éminence prestigieuse qui occupe en double et en majesté le thorax de la femme. Objet de toutes les attentions érotiques et de louanges infinies, le sein est malgré tout cette « mamelle » de mammifère femelle, qui peut nourrir l'enfant de bon lait tiède maison. *Donner le sein. Nourrir le bébé au sein.* À ce propos, il faut noter que l'homme est aussi pourvu de seins, mais dans des proportions négligeables, et sans glandes mammaires. *Mes seins, tes seins, ses seins, tous remarquables. Petits seins, figues, abricots, seins ronds, fermes, petites pommes, seins pointus, poires Williams, beaux seins, ballons, pamplemousses, seins lourds, melons, gros seins, obus. Faux seins* : attrape-nigauds, appâts pour mâles en brochets (carnassiers). *Syn. fam.* Néné, nichon, lolo, robert. *Bout de sein* : avec mamelon et aréole, où la peau est plus foncée. Délicats, les seins sont souvent soutenus. *Au creux des seins, entre les seins* : au chaud. *« À minuit, les seins sur les femmes sont endormis. »* (Alfred de Vigny) Voir planche LXV. *Voir* ***Aréole, Gorge, Mamelon, Poitrine, Téton.***

SEMENCE *n. f.* Fertilisant de première catégorie, liquide séminal apte à féconder l'ovule. La semence de l'homme, alias le sperme, se répand sans arrosoir lors de l'éjaculation. *Syn. fam.* Petite graine. *Voir* ***Éjaculation, Fécondation, Ovule, Spermatozoïde, Sperme.***

SENS *n. m.* **1◆** Outil sensible pour percevoir, ressentir le monde et dialoguer avec lui. Nos sens sont au nombre de cinq, et c'est déjà beaucoup : le toucher, la vue, l'ouïe, l'odorat, le goût. **2◆** Origine de la volupté. *Éveil des sens* : découverte de la sexualité. *« Les plaisirs des sens, ma mie, vous font oublier vos livres. »* (Molière) *Voir* ***Bouche, Goût, Langue, Main, Nez, Odorat, Œil, Oreille, Ouïe, Toucher, Visage, Volupté, Vue.***

SENSUALITÉ *n. f.* **1◆** Aptitude aux multiples plaisirs des sens. **2◆** Goût prononcé pour les plaisirs de la chair. *Voir* ***Baiser, Caresse, Chair, Charnel, Érogène, Sens, Sexe.***

SÉSAMOÏDE *adj.* et *n. m.* Tout petit os surnuméraire, ressemblant à un grain de sésame et qui peut venir en renfort dans certaines articulations (notamment au gros orteil). *Voir* ***Os, Squelette.***

SEX-APPEAL *n. m.* Aptitude à vaporiser autour de soi un léger nuage d'attraction sexuelle. *Avoir du sex-appeal* : plaire à l'anglaise.

SEXE *n. m.* **1◆** Ce qui signe notre appartenance à la catégorie des femmes ou à celle des hommes. Le sexe, qu'on ne choisit pas d'ailleurs, à la naissance, n'est pas de faible incidence sur l'identité et la personne. Il arrive qu'on ne soit pas heureux avec ce cadeau et qu'il ne corresponde pas à sa nature. **2◆** Organes génitaux externes ou internes en personne, tels qu'ils entrent en jeu dans le désir et l'acte

Planche LXV : Beaux seins seuls

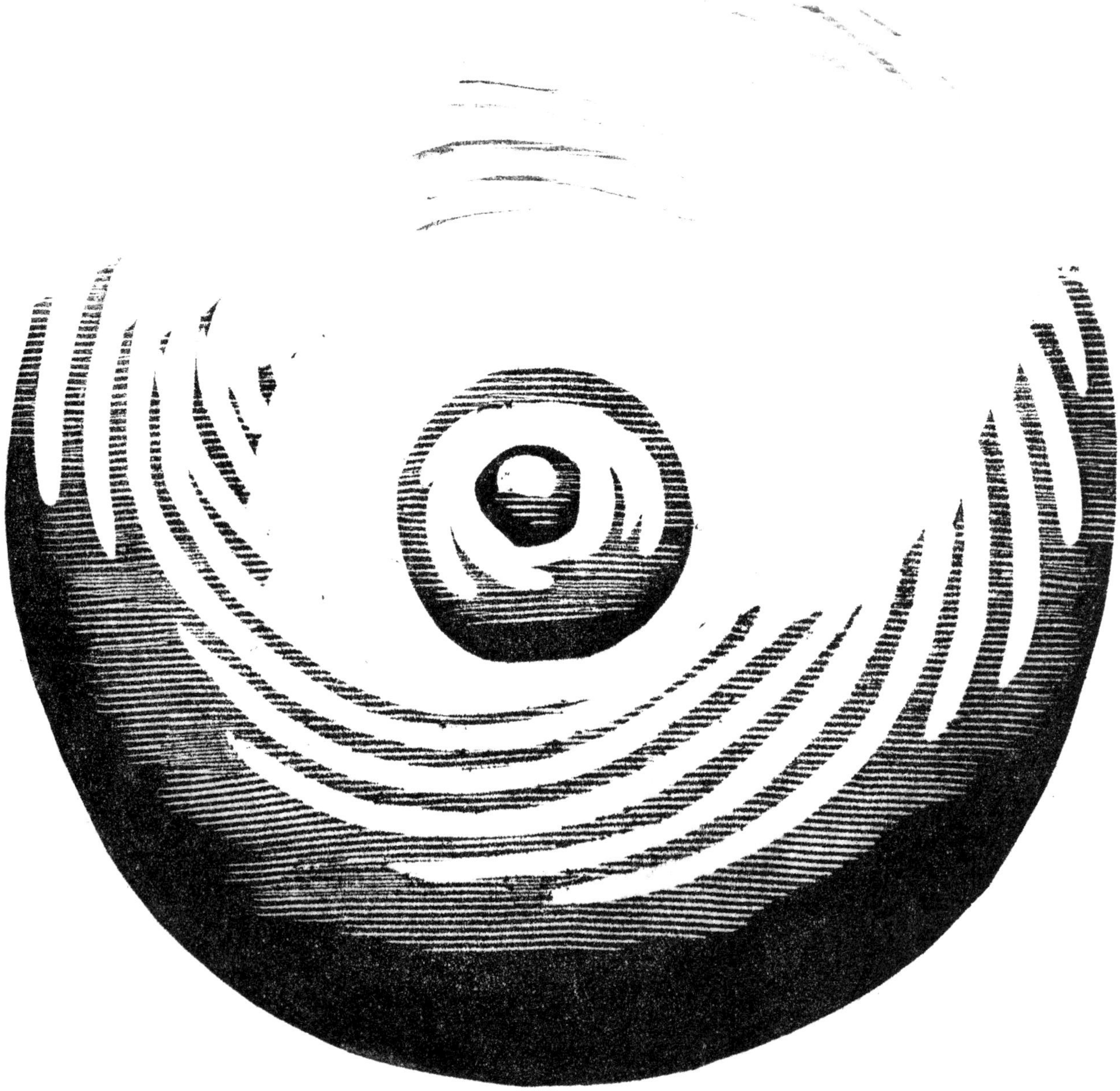

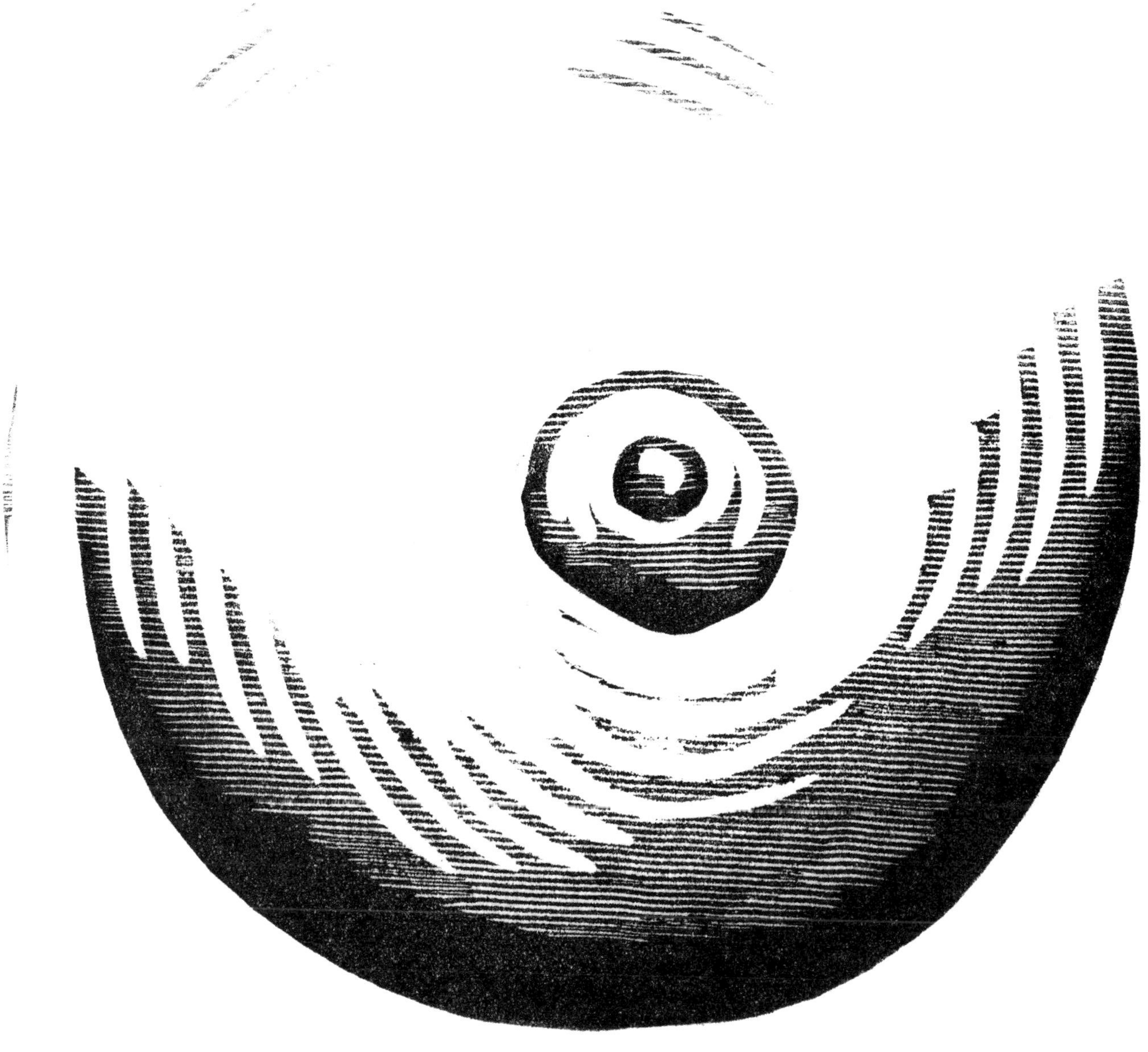

sexuels. Pénis, vagin et clitoris, trio infernal de l'amour physique. **3** ◆ *Fam.* Pratiques sexuelles, dégagées de leur responsabilité dans le mécanisme de la reproduction. *Parler de sexe* : discuter copulation. Avoir un goût prononcé, de l'indifférence ou un désintérêt avoué pour les choses du sexe. *« Ah, George, est-il juste qu'on ne badine pas avec le sexe ? »* (Alfred de Musset)

◆ ☛ Ensemble des caractères anatomiques et physiologiques qui distinguent, au sein d'individus de la même espèce, le mâle de la femelle et qui rendent l'organisme apte à féconder (sexe masculin) ou à être fécondé (sexe féminin). Chaque organisme naît de la fusion de deux cellules appelées gamètes. Le gamète masculin est le spermatozoïde, une petite cellule dotée d'une tête et d'une queue mobile grâce à laquelle il se déplace à une vitesse linéaire de 3 mm par minute. Le gamète féminin est l'ovule. Lors de la fécondation, les gamètes réunissent les patrimoines génétiques paternel et maternel. L'œuf entame alors son développement. De cette cellule fécondée naîtra, après de multiples divisions cellulaires, un nouvel individu. ***Voir Accouplement, Amour, Androgyne, Clitoris, Femme, Génital, Hermaphrodite, Homme, Pénis, Sexualité, Vagin.***

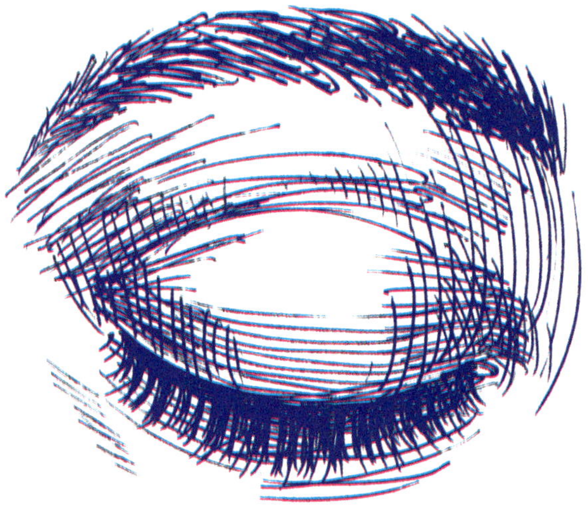

172. Sourcils sur yeux clos.

SEXTUPLÉS, ÉES *n. pl.* Jumeaux ou jumelles au nombre de six, monozygotes ou dizygotes. ***Voir Jumeaux, Quadruplés, Quintuplés, Triplés.***

SEXUALITÉ *n. f.* Jeu complet des questions et des réponses qui touche de près au sexe et aux caractères sexuels de la personne. Différents aspects de la sexualité, y compris les anomalies d'attribution. Préoccupation sexuelle, indépendante de la procréation chez les humains (eh oui). Pratiques sexuelles et recherche du plaisir sexuel. Le territoire de la sexualité, place occupée par la chose dans l'esprit et l'existence, n'est pas le privilège des adultes et ne se limite pas aux organes génitaux. La curiosité pour le sexe est ancrée dans le crâne depuis l'enfance, elle ne saurait être taboue. ***Voir Androgyne, Coït, Hermaphrodite, Jouissance, Masturbation, Orgasme, Reproduction, Sexe.***

SIAMOIS, E *adj.* **1** ◆ Frères jumeaux ou sœurs jumelles qui naissent rattachés l'un à l'autre, par deux parties du corps identiques, la tête, le dos, ou l'abdomen. **2** ◆ *Fig.* Amis inséparables, comme les oiseaux. ***Voir Jumeaux.***

SILHOUETTE *n. f.* Contours de la forme humaine, de la tête aux pieds, qui dessine le corps en quelques lignes, habillé ou dévêtu. *Silhouette élégante, gracile, massive, corpulente...* Voir planche LXVI. ***Voir Élancé, Gros, Ligne, Maigre, Mince, Obèse.***

SINUS *n. m.* ***Voir Nez.***

SOMMEIL *n. m.* Temps mort nécessaire et suffisant de l'existence, qui se consacre à l'inactivité et au repos du corps et de l'esprit, en alternance avec la veille. Pendant le sommeil, l'esprit continue de travailler en rêvant, notamment, et l'organisme ronronne au ralenti. On traverse en une nuit des états de sommeil différents. *Le sommeil lent* : de plus en plus profond. *Le sommeil paradoxal* : qui

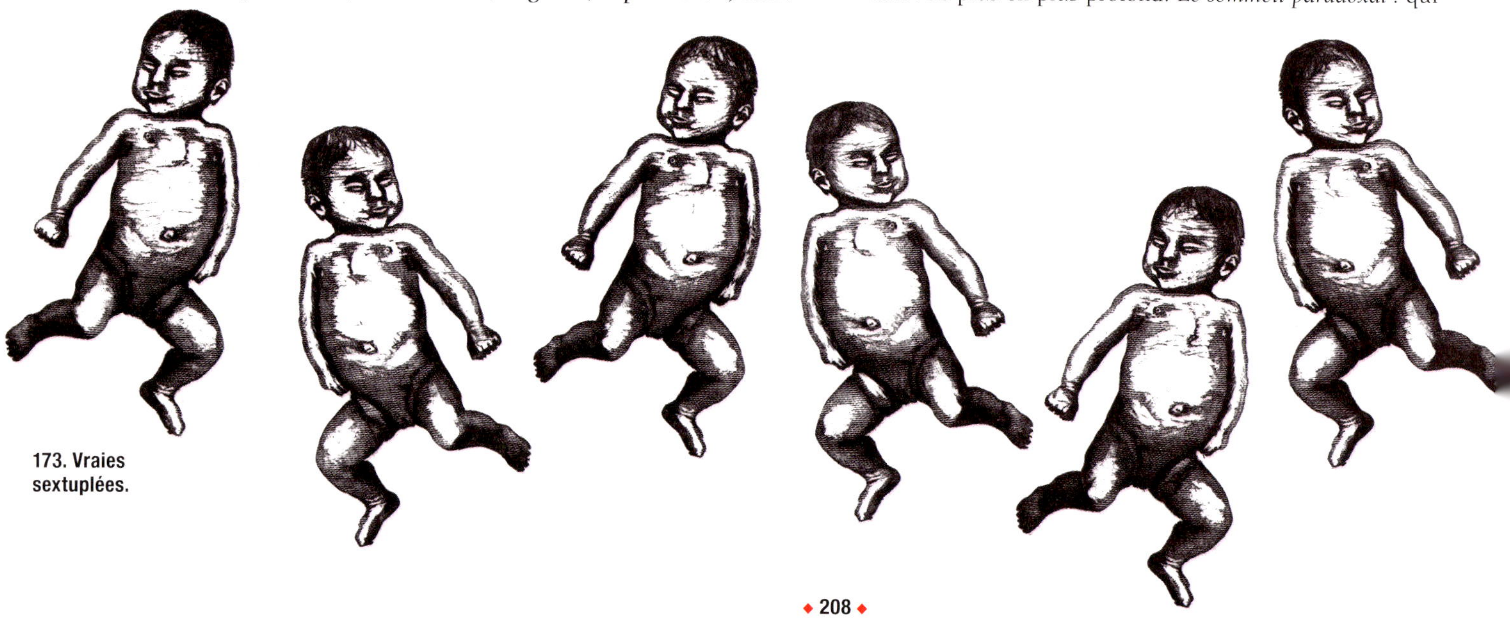

173. Vraies sextuplées.

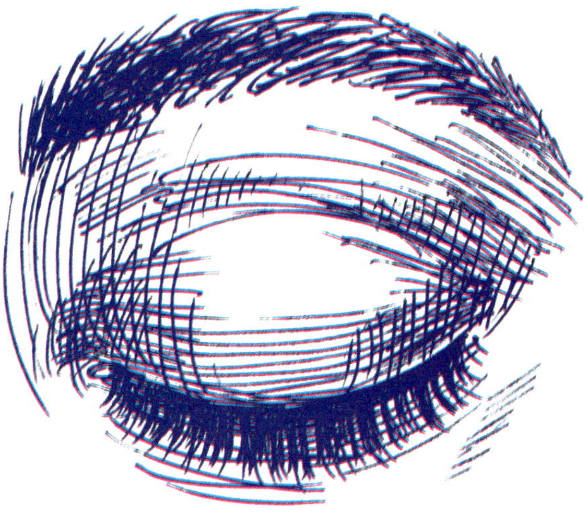

accueille les rêves. *Syn. enf.* Dodo. *Avoir besoin de sommeil. Des heures de sommeil.* Le grand sommeil prend la nuit, le petit sommeil la sieste. *Être gagné par le sommeil* : partir en voyage, dans son lit. *Tomber de sommeil.* *« J'ai pas sommeil, Charles, raconte-moi encore une histoire. »* (Alice Pleasance Liddell) ***Voir Dormeur, Rêve, Réveil.***

SOMNAMBULE *adj.* et *n.* Personne qui se lève et marche pendant son sommeil sans se réveiller, inconsciente et sans y voir goutte. Le somnambule, après avoir écrasé la gare du train électrique pas rangé, s'être servi un verre de lait dans le frigo, avoir renversé deux chaises, puis s'être cogné dans la table, retourne gentiment se coucher de lui-même, toujours endormi. Être somnambule, sans pouvoir se soigner, et se demander tous les matins qui a laissé tout ce bazar par terre. ***Voir Réveil, Sommeil.***

SOSIE *n. m.* Pâle copie du sujet original, qui s'y attache par une ressemblance superficielle et l'imitation de gestes qui le caractérisent. Le sosie est loin d'être un clone. ***Voir Ressemblance.***

SOUFFLE *n. m.* **1**◆ Expiration, deuxième temps de la respiration, dans lequel est expulsé le dioxyde de carbone. Le souffle est primordial pour soutenir l'effort musculaire et mériter son gâteau d'anniversaire. *Avoir du souffle* : être capable de souffler, fort ou longtemps. *Ralentir son souffle et s'endormir.* *À bout de souffle* : essoufflé d'épuisement. *Avoir le souffle coupé* : rester coi d'étonnement. *« Ah, qui me rendra un jour le souffle chaud des baisers d'Eurydice ? »* (Orphée) **2**◆ Brassée d'air de la respiration qui symbolise l'élan vital de l'homme, sa force. *Fig. Souffle de l'esprit, de l'âme. Souffle de la création* : inspiration. ***Voir Air, Âme, Esprit, Expirer, Haleine, Inspiration, Respiration.***

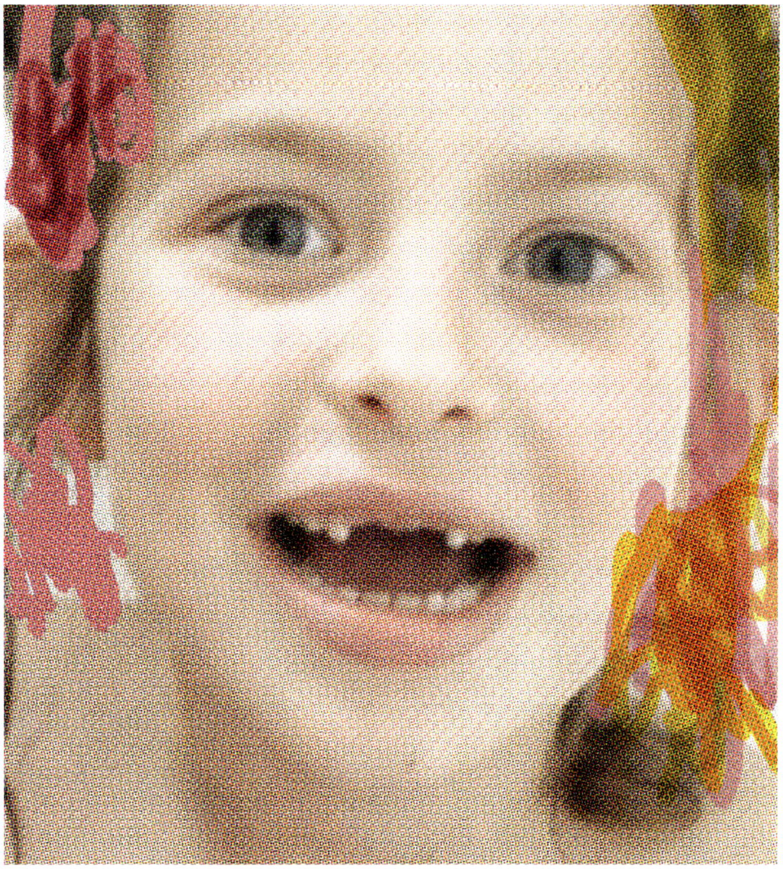

174. Sourire d'enfant de 6 ans.

SOURCIL *n. m.* **1**◆ Petite brosse en poils bien rangés qui protège l'œil, du haut de l'arcade sourcilière. Les sourcils font bien la grimace, en se penchant fort, quand on n'est pas content, triste ou attendri. Ils froncent et doublent le pouvoir du regard, les dessinateurs le savent bien. Pour un trait d'élégance, les coquettes les épilent légèrement. Les loups-garous, par contre, s'épileront totalement la glabelle dans un souci de discrétion. **2**◆ *Ethno. Hausser le sourcil* : pour dire oui, chez les Kanaks. ***Voir Glabelle, Poil.***

SOURD, E *adj.* et *n.* Qui n'entend rien, ou presque. Par euphémisme, on dit souvent « malentendant », lourd de sous-entendus. Le sourd est privé du sens de l'ouïe, absolument, et non de l'entendement comme on l'a cru longtemps. Il est souvent muet de ne pas avoir entendu parler. *Crier comme un sourd* : crier très fort. *Faire la sourde oreille* : ne pas vouloir entendre quelque chose. *« Allô ? Allô ? Allô ? Oui, je vous entends, [...] mais n'hurlez pas comme ça, vous êtes sourd ou quoi ?! »* (Professeur Tournesol) ***Voir Oreille, Ouïe.***

SOURIRE *n. m.* Mouvement qui plie la bouche en deux, commissures vers le haut et pommettes gonflées, pour exprimer du contentement, de la gaieté, de la tendresse ou encore une légère moquerie. *Sourire en coin, sourire de chat.* *« Un sourire de toi et je quitte ma mère ! »* (Louis XIII)

SOUS-CUTANÉ, E *adj.* Qui est situé sous la peau. Hypodermique. ***Voir Hypoderme, Peau.***

PLANCHE LXVI : SILHOUETTES FUYANTES

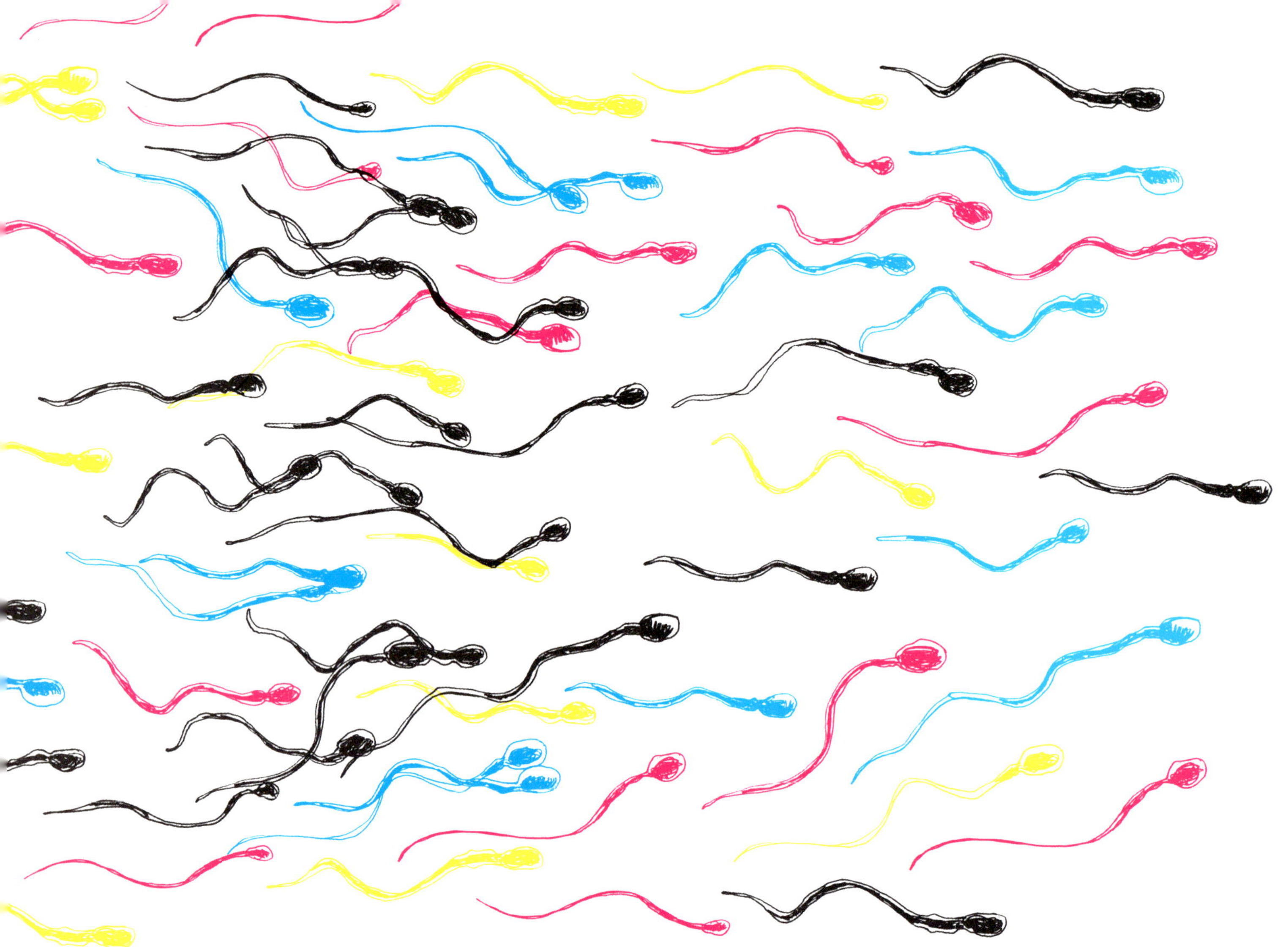

175. Spermatozoïdes en course, un vainqueur à l'arrivée.

SPASME *n. m.* **1**◆ Soubresaut involontaire et brusque dû à la contraction d'un ou plusieurs muscles. Convulsion du corps tout entier. **2**◆ *Érot. Spasme de l'amour* : accompagnant l'orgasme.

SPERMATOZOÏDE *n. m.* Gamète mâle, cellule reproductrice sexuée, qui pourrait passer pour un minuscule têtard. Il n'en est rien. Les spermatozoïdes, invisibles à l'œil nu, sont produits par millions dans les testicules, gonades mâles. Ils sont pourvus d'une tête, le noyau, et d'une queue grâce à laquelle ils se déplacent dans le sperme et partent à la conquête de l'ovule, le jour J. *Syn. fam.* Petite graine. *Voir Fécondation, Gamète, Gonade, Œuf, Semence, Sperme, Testicule.*

SPERME *n. m.* Semence de l'homme. Liquide visqueux d'aspect laiteux, le sperme et ses célèbres spermatozoïdes sont le produit des sécrétions des différentes glandes de l'appareil génital mâle. Le sperme ménage son apparition et ses effets lors de l'éjaculation. *Syn.* Liquide séminal. *Fam.* Foutre. *Voir Éjaculation, Épididyme, Homme, Prostate, Semence, Spermatozoïdes, Testicule.*

SPHINCTER *n. m.* Étau qui retient l'étron prisonnier du rectum et le libère quand bon lui semble. C'est le sphincter qui donne ses plis au trou du cul.

◆ ☞ Le sphincter est un muscle circulaire qui enserre l'orifice naturel d'un organe creux pour le fermer en se contractant. Quand il se relâche, il libère le contenu de l'organe. Sphincters de l'anus, de la vessie, de l'urètre. *Voir Anus, Cul, Étron, Rectum, Urètre.*

SPINAL, E *adj.* Relatif ou appartenant au rachis ou à sa moelle épinière. *Voir Moelle, Rachis.*

SPORT *n. m.* Exercice physique intense se pratiquant dans les règles du jeu, avec goût de l'effort, entraînement régulier, discipline et dépense d'énergie. Faire du sport invite le corps et l'esprit à jouer main dans la main, sans autre but que les seuls plaisir et épanouissement que cela procure. Le sport est un amusement qui se vit très sérieusement. La compétition n'en est qu'une option, pas une obligation. Faire du sport développe et entretient la musculature et l'ossature du corps, sa tonicité, la capacité respiratoire et la circulation, l'élimination, mais aussi des

Planche LXVII : Squelette goguenard lorgnant Martin

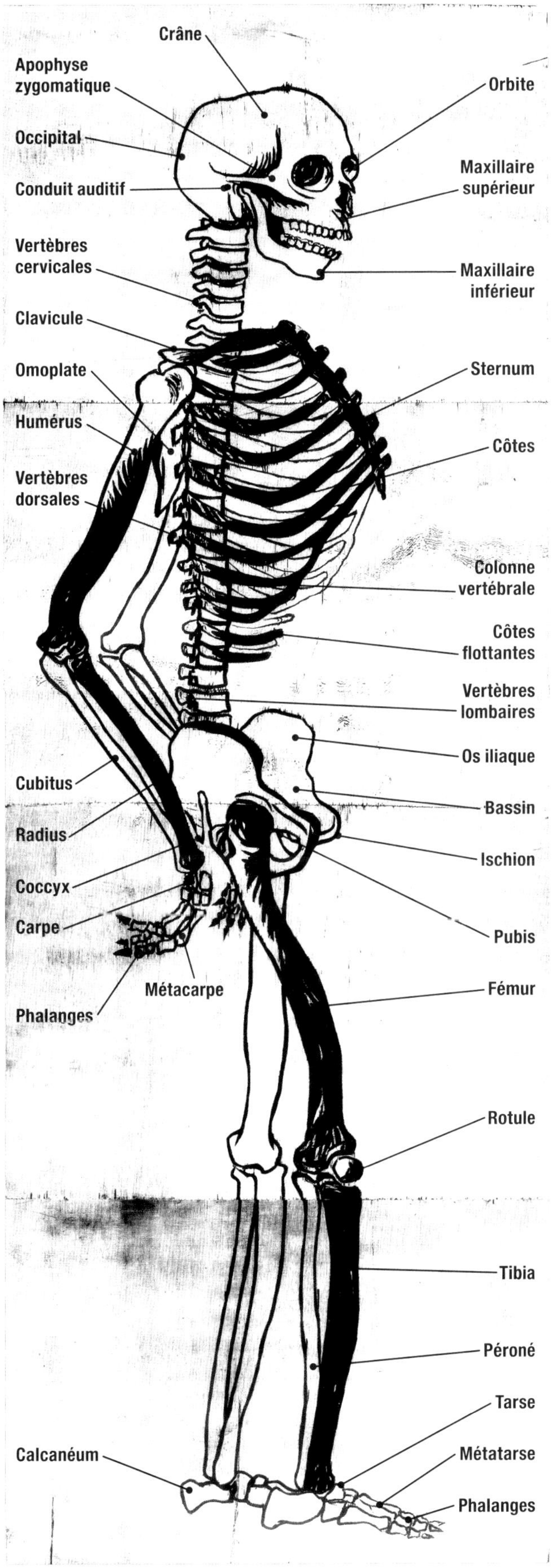

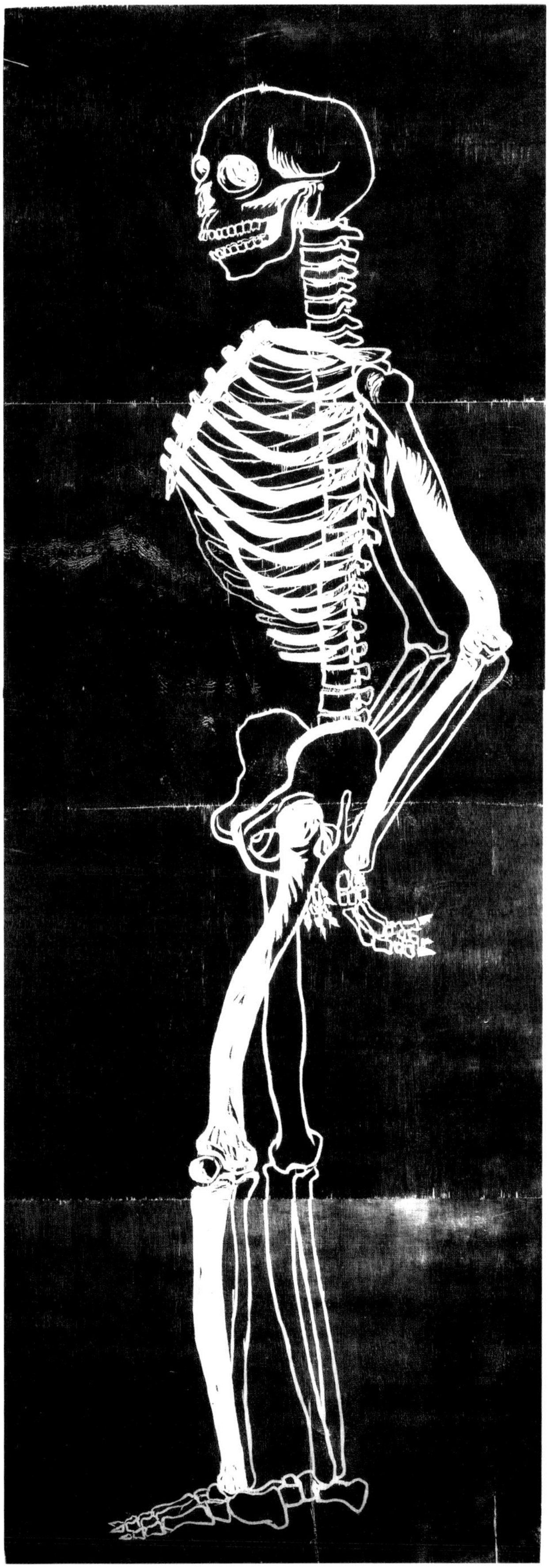

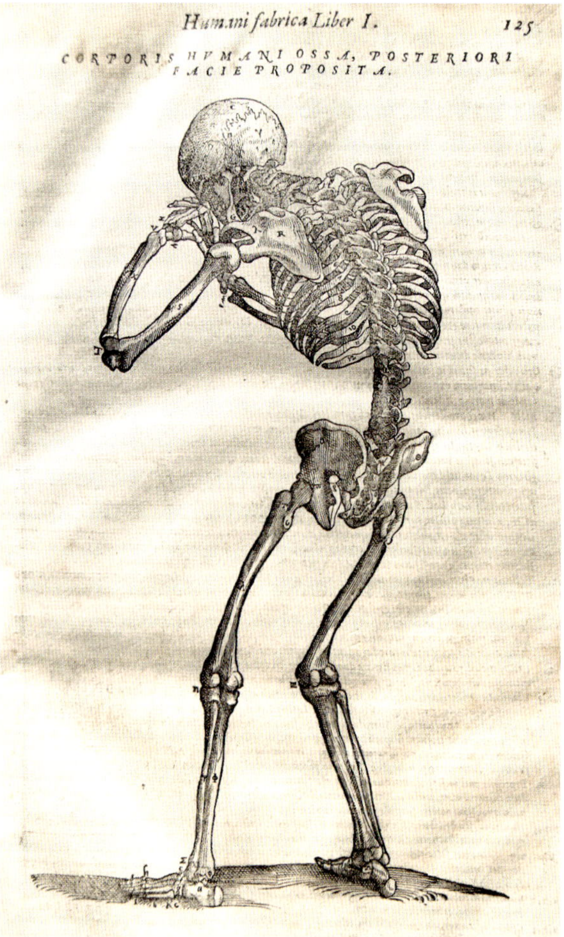

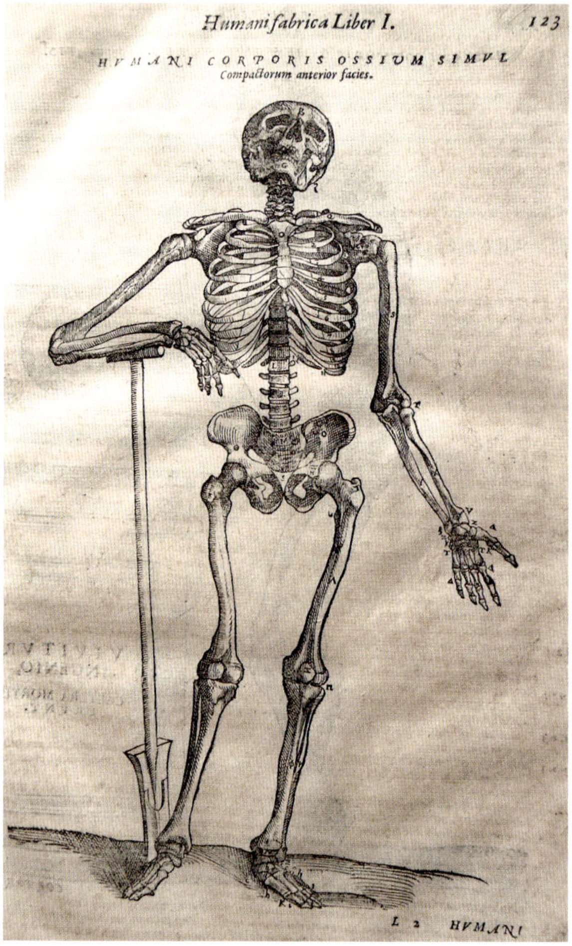

176. Squelette de dos, de face, Vesalio, *De humani corporis fabrica*, 1543.

qualités psychiques comme la maîtrise de soi, le courage et l'endurance… *Esprit du sport* : franchise et loyauté, en bon joueur. *« Une partie de pétanque… Ça, c'est du sport ! »* (UGOLIN) ***Voir Effort, Gymnastique.***

SQUELETTE *n. m.* **1** ◆ Charpente du corps en os massif, livrée assemblée à la naissance, entièrement articulée et sans aucune pièce de rechange. Clan des durs au complet, opposé à la famille du mou (viscères), en chirurgie ou radiologie. *Syn.* Ossature. Pantin rigolard, le squelette est le compagnon de toujours de l'homme. Il moque la mort autant qu'il la côtoie, assurant la navette entre le monde des vivants et celui des morts. D'ailleurs, c'est lui qui reste là quand on est mort, fort longtemps, pour parler du destin et du temps à qui osera s'en approcher. **2** ◆ La mort elle-même, dans son costume de squelette universel, indémodable et inchangé, portant sa faux et se dandinant comme une demoiselle. *Squelette animé* : qui danse en claquant des dents pour le plus grand effroi des vivants. **3** ◆ *Fig. Squelette ambulant* : Personne très maigre. *« Cette Mme Windtrop, mon cher Watson, a tout de la vieille anglaise qui cache un squelette dans son placard et continue de s'occuper de ses marguerites ! »* (SHERLOCK HOLMES)

◆ ☛ Ensemble des os et des cartilages qui constituent l'appareil de soutien du corps. Les os du squelette sont unis entre eux par des jonctions, les articulations, et par les muscles. Ces derniers s'insèrent sur les os en formant un système complexe dédié au maintien de la posture et à la locomotion. À l'âge adulte le squelette compte 203 os, auxquels s'ajoutent des os surnuméraires ou os sésamoïdes. À l'instar des autres organes et tissus du corps, les os ne conservent leurs potentiels que s'ils sont soumis à une activité continuelle et régulière. Comme les muscles, qui demeurent trophiques et en bon état de fonctionnement s'ils sont activés par le mouvement, les os conservent leur consistance et leur dureté s'ils sont sollicités dans l'exercice de leurs fonctions de soutien et de locomotion. Une réduction de leur fonctionnement, comme cela peut advenir en cas de maladie et d'immobilisation presque totale de la personne, comporte une baisse du taux de calcium présent dans les os qui accroît leur fragilité. Celle-ci est aussi typique dans le cas des astronautes, après un long séjour en apesanteur. VOIR PLANCHE LXVII. ***Voir Apesanteur, Cage thoracique, Crâne, Fémur, Macabre, Main, Os, Pied, Sésamoïde, Tibia.***

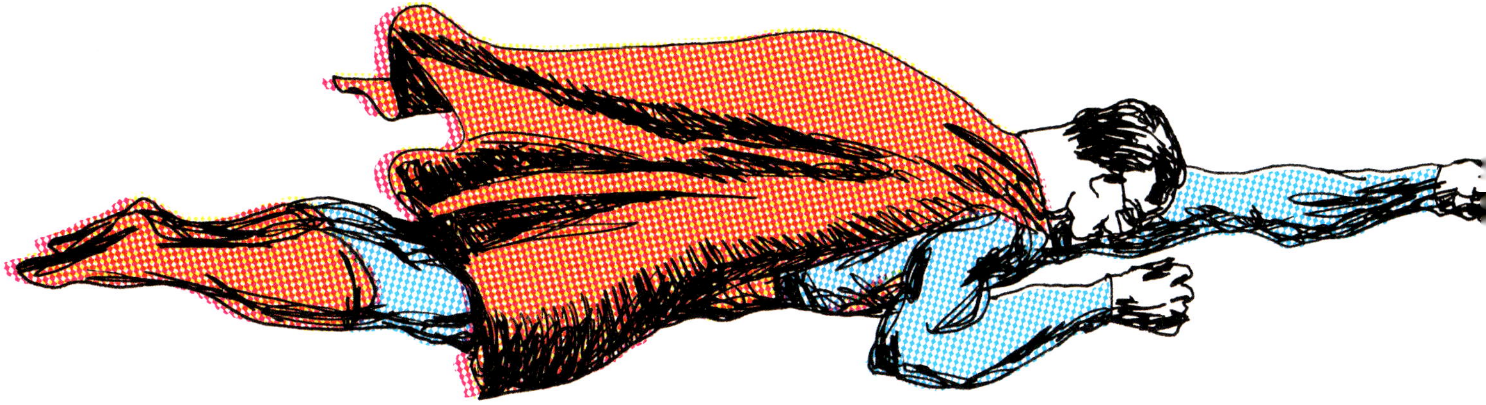

SQUELETTIQUE *adj.* Qui fait penser à un squelette. *Une fille squelettique* : très maigre. Appartenant au squelette. ***Voir Maigre, Squelette.***

STERNUM *n. m.* Os plat et long situé au milieu de la face antérieure de la cage thoracique, sur lequel s'articulent les sept premières paires de côtes, ainsi que les deux clavicules, à son sommet. Sa partie basse et terminale, l'appendice xiphoïde, est uniquement constituée de cartilage. ***Voir Cage thoracique, Xiphoïde.***

STRABISME *n. m.* ***Voir Loucher.***

STRIP-TEASE *n. m.* Grand numéro de scène musical dans lequel une femme ou un homme se déshabille en s'effeuillant lentement la marguerite pour offrir à des regards voyeurs le cœur même de sa nudité en bouquet final. ***Voir Déshabiller.***

SUEUR *n. f.* **1**◆ Eau de source organique salée qui transpire par les pores de la peau, et dont l'évaporation permet de refroidir la température du corps. Sécrétée par les glandes sudoripares, la sueur, dans certaines conditions, ne se vaporise pas complètement en un délicat nuage. Des gouttes de sueur perlent alors à certains endroits du corps, coulent en ruisselant ou trempent totalement le corps… selon l'intensité de la chaleur, de l'effort, de l'émotion ou du stress. En séchant, la sueur prend une odeur plus forte. Accumulées, les sueurs puent. *En sueur* : en nage. *Sueur froide* : cocktail « sueur et frisson » qui enivre sous l'emprise de la peur ou de la fièvre. **2**◆ *Hist.* Humeur de l'ancienne médecine. ***Voir Humeur, Peau.***

SUPÉRIEUR, E *adj.* Qui indique la situation physique d'une partie du corps au-dessus d'une autre mais pas d'un intérêt plus important. *Membre supérieur.* ***Voir Inférieur.***

SUPERMAN *n. m. Fam.* Héros fantastique, ressemblant à un homme ordinaire et binoclard les trois quarts du temps, qui devient surpuissant et vole dans les airs à une vitesse supersonique pour se conduire en justicier et sauver le monde. Invention américaine, il est affublé d'un slip rouge sur un costume bleu surmoulant, avec une petite cape rouge. *Fig. Se prendre pour Superman* : jouer au surhomme ; ou *pour Superwoman*, son alter ego féminin, quand même moins forte.

SUPPURER *v. intr.* Produire du pus dans un écoulement coloré. ***Voir Pus.***

SURRÉNAL, E *adj.* et *n.* Qui est placé au-dessus du rein. *Les glandes surrénales*, organes très légers cependant indispensables à la survie.
◆ ☛ Glande paire à sécrétion endocrine coiffant le sommet des deux reins. Pyramide triangulaire pesant environ 5 g, elle est constituée d'une zone externe dite « corticale » et d'une zone centrale dite « médullaire ». La première produit aussi bien des hormones « minéralcorticoïdes », équilibrant la quantité d'eau dans le plasma sanguin, que des hormones « glucocorticoïdes » (cortisol et corticostérone), régulant le taux de glucose dans le sang et ayant une action anti-inflammatoire, antiallergique, et anti-œdémique. Enfin, elle produit des hormones stéroïdiennes androgènes qui favorisent l'apparition des caractères sexuels masculins. La zone médullaire produit l'adrénaline et la noradrénaline, hormones qui augmentent la fréquence cardiaque et renforcent la vasoconstriction du cœur, élèvent la pression artérielle, et inhibent la contraction de l'intestin ou celle des bronches, bloquant ainsi les crises d'asthme. ***Voir Adrénaline, Glande, Hormone, Rein, Sécrétion.***

SYNAPSE *n. f.* Zone de connexion entre deux neurones, ou entre un neurone, un muscle ou une glande qu'il innerve. ***Voir Nerf, Neurone.***

SYSTÈME *n. m.* Combinaison d'organes de natures différentes qui travaillent ensemble pour une même fonction. *Système digestif, système urinaire.* ***Voir Organe.***

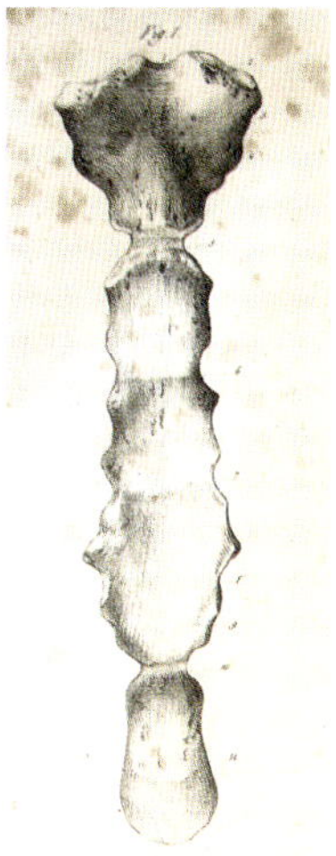

177. Sternum, Jules Cloquet, *Anatomie de l'homme*, 1828.

Tête-à-tête de tatoués

TABLETTE (DE CHOCOLAT) *n. f. Spécialt. Fam.* Appellation gourmande des muscles abdominaux, uniquement lorsqu'ils sont bien dessinés et très entretenus. *« Mon Tarzan a les plus belles tablettes de chocolat de la jungle ! »* (CHEETA)

TACHE DE ROUSSEUR *n. f.* Petites taches rousses saupoudrées à la surface d'une peau claire, comme de minuscules confettis.

TACTILE *adj.* Relatif au sens du toucher. *Émotion tactile, sensibilité tactile, poil tactile.*

TAILLE *n. f.* **1**◆ Hauteur du corps qui se mesure debout et bien droit, du sol au sommet du crâne et le nez en l'air. *Mesurer la taille* : toiser une personne. *De petite taille* : nain. *De très grande taille* : géant. *Taille de la main, ou du pied* : sa dimension en longueur, sa pointure. **2**◆ *Taille du corps* : sa circonférence combinée à sa hauteur, pour assortir celle du vêtement qui l'épouse. *Faire une taille 36, une taille 42* : mettre son corps dans le moule industriel de la confection. **3**◆ Partie la plus fine du buste, en bas des côtes et au-dessus des hanches, pile au niveau du nombril. *Taille fine, taille épaisse. Loc. Taille de guêpe* : qui coupe presque le corps en deux. *Tour de taille* : mesure capitale du vêtement. *« Kong m'a prise par la taille, entre deux doigts, sans trop me serrer, et m'a doucement attirée à lui. »* (ANN) ***Voir Géant, Grand, Nain, Petit, Pointure.***

TAILLÉ, E *adj.* **1**◆ Sculpté, bâti, en parlant du corps. *Être taillé comme un Apollon, comme une jument de trait, comme un nageur.* **2**◆ Coupé, raccourci, façonné. *Moustache joliment taillée, oreilles taillées en pointe, ongles bien taillés, sourcils taillés court.* ***Voir Moustache, Ongle, Oreille, Sourcil.***

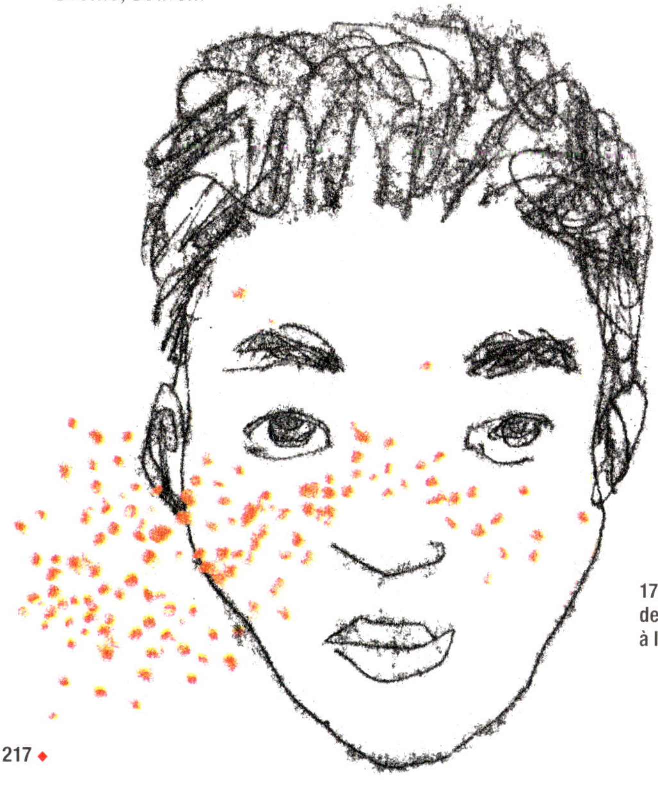

178. Taches de rousseur à la volée.

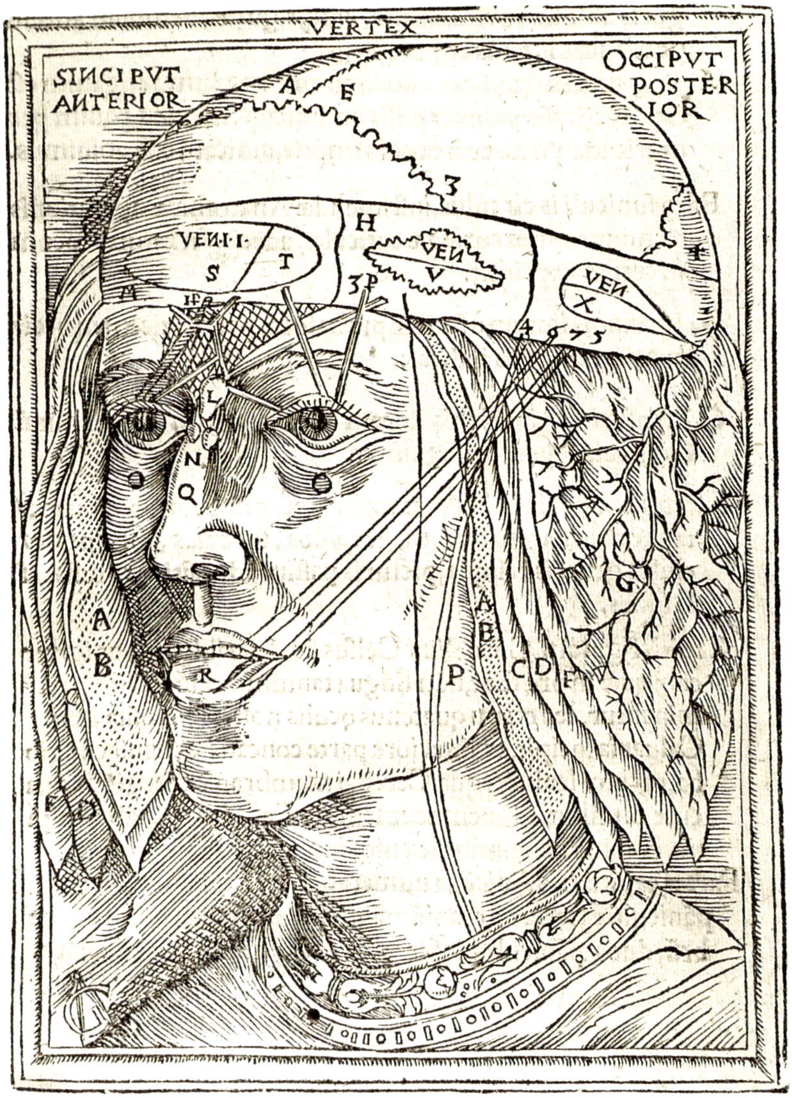

179. Tête à l'étude, Dryander, *Anatomia capitis humani*, 1536.

TALON *n. m.* **1**◆ Partie à l'arrière du pied, dont la base nous aide à tenir debout, immobile ou en marche, ou encore accroupi. **2**◆ *Myth. Talon d'Achille* : endroit par lequel Achille était tenu pour être immergé dans la marmite de potion magique lui accordant l'invulnérabilité, et qui, en conséquence, n'a pas reçu la protection du bain. Défaut de sa cuirasse qui lui coûta la vie. *Fig.* Point faible, endroit vulnérable chez une personne.
◆ Le talon est formé par le calcanéum, un des sept os du tarse, juste recouvert par la peau. ***Voir Calcanéum, Tarse.***

TANNÉ, E *adj.* Hâlé par le vent et le soleil. *Marin salé à la peau tannée.* ***Voir Bronzage, Hâlé.***

TARSE *n. m.* Os du pied, au nombre de sept, qui composent la cheville et le talon. ***Voir Astragale, Calcanéum, Pied.***

TEINT *n. m.* Couleur et qualité de la carnation de la peau, spécialement du visage. *Nuances du teint. Un teint de porcelaine, un teint pâle, laiteux, clair, rosé, jaunâtre, doré, cireux, cuivré, rougeau, hâlé, mat, basané, brun. Fond de teint* : produit de camouflage, pour lutter contre le terrible Blafard de l'hiver. ***Voir Carnation, Chair, Incarnat.***

TEMPE *n. f.* Partie plate du front de chaque côté de la tête, en partant de la pommette jusqu'à la naissance des cheveux. Sur les tempes, là où poussent souvent les premiers cheveux blancs, battent des artères à fleur de peau. ***Voir Crâne, Front.***

TEMPORAL, E *adj.* ◆ Appartenant aux tempes. *Os temporal* : os latéral du crâne. *Lobe temporal du cerveau. Artères temporales.*

TENDINEUX, EUSE *adj.* ◆ Relatif aux tendons. *Fibre tendineuse, insertion tendineuse.*

TENDON *n. m.* Cordon d'un beau blanc nacré qui tire les ficelles de notre pantomime ordinaire. *Tendon d'Achille* : tendon s'insérant sur l'arrière du calcanéum, os du talon. Talon par lequel Achille a péri, malgré son talent.
◆ Extrémité fibreuse inextensible d'un muscle, insérée sur les os. On distingue les tendons fuselés, semblables à des cordes, comme ceux des muscles fléchisseurs des doigts de la main, et les tendons aplatis, comme les aponévroses des muscles larges de l'abdomen et du dos. À la différence des muscles qu'ils prolongent, les tendons contiennent peu de cellules et sont en outre faiblement vascularisés, raison pour laquelle la guérison d'une déchirure ou d'une fracture est généralement très longue et nécessite l'immobilisation. Comme dans tous les tissus du corps, on observe au cours du vieillissement une diminution graduelle de la quantité d'eau présente dans les tendons. Ces derniers deviennent alors plus facilement sujets aux blessures, contrairement à leurs muscles respectifs, toujours riches en cellules et bien hydratés. ***Voir Muscle, Talon.***

TESTICULE *n. m.* Prune qui compose, en double, la partie visible de l'appareil génital masculin avec son complice de toujours, le pénis. Les testicules forment des régiments de spermatozoïdes et les préparent à partir dans l'espace intergalactique. Fragiles et sensibles au froid, les testicules bénéficient de bourses pour s'habiller pour l'hiver. *Syn. fam.* Couilles, roubignoles, roupettes, roustons, valseuses. *Testicules et pénis* : bijoux de famille.
◆ Organe génital masculin, glande reproductrice sexuée, paire et symétrique. Chez la femme, son homologue est l'ovaire, par paire aussi. Enveloppées dans le sac du scrotum (bourses), hors de la cavité abdominale, chaque

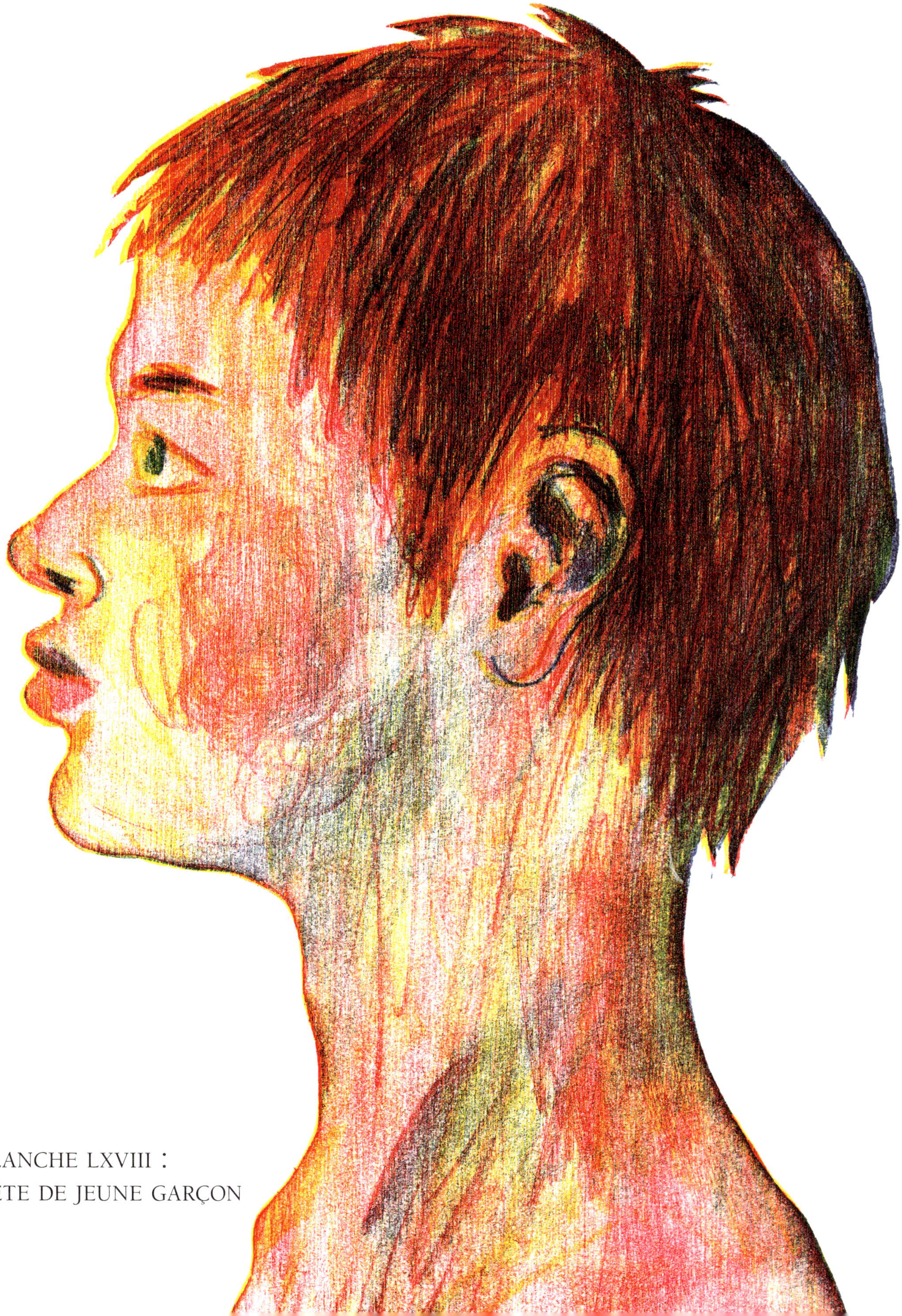

Planche LXVIII :
Tête de jeune garçon

Planche LXIX : Tête tout en muscles

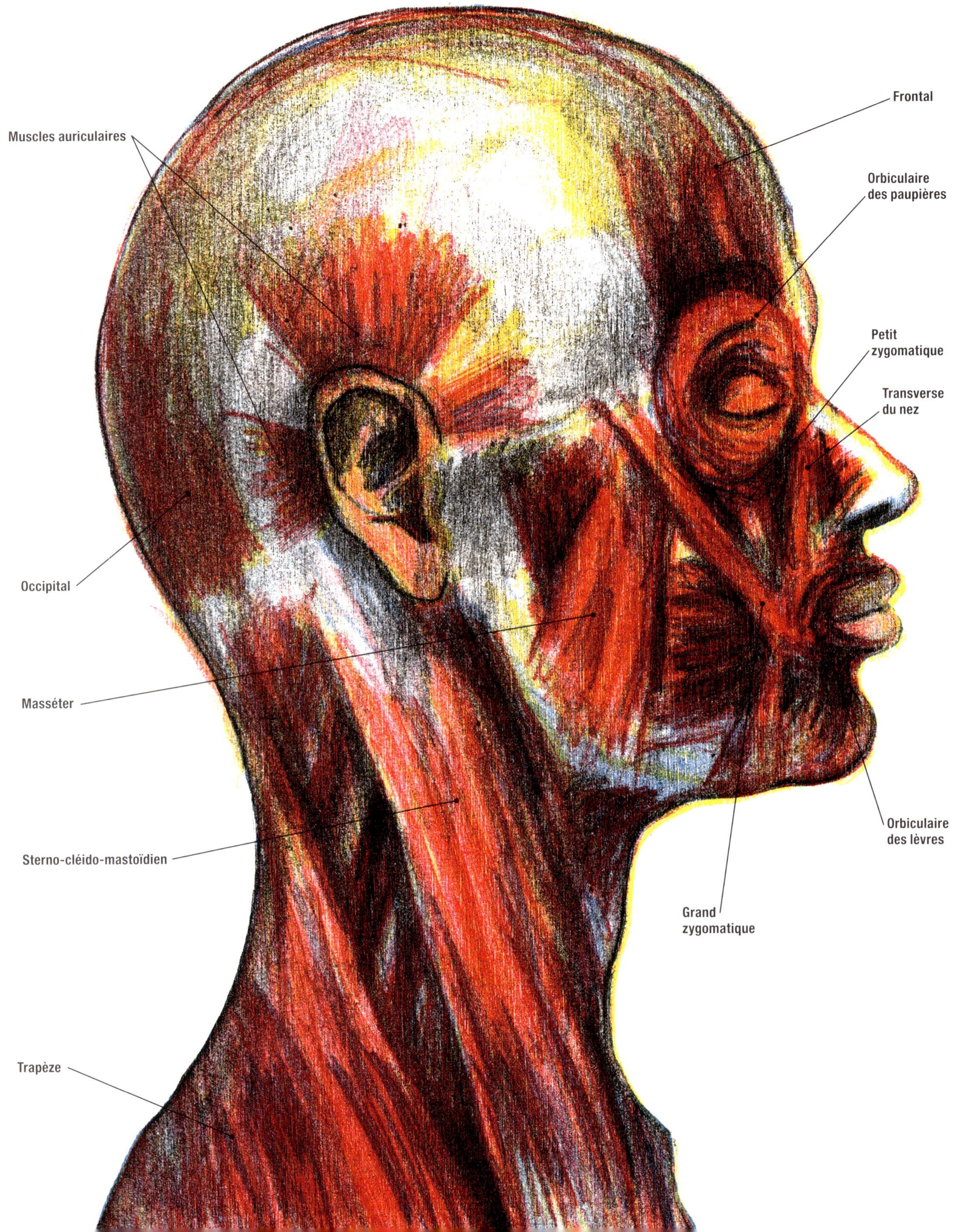

testicule a la forme d'un œuf et mesure environ 5 cm de long, 3 cm de large et 3 cm d'épaisseur. Grâce à une température inférieure à celle du corps (de 2 à 5 °C), les testicules assurent la production et le mûrissement de millions de spermatozoïdes, gamète mâle destiné à féconder l'ovule. Les voies spermatiques commencent par l'épididyme, surmontant les testicules, puis le canal déférent. ***Voir Bourse, Déférent, Épididyme, Homme, Scrotum, Urètre.***

TÊTE *n. f.* **1**◆ Couvre-chef du corps, en charge du commandement. Boîte à outils tout arrondie, aux nombreux casiers, qui abrite principalement le cerveau et les organes de quatre des cinq sens. La tête, sommet en soi, est reliée au corps par le cou. Solidement articulé à la colonne vertébrale, le vaniteux crâne formant son squelette est un véritable gruyère. Il possède de nombreuses cavités, sièges des organes qui assurent les contacts permanents entre la base et le monde extérieur. Ses sept orifices et leurs habillages particuliers font tout le charme de la tête humaine. Les oreilles s'épanouissent de chaque côté de la tête, sur les tempes. Les deux yeux illuminent le devant du visage et non les profils, car l'homme est un fin prédateur, quoi qu'il en dise (herbivore, nous aurions eu les yeux sur les côtés). Le nez culmine en pleine face, au beau milieu, formant l'axe vertical du visage. La bouche, quant à elle, ouvre une caverne magique, qui laisse entrevoir le dedans mystérieux et les profondeurs du corps. La tête est dotée de fins muscles peauciers qui lui permettent de faire le clown et de jongler d'une expression à l'autre. Sa partie basse est mobile et comprend aussi les puissants muscles de la mastication. La tête humaine peut revêtir des formes variées et avoir des tailles différentes. *Petite tête d'oiseau, tête plate, tête chevaline allongée, tête ronde, tête de cochon, tête de fouine triangulaire, grosse tête d'hippopotame, tête de chien battu (d'une tête).* L'homme se déplace en principe la tête en haut mais pas toujours la tête haute, qu'il soit en tête ou en queue du peloton. *Fig. Marcher sur la tête* : quand la chose n'a ni queue ni tête. *Tomber sur la tête* : cul par-dessus tête, la tête la première. *Se jeter tête baissée* : foncer en naïf. *Coup de tête* : geste impulsif. *Couper la tête* : sentence définitive. *Loc. adv. Tête à tête* : seul à seul. *Syn. fam.* Caboche, cafetière, citrouille. **2**◆ *Jardin de cheveux.* Tête nue, en cheveux et sans coiffe. *Tête chauve* : caillou blanc. *Porter un casque de cheveux sur la tête. Se laver la tête* : les cheveux. *Des poux dans la tête* : des ennuis. **3**◆ Visage. *Bonne tête, sale tronche, bouille triste, bobine rigolarde, binette de jardin, trombine de travers. Tête à claques, tête d'assassin* : délit de faciès, à la tête de l'emploi. *Syn. fam.* Gueule. *Faire une drôle de tête, faire la tête* : bouder. *Fam.* Faire la gueule. **4**◆ *Tête de mort* : crâne d'homme mort, dépouillé de sa chair. Son image, figure symbolique de la mort. Vanité, tête de mort qui crâne en peinture. *Tête de mort et tibias croisés* : drapeau des pirates dans la voilure. **5**◆ Boîte à idées, tête pensante, bien pleine. *Grosse tête* : esprit prétentieux. *Petite tête, tête de linotte* : cervelle oublieuse. *Tête en l'air* : insulte de piaf. *Forte tête* : tête têtue. *Mauvaise tête* : tête boudeuse. *Prendre la tête de quelqu'un* : soucier jusqu'à l'obsession. *Faire tourner la tête* : faire chavirer. *Perdre la tête* : oublier sa raison en chemin. *La tête dans les nuages* : l'esprit doux rêveur. *La tête ailleurs* : dans la lune. *La tête dans les étoiles* : émerveillé. *« Qu'on dise quelque chose ou qu'on ne dise rien, j'en veux faire à ma tête. »* (Jean de La Fontaine*) *Syn.* Carafon, ciboulot, citron. *Voir planches lxviii et lxix.* ***Voir Bouche, Cou, Crâne, Décapité, Face, Figure, Nez, Œil, Oreille, Visage, Yeux.***

TÉTER *v. tr.* Boire par succion au sein de sa mère (ou d'une nourrice, ou éventuellement à la tétine d'un biberon), en principe du lait, étant bébé. ***Voir Lait, Sein.***

TÉTON *n. m. Fam.* Bout de sein, de la femme ou de l'homme. *Syn. vieilli.* Tétin.

THORAX *n. m. Voir Cage thoracique.*

180. Têtes singulières.

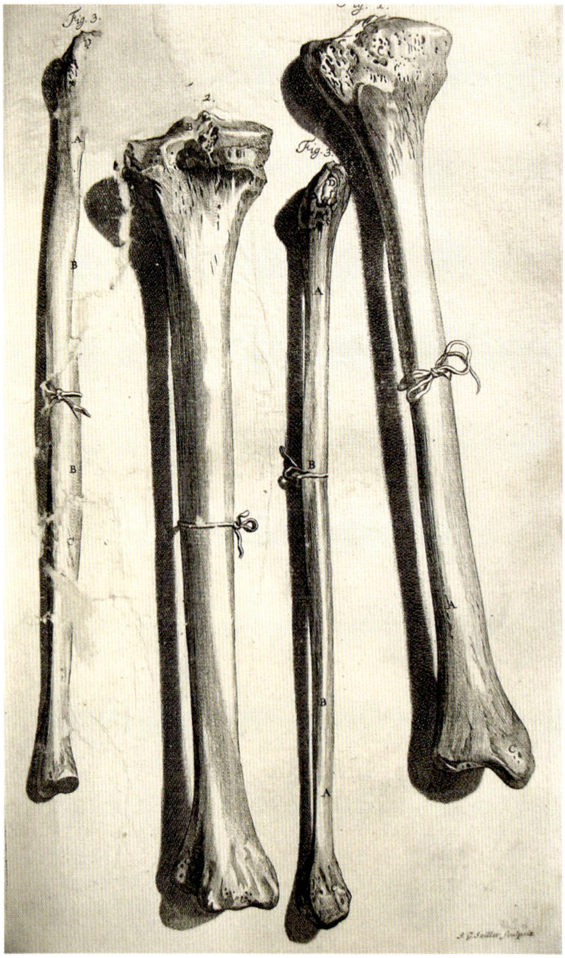

181. Tibia et péroné, Mangetus, *Theatrum anatomicum*, 1716.

THYROÏDE *n. f.* ◆ ☛ Glande endocrine périphérique, située à la base antérieure du cou, dépendant de la glande hypophyse. La thyroïde sécrète des hormones qui agissent sur la croissance, le métabolisme et le système nerveux. ***Voir Glande, Hypothalamus.***

TIBIA *n. m.* **1**◆ Os de la jambe, qui veut toujours jouer au ballon avec son grand copain le péroné, alors que c'est lui qui prend tous les coups. **2**◆ Partie avant de la jambe tout court. **3**◆ Symbole de mort. Os chéri des pirates, qui se hisse sur le drapeau, croisé en double avec la tête de mort.
◆ ☛ Os long et pair, situé à la partie antérieure de la jambe, qui s'articule avec le péroné à ses deux extrémités. En forme de prisme triangulaire, il transmet à l'astragale et au calcanéum, grands os du tarse, le poids du corps. ***Voir Astragale, Calcanéum, Jambe, Péroné, Tarse.***

TISSU *n. m.* Étoffe ordinaire mais somptueuse du corps humain, dont il existe plusieurs variétés. Les tissus du corps ne s'effilochent pas, ne boulochent pas, ne feutrent pas et sont garantis antimites, composés à 100 % de matières naturelles biodégradables. Les premiers sont tricotés par la mère pendant toute la grossesse et constituent le trousseau de départ de l'enfant. *Tissu sous-cutané, tissu conjonctif, tissu osseux, cartilagineux, musculaire, tissu des viscères, du foie, du poumon, à rayures ou à pois.*
◆ ☛ On distingue les tissus qui assurent le fonctionnement d'un organe ou d'une glande (parenchyme du foie, du poumon, du rein…) des simples tissus de soutien (conjonctif…). ***Voir Foie, Organe, Peau, Poumon.***

TOILETTE *n. f.* **1**◆ Soin du corps, lavage, brossage, récurage. Apprêt du corps, volonté de l'embellir par quelque artifice (maquillage, ornements, parfum, plumes…). *Faire sa toilette* : se laver, se peigner, se pomponner et s'habiller pour sortir dans le monde. *Toilette du visage* : petit débarbouillage ou grand démaquillage. *Fig. fam. Toilette de chat* : uniquement avec une des pattes avant, sans faire trempette ni douchette. **2**◆ *Spécialt. Les toilettes* : WC, lieu d'aisances. ***Voir Débarbouiller, Farder, Laver.***

TONUS *n. m.* Réponse énergique et dynamique du corps. *Manquer de tonus* : être raplapla. *Avoir du tonus* : avoir du punch.
◆ ☛ Tension musculaire minimale assurée au repos grâce à la stimulation permanente des nerfs moteurs.

TORSE *n. m.* Poitrine, buste de l'homme ou de la femme. *Torse poilu. Torse nu* : dévêtu jusqu'à la taille. *Bomber le torse* : faire le fier à poitrine. ***Voir Buste, Cage thoracique, Poitrine.***

TORSION *n. f.* Mouvement dans lequel le corps se tord, jamais comme un chiffon. *Torsion du cou, du buste. Torsion des membres.*
◆ ☛ Mouvement du corps se développant sur le plan horizontal.

TOUCHER *n. m.* **1**◆ Un des cinq sens, dont l'organe est la peau. Grand explorateur, le toucher fait preuve d'un tact hors du commun. **2**◆ *Méd.* Examen du corps qui nécessite l'introduction d'un ou deux doigts dans un de ses orifices naturels pour en explorer la cavité attenante. *Toucher vaginal, nasal, rectal.* **3**◆ Qualité d'un corps que l'on touche. *Toucher soyeux, rugueux, lisse.* ***Voir Peau, Sens.***

TOUFFE *n. f.* Bouquet joyeux de poils ou de cheveux, selon l'endroit du corps où il se tient. *Touffe de poils aux aisselles. Spécialt. Touffe de poils du pubis* : toison d'or, de feu ou d'ébène. ***Voir Cheveu, Épi, Mèche, Poil.***

TRACHÉE *n. f.* ◆ ☛ Troisième segment des voies respiratoires, à la suite du larynx et avant les bronches, qui naissent de sa division en deux parties. ***Voir Bouche, Bronche, Larynx, Pharynx, Poumon.***

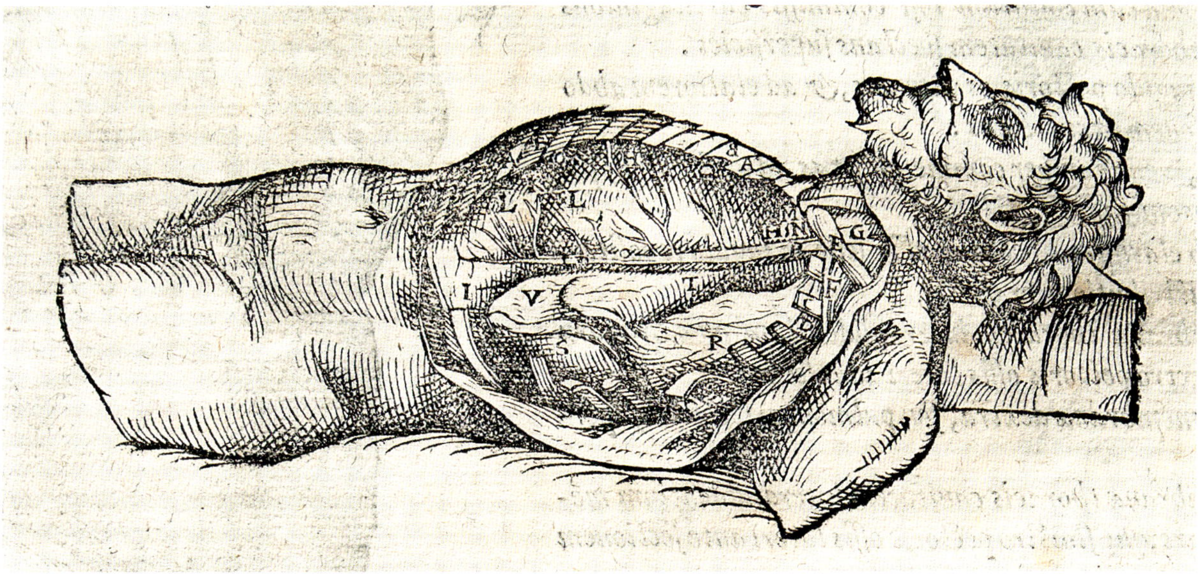

182. Tronc couché, Vesalio, *De humani corporis fabrica*, 1543.

TRAIT *n. m.* **1**◆ Au pluriel, lignes qui dessinent le visage d'une main de maître, avec un feutre fin, moyen ou gros. *Traits tirés* : traces de fatigue. *Traits reposés* : traits lissés. *Traits fins, grossiers, délicatement dessinés ou non.* **2**◆ *Dessin au trait* : uniquement fait de lignes et sans valeurs de gris. **3**◆ *Fig.* Signe caractéristique. *Trait pour trait* : exactement. *Jumelles se ressemblant trait pour trait.*

TRANSE *n. f. Spécialt. Transe légère* : état d'hypnose légère, dans laquelle le cerveau est en intense activité, mais plus sous le contrôle de la conscience, lors de transports familiers ou en sommeil, notamment pendant les rêves.

TRANSIT *n. m.* Circulation particulière du bol alimentaire depuis l'estomac jusqu'à sa sortie du tunnel. *Un bon transit, un transit difficile.*

TRANSSEXUEL, LE *adj.* et *n.* Personne qui, n'étant pas née avec le sexe qui correspond à son identité intime et à son aspiration sexuelle, tente tout ce qu'elle peut pour en changer. À ce jour, ce changement n'est pas totalement négociable du point de vue des organes. *Un transsexuel, Madame, une transsexuelle, Monsieur.*

TRAPÈZE *n. m.* ◆ Muscle plat superficiel de forme trapézoïdale situé à la partie supérieure du dos, qui s'insère d'un côté sur l'occipital, le ligament et les vertèbres cervicales, ainsi que sur les dix premières dorsales, et de l'autre sur l'épine de l'omoplate, l'acromion et la partie postérieure de la clavicule. Le trapèze rapproche l'omoplate du rachis, quand on se tient les épaules en arrière et le dos droit. *Voir planche LXIX.*

TRAVESTI, E *adj.* et *n. m.* **1**◆ Habillé de vêtements dévolus à l'autre sexe ou simplement déguisé. **2**◆ Homme qui se préfère habillé en femme, affichant des accessoires typiquement féminins, jupe, robe, foulard, bijoux, maquillage… et s'illustrant volontiers avec sa part de féminité. *Voir Déguisement, Habillé, Sexe.*

TRESSE *n. f.* Costume capillaire à trois brins, ni plus ni moins. *Syn.* Natte. Les tresses peuvent devenir un art bien plus complexe, quand elles sont de mèche avec les coiffures des femmes africaines. *Voir Coiffure, Natte.*

TRICEPS *n. m.* Muscle roi à trois têtes.
◆ Muscle pourvu de trois faisceaux musculaires distincts, qui, à l'une de leurs extrémités, se fondent en une seule insertion tendineuse alors que de l'autre ils se prolongent par des tendons qui se terminent par trois insertions osseuses distinctes. Il existe deux triceps dans le corps humain : le triceps huméral dans la région postérieure du bras et le triceps sural, propre à la région postérieure de la jambe.

TRIPLÉS, ÉES *n. pl.* Jumeaux ou jumelles au nombre de trois, monozygotes ou dizygotes. *Voir Jumeaux, Quadruplés, Quintuplés, Sextuplés.*

TRONC *n. m.* Partie centrale du corps, partagée entre le thorax à l'étage supérieur et l'abdomen à l'étage inférieur. *Voir Abdomen, Cage thoracique.*

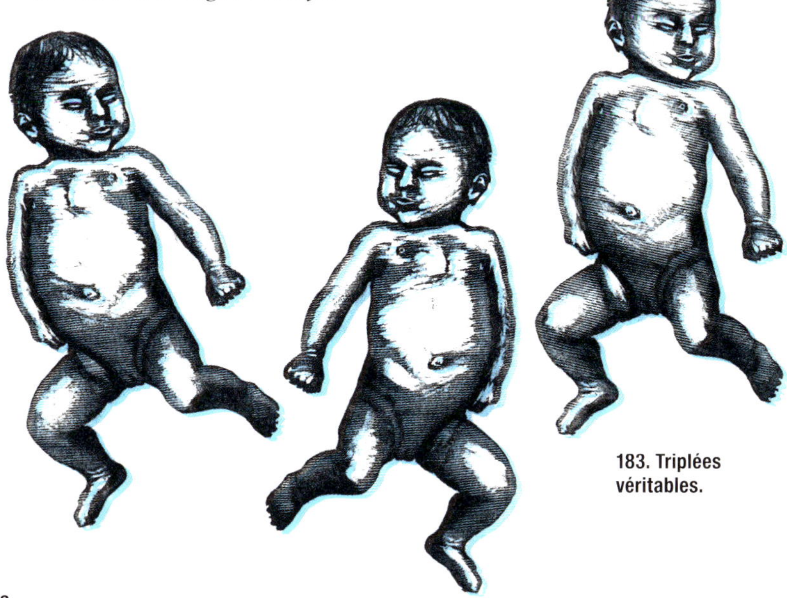

183. Triplées véritables.

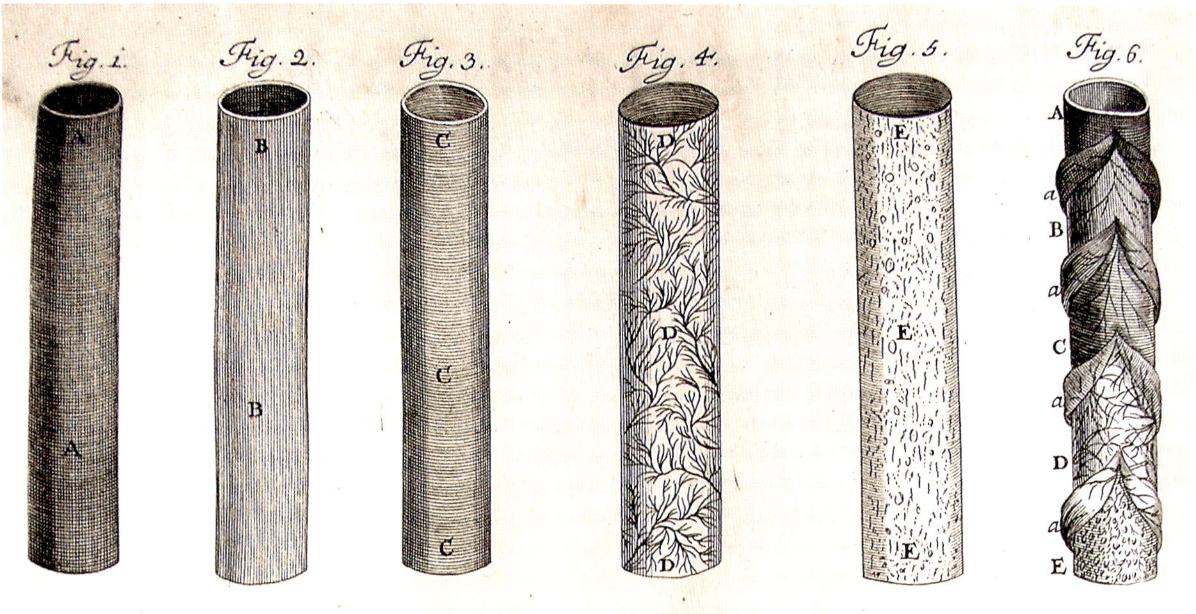

184. Tubes digestifs, Mangetus, *Theatrum anatomicum*, 1716.

TUBE *n. m.* **1**◆ Tuyau à succès du corps, pourtant creux et à rallonge. **2**◆ Long, très long tunnel qui offre le fantastique voyage en train fantôme à toute nourriture embarquée en bouche, avec périlleux passage du pharynx, chute vertigineuse dans l'œsophage, secousses dans l'estomac, virages de montagne dans les intestins, grêle et gros, et sortie fracassante par l'anus. Tube digestif, qui unit dans son périple l'entrée et la sortie, la bouche du haut et la bouche du bas. *Voir Digestion, Estomac, Grêle, Intestin.*

185. Tubes divers.

TYMPAN *n. m.* ◆ Membrane fibreuse, s'apparentant à un disque, qui ferme le fond du canal auditif externe. Derrière le tympan, la caisse tympanique, cavité contenant les osselets, est pourvue d'un conduit communiquant avec le pharynx. En conditions normales d'équilibre des pressions entre l'air du canal auditif externe et celui du pharynx, la membrane du tympan est au repos. Par contre, lorsque la pression atmosphérique varie, par exemple quand elle diminue fortement en altitude, si l'on garde la bouche fermée, la pression dans la caisse tympanique se maintenant à ses valeurs d'origine, elle appuie sur la membrane jusqu'à ce que la tension devienne douloureuse. Pour retrouver l'équilibre des valeurs de pression, il suffit de déglutir, ce qui entraîne une réduction de la pression à l'intérieur de la bouche et du pharynx. A contrario, lorsque la pression de l'air atmosphérique augmente, en plongée sous-marine par exemple, il faut compenser par l'élévation de la pression à l'intérieur de la bouche, ce qui s'obtient facilement en forçant l'expiration, bouche et nez fermés. *Voir Oreille.*

UBIQUITÉ *n. f.* Faculté d'être présent en plusieurs endroits à la fois. Ici, là et ailleurs. Si son corps, ce boulet, prive l'homme d'une vraie ubiquité, il lui reste néanmoins ses rêves.

UNIJAMBISTE *adj.* et *n.* Personne amputée d'une jambe. *Voir Amputation, Jambe.*

UNIQUE *adj.* **1**◆ Qui existe en un seul exemplaire, seul dans son genre. *Fils unique* : unique enfant. **2**◆ *Zool.* Dont le double n'existe pas, singulier. Même si les hommes et les femmes sont très nombreux sur terre, chaque spécimen est unique, ce qui est vrai également pour les otaries, les pandas, les mandrills… *Voir Gène, Hérédité.*

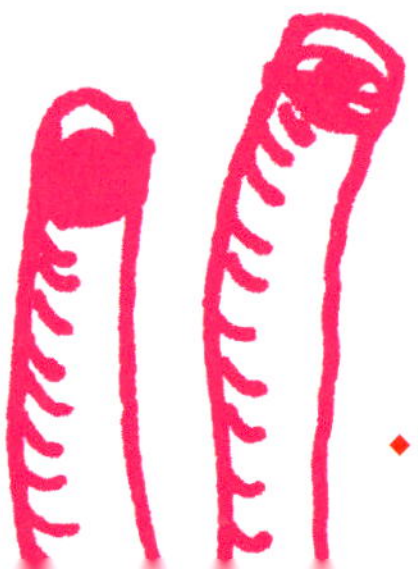

URETÈRE *n. m.* ◆ ☛ Canal transportant l'urine du rein vers la vessie. *Voir Pénis, Rein, Urètre, Vessie.*

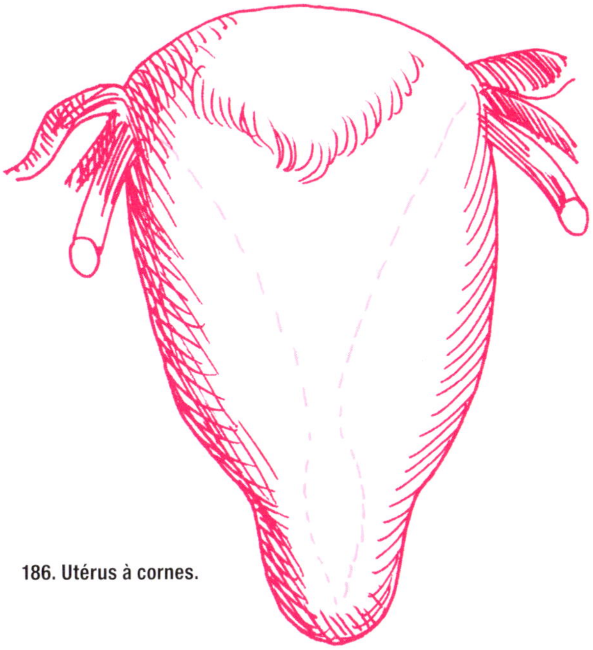

186. Utérus à cornes.

URÈTRE *n. m.* ◆ ☛ Canal par lequel l'urine quitte la vessie pour s'écouler à l'extérieur. L'urètre présente de nombreuses différences chez l'homme et chez la femme. Chez l'homme, sa longueur moyenne est de 18-20 cm. À la sortie de la vessie, il traverse tout d'abord la prostate en obliquant vers le bas. C'est là que l'urètre reçoit l'arrivée des conduits éjaculateurs qui y déversent le sperme. Il se courbe ensuite en passant sous le pubis et se recourbe vers le bas pour terminer son trajet dans la partie mobile du pénis jusqu'à l'extrémité du gland. Chez la femme, l'urètre mesure seulement en moyenne 3-4 cm. Il oblique vers le bas au-devant du vagin puis passe sous le pubis pour s'ouvrir dans le vestibule (partie terminale du vagin). *Voir Pénis, Rein, Vessie.*

URINE *n. f.* Liquide organique transparent, de couleur jaune, dorée ou ambrée, différemment odorant. Plus connue sous le nom de « pipi », l'urine est produite par le rein, lorsqu'il transforme les déchets traités en filtrant le sang. Elle quitte le rein par l'uretère pour rejoindre la vessie, où elle est stockée jusqu'à ce qu'elle soit évacuée par l'urètre lors de la miction. *Syn.* Miction.

◆ ☛ Dans l'urine, l'organisme élimine de l'eau et une partie des déchets de la digestion, l'urée, l'acide urique et l'ammoniaque, issus de la combustion des matières azotées. *Voir Pipi, Rein, Uretère, Urètre, Vessie.*

URINER *v. intr.* Évacuer l'urine. *Cour.* Faire pipi. Action d'uriner. *Syn. fam.* Pisser. « *Envie d'uriner. Toilettes occupées. Miction impossible.* » (Monsieur Phelps)

UTÉRUS *n. m.* Organe fortement musclé, à tête de taureau. À l'instar de ce dernier, il est très puissant et ne recule jamais devant l'effort. L'utérus joue dans la catégorie des organes creux, cependant il lui arrive de se trouver bien rempli pendant de longs mois. C'est peu dire. Après l'avoir chéri dans son corps, il mettra tout son cœur dans l'accouchement afin de propulser un jeune dans le monde d'aujourd'hui.

◆ ☛ Organe de la gestation où se niche et se développe l'œuf fécondé. L'utérus est logé dans la cavité pelvienne, entre la vessie et le rectum, juste au-dessus du vagin. Il a la forme et les dimensions d'une grosse poire aplatie d'avant en arrière, comprenant une partie supérieure dilatée dite « corps », où débouchent les trompes de Fallope ; un isthme au centre et une partie inférieure dite « col utérin » qui se greffe dans le vagin. La partie du col communiquant avec le vagin est appelée museau de tanche à cause de son apparence. Elle est percée d'un orifice dont la forme varie avec les accouchements. L'utérus est un organe musculaire creux, tapissé intérieurement d'une muqueuse qui se prépare chaque mois à accueillir un œuf fecondé. S'il y a eu fécondation, l'œuf se niche dans la muqueuse où il poursuit son développement au stade d'embryon puis de fœtus jusqu'à l'accouchement. S'il n'y a pas eu fécondation, la muqueuse entreprend un processus dégénératif dont la phase finale représente la menstruation (ou règles). Avec sa puissante musculature, l'utérus contribue à l'expulsion du fœtus lors de l'accouchement. De même, à chaque cycle menstruel, il rejette la muqueuse éliminée. *Voir Accouchement, Embryon, Femme, Fœtus, Gestation, Grossesse, Règles, Sexe.*

187. Utérus et fœtus, Ambroise Paré, *Œuvres*, 1579.

UTRICULE *n. m.* ◆ ☛ Vésicule logée dans le vestibule de l'oreille interne. *Voir Oreille.*

UVULE *n. f. Syn.* Luette. *Voir Larynx, Luette.*

188. Uriner, comme ci ou comme ça.

Vacances ou week-end avec X ou Y au zoo

VACANCES *n. f. pl.* Instants libérés des occupations, parfumés d'oisiveté. *Être en vacances* : avoir retrouvé sa liberté, interrompu son travail. L'organisme ne connaît pas de vacances, que des pannes. *« Il n'y a pas de vacances à l'amour [...], ça n'existe pas. »* (Marguerite Duras*)

VAGIN *n. m.* Passage secret qui mène au cœur de la princesse. Tunnel par lequel le bébé quitte le secret.
◆ ☛ Conduit musculaire membraneux faisant partie du complexe des organes génitaux féminins externes, situé derrière la vessie et devant le rectum. Le vagin naît à l'extrémité inférieure de l'utérus et se termine en s'ouvrant dans la vulve. Il accueille le pénis lors de la copulation. C'est aussi le point de passage du fœtus pendant la phase finale de l'accouchement. ***Voir Sexe, Utérus, Vulve.***

VAIRON *adj. m.* Se dit d'un œil à l'iris cerclé de blanc bleuté, dépareillé. *Yeux vairons* : paire d'yeux de couleurs différentes. ***Voir Iris, Œil.***

VAISSEAU *n. m.* Navire marchand rouge ou bleu qui transporte les échanges sanguins. La flotte du grand corps compte toutes les tailles de vaisseaux. Les tout petits canaux sont des capillaires. *« Nos vaisseaux connaissent la peur des grandes profondeurs. »* (Jules Supervielle) *Voir planche LXX.* ***Voir Aorte, Artère, Capillaire, Sang, Veine.***

VALVULE *n. f.* Soupape de sécurité, qui se bat contre le reflux, aux endroits du corps soumis à la pesanteur. Clapet au rôle non négligeable dans la circulation veineuse et cardiaque. ***Voir Cœur, Veine.***

VAPEUR *n. f. Hist.* Dans la médecine ancienne, les vapeurs faisaient partie des liquides organiques appelés humeurs. Les vapeurs étaient les humeurs subtiles. Si subtiles qu'elles émanaient plus spécialement des femmes, légères, lesquelles, soi-disant, les subissaient au cours de leurs cycles. *« Cette courtisane est un interminable assortiment de vapeurs ! »* (Confucius) *Voir planche LXXI.* ***Voir Bile, Femme, Humeurs.***

Planche LXX : Vaisseaux spéciaux

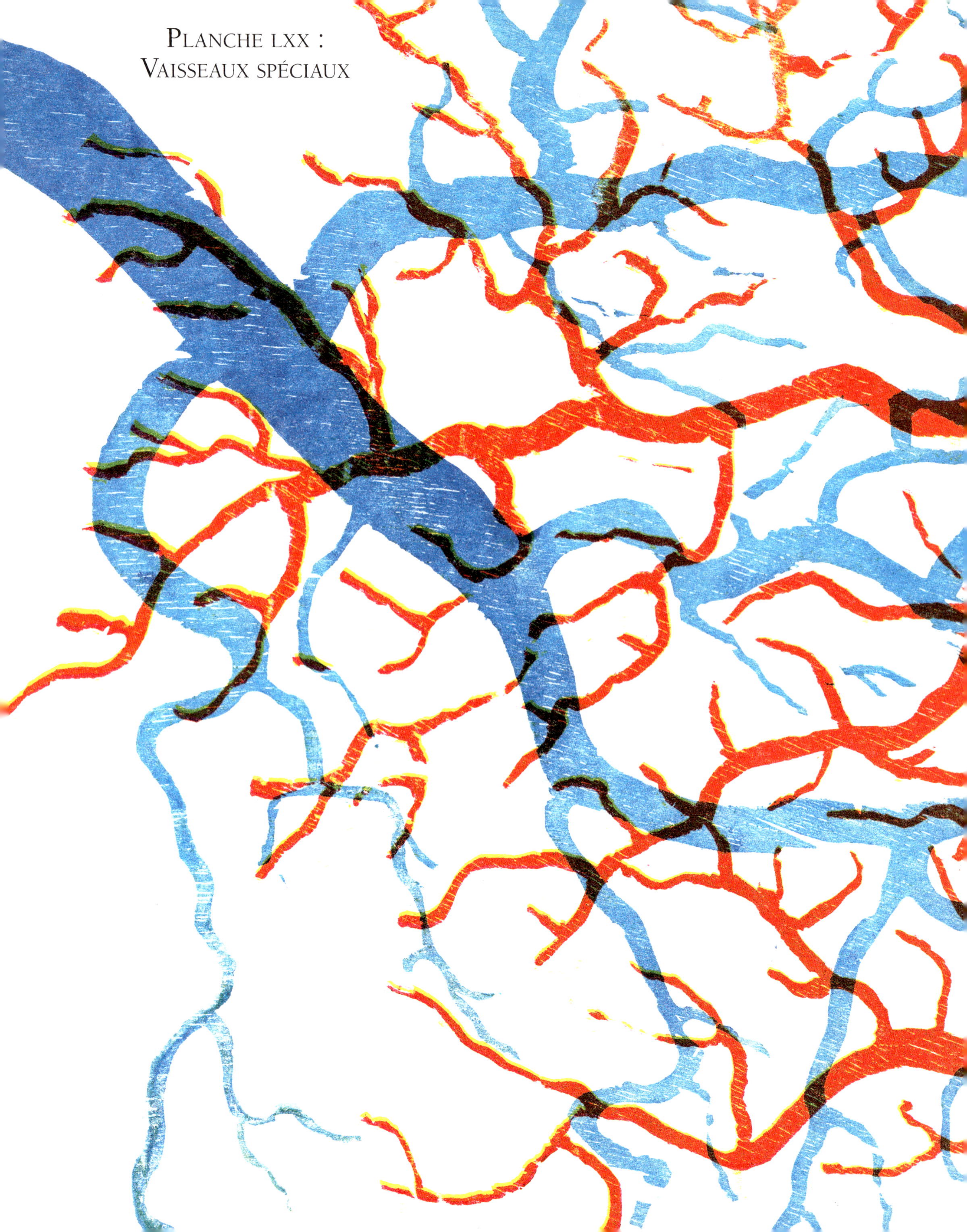

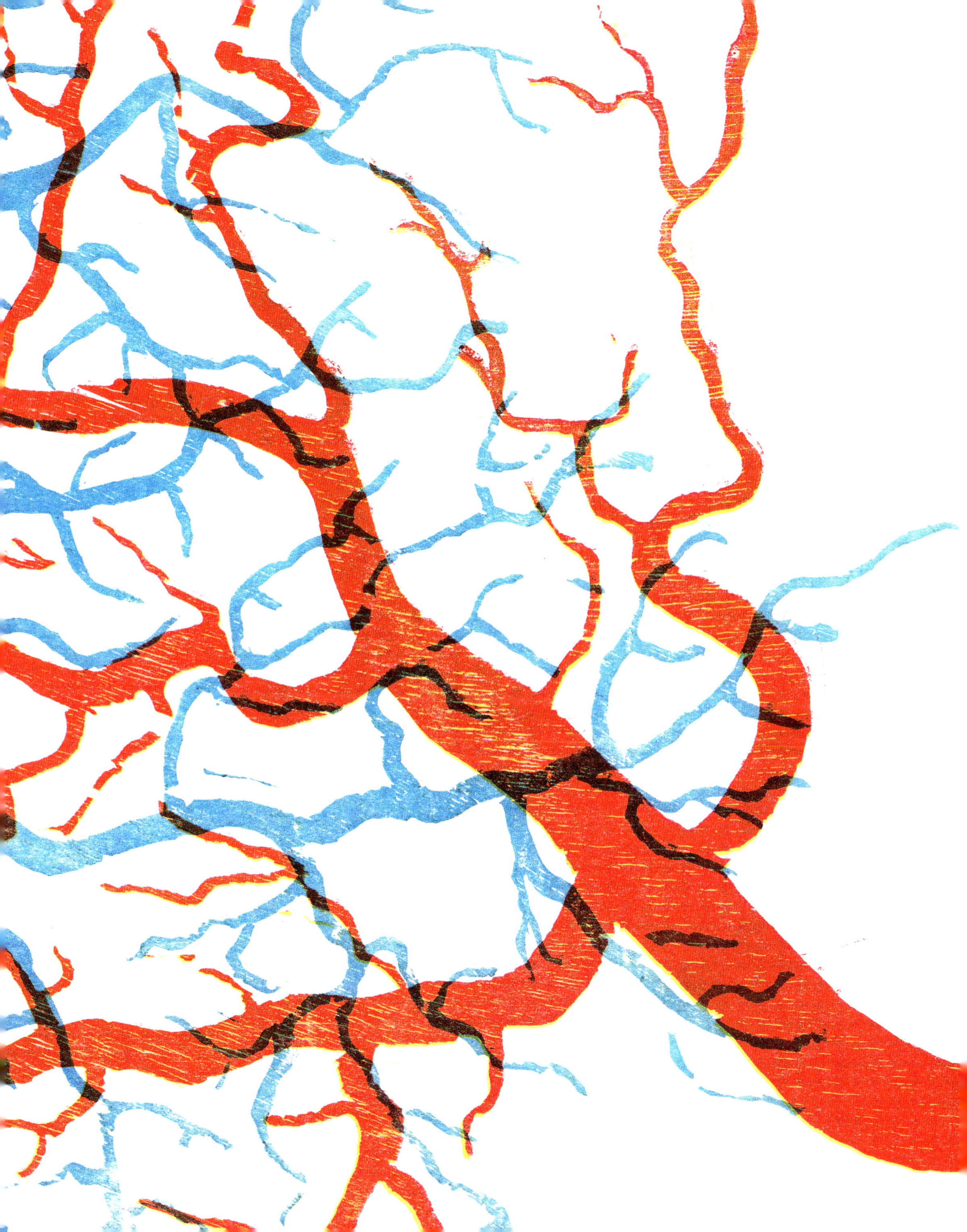

PLANCHE LXXI : FEMME À VAPEURS

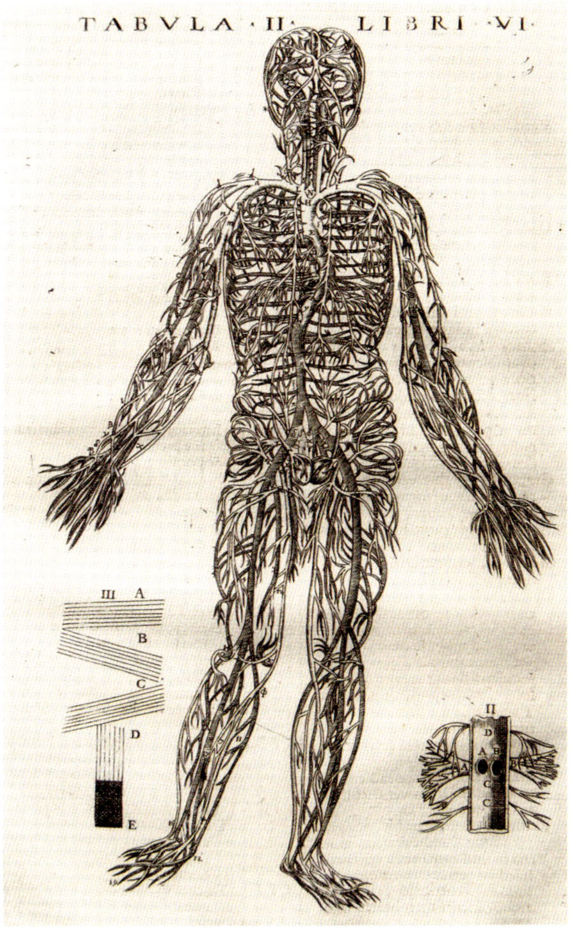

190. Veines et artères, Valverde, *Anatome corporis humani*, 1560.

VASCULAIRE *adj.* Relatif aux vaisseaux et autres embarcations. ***Voir Sang, Vaisseau.***

VAUTRÉ, E *adj.* Dont le corps est étalé de tout son long ou en travers, comme un chat ou un chien sur le carrelage aux grandes chaleurs. *« Vautrés sur le canapé avec la télévision allumée, à somnoler en tas comme des chiots, on attendait rien, on était bien. »* (Alan Ginsberg)

VAUTRURE *n. f.* Séjour prolongé dans une position où l'on est vautré. L'adolescence est la période rêvée pour la grande vautrure.

VEINE *n. f.* **1**◆ Vaisseau bleu qui rapatrie le sang à bon port. *Veines apparentes, gonflées, par la chaleur ou l'effort. Grandes veines du cœur : veine porte, veines caves, veines coronaires.* En profondeur, elles circulent au coude à coude avec les artères alors qu'en surface, elles sont solitaires. **2**◆ *Au pluriel.* Tous les vaisseaux sanguins, sans distinction. Le sang qui coule dans les veines. *Avoir du jus de navet dans les veines* : être un lâche, un mollusque. *Fig. Avoir de la veine* : avoir de la chance. *Être un veinard. « J'ai vraiment pas de veine moi alors ! »* (Calimero)

189. Velu extrême, homme-lion.

◆ ☛ Canaux vasculaires qui reconduisent le sang refluant des capillaires sanguins jusqu'au cœur, chargé de dioxyde de carbone. Avec les artères, les veines composent l'appareil circulatoire. Elles ont une paroi plus fine que les artères et peuvent ainsi être facilement fermées. Il suffit par exemple d'un simple lacet serré autour du bras pour arrêter le flux sanguin. Ayant une paroi peu robuste et élastique, les veines sont pourvues de valvules qui empêchent le reflux du sang vers le bas causé par la gravité. Dans chaque tissu de l'organisme, les veines forment un riche réseau de ramifications communicantes. C'est pourquoi, après la clôture ou l'ablation d'une veine, le sang peut toujours retourner au cœur par d'autres ramifications collatérales. ***Voir Artère, Cœur, Sang, Valvule.***

VELU, E *adj.* Délicieusement pourvu de poils en abondance. *Syn.* Poilu. *« Cette femme magnifique, velue jusqu'aux oreilles. »* (Honoré de Balzac) ***Voir Hirsute, Hirsutisme, Homme, Poil.***

191. Femme à barbe

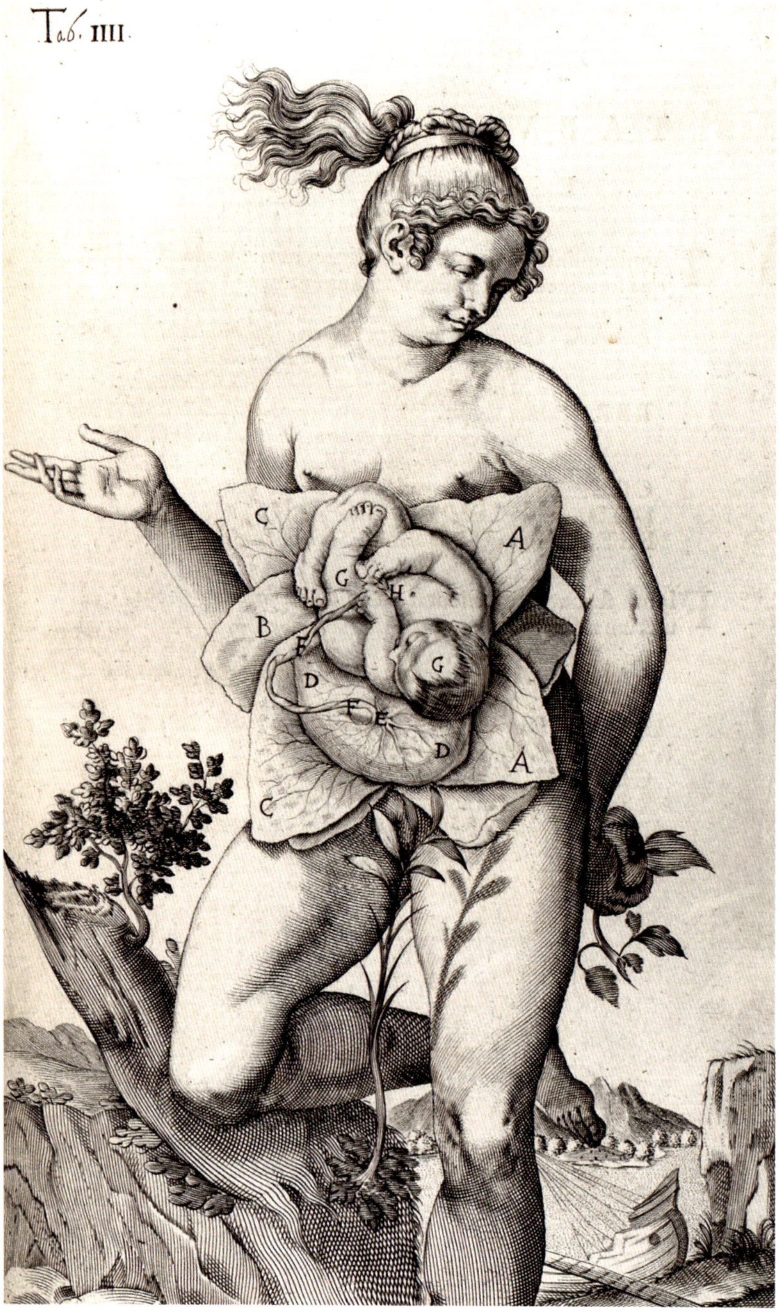

192. Ventre de femme-fleur, Van den Spiegel, *De formato fœtu liber singularis*, 1631.

VENTRE *n. m.* **1** ◆ Beau milieu du corps ayant le nombril pour horizon. Partie centrale du tronc. Boudin principal du bonhomme des dessins d'enfant, sur lequel se greffent les membres et le boudin de tête. *Jusqu'au ventre* : à hauteur du nombril. *Sur le ventre. À plat ventre. Fig. Ventre à terre* : en galopant. *Bas-ventre* : du côté du sexe, mais sans oser le dire. *Danse du ventre* : danse orientale et chaloupée, exclusivement pratiquée par les femmes. **2** ◆ Royaume des entrailles, siège des pulsions intérieures. *Syn.* Boyaux, tripes. *Fig. En avoir dans le ventre, du cœur au ventre* : avoir de l'énergie à revendre. **3** ◆ Abdomen, en lien avec la digestion. *Ventre vide* : affamé et sans oreilles. *Ventre plein* : repu, rassasié. *Loc. Avoir les yeux plus grands que le ventre* : s'être servi trop à manger pour son appétit. *Avoir mal au ventre* : à l'estomac ou aux intestins, en digérant. *Ventre gonflé* : ballonné, tendu. *Fig. Se faire mal au ventre* : être écœuré, très contrarié. **4** ◆ Chez la femme, siège de l'utérus et du vagin, ainsi que de la grossesse. *Sortir du ventre de sa mère* : naître. *Avoir mal au ventre* : avoir ses règles. **5** ◆ Partie proéminente de l'abdomen (surtout chez les hommes). *Avoir du ventre* : un gros ventre, de l'embonpoint. *Prendre du ventre* : ou bien chercher à le perdre. *Syn. fam.* Bedon, bedaine, bide, bidon, bidou (*enf.*), brioche. **6** ◆ *Fig. Ventre mou* : abdominable. *« Je n'offre de sacrifices qu'à moi (pas aux dieux) et à mon ventre, le plus grand de tous les dieux. »* (Rabelais*) *Voir planche LXXII.* ***Voir Abdomen, Abdomignon, Abdominable, Bonhomme, Intestin, Utérus.***

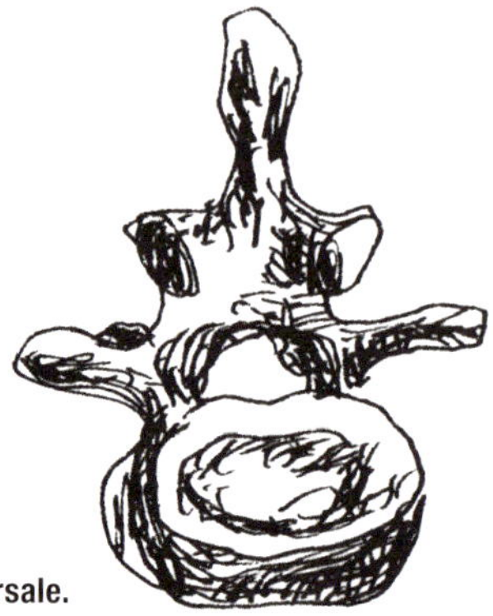

193. Vertèbre dorsale.

VENTRICULE *n. m.* Petit ventre du cœur, en double. ◆ ☛ Cavités inférieures du cœur divisées en deux parties gauche et droite, séparées par une cloison. Du ventricule gauche sort le sang artériel, qui passe dans l'aorte. Du ventricule droit est expulsé le sang veineux, vers l'artère pulmonaire. ***Voir Cœur.***

VERGE *n. f.* Baguette qui bat la mesure dans l'acte sexuel. Que l'on compte poétiquement jusqu'à 11 000. Membre viril. *Syn.* Pénis, phallus. *Fam.* Le moineau. *« Irma, venez voir, les verges d'or sont en fleurs ! »* (La Castafiore) ***Voir Érection, Frein, Gland, Pénis, Quéquette, Zizi.***

VERTÈBRE *n. f.* Chacun des trente-trois os de la grande tour du tronc, qui s'empilent plutôt comme des Lego que comme des assiettes, fort heureusement. ◆ ☛ Os qui composent en série la colonne vertébrale, superposés les uns sur les autres et articulés entre eux. De haut en bas, on distingue sept vertèbres cervicales, douze thoraciques, cinq lombaires, cinq sacrées et quatre ou cinq coccygiennes. La vertèbre comprend à l'avant un corps constituant le segment d'appui d'une vertèbre sur l'autre, et à l'arrière un arc qui délimite le canal vertébral renfermant la moelle épinière. Selon sa typologie, sa forme varie. ***Voir Colonne vertébrale, Os, Rachis.***

Planche LXXII : Ventre de l'homme

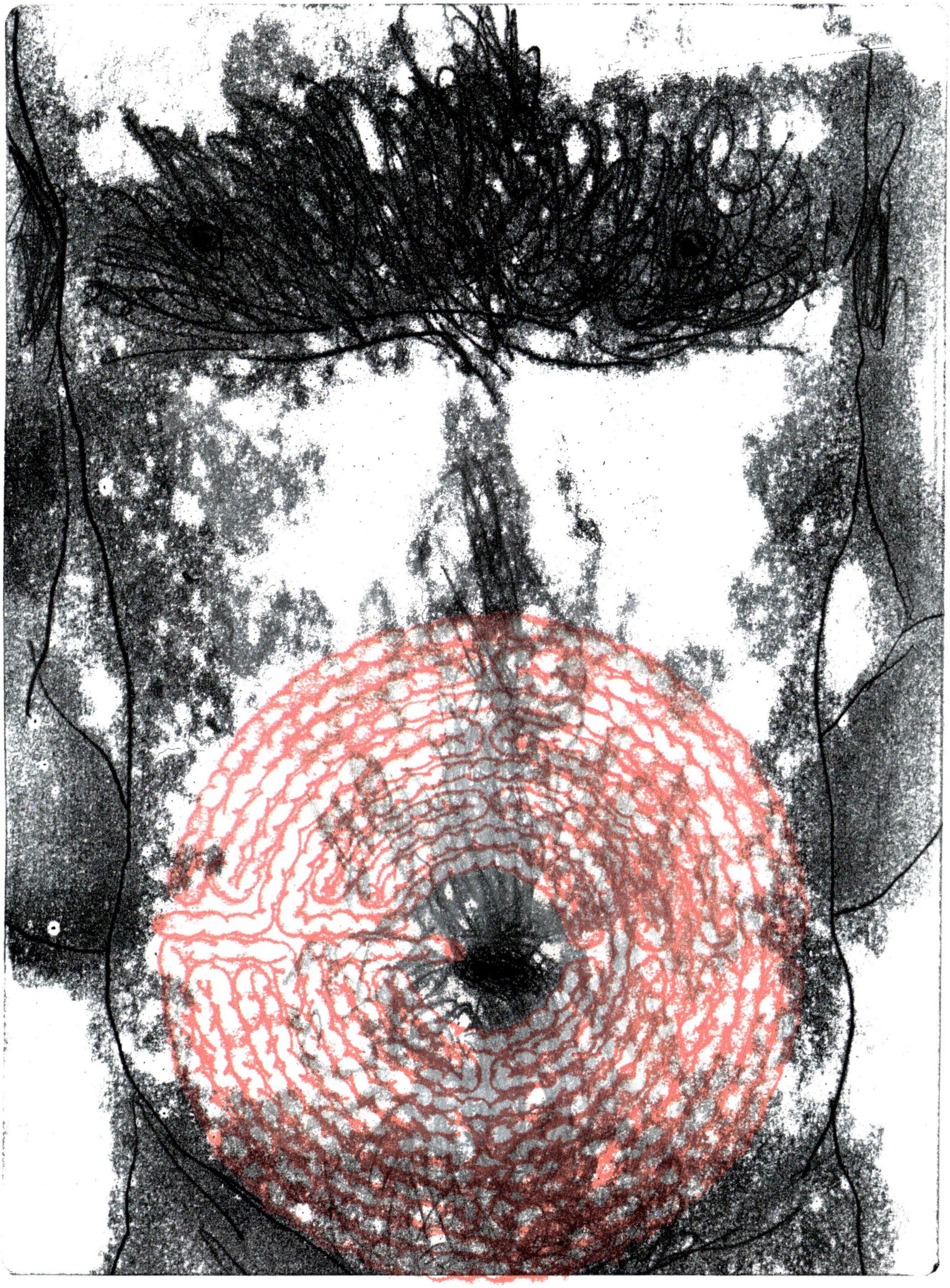

Planche LXXIII : Vivant visage de vieille

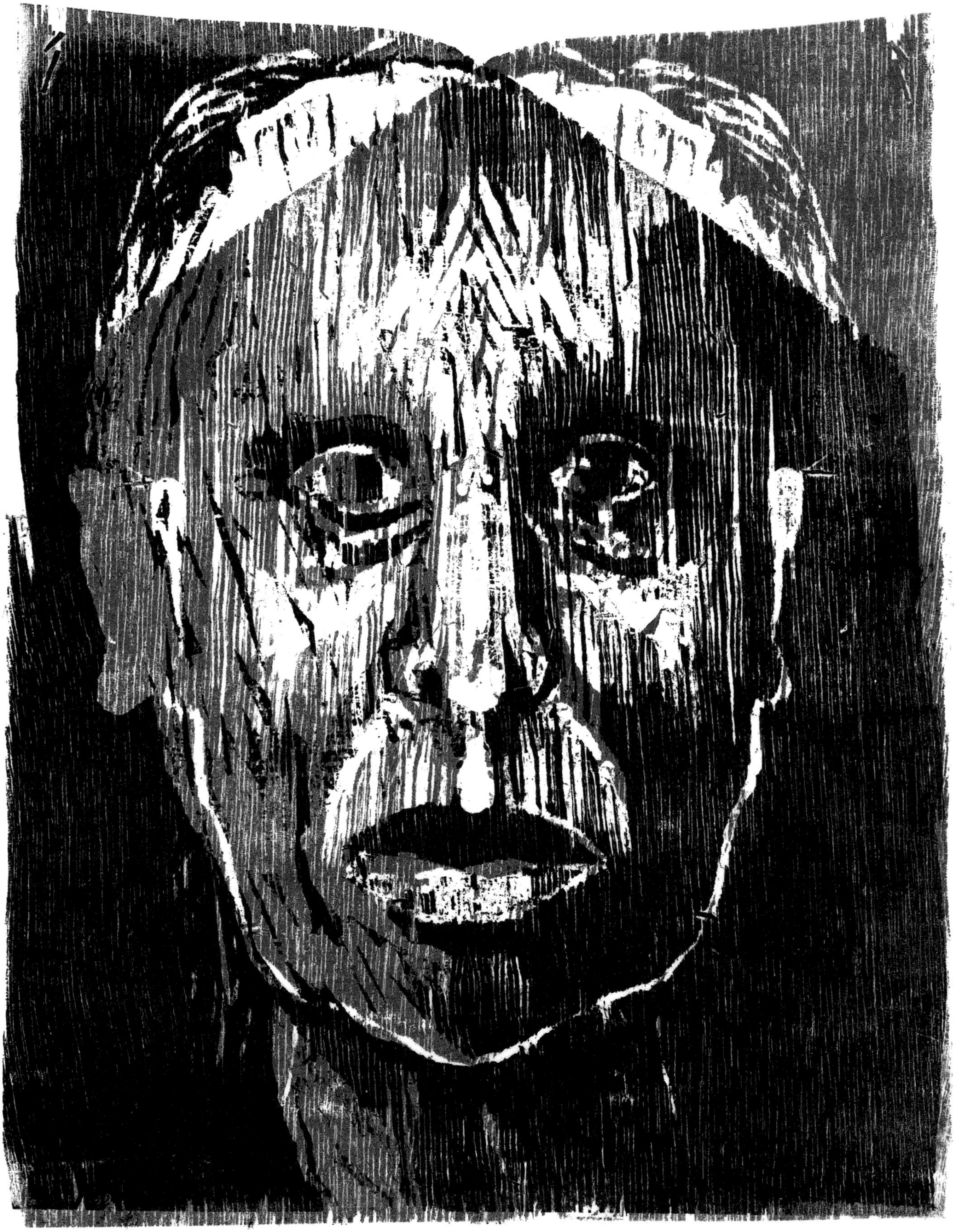

VERTEX *n. m.* Sommet de la voute crânienne, où l'on évitera de planter un drapeau.

VERTIGE *n. m.* **1**◆ Trouble des sens qui laisse croire qu'on est en déséquilibre quand il n'en est rien. Le vertige peut conduire jusqu'au malaise en passant par le tournis. Il dépend souvent de l'oreille interne. **2**◆ Peur du vide. **3**◆ *« Vertige de l'amour, désir fou que rien ne chasse. »* (ALAIN BASHUNG*) ***Voir Oreille.***

VÉSICULE *n. f.* Petit sac de voyage organique, très pratique et multifonction.

◆ Réservoir sphérique ou ovale de petite dimension, délimité par une membrane propre et contenant un liquide. Les vésicules de plus grande dimension sont considérées comme de véritables organites. Parmi ces dernières, on compte les vésicules séminales, intercalées le long du parcours du sperme ; la vésicule (ou follicule) de Graf de l'ovaire, qui accueille l'ovule pendant ses phases de maturation ; la vésicule olfactive, propre aux cellules de la muqueuse olfactive et directement impliquée dans la perception des odeurs et des parfums ; la vésicule acrosomiale du spermatozoïde qui contient les enzymes utiles à sa pénétration dans l'ovule lors de la fécondation. Les autres vésicules sont de microscopiques réservoirs, bagages de la cellule qui servent dans la dynamique cellulaire pour le transport de substances.

VESSIE *n. f.* **1**◆ Citerne naturelle de l'urine, de bonne contenance. **2**◆ *Fig. Prendre des vessies pour des lanternes* : se tromper grossièrement.

◆ Viscère creux situé dans le bassin et appartenant à l'appareil urinaire. La vessie reçoit l'urine venant du rein à travers l'uretère et la déverse à l'extérieur par l'urètre. Sa fonction est d'être un réservoir, qui peut contenir jusqu'à 1,5 ou 2 l d'urine, dans le but de limiter la miction à deux ou trois fois par jour. ***Voir Rein, Uretère, Urètre.***

VIE *n. f.* **1**◆ Existence. Cœur battant. *Être en vie* : être animé, vivant, de ce monde. *Tirer la vie par l'oreille, par la queue* : en profiter. *Avoir la vie molle* : faire la loche. *Avoir la vie dure* : résister à la Faucheuse. *Risquer sa vie* : la vivre chaque jour. *Loc. Être entre la vie et la mort* : mourant. *Sans vie* : seulement évanoui ou mort (mieux vaut tâter le pouls). *« La vie est belle et l'air sent bon ! »* (ROBERT DESNOS*) **2**◆ Débordement d'énergie, de santé. *Être plein de vie. Mordre la vie à pleines dents. Souffle de vie* : souffle de l'inspiration. **3**◆ Temps compris entre la naissance et la mort. *Longue vie ! Courte vie… Toute sa vie* : sa vie durant. *« Tous les conseils, inutiles. Chacun doit rater sa vie à sa manière. »* (JEANNINE WORMS*) **4**◆ Matière même de l'existence. *Vie bien remplie, passionnante, tumultueuse, monotone, désœuvrée.* ***Voir Inanimé, Mort, Résurrection, Vivre.***

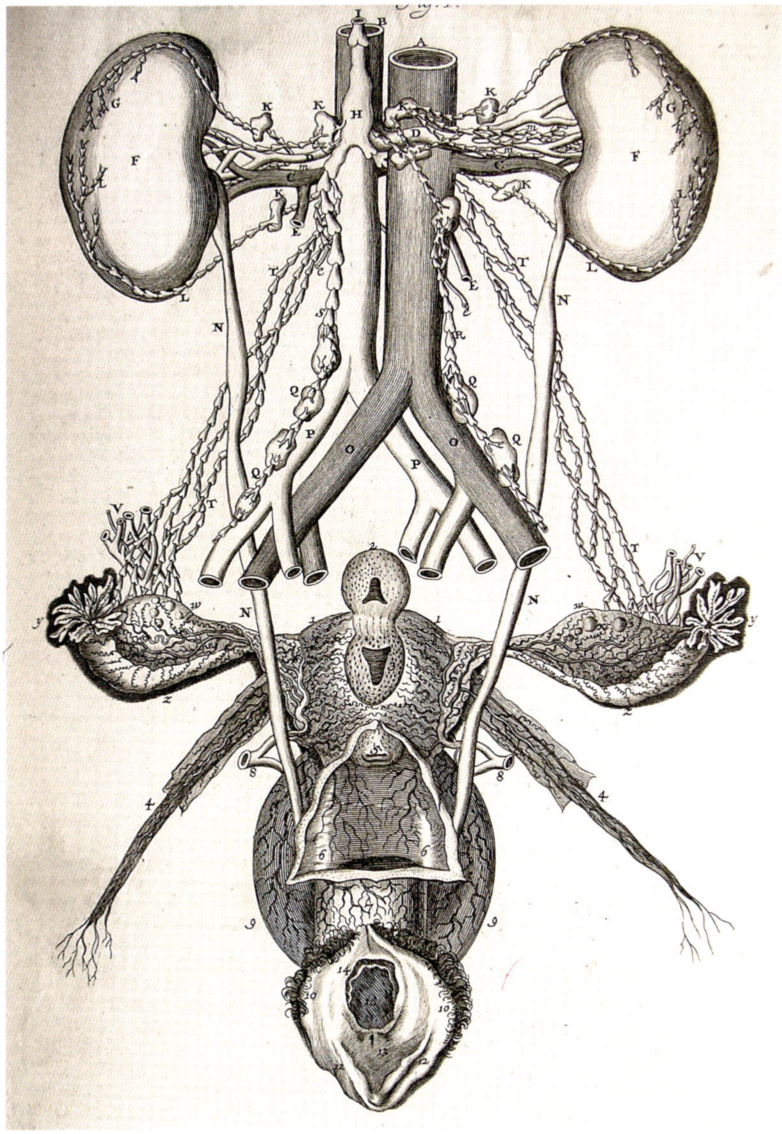

194. Vessie et système urinaire, Mangetus, *Theatrum anatomicum*, 1716.

VIERGE *adj.* et *n. f.* **1**◆ Garçon ou fille innocent, qui n'a pas connu la chose. Qui n'a jamais eu de rapport sexuel et possède encore sa virginité. *Être vierge.* **2**◆ *Spécialt.* Jeune fille qui n'a jamais vu le loup de près, n'a pas eu de rapport sexuel, et possède toujours la fameuse membrane de l'hymen. ***Voir Hymen, Virginité.***

VIEUX, VIEILLE *adj.* et *n.* **1**◆ Qui est entré dans l'âge de la vieillesse, ou qui semble y être avant l'heure. Qui a vécu fort longtemps et qui vit encore. *Un vieil homme, une vieille femme. Un vieux papi, une très vieille mémé. Vieux resté jeune, jeune déjà vieux. Plus vieux* : plus âgé. *Loc. Ne pas faire de vieux os* : partir vite. **2**◆ De longue date. *Vieil ami* : ami depuis longtemps. **3**◆ Personne de grand âge, sous le parasol de la vieillesse. Sage, ancien, voire ancêtre. *« Il n'est pas question de rester jeune. Il est interdit d'être vieux. »* (PRÉCEPTE TALMUDIQUE*) *VOIR PLANCHE LXXIII.*

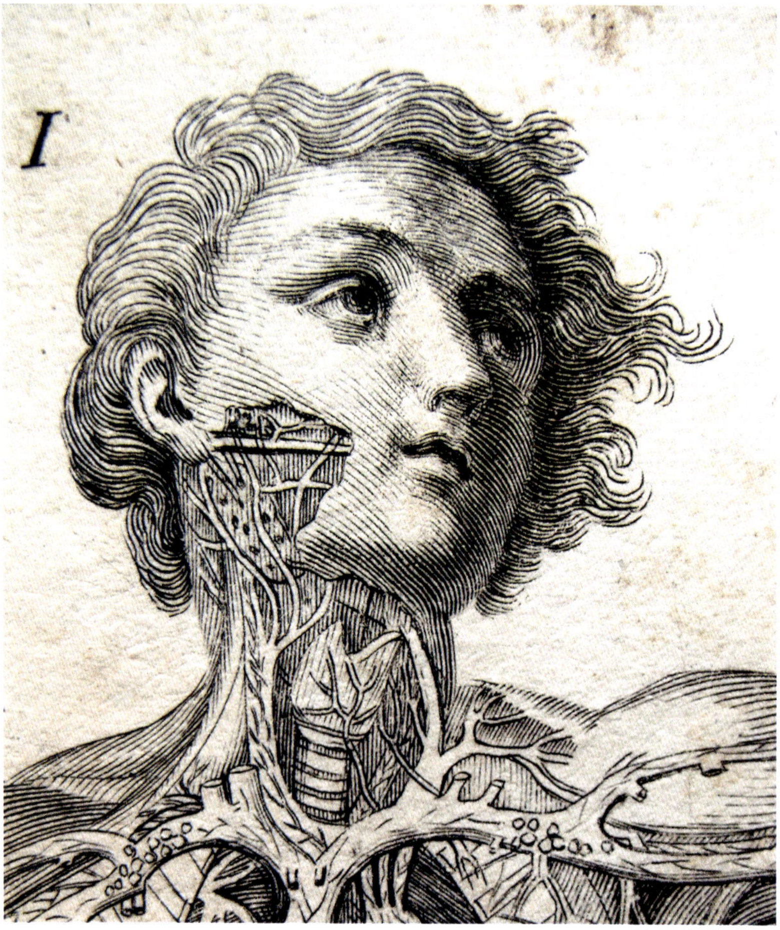

195. Visage à l'épreuve, Bartolomeo Eustachius, *Opuscula anatomica*, 1564.

VIOLER *v. tr.* **1◆** Pénétrer par effraction dans l'intimité d'une personne, lui faire violence. **2◆** Abuser physiquement du corps de quelqu'un, en le contraignant par la force à des actes sexuels. Commettre un viol, un crime. *Se faire violer, être violé(e).*

VIRGINITÉ *n. f.* État de celui ou celle qui n'a jamais fait l'expérience de l'acte sexuel. *Perdre sa virginité* : vivre sa « première fois », avoir son premier rapport sexuel. ***Voir Coït, Hymen, Vierge.***

VIRIL, E *adj.* **1◆** Qui possède les caractères et les attributs du mâle. Entre autres, le membre viril (pénis). **2◆** Qui possède les qualités qu'on attribuait aux hommes à l'époque des chevaliers, telles que force, courage, bravoure, énergie, fermeté…, et aussi un bon cheval. ***Voir Mâle.***

VISAGE *n. m.* **1◆** Figure singulière de la face, par laquelle on est reconnu entre mille. Partie la plus visible du corps humain. Grande part de l'image de soi, de l'identité physique. *Traits du visage* : lignes dessinant la tête que l'on a. *Visage fin, anguleux, taillé à la serpe, rond, joufflu, ovale, allongé…* **2◆** *Art.* Portrait ou autoportrait, visage en peinture, dessin ou photographie. **3◆** Apparence que l'on se donne, vérité ou mensonge de l'être. *Montrer son vrai visage* : sortir à découvert. Laisser son masque au placard. **4◆** Miroir de l'émotion et du sentiment, producteur du grand spectacle des expressions. À l'entracte, le visage sait aussi faire le clown, mimer ou faire des grimaces. **5◆** Premier carrefour des échanges et des perceptions, où s'exercent quatre des cinq sens, la vue, l'ouïe, l'odorat et le goût. Le visage est l'un des deux endroits du corps où la peau présente des orifices protégés par des muqueuses. Parmi eux, seules les oreilles et les narines restent toujours ouvertes, vingt-quatre heures sur vingt-quatre et sept jours sur sept. *Syn. fam.* Binette, bobine, bouille, gueule, trogne, trombine, tronche. ***Voir Bouche, Expression, Face, Nez, Œil, Oreille, Pâle, Profil, Tête.***

VISCÈRE *n. m.* **1◆** Organe intérieur du corps humain. Grande famille du mou, représentée en délégation par le cerveau, les poumons, le cœur, l'estomac, la rate, le foie, les intestins, les reins… **2◆** Entrailles, viscères de l'abdomen. Mystère des profondeurs de l'être humain. *Syn. fam.* Boyaux, tripes.
◆ ☛ Peu employé dans la terminologie anatomique.

VIT *n. m. Litt.* Dans les livres, ancien nom de scène du sexe masculin, qu'on aimerait croiser plus souvent que la… et la… ou bien le… ***Voir Pénis, Verge.***

VITAL, E *adj.* **1◆** Lié à la vie, à la mort. *Pronostic vital* : espérance de survie évaluée particulièrement au moment d'un accident ou à l'épreuve de la maladie. **2◆** *Par ext.* Nécessaire à l'existence.

VIVRE *v. tr.* et *intr.* **1◆** Respirer, être en vie. Profiter pleinement du fonctionnement de ses organes, l'esprit libre et le nez au vent. *Loc. Vivre d'amour et d'eau fraîche* : insouciant et amoureux. *Avoir vécu* : en savoir long, très long. **2◆** Brûler son temps, dérouler le tapis rouge de son existence. **3◆** Tenir son cap, vivre sa vie. *« Vivre, jouer le clown jusqu'à la mort. »* (Pierre Étaix) ***Voir Vie.***

VOIX *n. f.* **1◆** Tous les sons sortant de la bouche de l'homme, qu'il parle, hurle, grogne, murmure ou chante. Les premiers organes de la voix, larynx et cordes vocales, savent jouer plusieurs instruments, assistés du quatuor de la glotte, du gosier, de la bouche et de la langue, qui amplifient, modulent et articulent les sons. *Voix d'homme ou de femme. Voix d'enfant. Voix claire, forte, tonitruante, chevrotante, faible, aigrelette. Petite voix aiguë, perçante, contre grosse voix grave et sourde. Voix cassée* : après avoir été bavard ou avoir trop crié. *Sans voix* : interloqué sous le choc d'une émotion. **2◆** Comme le rossignol ou le rouge-gorge, l'homme est fier de ce qu'il peut faire avec sa voix. S'il n'est pas le seul être vivant à savoir chanter, il est tout de même le seul capable de parler. Ce qui est une grande consolation pour l'espèce. La voix humaine, au volume merveilleusement réglable, dispose de couleurs, de tessitures différentes, de tonalités, d'accents, d'intonations et de sonorités très variés, d'étendues et de registres pour

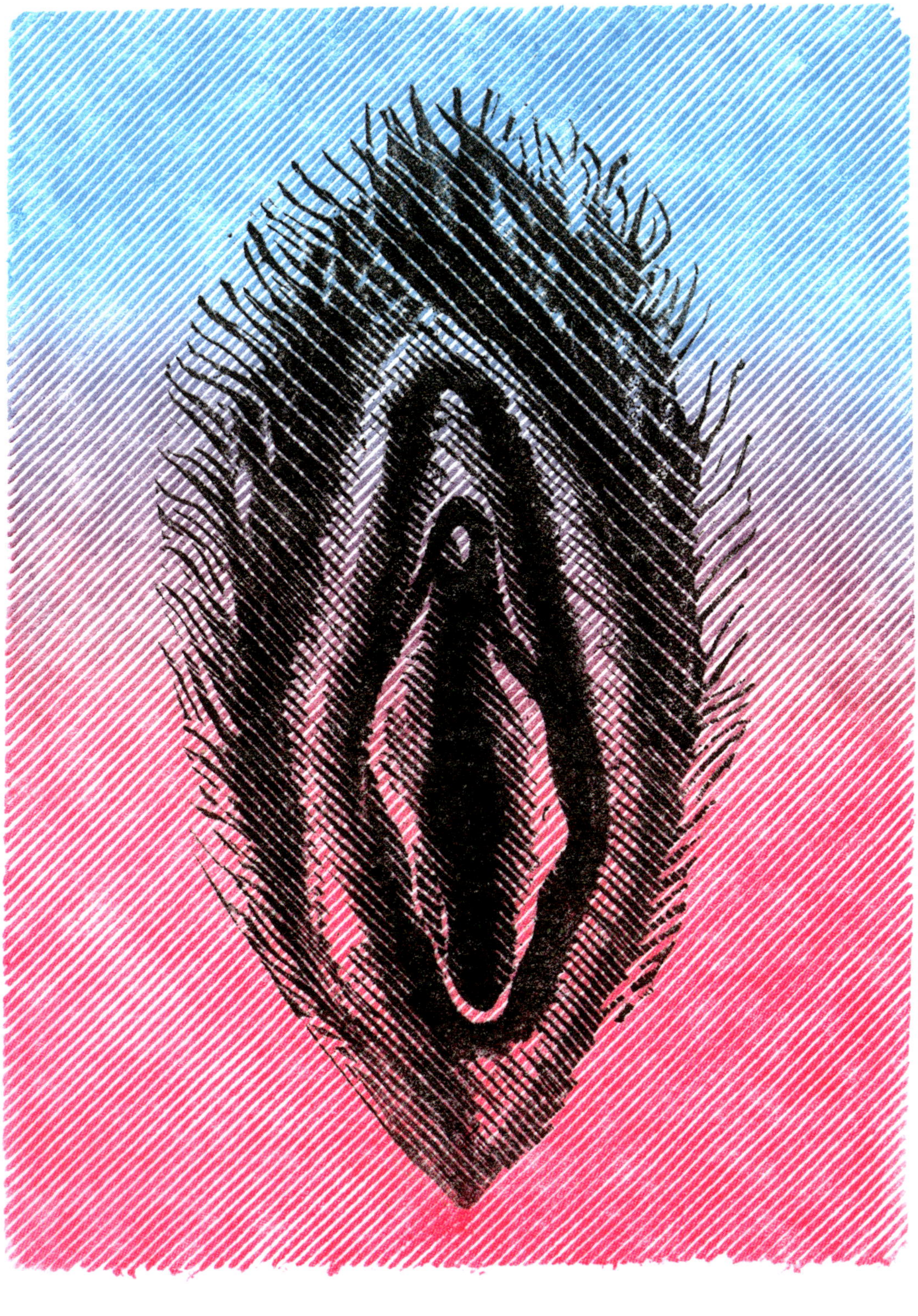

le chant… Pour ceux qui font des vocalises, elle devient un instrument extrêmement performant. Les autres se contentent de gazouiller de concert avec les bébés ou de fredonner sous la douche. **3**◆ Porte-parole. Matière du langage, vivante à l'infini, qui contribue au sens que l'on donne à ses propos. *De vive voix* : en personne ou au téléphone. *Donner sa voix* : se faire entendre, donner son avis, son vote. Voix complices au cinéma, hors champ (voix off) ou en doublage. À la radio, la voix compte triple. *Entendre des voix* : fabuler du pavillon. *« Mais, c'est la voix de mon maître ! »* (Rantanplan) **4**◆ *Voix intérieure* : petite voix raisonnant dans son for intérieur et dictant une conduite, donnant des impulsions ou des mises en garde. *Voix de l'inspiration* : chez certains artistes. ***Voir Bouche, Gorge, Langue, Larynx.***

VOLER *v. intr.* Se mouvoir dans l'air et s'y maintenir grâce à une bonne paire d'ailes (la basse qualité des matériaux peut vite être fatale). Les oiseaux sont sans conteste les champions du vol, suivis de près par les insectes et quelques chauves-souris. Chez les hommes, on notera deux demi-succès : Icare et Superman. Beaucoup d'humains s'essayent inutilement au vol, en vain. Peu avouent facilement leurs heures de vol… ***Voir Allure, Marche, Nager.***

VOLUPTÉ *n. f.* Plaisir des sens, dégusté, auquel le corps se laisse facilement aller. ***Voir Jouissance, Sensualité.***

VOMIR *v. tr.* Régurgiter les aliments avalés avec des contractions spasmodiques des plus désagréables. Enfant, vomir est une grande détresse, un renversement du cours normal des choses, vécu dans le froid du carrelage. *Rendre son repas, vomir tout son déjeuner* : voir sous ses yeux se transformer en cauchemar les restes d'un délicieux repas, pire, de son plat préféré. *Avoir envie de vomir, se retenir de vomir, vomir brusquement. Loc. fig. Ça donne envie de vomir* : ça donne la nausée, c'est écœurant. *Syn. fam.* Dégobiller.

VUE *n. f.* Un des cinq sens, très lucidement associé à l'œil, son organe principal. *Avoir des problèmes de vue* : une vue diminuée. *Perdre la vue* : devenir aveugle. *À vue d'œil* : vu d'ici, vite vu. *À vue de nez* : au flair. *En vue* : sous la lampe. *Très en vue* : sous les projecteurs. *Fig. Vue de l'esprit* : échafaudage mental. ***Voir Œil, Regard.***

VULVE *n. f.* Grande fleur entrouverte du sexe féminin. *« Vulve intrigante, lys dans la vallée obscure. »* (Honoré de Balzac)

◆ ☛ Ensemble des organes génitaux féminins externes. La vulve comprend deux paires de plis cutanés appelés grandes et petites lèvres (nymphes) qui délimitent intérieurement la sortie de l'urètre, l'extrémité terminale du vagin et le clitoris, organe érectile féminin. *Voir planche LXXIV.* ***Voir Clitoris, Femme, Lèvre, Nymphe, Sexe.***

W

WC *n. m. pl.*, de l'anglais *water closet*. Lieux d'aisance pour miction secrète et défécation appliquée. Petite pièce où l'on fait pipi et caca, seul en général. *Aller aux WC* : s'enfermer dans les WC. *Syn.* Cabinets, toilettes. *Syn. fam.* Trône.

WORMIEN *adj. m.* Os wormiens, petits os excédentaires que l'on peut trouver aux sutures des os principaux du crâne. ***Voir Crâne, Os.***

X

X *adj.* **1**◆ Qu'on ne peut pas nommer, anonyme. *Monsieur X, Madame X.* **2**◆ *Rayons X* : rayons de la radiographie, traversant l'intérieur du corps pour en offrir une image en noir et blanc. **3**◆ *Film classé X* : film portant la croix de la pornographie. ***Voir Radiographie.***

XX Étiquette (version fille) de la vingt-troisième paire de chromosomes du patrimoine génétique de l'être humain, qui dicte l'appartenance sexuelle. ***Voir Chromosome, XY.***

XY Étiquette (version garçon) de la vingt-troisième paire de chromosomes du patrimoine génétique de l'être humain, qui dicte l'appartenance sexuelle. ***Voir Chromosome, XX.***

XIPHOÏDE *adj.* ◆ ☛ Partie terminale inférieure du sternum. Son nom vient de sa forme particulière qui rappelle une épée (en grec : *xiphoeidês*). Contrairement au reste de l'os du sternum, il est constitué de cartilage qui se laisse facilement comprimer. ***Voir Cage thoracique, Sternum.***

Y

YEUX *n. m. pl.* **1**◆ Pluriel de l'œil, une paire d'yeux. *Petits yeux, grands yeux. Yeux enfoncés, bridés, ronds, en amande, globuleux. Couleur des yeux* : don de l'iris. *Yeux clairs, foncés. Yeux bleus, lagon, verts, dorés, caca d'oie, noisette, marron, châtaigne, bruns, noirs ou gris. Yeux vairons, yeux d'exception. Des yeux pétillants, brillants, perçants, coquins, rieurs, graves, naïfs, torves, ternes, hagards. Loc. Des yeux de faon malade, de biche éplorée* : doux et larmoyants. *De merlan frit, de daurade pochée* : ternes et inexpressifs. *De hibou* : ronds et fixes. *De cocker battu* : dévoués et malheureux. *De chat* : nyctalopes. *Fig. Avoir les yeux en face des trous* : être bien réveillé. *Avoir les yeux qui sortent de la tête* : être très en colère. *Syn.* Billes, mirettes. **2**◆ Regard, les deux yeux comme un seul œil. *Loc. Les yeux fermés* : en grande familiarité, en toute confiance. *Les yeux au ciel. Les yeux baissés. Détourner les yeux. Ne pas quitter des yeux. Dévorer des yeux. Sous les yeux* : devant soi. **3**◆ Fenêtres des sentiments, reflets des émotions. *Lire dans les yeux de quelqu'un. Profondeurs des yeux* : abîmes de l'âme, miroirs des amoureux. *Fig. Faire les gros yeux* : gronder. *Faire les yeux doux* : caresser du regard. *Pour ses beaux yeux* : par pur amour pour lui, elle. *Avoir les yeux couleur tout de suite* : désirer impatiemment. *« Oh, Grand-mère, comme vous avez de grands yeux ! »* (Le Chaperon rouge) *Voir planches LXXV et LXXVI.* ***Voir Iris, Loucher, Louchon, Maquillage, Œil, Orbite, Pupille, Vairon, Vue, Zieuter, Zieuteur.***

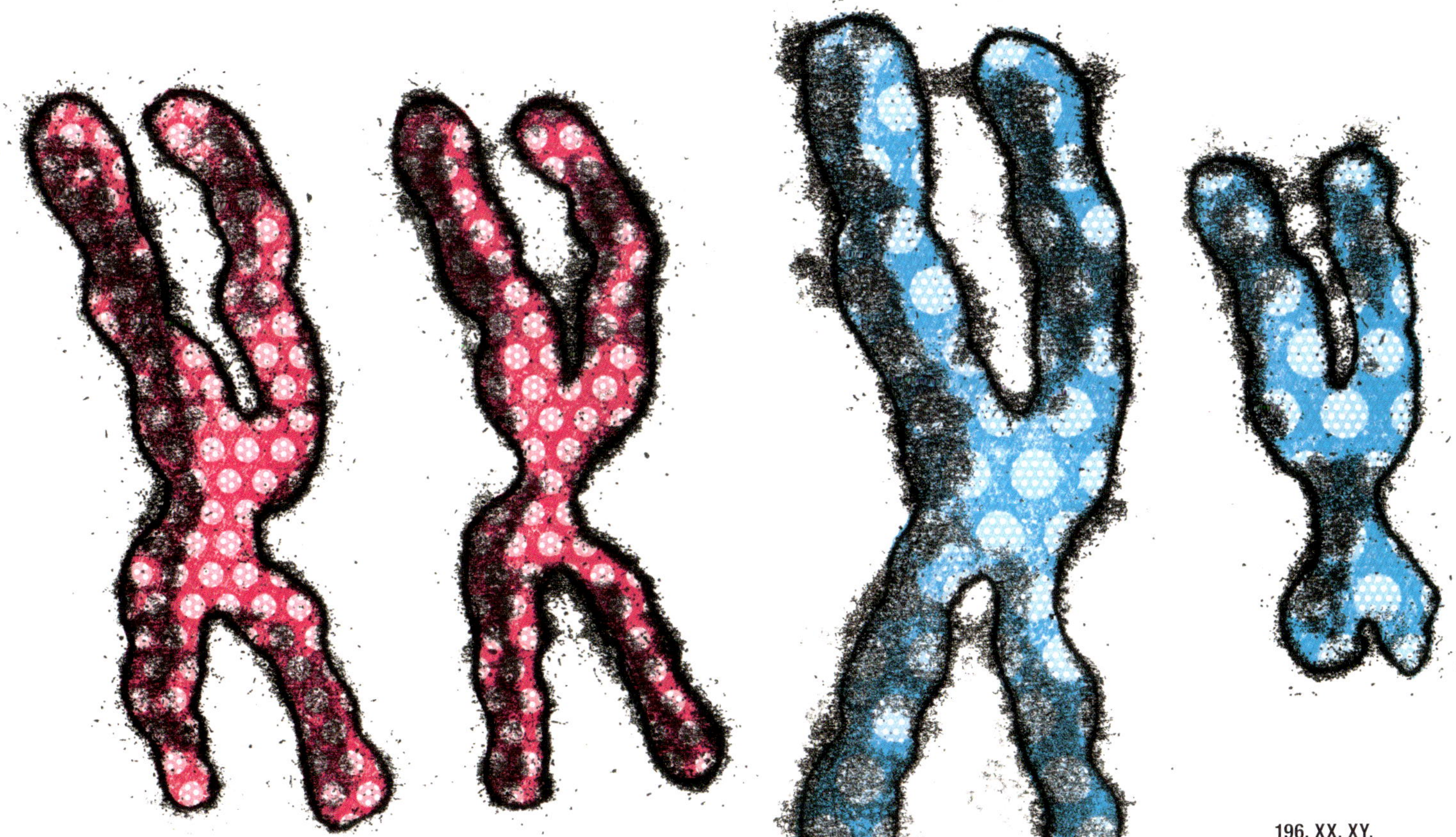

196. XX, XY, chromosomes distingués.

Planche LXXV : Yeux à la Bertillon

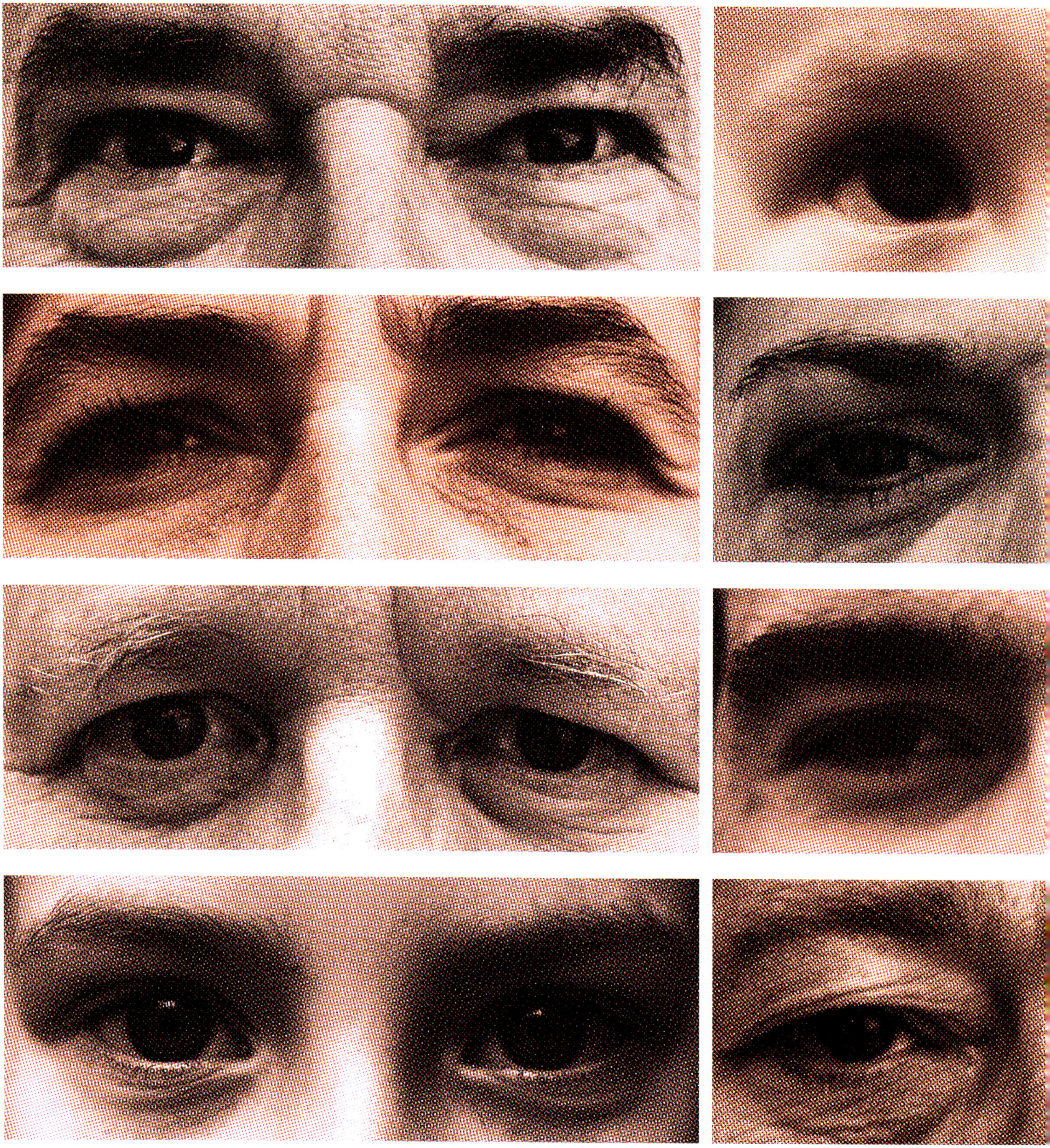

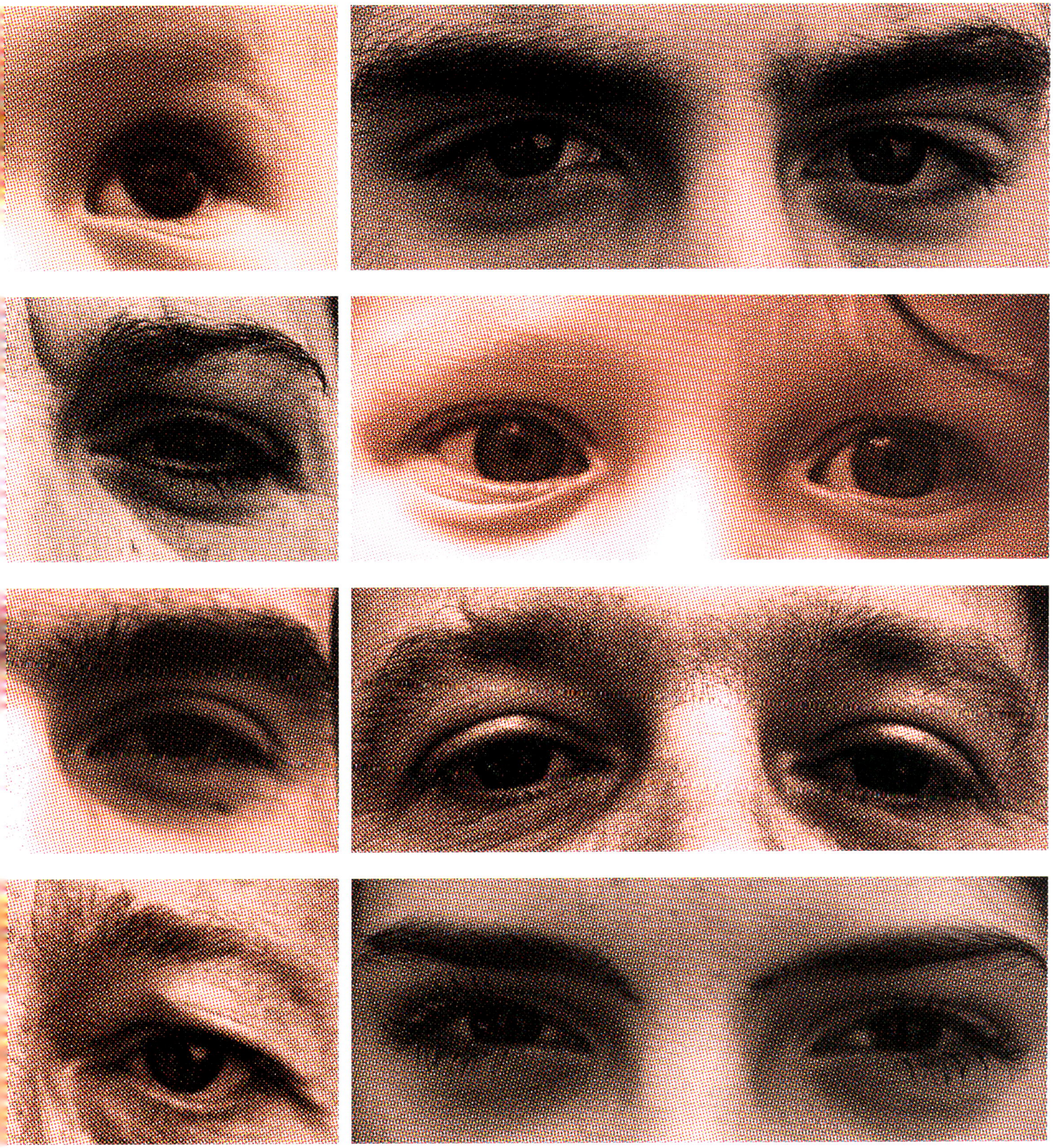

Planche LXXVI : Yeux fermés

ZEB ou **ZÉBI** *n. m. Pop.* Pénis. *Syn.* Zob. *Loc. fam. Peau de zébi* : rien, des cacahuètes ! *(peanuts)* « *Mon zeb !* » (Zazou dans le bus)

ZIEUTER ou **ZYEUTER** *v. tr. Fam.* Jeter un coup d'œil, un regard appuyé. *Syn. fam.* Lorgner, reluquer. « *Au zoo, je surpris Thérèse, zoolâtre incorrigible qu'elle était, à zieuter des heures les zébus blasés et les chimpanzés.* » (Émile Zola) ***Voir Œil, Regard, Yeux.***

ZIEUTEUR, EUSE *adj.* et *n. Fam.* Qui zieute ou zyeute.

ZIGOUIGOUI *n. m. Fam.* Sexe d'un enfant et, *par ext.*, d'une femme. *Syn.* Zizi.

ZIGOUNETTE *n. f. Fam.* Pénis (plus couramment d'un jeune garçon). *Syn.* Bistouquette, quéquette, zézette, zigouigoui, zizi.

ZÉZETTE *n. f.* **1** ◆ Sexe d'un petit garçon ou d'une petite fille (plus récent). **2** ◆ Prénom féminin (crasse durable). « *Zézette épouse X, mais c'est pas possible, ça peut pas être moi ça !* » (Zézette, la femme du père Noël)

ZIZI *n. m.* **1** ◆ *Ornith.* Variété de petit passereau de la taille du moineau, à gorge noire et à plumage gris-bleu verdâtre et jaune, chamarré de noir, de roux et de blanc, très commun en France. **2** ◆ *Fam. enf.* Pénis d'un jeune garçon, très commun sur terre. *Syn. affectueux.* Moineau, petit oiseau, zigounette. *Par ext.* Sexe d'une petite fille. *Syn.* Zézette, zigouigoui. Par extension encore. Pénis de l'homme adulte. « *Tout tout tout, vous saurez tout sur le zizi, le vrai, le faux, le laid, le beau, le dur, le mou, qui a un grand cou...* » (Pierre Perret*) **3** ◆ Petit objet que l'on ne veut pas (ou ne peut pas) nommer. ***Voir Bistouquette, Pénis, Quéquette, Verge, Zézette, Zigouigoui.***

ZYGOMA *n. m.* ◆ Apophyse zygomatique, partie saillante de l'os de la tempe.

ZYGOMATIQUE *adj.* et *n. m.* Concernant la pommette. *Apophyse zygomatique* : là où s'étire délicatement le fard à joues. *Muscles zygomatiques.* « *Petits et grands zygomatiques se bidonnent en fou rire quand Zoé zozotte un refrain qui fait danser Zazie la zézette à l'air.* » (Raymond Queneau) *Voir planche LXVII et LXIX.*
◆ Muscle du visage qui descend en oblique du zygoma (os zygomatique) à la commissure des lèvres. En se contractant, le zygomatique étire et relève le coin de la bouche, lorsqu'on sourit ou qu'on rit. Il fait partie des muscles cutanés ou mimiques du visage. ***Voir Face, Tête.***

ZYGOTE *n. m.* Nom savant de l'œuf fécondé. ***Voir Fécondation, Jumeau, Œuf.***

ZZZZZ *interj.* Onomatopée imitant le souffle du dormeur, juste avant qu'il ne ronfle, bizarrement. « *À l'aube de cette nuit interminable, il m'était toujours impossible de dormir, entre les zonzons incessants des moustiques et les zzzzz, zzzzz de mon voisin. Dehors, les mésanges zinzinulaient déjà.* » (Louis-Ferdinand Céline)

197. Zizi final.

Éditrice : Angèle Cambournac
Assistantes d'édition : Anne-Sophie Constancien
et Florie Briand
Conception graphique : Laurence Moinot

www.editions-thierry-magnier.com
isbn 978-2-36474-150-8
Dépôt légal : novembre 2012

Loi nº 49-956 du 16 juillet 1949 sur les publications
destinées à la jeunesse

Achevé d'imprimer des pieds à la tête par
Printer portuguesa (Portugal) en octobre 2012
Photogravure : IGS-CP (16)